中国通信学会 5G+ 行业应用培训指导用书

华为 openEuler 开源操作系统实战

中国产业发展研究院　组编

曾庆峰　编著

机械工业出版社

CHINA MACHINE PRESS

本书是为初学者快速学习Linux而准备的一本实战指导书，以华为研发的开源Linux操作系统openEuler为背景，引导读者循序渐进地掌握Linux的常用命令和系统管理。

本书由27个实战任务构成：任务一和任务二介绍了搭建openEuler Linux实验环境的方法；任务三介绍了Linux上的应用实战；任务四~任务八介绍了Linux常用命令实战；任务九介绍了Linux vi编辑器实战；任务十~任务十七介绍了Linux系统管理实战；任务十八~任务二十三介绍了Linux网络管理实战；任务二十四~任务二十六介绍了Linux系统管理实战；任务二十七介绍了Linux Shell编程实战。

本书可以作为Linux初学者的实战入门书籍，也可以作为想深入理解计算机系统的大学低年级学生的先修实验教材，还可以作为高考结束后想报考计算机相关专业学生的自学书籍。对于从事IT行业的工程技术人员，也具有一定的参考价值。

图书在版编目（CIP）数据

华为openEuler开源操作系统实战 / 中国产业发展研究院组编；曾庆峰编著 . — 北京：机械工业出版社，2022.12
中国通信学会 5G+ 行业应用培训指导用书
ISBN 978-7-111-71925-0

Ⅰ . ①华… Ⅱ . ①中… ②曾… Ⅲ . ① Linux 操作系统 – 研究 Ⅳ . ① TP316.85

中国版本图书馆 CIP 数据核字（2022）第 201324 号

机械工业出版社（北京市百万庄大街 22 号 邮政编码 100037）
策划编辑：陈玉芝 张雁茹 责任编辑：陈玉芝 张雁茹 张翠翠
责任校对：樊钟英 贾立萍 责任印制：张 博
中教科（保定）印刷股份有限公司印刷
2023 年 1 月第 1 版第 1 次印刷
184mm × 260mm · 24.25 印张 · 661 千字
标准书号：ISBN 978-7-111-71925-0
定价：79.80 元

电话服务 网络服务
客服电话：010-88361066 机 工 官 网：www.cmpbook.com
　　　　　010-88379833 机 工 官 博：weibo.com/cmp1952
　　　　　010-68326294 金 书 网：www.golden-book.com
封底无防伪标均为盗版 机工教育服务网：www.cmpedu.com

序 一

以 5G 为代表的新一代移动通信技术蓬勃发展，凭借高带宽、高可靠低时延、海量连接等特性，其应用范围远远超出了传统的通信和移动互联网领域，全面向各个行业和领域扩展，正在深刻改变着人们的生产及生活方式，成为我国经济高质量发展的重要驱动力量。

5G 赋能产业数字化发展，是 5G 成功商用的关键。2020 年被业界认为是 5G 规模建设元年。我国 5G 发展表现强劲，5G 推进速度全球领先。5G 正给工业互联、智能制造、远程医疗、智慧交通、智慧城市、智慧政务、智慧物流、智慧医疗、智慧能源、智能电网、智慧矿山、智慧金融、智慧教育、智能机器人、智慧电影、智慧建筑等诸多行业带来融合创新的应用成果。原来受限于网络能力而体验不佳或无法实现的应用，在 5G 时代将加速成熟并大规模普及。

目前，各方正携手共同解决 5G 应用标准、生态、安全等方面的问题，抢抓经济社会数字化、网络化、智能化发展的重大机遇，促进应用创新落地，一同开启新的无限可能。

正是在此背景下，中国通信学会与中国产业发展研究院邀请众多资深学者和业内专家，共同推出"中国通信学会 5G+ 行业应用培训指导用书"。本套丛书针对行业用户，深度剖析已落地的、部分已有成熟商业模式的 5G 行业应用案例，透彻解读技术如何落地具体业务场景；针对技术人才，用清晰易懂的语言，深入浅出地解读 5G 与云计算、大数据、人工智能、区块链、边缘计算、数据库等技术的紧密联系。最重要的是，本套丛书从实际场景出发，结合真实有深度的案例，提出了很多具体问题的解决方法，在理论研究和创新应用方面做了深入探讨。

这样角度新颖且成体系的 5G 丛书在国内还不多见。本套丛书的出版，无疑是为探索 5G 创新场景，培育 5G 高端人才，构建 5G 应用生态圈做出的一次积极而有益的尝试。相信本套丛书一定会使广大读者获益匪浅。

中国科学院院士

艾国祥

序 二

在新一轮全球科技革命和产业变革之际，我国发力启动以 5G 为核心的"新基建"以推动经济转型升级。2021 年 3 月公布的《中华人民共和国国民经济和社会发展第十四个五年规划和 2035 年远景目标纲要》（简称《纲要》）中，把创新放在了具体任务的第一位，明确了坚持创新在我国现代化建设全局中的核心地位。《纲要》单独将数字经济部分列为一篇，并明确要求推进网络强国建设，加快建设数字经济、数字社会、数字政府，以数字化转型整体驱动生产方式、生活方式和治理方式变革；同时在"十四五"时期经济社会发展主要指标中提出，到 2025 年，数字经济核心产业增加值占 GDP 比重提升至 10%。

5G 作为支撑经济社会数字化、网络化、智能化转型的关键新型基础设施，目前，在"新基建"政策驱动下，全国各省市积极布局，各行业加速跟进，已进入规模化部署与应用创新落地阶段，渗透到政府管理、工业制造、能源、物流、交通运输、居民生活等众多领域，并逐步构建起全方位的信息生态，开启万物互联的数字化新时代，对建设网络强国、打造智慧社会、发展数字经济、实现我国经济高质量发展具有重要战略意义。

中国通信学会作为隶属于工业和信息化部的国家一级学会，是中国通信界学术交流的主渠道、科学普及的主力军，肩负着开展学术交流，推动自主创新，促进产、学、研、用结合，加速科技成果转化的重任。中国产业发展研究院作为专业研究产业发展的高端智库机构，在促进数字化转型、推动经济高质量发展领域具有丰富的实践经验。

此次由中国通信学会和中国产业发展研究院强强联合，组织各行业众多专家编写的"中国通信学会 5G+ 行业应用培训指导用书"系列丛书，将以国家产业政策和产业发展需求为导向，"深入"5G 之道普及原理知识，"浅出"5G 案例指导实际工作，使读者通过本套丛书在 5G 理论和实践两方面都获得教益。

本系列丛书涉及数字化工厂、智能制造、智慧农业、智慧交通、智慧城市、智慧政务、智慧物流、智慧医疗、智慧能源、智能电网、智慧矿山、智慧金融、智慧教育、智能机器人、智慧电影、智慧建筑、5G 网络空间安全、人工智能、边缘计算、云计算等 5G 相关现代信息化技术，直观反映了 5G 在各地、各行业的实际应用，将推动 5G 应用引领示范和落地，促进 5G 产品孵化、创新示范、应用推广，构建 5G 创新应用繁荣生态。

中国通信学会秘书长

序 三

看着这本书稿，禁不住回忆起 20 多年前第一次接触 Linux 的场景。那时学校机房里还没有 Linux 操作系统，宿舍里也还没有计算机，只能去同学家的计算机上安装 Linux。我为这个事情做了很久的准备，如读文档、背手册，但真正动手时，发现从分区开始的每一个步骤都与教科书上的不尽相同。当时面对每一个提示都心惊胆战，每输入一条命令都惴惴不安，最终当黑漆漆的屏幕上跳出 lilo: 的时候，我不由自主地为自己的成功雀跃不已。没想到这成了我对操作系统产生兴趣的起点。

每一个技术高手的成长都起始于一些简单的操作及对一些基础知识的掌握，这些看似简单的操作和基础知识，实际上是进入一个行业的必修课。只有透彻地掌握这些基础内容，才能有切入行业的感觉。都说学游泳最好的方式是下水，那么入门一个操作系统最好的方式就是上手应用了。

曾庆峰老师编著的这本书，从搭建 openEuler Linux 实验环境入手，一步步带着读者通过实践熟悉 openEuler，熟悉操作系统，是一本很好的实用入门指南。

我把本书推荐给所有对 openEuler 感兴趣的读者，希望各位读者通过学习本书的内容、跟着本书实践，能够建立起对操作系统的兴趣，进而能够加入 openEuler 社区，共同为开源操作系统的进步做一些事情。

openEuler 社区技术委员会主席

华为庞加莱实验室主任

胡欣蔚

前 言

为什么要写这本书

5G 时代已经到来。华为公司作为 5G 技术的引领者，目前正饱受国外技术霸权打压。当前，我国在科技上存在许多"卡脖子"问题：芯片制造、操作系统、数据库系统软件、工业软件等。为了对抗技术霸权，打造我国自己的 IT 基础设施，华为公司推出了开源操作系统 openEuler 和开源数据库管理系统 openGauss，尝试构建属于我国的信息产业生态。

目前，虽然 UNIX/Linux 方面的书籍种类繁多，但它们都基于 RHEL/CentOS、Ubuntu 等 Linux 发行版，还没有基于 openEuler Linux 发行版的 Linux 操作系统实战图书。本书填补了这方面的空白，目标是让初学者快速掌握华为 openEuler 开源 Linux 操作系统。

本书以场景实战的方式帮助初学者学习 Linux，让读者对"我学了 Linux 有什么用"不再有困惑。

很多初学者学习 Linux 的过程困难重重，原因主要是：第一，Linux 博大精深，要学的内容比较多，涉及了计算机专业知识的许多方面，这对初学者是个挑战；第二，初学者没有使用 Linux 的工作经验，只能通过看书学习 Linux，即使看懂了书上的命令，也不能做到在合适的时候用合适的命令来解决问题。一本真正意义上的 Linux 实战教程可以帮助初学者解决这方面的问题。

本书是基于编者长期的生产实践和教学经验而写的。从 1992 年开始，编者一直使用 UNIX/Linux 从事 C 语言软件开发、系统管理、Oracle 数据库运维和系统调优等工作；1999 年以来，在高校为学生讲授"数据库系统原理""现代数据库技术""操作系统内核分析（Linux 作为案例）"等课程。长期以来，编者一直在思考和实践如何帮助初学者快速学习并掌握 UNIX/Linux 操作系统和数据库管理系统。

本书以很大的篇幅、丰富的截图让读者可以以循序渐进的方式轻松地从零开始学习华为 openEuler 操作系统：搭建 VMware Workstation 虚拟化实验环境；在 VMware Workstation 上安装 openEuler Linux；在 openEuler 上安装 openGauss、PostgreSQL、MySQL 数据库；在 openEuler 上开发 C 语言程序；在 openEuler Linux 上搭建 LAMP 环境；在 openEuler 上搭建 Hadoop 大数据开发环境。通过这些例子，引导读者场景化地学习 Linux 操作系统，包括常用命令、vi 编辑器、系统管理、网络管理、性能调优和 Bash Shell 编程。本书的任务二十四以实战的方式让读者体验在 openEuler Linux 上如何诊断操作系统的性能问题。

本书为那些想深入理解计算机系统的读者提供一本快速学习 Linux 的实战教程。

本书的读者对象

本书的读者对象主要为 Linux 操作系统的初学者。对于从未使用过 Linux 操作系统的工程人员，通过本书可以快速掌握 Linux 操作系统的基本命令、系统管理、网络管理和 Bash Shell 编程。

本书尤其适合高等院校一、二年级的学生，可以作为学习 Linux 操作系统的入门教材和实验参考书。

本书也适合高考结束后想报考计算机专业的高中毕业生，作为入学前的自学实验教材。建议这些毕业生在自学完本书后，继续自学编者的另外一本实验教材《华为 openGauss 开源数据库实战》(ISBN: 978-7-111-68015-4)。

本书还适合那些想快速了解和体验华为 openEuler 开源 Linux 操作系统的工程技术人员。

本书的主要内容

本书由 27 个任务组成，每个任务都是独立的。使用本书提供的虚拟机沙箱，读者可以选择从任何一个任务开始学习。

任务一是安装及配置 VMware Workstation 虚拟化软件。

任务二是在 VMware Workstation 上安装 openEuler Linux 操作系统。要求读者的计算机（运行 Windows 10）内存大于或等于 16GB。为了获得更好的学习体验，计算机上最好还要有一块 512GB 以上的 SSD 硬盘。如果读者的计算机硬件不能满足这个要求，那么需要读者升级计算机硬件。毕竟"工欲善其事，必先利其器"。考虑到目前采购内存和 SSD 硬盘的花费不算太多，建议读者升级自己实验用的计算机，内存升级到 32GB 以上，并安装一块 1TB 的 SSD 硬盘，这将会大大提高计算机性能，从而可以顺利地完成本书的所有实验。

任务三是在 openEuler Linux 操作系统上进行的应用实战，涵盖了数据库系统 openGauss、PostgreSQL、MySQL 的环境搭建和简单维护管理，Docker 容器的安装和简单使用，C 语言程序开发实战，LAMP 环境搭建与运行实例，Hadoop 大数据开发环境搭建和应用开发。

任务四～任务八是 Linux 常用命令实战，包括文件和目录操作实战、文件和目录权限管理实战、进程管理实战、查询系统信息实战和获取系统帮助实战。

任务九是 Linux vi 编辑器实战。

任务十～任务十七是 Linux 系统管理实战，包括常规管理（开关机、修改机器名、修改系统时间、修改系统运行等级）、用户管理、磁盘分区管理、逻辑卷管理、其他存储管理、软件管理、交换区管理和定时任务管理实战。

任务十八～任务二十三是 Linux 网络管理实战，包括网卡管理、配置 DNS 服务器、配置 DHCP 服务器、配置 vsftpd 服务器、配置 NFS 服务器和配置时间同步服务实战。

任务二十四是一个综合实战任务，使用各种性能测试工具程序和 Linux 性能相关的命令来测试 openEuler 操作系统性能，确定系统的瓶颈（CPU、I/O 还是内存），通过实战让读者学习并掌握 Linux 性能调优的技术。

任务二十五和任务二十六可让读者学习 openEuler OS 备份和数据备份。

任务二十七是 Linux Shell 编程实战。

本书的资源

本书提供的资源都已上传至百度网盘，读者可通过扫描以下二维码来获取一个名为"华为 openEuler 开源操作系统实战配套资料"的文件。

该文件的内容是百度网盘的共享链接和提取码，指向本书资源的实际下载地址。

下载的资源包括书中的代码文本、软件介质，以及安装好的 openEuler 实验用 VMware 虚拟机。

如何使用本书和共享网盘资源

如果读者使用的是家庭宽带，那么可将无线路由的网段配置为 192.168.3.x/24，将无线路由的 IP 地址配置为 192.168.3.1。这将与本书的配置完全一致。

建议读者在开始学习时严格按照本书的配置来完成，将来对华为的 openEuler 操作系统比较熟悉后，重复实验时再修改为自己想要的配置参数。

读者必须独立完成任务一和任务二。从任务三开始，本书在共享网盘上提供了 VMware 虚拟机，读者可以直接使用这些虚拟机开始任务的学习。

读者可从共享网盘上下载本书所有任务的代码文本。建议读者开始学习时尽量使用这些代码文本，因为初学者容易因为代码文本输入上的错误而无法继续实验，最终失去继续学习下去的信心。

初学者在完成任务三的 9 个项目时，很大程度上会不理解这些项目中大部分命令的含义和作用。这没什么关系，读者照着本书完成这 9 个项目即可。在学习了任务四之后的内容后，请初学者务必再次回头重做任务三中的 9 个项目，并在重做的过程中尽量尝试理解用到的 Linux 命令有什么作用。

请读者反复重做本书的实验，直到能轻松地、无障碍地完成本书的所有任务。此时，读者会发现自己站在高山之巅，已经是 Linux 的熟手了。正常情况下，借助共享网盘上的代码文本，读者可在 1 周或 2 周之内完成本书的所有任务。

致谢

首先要感谢我的家人，尤其是我的妻子李丹，你们的宽容、鼓励以及默默的支持，让我能够安静地写完本书。

其次要感谢我的朋友姜殿斌先生和黄彪先生，为本书提供了许多有用的资料，并给了许多有益的建议。此外，还要感谢我的同事何杰教授，给我许多鼓励，让我有信心写完本书。

最后要感谢华为公司资助了本书的出版，华为公司的工程师也为本书提供了许多有益的技术支持。

编著者

目　录

安装及配置 VMware Workstation 虚拟化软件

任务目标

　　动手实践是学习华为 openEuler 开源 Linux 的最佳方式。因此，初学者首先需要搭建一个 ope-nEuler 实战环境，一个好的选择是在 VMware Workstation Pro 虚拟化环境中安装 openEuler。

　　使用虚拟机进行 openEuler 开源 Linux 实战有很多好处：使用做好的虚拟机镜像文件，可以很快准备好 openEuler Linux 操作系统实验环境，使读者可以更加专注于 Linux 本身，而不是因为不能搭建合适的环境而学不下去；使用虚拟机的快照功能，可以反复做某一实验；使用虚拟机的暂停功能，可以随时暂停实验。

　　本任务的目标是在 Windows 10 上安装及配置 VMware Workstation 16 Pro 虚拟化软件。在后面的任务中，将使用 VMware Workstation 16 Pro 虚拟化软件安装华为 openEuler 开源 Linux 操作系统。

实施步骤

一、下载 VMware Workstation 16 Pro 软件

可以在 VMware 官网下载 VMware Workstation 16 Pro 虚拟化软件的测试版，网址如下：
https://www.VMware.com/cn/products/workstation-pro/workstation-pro-evaluation.html

　　使用浏览器打开这个网址，下载界面如图 1-1 所示，单击 Workstation 16 Pro for Windows 下的"立即下载"选项进行下载。编写本书时，VMware Workstation Pro 的免费测试版本是 16.2.1。

二、安装 VMware Workstation 16 Pro

　　从 VMware 官网下载 Workstation 16 Pro 试用版软件后，双击安装文件开始安装。如果 Windows 10 目前没有安装 Microsoft VC Redistributable，那么安装程序将提示用户重启 Windows 10 操作系统，以便完成 Microsoft VC Redistributable 的安装，如图 1-2 所示。单击"是"按钮，重启 Windows 10 操作系统。现在就可以安装 VMware Workstation 16 Pro 虚拟化软件了。整个安装过程如图 1-3 ～图 1-11 所示。

图 1-1　下载界面

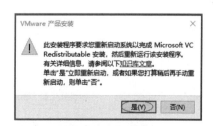

图 1-2　安装提示

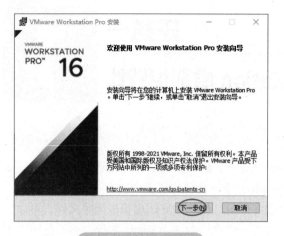

图 1-3　软件安装向导

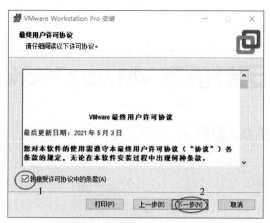

图 1-4　同意软件许可协议

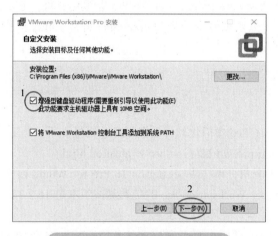

图 1-5　选中增强型键盘驱动程序

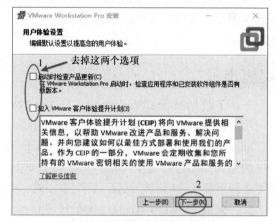

图 1-6　不设置用户体验参数

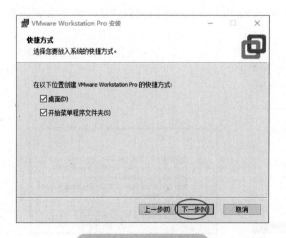

图 1-7　创建快捷方式

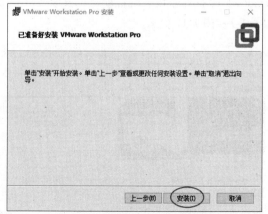

图 1-8　准备开始安装软件

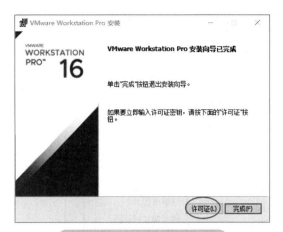

图1-9　单击"许可证"按钮

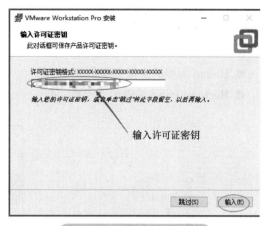

图1-10　输入许可证密钥

三、VMware 虚拟机网络拓扑

安装 VMware Workstation Pro 虚拟化软件之前，Windows 10 宿主机上的网络连接如图 1-12 所示。可以看到，当前 Windows 10 宿主机有 3 个网卡：第 1 个是 WLAN 无线网卡；第 2 个是蓝牙；第 3 个是以太网卡。

安装完 VMware Workstation Pro 虚拟化软件之后，会在 Windows 10 宿主机上新增两块虚拟网卡，如图 1-13 所示，分别为名字为 VMnet1（Host-only 类型）的网卡和名字为 VMnet8（NAT 类型）的网卡。

图1-11　完成软件安装

图 1-12　安装 VMware Workstation Pro 虚拟化软件之前 Windows 10 宿主机上的网络连接

图 1-13　安装 VMware Workstation Pro 虚拟化软件之后 Windows 10 宿主机上的网络连接

安装完 VMware Workstation Pro 虚拟化软件之后，还会在 Windows 10 宿主机上新增 3 台虚拟交换机，网络拓扑结构如图 1-14 所示。

- NAT 类型的虚拟交换机。
- Bridge 类型的虚拟交换机。
- Host-only 类型的虚拟交换机。

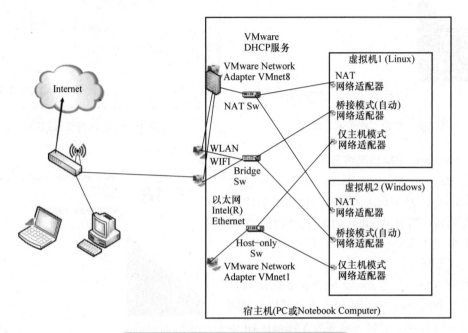

图 1-14　VMware 虚拟机的网络拓扑结构

宿主机 Windows 10 上的虚拟网卡 VMnet1（Host-only 类型）会自动连接到 Host-only 类型的虚拟交换机上；虚拟网卡 VMnet8（NAT 类型）会自动连接到 NAT 类型的虚拟交换机上；宿主机 Windows 10 上的物理网卡（无线网卡或者以太网卡）会自动连接到 Bridge 类型的虚拟交换机上。

四、配置 Windows 10 宿主机连接互联网

读者通常会使用运行 Windows 10 操作系统的笔记本计算机，将其作为宿主机，运行 VMware Workstation Pro 虚拟化软件。此时应首先确保笔记本计算机可以通过无线网卡或者千兆以太网卡连接互联网。如果使用无线网卡访问互联网，则需要有 WIFI 的名称和密码；如果使用千兆以太网访问互联网，则需要获取的信息包括 Windows 10 笔记本计算机的 IP 地址、子网掩码、默认路由的 IP 地址以及 DNS 的 IP 地址。

编者的实验环境是联通家庭光纤入户宽带，使用了一个华为无线路由器，它的内网地址是 192.168.3.1/24。Windows 10 笔记本计算机作为宿主机，通过无线网卡连接到华为路由器上，IP 地址和子网掩码是 192.168.3.176/24，默认路由和 DNS 的 IP 地址都是 192.168.3.1/24。

五、NAT 类型的网络

NAT 类型网络的拓扑结构如图 1-14 所示。

VMware Workstation Pro 虚拟化软件运行时会同时启动一个 DHCP 服务器，DHCP 服务器会从 Windows 10 宿主机获取访问互联网所需的 IP 地址、子网掩码、默认路由、DNS 等信息，为该 DHCP 服务器的客户机提供上网配置信息。

Windows 10 宿主机自身也会作为该 DHCP 服务器的客户机，为虚拟网卡 VMnet8 自动配置 IP

地址、子网掩码、默认路由和 DNS 等信息。

　　VMware 虚拟机（运行 openEuler 或者其他 OS）上 NAT 类型的网卡被配置为使用 DHCP 服务来获取网卡信息后，会使用这个 DHCP 服务自动配置网卡的 IP 地址、子网掩码、默认路由和 DNS 等信息。

　　通过以上内容可以得出如下结论：

- 使用 NAT 类型的虚拟网卡，可以很容易地实现 VMware 虚拟机（图 1-14 中的 Linux 虚拟机）单向访问外部互联网的计算机。
- 外部互联网上的计算机无法通过 NAT 类型的虚拟网卡访问 VMware 虚拟机（图 1-14 中的 Linux 虚拟机）。

　　从图 1-14 可以看到，在 Windows 10 宿主机的虚拟网卡 VMnet8 和物理网卡（笔记本计算机的无线网卡或者千兆网卡）之间有一个虚拟的源地址类型 NAT 防火墙（SNAT），它只允许虚拟机访问 SNAT 防火墙外部的计算机，不允许外部的计算机穿过 SNAT 防火墙访问 VMware 虚拟机。

六、Briāe 类型的网络

　　如果需要让外部的计算机访问 Windows 10 宿主机中的 VMware 虚拟机，则只能使用 Bridge 类型的网络，其拓扑结构如图 1-14 所示。

　　Bridge 是一种不隔离广播的网络设备。VMware 虚拟机的 Bridge 类型的网卡发出的网络通信包，可以通过 Windows 10 宿主机上的物理网卡传播到外部的网络。外部网络的主机可以收到虚拟机发来的信息包，也可以通过 Windows 10 宿主机上的物理网卡将信息包发回给 VMware 虚拟机。

　　读者应首先按照本任务的步骤四"配置 Windows 10 宿主机连接互联网"配置 Windows 10 宿主机访问外部网络，然后配置 VMware 虚拟机的 Bridge 类型的网卡。可以用两种方法来配置 VMware 虚拟机上 Bridge 类型的网卡。

　　第一种方法是使用外部网络的 DHCP 服务器。应特别注意，这个 DHCP 服务器不是安装完 VMware Workstation Pro 虚拟化软件后自动启动的 DHCP 服务器。在编者的实验环境中，外部网络的 DHCP 服务器位于华为无线路由器，地址是 192.168.3.1/24。读者可参阅本书的任务十八，将运行 openEuler 操作系统的 VMware 虚拟机上 Bridge 类型的网卡设置为通过 DHCP 自动获取上网配置信息。

　　第二种方法是静态配置 VMware 虚拟机上 Bridge 类型的网卡。同样，读者可参阅本书的任务十八，为运行 openEuler 操作系统的 VMware 虚拟机上的 Bridge 类型的网卡手工配置网卡的 IP 地址、子网掩码、默认路由的 IP 地址、DNS 服务器地址等信息。

七、Host-only 类型的网络

　　Host-only 类型的网络专门用于 Windows 10 宿主机和 VMware 虚拟机之间的快速网络通信。

　　正常情况下，两台计算机之间的 TCP/IP 通信如图 1-15 所示。用户数据要从 A 计算机传送到 B 计算机，首先需要在 A 机上从上到下逐层将要传输的数据打包，然后通过物理层将打包后的用户数据传送到 B 机，B 机接收到这些经过逐层打包的用户数据后，同样要使用 TCP/IP 从下到上逐层将收到的数据解包。

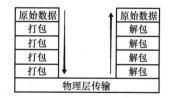

图 1-15　两台计算机之间的 TCP/IP 通信

注意，对于 Windows 10 宿主机来说，一个 VMware 虚拟机仅仅是 Windows 10 宿主机中的一个**进程**（见图 1-14）。为了实现 Windows 10 宿主机和 VMware 虚拟机之间的快速通信，可以在 Windows 10 操作系统上采用便捷快速的**进程间通信（IPC）**的方法。Host-only 类型的网络就是这种方法的具体实现，使用 IPC 仿真可实现虚拟的 TCP/IP，消除了 TCP/IP 协议层的数据打包、解包过程。正是由于这个原因，Host-only 类型的网络有一个缺点：只能用于虚拟机和宿主机之间的通信，不能用于虚拟机和外部计算机之间的通信。

在本书的 openEuler 实验环境中，规划 Host-only 类型的网络是 192.168.100.0/24。在 Windows 10 宿主机上，将虚拟网卡 VMnet1 的 IP 地址配置为 192.168.100.1，将子网掩码配置为 255.255.255.0。请读者按照图 1-16 和图 1-17 所示的内容进行配置，以满足后面实战学习 openEuler 的要求。

图 1-16　为 VMnet1 网卡配置 TCP/IPv4

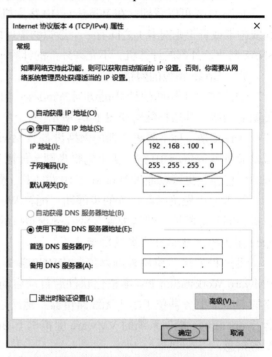

图 1-17　为 VMnet1 配置 IP 地址和子网掩码

运行 openEuler 的 VMware 虚拟机，只需将其 Host-only 类型的虚拟网卡配置为网段 192.168.100.0/24 中除 192.168.100.1/24 以外的任意地址，就可以与 Windows 10 宿主机进行快速通信。排除地址 192.168.100.1/24，是因为已经将它配置到 Windows 10 宿主机的虚拟网卡 VMnet1 上了。在任务二中，openEuler 虚拟机的虚拟网卡 ens33 属于 Host-only 类型，将其 IP 地址配置为 192.168.100.61/24（在这个表示法中，24 表示网卡的子网掩码为 255.255.255.0）。

八、关闭 Windows 10 宿主机上的防火墙

要使 Windows 10 宿主机和 VMware 虚拟机能正常通信，需要关闭 Windows 10 宿主机上运行的防火墙，应确保已经关闭了 Windows 10 自带的防火墙或者第三方的防火墙（如 360 的防火墙）。如果不关闭 Windows 10 的防火墙，那么配置会相当麻烦。

九、打开 CPU 的虚拟化支持选项

要正常运行 VMware 虚拟机，Windows 10 宿主机所在的硬件计算机还需要在 BIOS 中打开 CPU 的 VT 功能。一定要确保这一步已经完成，否则无法正常运行 VMware 虚拟机，会出现图 1-18 所示的错误提示。

图 1-18 未打开计算机的 VT 功能产生的错误提示

不同厂家的计算机进入 BIOS 的方法不尽相同。读者可参阅相关品牌计算机的资料，或者上网搜索相关品牌计算机进入 BIOS 的方法，打开 CPU 的 VT 功能。

下面以 ThinkPad P15 笔记本计算机为例，说明启用 Intel CPU 的 VT 功能的过程。启动 Windows 10 后，用鼠标单击屏幕左下角的"开始"/"电源"/"重启"选项，待笔记本计算机关闭后按住 <F1> 键，等待一会儿就会出现图 1-19 所示的界面。

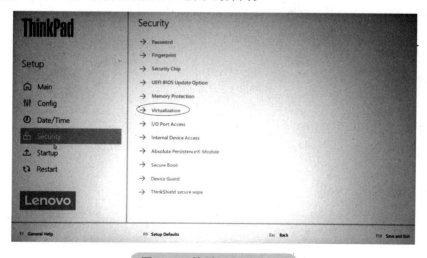

图 1-19 转到 Virtualization

单击"Security"/"Virtualization"选项，出现图 1-20 所示的界面。将选项"Intel Virtualization Technology"和"Intel VT-d Feature"设置为"On"，然后按 <F1> 键保存并退出 BIOS。至此

完成了打开 CPU VT 功能的任务。

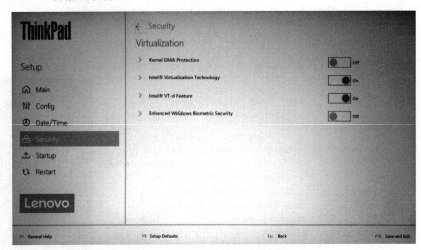

图 1-20　打开 CPU VT 功能

任务二

安装 openEuler 20.03 开源 Linux 操作系统

任务目标

在 VMware Workstation 16 Pro 上安装 openEuler 20.03 LTS SP2 开源 Linux 操作系统。

实施步骤

一、下载 openEuler 20.03 LTS SP2 操作系统

openEuler 开源 Linux 操作系统的官方下载地址为 https://www.openeuler.org/zh/download/，使用浏览器打开这个网址，将出现图 2-1 所示的界面。

图 2-1　下载 openEuler 的界面（1）

这里要下载的版本是 openEuler 20.03 LTS SP2，单击图 2-1 中的"获取 ISO"选项，将出现图 2-2 所示的界面；在图 2-2 中单击"x86_64/"选项，将出现图 2-3 所示的界面；在图 2-3 中，单击 "openEuler-20.03-LTS-SP2-everything-x86_64-dvd.iso"，下载 x86_64 版本的 openEuler。

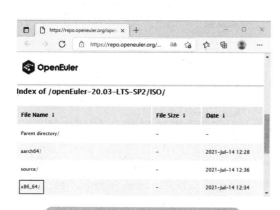

图 2-2　下载 openEuler 的界面（2）

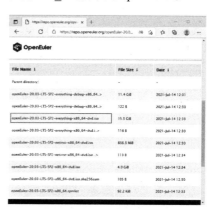

图 2-3　下载 openEuler 的界面（3）

二、创建 openEuler VMware 虚拟机

启动 WMware Workstation Pro 软件，按图 2-4～图 2-19 所示的内容进行操作，创建一台用于安装 openEuler 的 VMware 虚拟机，包含 4 个 CPU 核心、4GB 物理内存、一块 900GB 的硬盘、两个网卡（一个网卡的类型是 Host-olny、一个网卡的类型是 NAT）、一个虚拟光驱。并且在虚拟光驱中装载了 openEuler 20.03 LTS SP2 安装光盘，如图 2-20 所示。

图 2-4　开始创建 VMware 虚拟机软件界面

图 2-5　新建虚拟机向导界面（1）

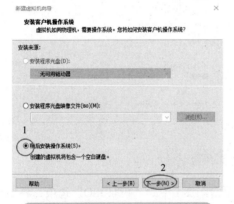

图 2-6　新建虚拟机向导界面（2）

图 2-7　新建虚拟机向导界面（3）

图 2-8　新建虚拟机向导界面（4）

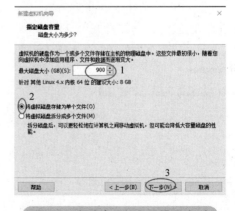

图 2-9　新建虚拟机向导界面（5）

图 2-10　新建虚拟机向导界面（6）

图 2-11　新建虚拟机向导界面（7）

图 2-12　新建虚拟机向导界面（8）

图 2-13　修改虚拟机的内存配置

图 2-14　修改虚拟机的 CPU 数量

图 2-15　将 ISO 文件装入虚拟光盘界面（1）

图 2-16　将 ISO 文件装入虚拟光盘界面（2）

图 2-17　将虚拟机网卡类型修改为 Host-only

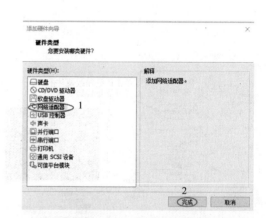

图 2-18　添加 NAT 类型的网卡界面（1）

图 2-19　添加 NAT 类型的网卡界面（2）

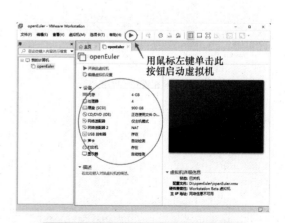

图 2-20　创建好的 openEuler 虚拟机

三、安装 openEuler 20.03

安装 openEuler 20.03 服务器的过程如图 2-21 ~ 图 2-63 所示。

首先在图 2-20 中单击启动按钮，启动 openEuler 虚拟机。稍等片刻将出现图 2-21 所示的界面，在键盘上按 <↑> 键，将白色亮条移动到 "Install openEuler 20.03-LTS-SP2"，如图 2-22 所示，然后按 <Enter> 键，开始安装 openEuler。

图 2-21 openEuler 安装界面（1）

图 2-22 openEuler 安装界面（2）

稍等片刻，出现图 2-23 所示的安装 openEuler 欢迎画面，选择安装过程所用的提示语言。建议读者使用默认值 "English（United States）"。单击图 2-23 中的 "Continue" 按钮，将出现图 2-24 所示的安装配置界面。

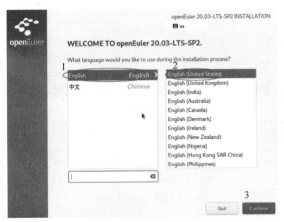

图 2-23 选择安装过程中的提示语言

图 2-24 openEuler 安装配置界面

在图 2-24 中单击 "Installation Destination" 按钮，将出现图 2-25 所示的界面，选择安装 openEuler 操作系统的目标硬盘。这里计划将 openEuler 安装在计算机的第一块硬盘 /dev/sda 上，并且由用户自己来控制 openEuler 安装后各个分区的大小（系统默认的分区大小并不适合生产环境）。强烈建议读者使用本安装实例的分区方案，它已经被超过 20 年的生产实践所验证，非常可靠，可在生产环境中放心使用。

在图 2-25 中选中 "Custom" 单选按钮，然后单击 "Done" 按钮，将出现图 2-26 所示的界面。在图 2-26 中，单击 "+" 按钮，开始配置 openEuler 操作系统的磁盘分区。请读者按照图 2-27 ~ 图 2-35 所示的操作，为安装 openEuler 操作系统的磁盘 /dev/sda 进行分区。

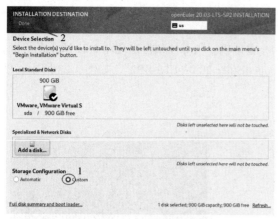

图 2-25　选择安装 openEuler 的目标磁盘 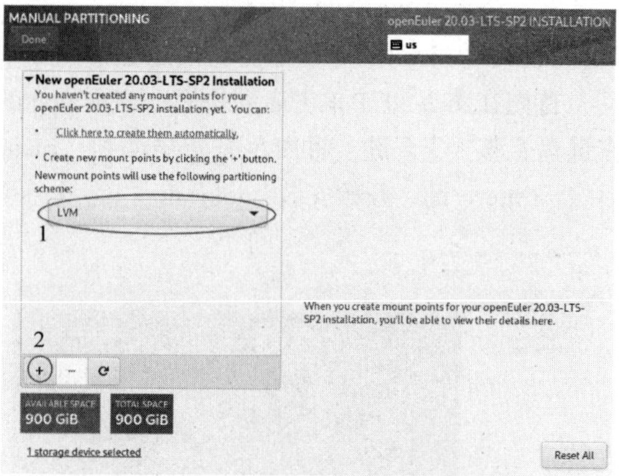　　　　图 2-26　选择使用 LVM 管理磁盘

注意，在分区方案中，把剩余的磁盘空间都分配给了磁盘分区 /toBeDeleted。这样做的原因是：openEuler 采用 LVM 安装操作系统时，如果不把剩余的空间先分配给一个分区，那么未来就无法再使用这部分剩余的空间，这会导致系统无法使用这部分空间来扩大已有的逻辑卷。这里采用先分配再删除回收空间的办法来解决这个问题。

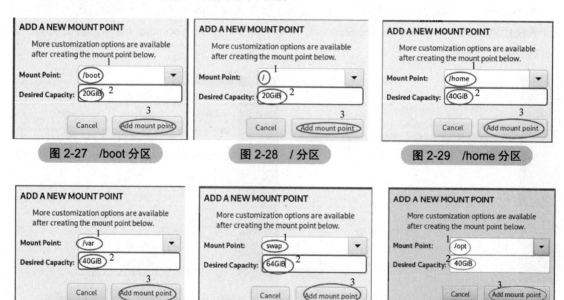

图 2-27　/boot 分区　　　　图 2-28　/ 分区　　　　图 2-29　/home 分区

图 2-30　/var 分区　　　　图 2-31　/swap 分区　　　　图 2-32　/opt 分区

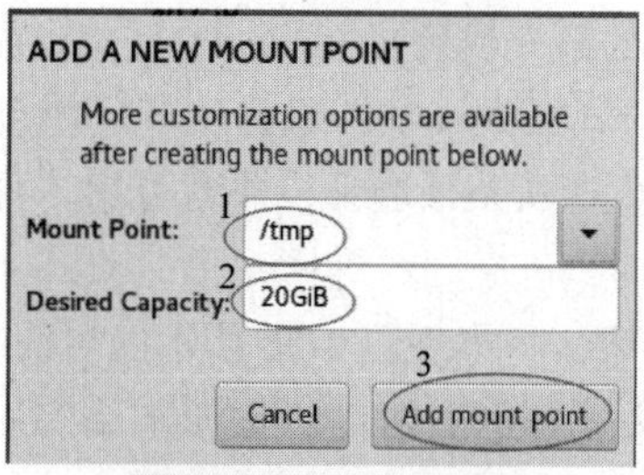

图 2-33　/tmp 分区 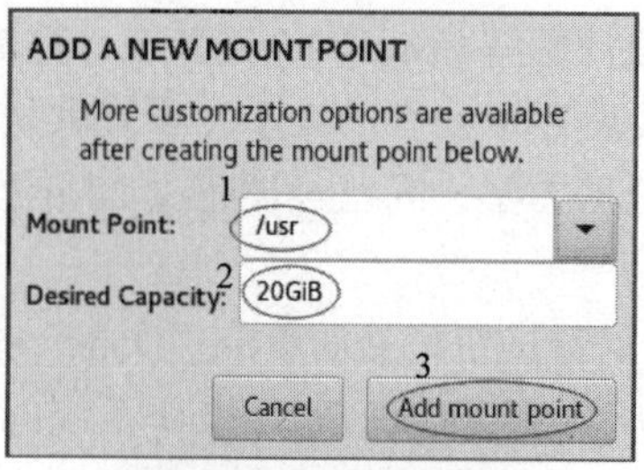　　　　图 2-34　/usr 分区 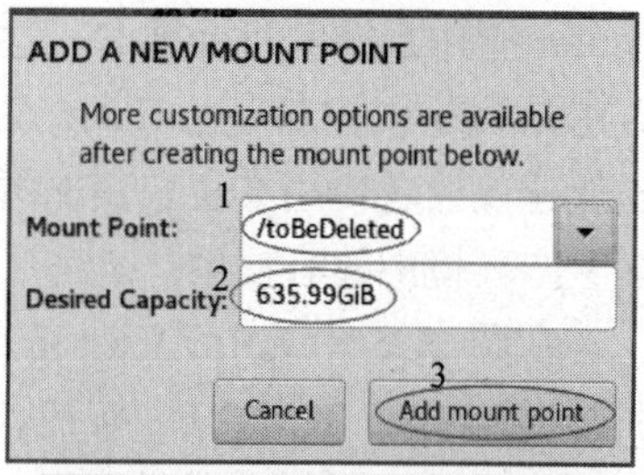　　　　图 2-35　/toBeDeleted 分区

在图 2-35 中，单击"Add mount point"按钮，将出现图 2-36 所示的界面。在图 2-36 中，单击"Done"按钮，将出现图 2-37 所示的界面，请求确认接受刚刚完成的手动分区方案。

在图 2-37 中，单击"Accept Changes"按钮，确认并接受刚才的分区方案，返回 openEuler 操作系统安装配置界面，如图 2-38 所示。

图 2-36　手动分区结束时的界面

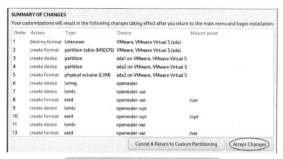

图 2-37　确认接受分区方案

接下来在图 2-38 中，单击"Language Support"按钮，出现图 2-39 所示的界面，开始配置 openEuler 操作系统支持的语言。在图 2-39 中选中"中文"/"简体中文（中国）"选项，然后单击"Done"按钮，返回图 2-40 所示的 openEuler 操作系统安装配置界面。

图 2-38　选择配置 openEuler 的语言支持

图 2-39　选择支持简体中文

接下来为 openEuler 选择操作系统软件安装包。在图 2-40 中，单击"Software Selection"按钮后，出现图 2-41 所示的软件包选择界面。

图 2-40　单击"Software Selection"按钮

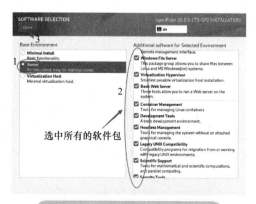

图 2-41　openEuler 软件包选择

在这里，读者有 3 种选择：

■ Minimal Install：只安装最少的 openEuler 操作系统组件。

■ Server：会安装较多的 openEuler 操作系统组件。

■ Virtualization Host：安装 openEuler 操作系统虚拟化支持组件。

在读者第一次安装 openEuler 时，为了简单起见，在图 2-41 左边的软件安装选项栏中选中"Server"选项，在右边的软件选项栏中把所有的软件包都选上。这么做是因为：首次安装宜简单，等将来读者对这些软件包熟悉之后，再根据自己的需要来选装一些软件包。完成这些选择后，在图 2-41 中单击"Done"按钮，再次返回到 openEuler 操作系统安装配置界面（见图 2-42）。

接下来在图 2-42 中，单击"Network & Host Name"按钮，将出现图 2-43 所示的界面，开始配置 openEuler 服务器的网卡和主机名。Linux 服务器一般采用固定的 IP 地址，因此可以将网卡 ens33 的 IP 地址手工静态配置为 192.168.100.61/24。在图 2-43 中，单击"Configure"按钮，出现图 2-44 所示的网卡配置界面。

图 2-42　配置 openEuler 网络和主机名

图 2-43　选择配置网卡 ens33

在图 2-44 中，单击"General"标签栏，将出现图 2-45 所示的界面。在图 2-45 中，选中"Connect automatically with priority"复选框，然后单击"IPv4 Settings"标签栏，将出现图 2-46 所示的界面。在图 2-46 中单击"Method"下拉按钮，将出现图 2-47 所示的配置界面，在"Method"多选框中选择"Manual"后，将出现图 2-48 所示的配置界面。在图 2-48 中，单击"Add"按钮，将出现图 2-49 所示的配置界面。在图 2-49 中，为网卡 ens33 输入 IP 地址为 192.168.100.61，子网掩码为 255.255.255.0，网关的 IP 地址为 0.0.0.0，单击"Save"按钮，保存网卡 ens33 的配置信息，此时将出现图 2-50 所示的界面。在图 2-50 中，单击"on"按钮两次，确保网络 ens33 处于启动状态。

接下来配置第二块网卡 ens34（NAT 类型的网卡）。用户系统上的网卡名也许不是 ens34，但这没有任何问题，只需按照本安装实例，像配置网卡 ens33 一样进行配置就可以。这里将配置网卡 ens34 使用 VMware 虚拟化软件提供的 DHCP 服务。在图 2-50 中，选中"Ethernet（ens34）"，将出现如图 2-51 所示的画面，在

图 2-44　配置网卡 ens33 界面（1）

图 2-51 中，单击"OFF"滑动按钮，启动网卡 ens34，将出现图 2-52 所示的界面。在图 2-52 中，单击"Configure"按钮，将出现图 2-53 所示的界面。在图 2-53 中，单击"General"标签栏，将出现图 2-54 所示的界面。在图 2-54 中，勾选"Connect automatically with priority"复选框，然后单击"Save"按钮，将出现图 2-55 所示的界面。在图 2-55 中，单击"Done"按钮，将出现图 2-56所示的界面，至此完成了网卡的配置。

图 2-45　配置网卡 ens33 界面（2）

图 2-46　配置网卡 ens33 界面（3）

图 2-47　配置网卡 ens33 界面（4）

图 2-48　配置网卡 ens33 界面（5）

图 2-49　配置网卡 ens33 界面（6）

图 2-50　确保 ens33 网卡已经启动

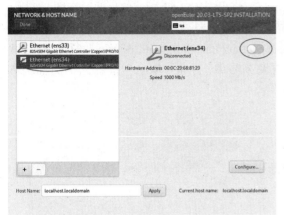

图 2-51　配置第二块网卡 ens34 界面（1）

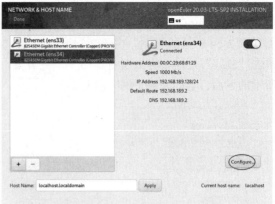

图 2-52　配置第二块网卡 ens34 界面（2）

图 2-53　配置第二块网卡 ens34 界面（3）

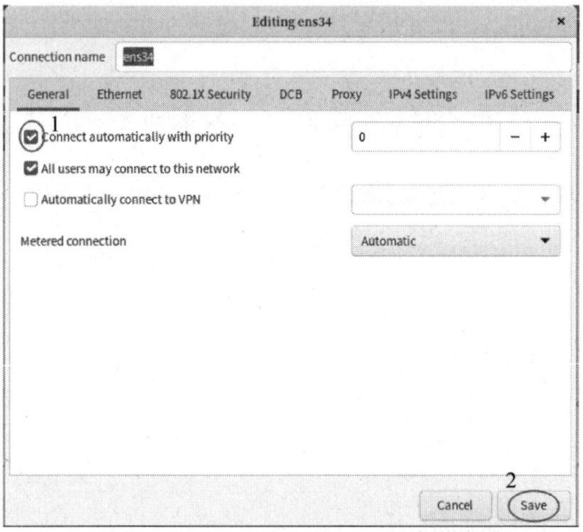

图 2-54　配置第二块网卡 ens34 界面（4）

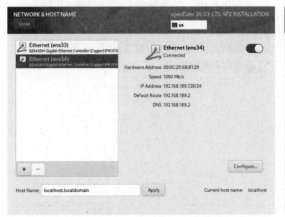

图 2-55　配置第二块网卡 ens34 界面（5）

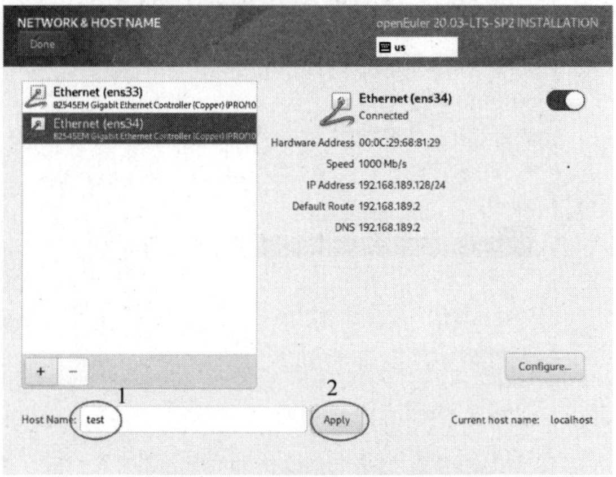

图 2-56　配置主机名界面（1）

接下来要配置 openEuler 服务器名称。在图 2-56 中的"Host Name"输入框中输入主机的名字 test，并单击"Apply"按钮，将出现图 2-57 所示的界面。可以看到，此时的主机名已经变成了 test。在图 2-57 中，单击"Done"按钮，完成主机名配置，再次返回 openEuler 操作系统安装配置界面，如图 2-58 所示。在图 2-58 中，单击"Root Password"按钮，将出现图 2-59 所示的界面，为 openEuler 的超级用户 root 设置密码。需要两次输入同样的密码（本安装实例将 root 用户的密码设置为"root@ustb2021"），并取消选择复选框"Lock root account"（提醒读者这很重要，否则会导致安装完成后不能登录），单击"Done"按钮后，将再次返回 openEuler 操作系统安装配置主界面，如图 2-60 所示。

在国内安装 openEuler，不需要配置键盘（Keyboard）、时间和日期（Time & Date），采用默认值就可以，因此在图 2-60 中，单击"Begin Installation"按钮，开始安装 openEuler 操作系统，出现图 2-61 所示的界面，开始安装 openEuler Linux 操作系统。

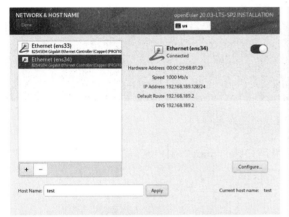

图 2-57　配置主机名界面（2）

图 2-58　为 root 用户配置密码界面（1）

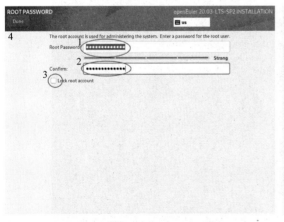
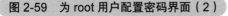

图 2-59　为 root 用户配置密码界面（2）

图 2-60　安装配置结束界面

openEuler Linux 操作系统的安装需要一定的时间，读者一定要耐心等待，直到出现图 2-62 所示的 openEuler 安装结束的界面。在图 2-62 中，单击右下角的"Reboot System"按钮，重新启动 openEuler 服务器。

图 2-61　开始安装 openEuler 的界面

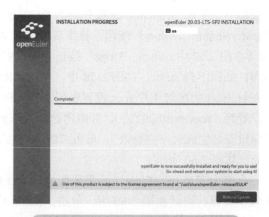

图 2-62　openEuler 安装结束的界面

继续耐心等待一会儿，将出现图 2-63 所示的 openEuler 控制台界面。

图 2-63　openEuler 控制台

从这里开始，便可以使用 openEuler Linux 超级用户账号 root（用户密码是"root@ustb2021"）登录到华为 openEuler 操作系统，开始 openEuler 实战之旅。

四、从 openEuler 控制台登录到 openEuler

在图 2-63 所示的 openEuler 控制台中输入用户名 root 和密码"root@ustb2021"后，超级用户 root 就可以登录到 openEuler 操作系统，过程如图 2-64 所示。

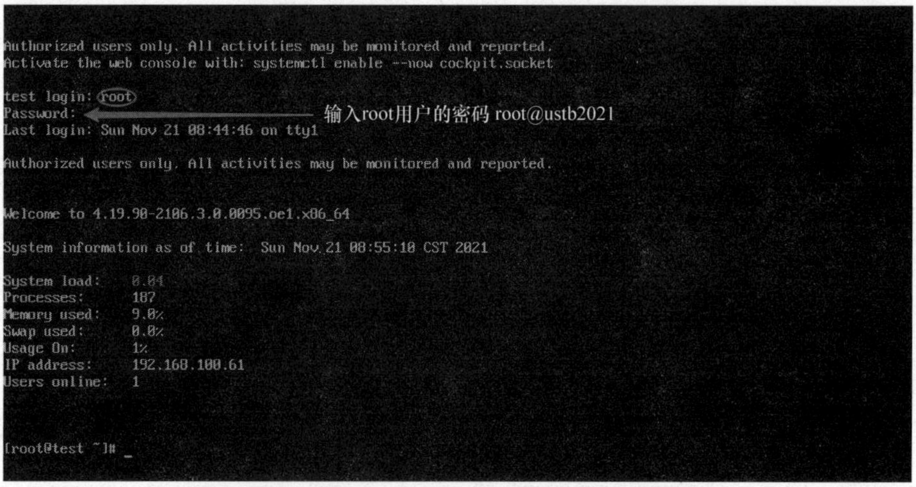

图 2-64　从 openEuler 控制台登录到 openEuler

使用 VMware Workstation Pro 虚拟化软件环境运行 openEuler 时，不支持从 Windows 10 宿主机复制命令文本到 openEuler 控制台，因此一般不使用这种方法登录到 openEuler 系统，而是采用实施步骤五介绍的方法来登录 openEuler。

五、在 Windows 10 的 CMD 窗口中使用 ssh 登录 openEuler

在 Windows 10 的 CMD 窗口中使用 ssh 登录 openEUler 之前，请读者务必确认：

■ 已经关闭了 Windows 10 宿主机上的防火墙。

■ 已经按照任务一的实施步骤七，为 Windows 10 宿主机上的虚拟网卡 VMnet1 配置了固定 IP 地址 192.168.100.1，子网掩码是 255.255.255.0。

在 Windows 10 中打开一个 CMD 命令窗口，执行命令 ping 192.168.100.1，确认 Windows 10 宿主机已经配置好了网卡 VMnet1，如图 2-65 所示。

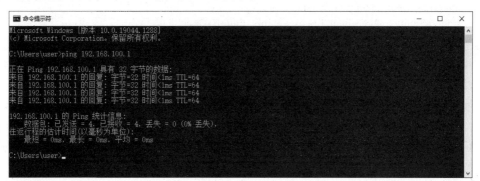

图 2-65　确认宿主机的 VMnet1 网卡已经配置了 IP 地址为 192.168.100.1，子网掩码为 255.255.255.0

接下来在 Windows 10 的 CMD 命令窗口中执行命令 ssh root@192.168.100.61，登录到 openEuler，如图 2-66 所示。

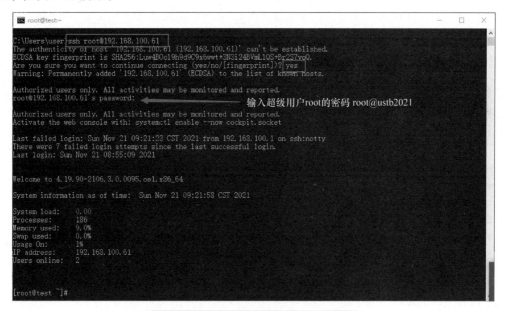

图 2-66　使用 ssh 远程登录 openEuler

六、确认 openEuler 虚拟机可以访问互联网

首先需要读者确认 Windows 10 宿主机可以访问互联网，这可以通过使用浏览器打开百度的首页 http://baidu.com 来进行测试。

然后需要读者确认已经按照任务二的实施步骤二和实施步骤三安装完 openEuler 虚拟机，并已经配置了 NAT 类型的网卡 ens34。

接下来需要按照任务二的实施步骤五，在 Windows 10 宿主机的 CMD 窗口中使用 ssh 命令登录到 openEuler 操作系统。

最后执行如下的命令，确认 openEuler 虚拟机可以访问互联网：

```
[root@test ~]# ping -c 2 news.sina.com.cn
PING spool.grid.sinaedge.com (36.51.252.81) 56(84) bytes of data.
64 bytes from 36.51.252.81 (36.51.252.81): icmp_seq=1 ttl=128 time=6.29 ms
64 bytes from 36.51.252.81 (36.51.252.81): icmp_seq=2 ttl=128 time=6.20 ms
--- spool.grid.sinaedge.com ping statistics ---
2 packets transmitted, 2 received, 0% packet loss, time 1003ms
rtt min/avg/max/mdev = 6.200/6.245/6.291/0.045 ms
[root@test ~]#
```

七、删除逻辑卷 openeuler/toBeDeleted

在 openEuler 操作系统安装完成后，应当删除目录 /toBeDeleted 及其所在的逻辑卷，释放的空间将作为空闲磁盘空间，在将来必要的时候分配给其他的逻辑卷使用。例如，如果将来 /opt 文件系统空间不足（openGauss DBMS 软件和数据库都在这个目录上），就可以使用这些空闲的磁盘空间来扩大 /opt 文件系统所在卷的大小。

使用 root 用户，执行下面的命令，查看 openEuler 上的逻辑卷组：

```
[root@test ~]# vgs
  VG        #PV #LV #SN Attr   VSize    VFree
  openeuler   1   8   0 wz--n- <880.00g 8.00m
[root@test ~]#
```

可以看到，目前 openEuler 上只有一个名称为 openeuler 的卷组。

使用 root 用户，执行下面的命令，查看逻辑卷组 openeuler 的情况：

```
[root@test ~]# vgdisplay openeuler
  --- Volume group ---
  VG Name               openeuler
# 省略了一些输出
  VG Size               <880.00 GiB          空间总共有 880GiB
  PE Size               4.00 MiB
  Total PE              225279
  Alloc PE / Size       225278 / 879.99 GiB  880GiB 用掉了 879.99GiB，基本上被使用光了！
  Free  PE / Size       2 / 8.00 MiB         还剩下两个 PE，大小为 8MB
  VG UUID               zqNlXq-BUa1-nbBI-LNcZ-aleG-eZ08-q9O79t
[root@test ~]#
```

可以看到，卷组 openEuler 目前只有两个空闲的 PE，总共有 8MB 的空闲磁盘空间，也即是说，目前几乎没有空闲的磁盘空间了。

执行下面的命令，查看目前 openEuler Linux 上的逻辑卷信息：

```
[root@test ~]# lvs
  LV   VG        Attr       LSize  Pool Origin Data% Meta% Move Log Cpy%Sync Convert
  home openeuler -wi-ao---- 40.00g
  opt  openeuler -wi-ao---- 40.00g
  root openeuler -wi-ao---- 20.00g
  swap openeuler -wi-ao---- 64.00g
  tmp  openeuler -wi-ao---- 20.00g
```

```
toBeDeleted openeuler -wi-ao---- 635.99g
usr          openeuler -wi-ao---- 20.00g
var          openeuler -wi-ao---- 40.00g
[root@test ~]#
```

可以看到名称为 openeuler 的卷组中，逻辑卷 toBeDeleted 占用了 635.99GB 的空间。在安装 openEuler 时解释过为什么要创建 toBeDeleted 逻辑卷（编者认为这是 LVM 管理的一个小 Bug，编者采用先通过创建 toBeDeleted 逻辑卷占用空间，再通过删除 toBeDeleted 逻辑卷来释放空间的方法绕过这个 Bug）。现在可以删除 toBeDelete 逻辑卷了。

使用 root 用户，按下面的步骤删除 toBeDelete 逻辑卷。

1）执行下面的命令，查看文件系统的挂接情况：

```
[root@test ~]# df -h /toBeDeleted
Filesystem                       Size   Used Avail  Use%  Mounted on
/dev/mapper/openeuler-toBeDeleted 626G  73M   594G   1%   /toBeDeleted
[root@test ~]#
```

2）执行下面的命令，卸载文件系统挂接点 /toBeDeleted：

```
[root@test ~]# umount /toBeDeleted
```

3）执行下面的命令，删除文件 /etc/fstab 中关于挂接点 /toBeDeleted 的行：

```
[root@test ~]# sed -i '/toBeDeleted/d' /etc/fstab
```

4）执行下面的命令，删除逻辑卷 toBeDeleted：

```
[root@test ~]# lvremove -y openeuler/toBeDeleted
```

5）执行下面的命令，查看目前操作系统上的逻辑卷信息：

```
[root@test ~]# lvs
  LV    VG        Attr       LSize Pool Origin Data% Meta% Move Log Cpy%Sync Convert
  home  openeuler -wi-ao---- 40.00g
  opt   openeuler -wi-ao---- 40.00g
  root  openeuler -wi-ao---- 20.00g
  swap  openeuler -wi-ao---- 64.00g
  tmp   openeuler -wi-ao---- 20.00g
  usr   openeuler -wi-ao---- 20.00g
  var   openeuler -wi-ao---- 40.00g
[root@test ~]#
```

此时发现逻辑卷 toBeDeleted 已经被删除了。

6）执行下面的命令，查看卷组 openeuler 的情况：

```
[root@test ~]# vgdisplay openeuler
  --- Volume group ---
  VG Name               openeuler
# 省略了一些输出
  Total PE              225279
  Alloc PE / Size       62464 / 244.00 GiB
  Free  PE / Size       162815 / <636.00 GiB
```

```
    VG UUID                    MwLuIx-zoXl-AGd3-MJgC-0R0X-Ooio-nX2Pgi
[root@test ~]#
```

可以看到，删除逻辑卷 toBeDeleted 后，卷组 openeuler 目前一共有 162815 个空闲的 PE（大概有 636GiB 的空闲磁盘空间）。

八、在线扩展 /opt 文件系统到 400GB

这里打算在 openEuler 上安装 openGauss 数据库管理系统，并且计划将 openGuss 数据库管理软件和数据库数据都保存在 /opt 文件系统下。

使用 root 用户，执行下面的命令，查看 /opt 文件系统目前的情况：

```
[root@test ~]# df -h /opt
Filesystem                 Size   Used Avail Use% Mounted on
/dev/mapper/openeuler-opt  40G    49M  38G   1% /opt
[root@test ~]#
```

可以看到，/opt 文件系统只有 38GB 的存储空间可用。

假设保存到 openGauss 数据库的用户数据将来会超过 300GB，甚至会达到 400GB，因此需要扩大 /opt 文件系统，将其扩大到 400GB。

使用 root 用户，执行下面的命令，扩展逻辑卷 openeuler/opt 的大小到 400GB：

```
[root@test ~]# lvextend -L 400G /dev/openeuler/opt
    Size of logical volume openeuler/opt changed from 40.00 GiB (10240 extents) to 400.00 GiB (102400 extents).
    Logical volume openeuler/opt successfully resized.
[root@test ~]#
```

使用 root 用户，执行下面的命令，查看 /opt 文件系统的类型：

```
[root@test ~]# lsblk -f
```

输出显示如图 2-67 所示。

图 2-67　查看 /opt 文件系统的类型

从图 2-67 可以看到，/opt 文件系统的类型为 ext4。

使用 root 用户，执行下面的命令，扩展逻辑卷 openeuler/opt 上的 ext4 文件系统：

```
[root@test ~]# resize2fs /dev/openeuler/opt
resize2fs 1.45.6 (20-Mar-2020)
Filesystem at /dev/openeuler/opt is mounted on /opt; on-line resizing required
old_desc_blocks = 5, new_desc_blocks = 50
```

```
The filesystem on /dev/openeuler/opt is now 104857600 (4k) blocks long.
[root@test ~]#
```

使用 root 用户，执行下面的命令，再次查看 /opt 文件系统的情况：

```
[root@test ~]# df -h /opt
Filesystem              Size   Used  Avail Use% Mounted on
/dev/mapper/openeuler-opt 394G  69M  377G   1% /opt
[root@test ~]#
```

可以看到，/opt 文件系统已经扩展到 394GB，目前可用的空间为 377GB。

九、安装 Posix man 手册页

首先使用 root 用户，执行下面的命令，下载 Posix man 手册页：

```
[root@test ~]# wget https://mirrors.edge.kernel.org/pub/linux/docs/man-pages/man-pages-posix/man-pages-posix-2013-a.tar.xz
```

然后使用 root 用户，执行下面的命令，解压缩这个 Posix man 手册页软件包：

```
[root@test ~]# tar xf man-pages-posix-2013-a.tar.xz
```

接下来使用 root 用户，执行下面的命令，安装 Posix man 手册页：

```
[root@test ~]# cd man-pages-posix-2013-a/
[root@test ~]# make
```

最后使用 root 用户，执行下面的命令，创建和更新预格式化的 Posix man 手册页：

```
[root@test ~]# catman
```

十、openEuler Linux 操作系统关机

注意，不能直接拔掉运行华为 openEuler 开源 Linux 操作系统服务器（计算机）的电源。因为直接拔掉电源可能造成不可挽回的损坏。要安全地关闭 openEuler Linux 计算机，需要使用超级用户 root，登录到 openEuler，然后执行下面的 Linux 命令：

```
[root@test ~]# shutdown -h now
```

十一、备份刚刚安装的 openEuler 虚拟机

在 Windows 10 宿主机上，可使用 winrar 压缩软件打包刚刚安装的 openEuler 虚拟机目录。

强调一下，要使用 winrar 压缩 openEuler 虚拟机目录，一定要先按照任务二的步骤十将 openEuler 操作系统关闭。

编者将 openEuler 虚拟机安装在 Windows 10 宿主机的 D:\openEuler 目录下了，因此使用 winrar 可以将这个目录压缩成一个文件 openEuler.rar，根据习惯，将该文件的名称修改为 openEulerOS.rar，并将它移动到 D 盘下的目录 D:\openEulerInActionVMwareFiles 中。

备份后的虚拟机压缩文件可以复制给其他人使用，或者在 openEuler 虚拟机运行出错、进行了错误配置时，不用重新安装 openEuler 操作系统，直接释放这个虚拟机压缩包，然后直接运行该虚拟机就可以，能节省大量的时间，提高效率。

十二、更新 openEuler 操作系统

现在计划将 openEuler 虚拟机上已经安装的软件更新到最新版本。

重新启动 openEuler 虚拟机，使用超级用户 root 重新登录到 openEuler，然后执行下面的命令，更新 openEuler 操作系统的软件包：

```
[root@test ~]# dnf -y update
```

十三、安装 DDE 图形桌面环境

openEuler 的图形界面需要额外进行安装。目前 openEuler 上比较成熟可靠的图形界面是深度桌面环境（Deepin Desktop Environment，DDE）。

首先，使用 root 用户，执行下面的命令，安装 DDE 软件包：

```
[root@test ~]# dnf -y install dde
```

然后，使用 root 用户，执行下面的命令，配置 openEuler 启动后使用图形界面 DDE：

```
[root@test ~]# systemctl set-default graphical.target
Removed /etc/systemd/system/default.target.
Crete symlink /etc/systemd/system/default.target → /usr/lib/systemd/system/graphical.target
[root@test ~]#
```

接下来，使用 root 用户，执行下面的命令，修改用户 openeuler 的密码，将用户 openeuler 的密码设置为"abcd@1234"：

```
[root@test ~]# echo "abcd@1234"|passwd --stdin openeuler
Changing password for user openeuler.
passwd: all authentication tokens updated successfully.
[root@test ~]#
```

最后，使用 root 用户，执行下面的命令，重启动操作系统：

```
[root@test ~]# reboot
```

稍等一会，控制台将显示 DDE 图形登录界面，如图 2-68 所示。

在 DDE 图形登录界面输入用户 openeuler 的密码"abcd@1234"，然后按 <Enter> 键，出现图 2-69 所示的图形性能选项界面。单击"Normal Mode"按钮后，出现图 2-70 所示的 DDE 界面。

请读者自行完成设置 DDE 桌面环境的显示器分辨率。

十四、再次备份 openEuler 虚拟机

首先，请读者按照任务二的步骤十关闭 openEuler 虚拟机。

然后，请读者按照任务二的步骤十一，再次使用 winrar 压缩软件备份 openEuler 虚拟机，并将文件名修改为 openEulerOSwithGUI.rar。

图 2-68　DDE 图形登录界面

图 2-69　图形性能选项界面

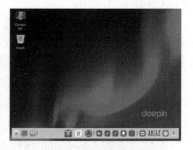
图 2-70　DDE 界面

十五、Filezilla：在 Windows 10 和 openEuler 虚拟机之间传送数据

有时需要在 Windows 10 和 openEuler 虚拟机之间传递数据。

有很多方法可以实现这两者之间的文件传送。建议初学者使用 FileZilla 客户端软件在 windows 10 宿主机和 openEuler 虚拟机之间实现传输数据。

1. 下载 FileZilla 客户端软件

从 URL 地址 https://filezilla-project.org/ 下载 FileZilla 客户端软件，如图 2-71 所示。

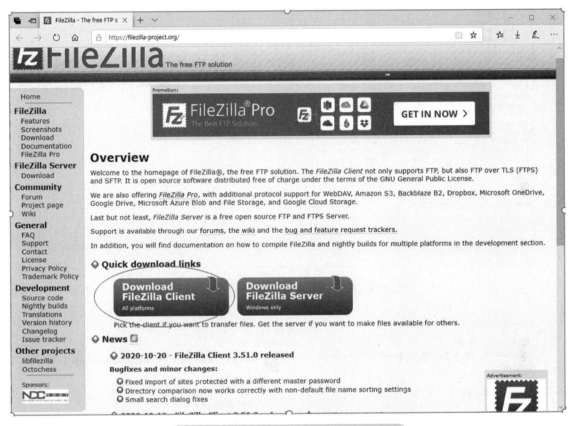

图 2-71　下载 FileZilla 客户端程序的界面

2. 安装 FileZilla 客户端

在 Windows 10 宿主机上安装 FilerZilla 客户端软件比较简单，启动安装程序后，按照提示一步一步安装即可。

3. 配置 FileZilla 连接 openEuler 服务器

使用 FileZilla 连接 openEuler 服务器之前，需要首先启动 openEuler 虚拟机，然后打开 FileZilla 客户端程序。如图 2-72 所示，依次输入 openEuler 主机 IP 地址 192.168.100.61、用户名 root、密码 "root@ustb2021"、端口号 22，然后按 <Enter> 键，将出现图 2-73 所示的界面，询问是否让 FileZilla 记住用户的密码。单击"确定"按钮后，将出现图 2-74 的界面，询问用户是否信任主机 192.168.100.61。按图 2-74 所示选择复选框后，单击"确定"按钮，将出现图 2-75 所示的界面，这表示 FileZilla 客户端软件已经成功地连接到了 openEuler 服务器。

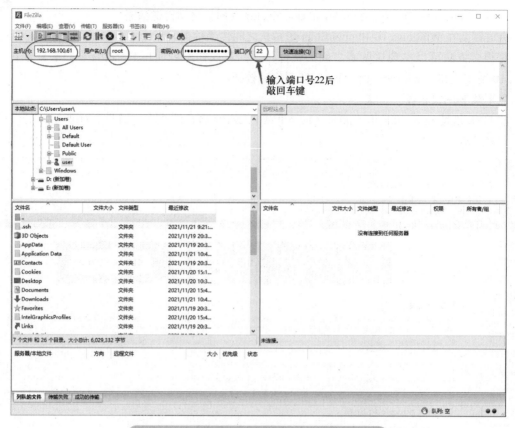

输入端口号22后
敲回车键

图 2-72　配置 FileZilla 连接 openEuler 服务器

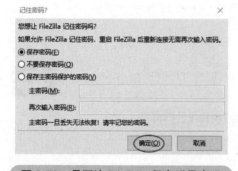

图 2-73　是否让 FileZilla 保存登录密码

图 2-74　让 FileZilla 信任新密钥

十六、课后实验

实验 1：安装 openEuler 虚拟机 svr1，要求如下：

1）创建一个 openEuler 虚拟机 svr1，具有 4 核 CPU、4GB 内存、一个 900GB 虚拟硬盘、一个 Host-only 类型的网卡。

2）在这个虚拟机上安装 openEuler 20.03 LTS SP2 操作系统（软件安装选择 Minimal Install）。

3）将 Host-only 类型的网卡的 IP 地址及子网掩码配置为 192.168.100.121/255.255.255.0。

4）设置机器名为 svr1。

5）安装完成后，为虚拟机 svr1 添加一个桥接类型的网卡和一个 1024GB 的虚拟硬盘，将 USB 控制器的兼容性修改为 3.1。

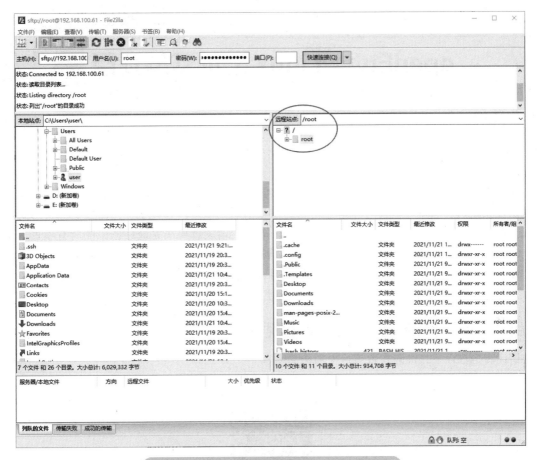

图 2-75　FileZilla 成功连接 openEuler 服务器

6）最后，使用 winrar 压缩备份虚拟机 svr1（文件名为 svr1.rar）。

实验 2：安装 openEuler 虚拟机 svr2，要求同虚拟机 svr1，差别在于将 Host-only 类型的网卡的 IP 地址及子网掩码配置为 192.168.100.122/255.255.255.0。

实验 3：安装 openEuler 虚拟机 svr3，要求同虚拟机 svr1，差别在于将 Host-only 类型的网卡的 IP 地址及子网掩码配置为 192.168.100.123/255.255.255.0。

请读者注意，在后面的 openEuler 实战中，将要使用这些虚拟机。

任务三
openEuler Linux 上的实战项目

3

任务目标

Linux 初学者常常会感到困惑：我学习 Linux 有什么用。这将导致 Linux 初学者在学习过程中没法深入理解所学的命令。

任务三由 9 个 openEuler 上的项目构成。在学习 openEuler Linux 之前，应先完成这些项目。读者在首次做这些项目时，会对项目中用到的命令不明白，这没有关系，只需要确保自己能根据项目文档完成项目即可。在学习完本书的其他任务后，请读者再次完成任务三的所有项目，这一次，你要理解项目文档中的命令有什么作用，做到这一点，就证明你初步学会了 Linux。

读者可以重复这个过程：先做任务三的项目，再完成 Linux 相关任务，直到熟练掌握了本书包含的 Linux 相关知识。有了基础之后，再使用更高级的 Linux 教材深入学习。

项目 1　安装开源 openGauss 数据库

请读者扫描以下二维码查看项目 1 的相关内容。

本项目最终将创建一个虚拟机备份 dbsvrOpenGauss.rar。

项目 2　编译安装 PostgreSQL 数据库

请读者扫描以下二维码查看项目 2 的相关内容。

本项目最终将创建一个虚拟机备份 dbsvrOK.rar。

项目 3 使用 rpm 包安装 MySQL 数据库

请读者扫描以下二维码查看项目 3 的相关内容。

本项目最终将创建一个虚拟机备份 dbsvr3dbOK.rar。

项目 4 使用源码编译安装 MySQL 5.7.36 数据库

请读者扫描以下二维码查看项目 4 的相关内容。

项目 5 使用 dnf 安装 MySQL 8 数据库

请读者扫描以下二维码查看项目 5 的相关内容。

项目 6 容器技术

请读者扫描以下二维码查看项目 6 的相关内容。

项目 7　C 语言程序开发实战

请读者扫描以下二维码查看项目 7 的相关内容。

项目 8　搭建 LAMP 环境

请读者扫描以下二维码查看项目 8 的相关内容。

项目 9　Hadoop 大数据开发环境

请读者扫描以下二维码查看项目 9 的相关内容。

Linux 常用命令实战：文件和目录操作

任务目标

本任务的目标是帮助 Linux 初学者快速掌握 Linux 的常用命令。读者需要反复练习这些任务中的实战内容，记住"熟能生巧"这一有用的经验。

任务四将带领读者学习 Linux 文件和文件系统方面的基本概念及命令。

实施步骤

一、实验环境

请读者使用任务三项目 2 实施步骤十九准备好的 dbsvrOK.rar 虚拟机备份。

二、Linux Shell 简介

微软的 Windows 操作系统是基于图形用户界面（GUI）的，用户主要是使用鼠标在 GUI 上进行操作。而 Linux 操作系统主要是使用命令行来完成对计算机的操作，因此必须熟练掌握 Linux 的常用命令。

一般通过称为 Shell 的程序来运行 Linux 命令。Shell 程序就像壳一样，包裹在 Linux 操作系统内核外面。用户可向 Shell 程序输入命令，由 Shell 程序派生出一个新的进程来运行用户输入的命令。

有很多 Shell 程序：Bourne Shell（B Shell）、C Shell、K Shell、Bash Shell。它们具有自己独特的特征，适用于不同的用户。比如 C Shell，特别适合在 Linux 上进行 C 语言开发的程序员使用。当前 Linux 上流行的 Shell 程序是 Bash Shell。

三、超级用户的 Shell 提示符

在 Windows 10 的 CMD 窗口中执行 ssh root@192.168.100.62 命令，以 Linux 超级用户 root 的身份登录到 openEuler 操作系统：

```
C:\Users\user>ssh  root@192.168.100.62
Authorized users only. All activities may be monitored and reported.
root@192.168.100.62's password:   # 输入 root 用户的密码 root@ustb2021
# 省略了一些输出
[root@dbsvr ~]#
```

可以看到，超级用户 root 的 Shell 提示符是 # 。

四、普通用户的 Shell 提示符

普通用户的 Shell 提示符和超级用户不同。在 Windows 10 上打开另外一个 CMD 窗口，执行 ssh omm@192.168.100.62 命令，以 Linux 普通用户 omm 的身份登录到 openEuler 操作系统：

```
C:\Users\zqf>ssh omm@192.168.100.62
Authorized users only. All activities may be monitored and reported.
omm@192.168.100.62's password:   # 输入 omm 用户的密码 omm123
```

```
# 省略了一些输出
[omm@dbsvr ~]$
```

可以看到，普通用户 omm 的 Shell 提示符是美元货币符号 $。

五、基本概念：文件和目录

在 Linux 入门学习的开始，理解文件和目录这两个概念非常重要，在这个基础上才能更好地掌握 Linux 文件系统目录树的概念。

在 UNIX/Linux 操作系统中，使用术语"**文件**"表示计算机系统的输入/输出资源，包括文件、文件夹、硬盘、CD-ROM、调制解调器、键盘、打印机、显示器、终端机甚至跨进程和网络通信。这些计算机操作系统资源统一以"文件"API 的形式提供给用户使用，因此可以用同一套命令来读写/操作磁盘、键盘、文件或网络设备。

对于初学者来说，可以把"**文件**"理解为字节的容器，用来存储文本信息和二进制信息；把"**目录**"理解为一个特殊的文件，其内容由许多**目录项**构成。每个目录项都代表一个文件或者目录。**目录项**是一个记录（类似于 C 语言中的结构体记录），包括文件名、标识该文件的索引节点号等信息。

使用 omm 用户，执行下面的 ls 命令：

```
[omm@dbsvr ~]$ ls -l /opt/software/openGauss
total 316544
-rw-------  1 omm dbgrp       1820 Dec 29 14:12 clusterconfig.xml
drwx------ 15 omm dbgrp       4096 Dec 29 14:13 lib
drwxr-xr-x  9 omm dbgrp       4096 Dec 29 14:14 libcgroup
-r--------  1 omm dbgrp  107466525 Dec 29 14:11 openGauss-2.1.0-openEuler-64bit-all.tar.gz
-r--------  1 omm dbgrp         65 Sep 30 14:42 openGauss-2.1.0-openEuler-64bit-om.sha256
-r--------  1 omm dbgrp   19502100 Sep 30 14:42 openGauss-2.1.0-openEuler-64bit-om.tar.gz
-r--------  1 omm dbgrp         65 Sep 30 14:42 openGauss-2.1.0-openEuler-64bit.sha256
-r--------  1 omm dbgrp   88680246 Sep 30 14:42 openGauss-2.1.0-openEuler-64bit.tar.bz2
-r--------  1 omm dbgrp  108217620 Dec 29 14:13 openGauss-Package-bak_compiled.tar.gz
drwx------  6 omm dbgrp       4096 Dec 29 14:15 script
drwx------  2 omm dbgrp       4096 Sep 30 14:42 simpleInstall
-r--------  1 omm dbgrp         65 Sep 30 14:40 upgrade_sql.sha256
-r--------  1 omm dbgrp     225977 Sep 30 14:40 upgrade_sql.tar.gz
-r--------  1 omm dbgrp         32 Sep 30 14:40 version.cfg
[omm@dbsvr ~]$
```

可以看到，/opt/software/openGauss 目录下有子目录，包括 lib、libcgroup、script 和 simpleInstall。除此之外都是普通文件（可理解为字节容器），如文件 clusterconfig.xml 是安装 openGauss 数据库管理系统的参数配置文件，文件 openGauss-2.1.0-openEuler-64bit-all.tar.gz 是 openGauss 数据库管理系统的安装程序。

六、基本概念：Linux 文件系统目录树

读者对 Windows 操作系统的 C 盘、D 盘、E 盘一定不陌生。可以把 Windows 上的每个盘理解为一棵树，C 盘是一棵树，D 盘也是一棵树。也就是说，Windows 的文件系统就是由许多棵树组成的，独木不成林，多棵树就构造成了一个森林。

Linux 的文件系统仅由一棵树构成，因此在 Linux 上将看不到 C 盘、D 盘、E 盘等。因为一棵树只有一个树根，用左低右高的斜杠"/"来表示 Linux 文件系统的根目录。

在之前执行的 ls -l /opt/software/openGauss 命令中：

- /opt/software/openGauss 表示一个目录。
- 第一个 "/" 表示 Linux 文件系统树的树根。
- 之后的 "/" 表示分隔符，用来区分不同的目录和文件名。

注意，在 UNIX/Linux 中表示根目录时，使用的是左低右高的斜杠 "/"，而在 Windows 中表示根目录时，使用的是左高右低的斜杠 "\"。

使用 omm 用户，执行下面的命令：

```
[omm@dbsvr ~]$ tree -d -L 1 /
/
├──── bin -> usr/bin
├──── boot
├──── dev
├──── etc
├──── home
├──── lib -> usr/lib
├──── lib64 -> usr/lib64
├──── lost+found
├──── media
├──── mnt
├──── opt
├──── proc
├──── root
├──── run
├──── sbin -> usr/sbin
├──── soft
├──── srv
├──── sys
├──── tmp
├──── toBeDeleted
├──── usr
└──── var
22 directories
[omm@dbsvr ~]$
```

执行这条命令将显示 openEuler Linux 从根开始的整个文件系统目录树。可以看到根目录下有许多子目录，这些子目录有特殊的用途，见表 4-1。

tree 有如下几个常用的命令选项：

- -u 选项表示显示用户名或者 UID。
- -d 选项表示只显示目录。
- -L 选项表示显示目录的层级，此处为了节省本书的空间，只显示 1 级。

请读者在 openEuler 操作系统执行如下命令并观察结果：

```
[omm@dbsvr ~]$ tree /
[omm@dbsvr ~]$ tree -d /
[omm@dbsvr ~]$ tree -d -L 6 /
[omm@dbsvr ~]$ tree -u -d /
```

表 4-1　Linux 根目录下的子目录及其用途

目录	用途
/	整个目录结构的起始点
/bin	系统启动过程中，若还没有挂接 /usr，则会用到 Linux 命令
/boot	包含引导 Linux 的重要文件，如 grub 和内核文件等
/dev	所有设备都在该目录下，包括硬盘和显示器等
/etc	系统的所有配置文件都放在它下面
/home	用户的主目录
/lib	系统的库文件
/lost+found	用于存放系统异常时丢失的文件，以用于恢复
/media	用于挂载各种媒体设备，如光盘、软盘等
/mnt	用于临时挂载各种文件系统
/opt	安装第三方软件（非 Linux 操作系统自带的软件）
/proc	进程文件系统，用于获取进程的相关信息
/root	超级用户 root 的主目录
/sbin	系统没有挂接 /usr 时用到的系统管理的命令
/sys	用于获取系统信息
/tmp	临时文件
/usr	用于 UNIX/Linux 操作系统程序和库
/var	存放系统日志、电子邮件、假脱机（Spooling）打印等

七、基本概念：绝对路径、相对路径

上文执行的 ls -l /opt/software/openGauss 命令使用了绝对路径表示法。**绝对路径**是从 Linux 文件系统目录树的根（/）开始，经过一些目录，最后到达目标目录或者目标文件。

除了使用绝对路径来表示一个文件和目录外，也可以基于当前的工作路径来定位一个文件或目录。当前的**工作路径**也称当前目录，使用 Linux 命令 pwd 可以打印当前的工作路径：

```
[omm@dbsvr ~]$ # 首先使用 cd 命令转换到绝对路径 /opt 目录
[omm@dbsvr ~]$ cd /opt
[omm@dbsvr ~]$ # 使用 pwd 命令打印当前的工作路径，显示当前路径是 /opt
[omm@dbsvr opt]$ pwd
/opt
[omm@dbsvr opt]$
```

后面的内容是 Shell 的注释，并不会被执行，这与 C++ 的单行注释符 // 的含义一样。命令输出的当前目录是 /opt，可以用点号"."表示：

```
[omm@dbsvr opt]$ # 执行下面的 cd 命令，从当前目录 /opt 开始（此时用点号表示当前目录）
[omm@dbsvr opt]$ # 游走到绝对路径 /opt/software 目录下
[omm@dbsvr opt]$ cd ./software
[omm@dbsvr software]$ pwd
/opt/software
[omm@dbsvr software]$ cd .
[omm@dbsvr software]$ pwd
/opt/software
```

在命令 cd ./software 中，点号"."表示当前目录 /opt，执行完这条命令之后，将游走到绝对路径 /opt/software 处。继续执行 pwd 命令，打印当前的工作路径，显示为 /opt/software，此刻，点号"."仍然表示当前路径，只是当前路径的值已经变为当前工作路径 /opt/software 了。也就是说，用点号"."来表示当前路径的值，随着用户不断改变自己的工作路径，点号"."表示的当前目录值一直在改变。

在 Linux 中，两个点号".."用来表示当前目录的上一级目录，或者称为**父目录**。在命名目录和文件时，如果使用了用来表示当前目录的点号"."和用来表示当前目录的父目录的两个点号".."，那么就说采用了相对路径来命名目录和文件。

继续执行下面的命令，练习使用相对路径：

```
[omm@dbsvr software]$ # 使用 pwd 命令打印当前的工作路径，将显示当前目录 /opt/software
[omm@dbsvr software]$ pwd
/opt/software
[omm@dbsvr software]$ # 执行下面的 cd 命令，其中的 .. 表示当前目录 /opt/software 的父目录 /opt
[omm@dbsvr software]$ cd  ..
[omm@dbsvr opt]$ # 使用 pwd 命令打印当前的工作路径，将显示当前目录 /opt
[omm@dbsvr opt]$ pwd
/opt
[omm@dbsvr opt]$ # 执行下面的 cd 命令，其中的 . 表示当前目录 /opt
[omm@dbsvr opt]$ cd  ./software/openGauss
[omm@dbsvr openGauss]$ # 使用 pwd 命令打印当前的工作路径 /opt/software/openGauss
[omm@dbsvr openGauss]$ pwd
/opt/software/openGauss
[omm@dbsvr openGauss]$
```

八、基本概念：文件（目录）名的通配符

文件（目录）名的通配符在以下情况下有用：

1）需要对多个有近似名称的文件或目录进行操作时。

2）记不清文件的准确名称，只能记住名称的一部分时。

文件（目录）名的通配符有两个：

■ 星号（*）：表示 0 个或者多个字符。

■ 问号（?）：表示一个字符。

读者可以通过下面的实验来体验一下：

```
[omm@dbsvr openGauss]$ # 转到目录
[omm@dbsvr openGauss]$ cd /opt/software/openGauss
[omm@dbsvr openGauss]$ # 列出当前目录 /opt/software/openGauss 下的内容
[omm@dbsvr openGauss]$ ls -l
total 316544
-rw------- 1 omm dbgrp      1820 Dec 29 14:12 clusterconfig.xml
drwx------ 15 omm dbgrp     4096 Dec 29 14:13 lib
drwxr-xr-x 9 omm dbgrp      4096 Dec 29 14:14 libcgroup
-r-------- 1 omm dbgrp 107466525 Dec 29 14:11 openGauss-2.1.0-openEuler-64bit-all.tar.gz
-r-------- 1 omm dbgrp        65 Sep 30 14:42 openGauss-2.1.0-openEuler-64bit-om.sha256
-r-------- 1 omm dbgrp  19502100 Sep 30 14:42 openGauss-2.1.0-openEuler-64bit-om.tar.gz
-r-------- 1 omm dbgrp        65 Sep 30 14:42 openGauss-2.1.0-openEuler-64bit.sha256
-r-------- 1 omm dbgrp  88680246 Sep 30 14:42 openGauss-2.1.0-openEuler-64bit.tar.bz2
-r-------- 1 omm dbgrp 108217620 Dec 29 14:13 openGauss-Package-bak_compiled.tar.gz
drwx------ 6 omm dbgrp      4096 Dec 29 14:15 script
drwx------ 2 omm dbgrp      4096 Sep 30 14:42 simpleInstall
-r-------- 1 omm dbgrp        65 Sep 30 14:40 upgrade_sql.sha256
```

```
-r-------- 1 omm dbgrp      225977 Sep 30 14:40 upgrade_sql.tar.gz
-r-------- 1 omm dbgrp          32 Sep 30 14:40 version.cfg
[omm@dbsvr openGauss]$ # 列出只有 3 个字符长度的目录或文件
[omm@dbsvr openGauss]$ ls -ld ???
drwx------ 15 omm dbgrp 4096 Dec 29 14:13 lib
[omm@dbsvr openGauss]$ # 列出以 open 开头的所有文件或目录
[omm@dbsvr openGauss]$ ls -ld open*
-r-------- 1 omm dbgrp 107466525 Dec 29 14:11 openGauss-2.1.0-openEuler-64bit-all.tar.gz
-r-------- 1 omm dbgrp         65 Sep 30 14:42 openGauss-2.1.0-openEuler-64bit-om.sha256
-r-------- 1 omm dbgrp   19502100 Sep 30 14:42 openGauss-2.1.0-openEuler-64bit-om.tar.gz
-r-------- 1 omm dbgrp         65 Sep 30 14:42 openGauss-2.1.0-openEuler-64bit.sha256
-r-------- 1 omm dbgrp   88680246 Sep 30 14:42 openGauss-2.1.0-openEuler-64bit.tar.bz2
-r-------- 1 omm dbgrp  108217620 Dec 29 14:13 openGauss-Package-bak_compiled.tar.gz
[omm@dbsvr openGauss]$
```

此外，".???*"表示名称以点号开头，接下来至少有 3 个任意字符的文件或目录。也就是说，问号（?）表示任意一个字符，星号（*）表示 0 个或者多个字符。

九、基本概念：用户的主目录

Linux 用户首次登录系统后所处的目录称为**主目录（Home Directory）**，这个目录一般位于 /home/UserName。例如用户 omm，它的主目录在 /home/omm 下。Linux 上的用户一般只对自己的主目录有完全的读写控制权，这种安排可以保证 Linux 操作系统中用户数据的安全。

在 Windows 10 上打开一个 CMD 窗口，执行下面的命令，以用户 omm 的身份登录到 openEuler 操作系统，执行 pwd 命令，查看用户 omm 的主目录：

```
C:\Users\zqf>ssh omm@192.168.100.62
Authorized users only. All activities may be monitored and reported.
omm@192.168.100.62's password:   # 输入 omm 用户的密码 omm123
# 省略了一些输出
[omm@dbsvr ~]$ pwd
/home/omm
[omm@dbsvr ~]$
```

十、cd 命令

cd 命令的主要作用是让用户改变文件系统目录树中的工作路径。cd 命令是 Linux 中最常用的命令之一。cd 命令的语法如下：

cd DirectoryName

请读者使用 omm 用户执行下面的命令：

```
[omm@dbsvr ~]$ cd                  # 无论 omm 用户在哪个目录，执行 cd 命令都会回到 /home/omm
[omm@dbsvr ~]$ pwd                 # 打印当前的工作路径
/home/omm
[omm@dbsvr ~]$ cd /usr/local/bin   # 使用绝对路径来改变工作路径
[omm@dbsvr bin]$ pwd
/usr/local/bin
[omm@dbsvr bin]$ cd                # 无论 omm 用户在哪个目录，执行 cd 命令都会回到 /home/omm
[omm@dbsvr ~]$ pwd
/home/omm
[omm@dbsvr ~]$ cd /usr/local/bin
[omm@dbsvr bin]$ cd ..             # 使用相对路径来改变工作目录（.. 表示当前目录的父目录）
```

```
[omm@dbsvr local]$ pwd
/usr/local
[omm@dbsvr local]$ cd ..
[omm@dbsvr usr]$ pwd
/usr
[omm@dbsvr usr]$ cd ./local/bin        #使用相对路径来改变工作目录（. 表示当前目录）
[omm@dbsvr bin]$ pwd
/usr/local/bin
[omm@dbsvr bin]$
```

cd - 命令的作用是在两个工作目录之间来回切换：

```
[omm@dbsvr bin]$ cd                    #改变工作目录，回到用户 omm 的主目录 /home/omm
[omm@dbsvr ~]$ pwd                     #显示工作目录
/home/omm
[omm@dbsvr ~]$ cd /usr/local/bin       #改变工作目录到 /usr/local/bin
[omm@dbsvr bin]$ pwd                   #显示工作目录
/usr/local/bin
[omm@dbsvr bin]$ cd -                  #回到上一次的工作目录 /home/omm
/home/omm
[omm@dbsvr ~]$ pwd
/home/omm
[omm@dbsvr ~]$ cd -                    #回到上一次的工作目录 /usr/local/bin
/usr/local/bin
[omm@dbsvr bin]$ pwd
/usr/local/bin
[omm@dbsvr bin]$
```

学习 cd 命令常犯的一个错误是：在 cd 和后面的目录之间不加空格，这在 Linux 上是不允许的，会报错：

```
[omm@dbsvr local]$ cd
[omm@dbsvr ~]$ cd..                    #cd 命令和后面的目录之间没有空格，会报错
-bash: cd..: command not found
[omm@dbsvr ~]$ cd/usr/local/bin        #cd 命令和后面的目录之间没有空格，会报错
-bash: cd/usr/local/bin: No such file or directory
[omm@dbsvr ~]$
```

十一、ls 命令

ls 命令的主要作用是列出目录和文件的信息。ls 命令也是 Linux 中最常用的命令之一。ls 命令的语法如下：

ls [OPTION]…[FILE]…

1. 没有选项的 ls 命令

没有任何选项的 ls 命令，将会显示当前目录下的文件名和子目录名：

```
[omm@dbsvr ~]$ cd
[omm@dbsvr ~]$ cd /opt/software/openGauss/
[omm@dbsvr openGauss]$ ls
clusterconfig.xml                     openGauss-2.1.0-openEuler-64bit-om.tar.gz  simpleInstall
lib                                   openGauss-2.1.0-openEuler-64bit.sha256     upgrade_sql.sha256
libcgroup                             openGauss-2.1.0-openEuler-64bit.tar.bz2    upgrade_sql.tar.gz
```

```
openGauss-2.1.0-openEuler-64bit-all.tar.gz    openGauss-Package-bak_compiled.tar.gz    version.cfg
openGauss-2.1.0-openEuler-64bit-om.sha256    script
[omm@dbsvr openGauss]$
```

2. ls 命令的 -a 选项

ls 命令的 -a 选项可以简记为 all，表示显示当前目录下所有的文件名和目录名。在 Linux 中，名称以点号（.）开头的文件或者目录都是隐藏文件或隐藏目录。要用 ls 命令显示隐藏文件和目录的信息，必须使用 ls 命令的 -a 选项：

```
[omm@dbsvr openGauss]$ cd
[omm@dbsvr ~]$ ls
[omm@dbsvr ~]$ ls -a
.  ..  .bash_history  .bash_logout  .bash_profile  .bashrc  .rnd  .zshrc
[omm@dbsvr ~]$
```

执行 cd 命令返回到用户 omm 的主目录 /home/omm，执行 ls 命令后在 omm 用户的主目录下看不到任何文件，执行带 -a 选项的 ls 命令后就看到了名称以点号开头的隐藏文件和目录。

3. ls 命令的 -l 选项

ls 命令的 -l 选项可以简记为 long 或者 length，表示显示文件或目录的详细信息。请读者用 omm 用户，执行图 4-1 所示的命令。

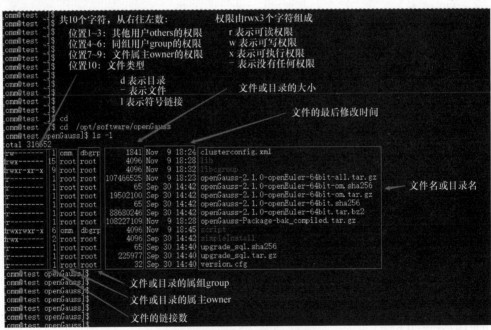

图 4-1 ls 命令的 -l 选项

在 ls -l 命令的输出中，从右往左数一共有 7 列：

■ 第 1 列（最右边的列）是文件名或目录名。
■ 第 2 列是文件的最后修改时间。
■ 第 3 列是文件或目录的大小。
■ 第 4 列是文件或目录的属组 group。
■ 第 5 列是文件或目录的属主 owner。

- 第 6 列是文件的链接数。
- 第 7 列（最左边的列）是文件的类型和权限。

关于第 7 列的信息，读者可根据图 4-1 中的提示进行理解，后面的文件权限管理实战部分将会对此进行更详细的解释。

4. 组合 ls 命令的多个选项

可以把 ls 命令的多个选项组合在一起进行功能的叠加。

使用 omm 用户，执行下面的命令：

```
[omm@dbsvr ~]$ cd
[omm@dbsvr ~]$ ls -al
total 32
drwx------  2 omm  dbgrp 4096 Jan   19 19:11 .
drwxr-xr-x. 5 root root  4096 Jan   19 19:25 ..
-rw-------  1 omm  dbgrp 2738 Jan   19 19:17 .bash_history
-rw-r--r--  1 omm  dbgrp   75 Jan   10 2020 .bash_logout
-rw-r--r--  1 omm  dbgrp   71 Mar   19 2020 .bash_profile
-rw-r--r--  1 omm  dbgrp  739 Jan   19 19:11 .bashrc
-rw-------  1 omm  dbgrp 1024 Jan   19 19:11 .rnd
-rw-r--r--  1 omm  dbgrp  204 Jun   24 2021 .zshrc
[omm@dbsvr ~]$
```

可以看到，ls -al 的命令输出按长（long 或 length）的方式显示了所有文件的信息，包括了名称以点号开头的隐藏文件，也就是说执行了多个选项的组合功能。

5. ls 命令的 -F 选项

ls 命令的 -F 选项简记为 Flag，表示在文件尾部添加一个文件类型标记。

```
[omm@dbsvr ~]$ cd /opt/software/openGauss/
[omm@dbsvr openGauss]$ ls -F
clusterconfig.xml                        openGauss-2.1.0-openEuler-64bit-om.tar.gz  simpleInstall/
lib/                                     openGauss-2.1.0-openEuler-64bit.sha256      upgrade_sql.
                                         sha256                                     sha256
libcgroup/                               openGauss-2.1.0-openEuler-64bit.tar.bz2     upgrade_sql.
                                                                                    tar.gz
openGauss-2.1.0-openEuler-64bit-all.tar.gz  openGauss-Package-bak_compiled.tar.gz   version.cfg
openGauss-2.1.0-openEuler-64bit-om.sha256    script/
[omm@dbsvr openGauss]$
```

以上命令中只显示了目录类型标记 /，普通文件不显示任何标记。其他类型的文件将显示为：

- *：表示可执行文件。
- /：表示目录。
- @：表示文件是符号链接。
- |：表示文件是管道文件。
- =：表示文件是套接字。
- >：表示进程间的通信设备。

6. ls 命令的 -d 选项

ls 命令的 -d 选项可以简记为 directory，表示只显示目录本身的信息，而不是目录中的文件信息。使用 omm 用户，执行下面的命令：

```
[omm@dbsvr openGauss]$ cd
[omm@dbsvr ~]$ cd /opt/software/
[omm@dbsvr software]$ ls -ld openGauss/    # 有 -d 选项，只显示目录 openGauss 本身的信息
drwxr-xr-x 6 omm dbgrp 4096 Jan 19 19:10 openGauss/
[omm@dbsvr software]$ ls -l openGauss/     # 没有 -d 选项，显示目录 openGauss 下的文件信息
total 316544
-rw------- 1 omm dbgrp      1820 Jan 19 19:08 clusterconfig.xml
drwx------ 15 omm dbgrp     4096 Jan 19 19:09 lib
drwxr-xr-x 9 omm dbgrp      4096 Jan 19 19:10 libcgroup
-r-------- 1 omm dbgrp 107466525 Jan 19 19:07 openGauss-2.1.0-openEuler-64bit-all.tar.gz
# 省略了一些输出
[omm@dbsvr software]$
```

7. ls 命令的 -R 选项

ls 命令的 -R 选项可以简记为 Recursive，表示递归地显示目录及其所有子目录中的文件信息。使用 omm 用户，执行下面的命令：

```
[omm@dbsvr software]$ cd
[omm@dbsvr ~]$ ls -R /boot
/boot:
config-4.19.90-2106.3.0.0095.oe1.x86_64              loader
dracut                                               lost+found
efi                                                  symvers-4.19.90-2106.3.0.0095.oe1.
                                                     x86_64.gz
grub2                                                System.map-4.19.90-2106.3.0.0095.oe1.
                                                     x86_64
initramfs-0-rescue-0313a87e6d1c46efa0ba9f5736c0498a.img  vmlinuz-0-rescue-0313a87e6d1c46efa-
                                                     0ba9f5736c0498a
initramfs-4.19.90-2106.3.0.0095.oe1.x86_64.img       vmlinuz-4.19.90-2106.3.0.0095.oe1.x86_64
initramfs-4.19.90-2106.3.0.0095.oe1.x86_64kdump.img

/boot/dracut:

/boot/efi:
EFI

/boot/efi/EFI:
openEuler
ls: cannot open directory '/boot/efi/EFI/openEuler': Permission denied
ls: cannot open directory '/boot/grub2': Permission denied

/boot/loader:
entries
ls: cannot open directory '/boot/loader/entries': Permission denied
ls: cannot open directory '/boot/lost+found': Permission denied
[omm@dbsvr ~]$
```

从输出可以看到，omm 用户使用 -R 选项遍历了 /boot 目录下所有有访问权限的文件和子目录。omm 用户对某些目录没有访问权限，因此显示 Permission denied。

8. ls 命令的 -i 选项

ls 命令的 -i 选项用来显示文件或者目录的索引节点号（Index Number）。

索引节点记录文件（或目录）的元数据信息（文件的管理信息）。一个 Linux 文件系统具有

一个索引节点数组，每个文件（或目录）都用该数组的一个元素（索引节点）来描述。某个文件（或目录）的索引节点号是指文件在这个索引节点数组的位置（数组的第几个元素）。使用 Linux 的 omm 用户，执行下面的命令：

```
[omm@dbsvr ~]$ cd /opt/software/openGauss/
[omm@dbsvr openGauss]$ ls -i
16516230 clusterconfig.xml                    16515077 openGauss-2.1.0-openEuler-64bit.tar.bz2
16515082 lib                                  16516307 openGauss-Package-bak_compiled.tar.gz
16516309 libcgroup                            16515468 script
16515075 openGauss-2.1.0-openEuler-64bit-all.tar.gz    16516216 simpleInstall
16515078 openGauss-2.1.0-openEuler-64bit-om.sha256     16515081 upgrade_sql.sha256
16515076 openGauss-2.1.0-openEuler-64bit-om.tar.gz     16515080 upgrade_sql.tar.gz
16515079 openGauss-2.1.0-openEuler-64bit.sha256        16516229 version.cfg
[omm@dbsvr openGauss]$
```

在输出中，文件（或目录）名前面的数字就是该文件的索引节点号。

请注意：

■ 在同一个 Linux 文件系统中，如果两个或者多个不同名的文件（或目录）具有相同的索引节点号，那么这两个文件就是同一个文件，在硬盘上只存储一个副本。

■ 在不同的 Linux 文件系统中，相同索引节点号的文件表示的是不同的文件。本书将在后面的 ln 命令中，通过实验来讲解索引节点方面的知识。

十二、mkdir 命令

mkdir 命令的主要作用是让用户在文件系统目录树中创建新的目录。在任务三项目 1 安装开源 openGauss 数据库的过程中，已经使用 mkdir 命令创建了一些目录。mkdir 命令的语法如下：

mkdir [options] DirectoryName

1. 没有选项的 mkdir 命令

读者可以使用没有选项的 mkdir 命令创建目录。使用 Linux 的 omm 用户，执行下面的命令：

```
[omm@dbsvr ~]$ cd
[omm@dbsvr ~]$ pwd
/home/omm
[omm@dbsvr ~]$ ls -ld test
ls: cannot access 'test': No such file or directory
[omm@dbsvr ~]$ mkdir test
[omm@dbsvr ~]$ ls -l test
total 0
[omm@dbsvr ~]$
```

可以看出，没有选项的 mkdir 命令创建了一个空目录 test。

2. mkdir 命令的 -p 选项

mkdir 命令的 -p 选项可用来创建多层目录。这个选项非常有用。使用 omm 用户，执行下面的命令进行测试：

```
[omm@dbsvr openGauss]$ cd
[omm@dbsvr ~]$ pwd
/home/omm
[omm@dbsvr ~]$ ls -l dir1
ls: cannot access 'dir1': No such file or directory
[omm@dbsvr ~]$ mkdir dir1/dir2/dir3
```

```
mkdir: cannot create directory 'dir1/dir2/dir3': No such file or directory
[omm@dbsvr ~]$ mkdir -p dir1/dir2/dir3
[omm@dbsvr ~]$ ls -lR dir1
dir1:
total 4
drwx------ 3 omm dbgrp 4096 Dec 29 20:42 dir2
dir1/dir2:
total 4
drwx------ 2 omm dbgrp 4096 Dec 29 20:42 dir3
dir1/dir2/dir3:
total 0
[omm@dbsvr ~]$
```

可以看到，不使用 -p 选项时无法用 mkdir 命令创建多层目录，使用 -p 选项可完成创建多层目录的任务。

十三、rmdir 命令

rmdir 命令用来删除一个空目录。一个空目录下没有任何的文件和子目录。rmdir 命令的语法如下：

rmdir EmptyDirectoryName

使用 omm 用户，执行下面的命令：

```
[omm@dbsvr ~]$ cd
[omm@dbsvr ~]$ pwd
/home/omm
[omm@dbsvr ~]$ ls -ld testdir
ls: cannot access 'testdir': No such file or directory
[omm@dbsvr ~]$ mkdir testdir
[omm@dbsvr ~]$ ls -ld testdir
drwx------ 2 omm dbgrp 4096 Dec 29 20:44 testdir
[omm@dbsvr ~]$ ls -l testdir
total 0
[omm@dbsvr ~]$ rmdir testdir
[omm@dbsvr ~]$
```

以上命令创建了一个新目录 testdir，然后使用 rmdir 命令删除了这个空目录。

如果一个目录非空，那么使用 rmdir 命令是无法将其删除的。之前用 -p 选项的 mkdir 命令在 /home/omm 目录下创建了具有 3 级深度的目录 dir1/dir2/dir3，因此目录 dir1 并不是一个空目录，使用 rmdir 命令无法将其删除，测试过程如下：

```
[omm@dbsvr ~]$ cd
[omm@dbsvr ~]$ pwd
/home/omm
[omm@dbsvr ~]$ ls -lR dir1
dir1:
total 4
drwx------ 3 omm dbgrp 4096 Dec 29 20:42 dir2
dir1/dir2:
total 4
drwx------ 2 omm dbgrp 4096 Dec 29 20:42 dir3
dir1/dir2/dir3:
```

```
total 0
[omm@dbsvr ~]$ rmdir dir1
rmdir: failed to remove 'dir1': Directory not empty
[omm@dbsvr ~]$
```

要删除一个非空的目录，需要用到后面介绍的 rm 命令（使用 -r 选项）。

十四、du 命令

du 命令用来查看目录的磁盘存储空间占用情况。du 命令的语法如下：

du [options] DirectoryName

大型项目需要很多的开发人员协作开发，因此每个开发人员在 Linux 服务器上都有自己的开发账号，开发人员只能在自己的主目录下存储程序和数据。一般情况下，系统管理员会为每个开发人员的主目录设置磁盘空间限额（比如设置每个用户最大可用 100GB）。开发人员随时可以使用 du 命令来查看自己的空间使用情况。

du 命令有以下 4 个主要的选项：

- -s 选项：只显示目录的总计大小，不显示该目录下子目录的大小。
- -k 选项：以 KB 为单位显示大小。
- -m 选项：以 MB 为单位显示大小。
- -h 选项：以人类可读的方式显示大小。

使用 omm 用户，执行下面的命令进行测试：

```
[omm@dbsvr ~]$ cd
[omm@dbsvr ~]$ du /home/omm
8               /home/omm/.ssh
4               /home/omm/test
4               /home/omm/dir1/dir2/dir3
8               /home/omm/dir1/dir2
12              /home/omm/dir1
52              /home/omm
[omm@dbsvr ~]$ du -s /usr
du: cannot read directory '/usr/share/Pegasus/scripts': Permission denied
# 省略了一些输出
3760628         /usr
[omm@dbsvr ~]$ du -sk /usr
du: cannot read directory '/usr/share/Pegasus/scripts': Permission denied
# 省略了一些输出
3760628         /usr
[omm@dbsvr ~]$ du -sm /usr
du: cannot read directory '/usr/share/Pegasus/scripts': Permission denied
# 省略了一些输出
3673            /usr
[omm@dbsvr ~]$ du -sh /usr
du: cannot read directory '/usr/share/Pegasus/scripts': Permission denied
# 省略了一些输出
3.6G    /usr
[omm@dbsvr ~]$
```

可以看到，由于用户对 /usr 目录下的一些子目录没有访问权限，在执行 du 命令时会弹出 Permission denied 的提示信息。

十五、touch 命令

touch 命令在 C 语言开发过程中非常有用。有时我们需要重新编译未经修改的 C 语言源代码，默认情况下，make 程序不会重新编译这些 C 语言的源代码文件。此时可以使用 touch 命令来"碰瓷"这些 C 语言源代码文件。经过 touch 命令"碰瓷"之后的 C 语言源代码文件的内容没有任何改变，只是把这些文件的最后修改时间变更为当前的时间。C 语言编译器会认为这些经过 touch "碰瓷"之后的 C 语言源代码文件是新修改了的文件，因此会重新编译。

下面是 make 命令编译 C 语言源代码时使用 touch 命令的例子。

首先，使用 omm 用户，在 /home/omm/test 目录下，使用 nano 编辑器创建文件 hello.c：

```
[omm@dbsvr ~]$ cd /home/omm/test
[omm@dbsvr dbsvr]$ nano hello.c
```

将下面的内容复制到文件中：

```
#include <stdio.h>

int main()
{
  printf("Hello!\n");
  return 0;
}
```

按 <Ctrl+X> 组合键、字母 <Y> 键和 <Enter> 键存盘退出。

然后使用 nano 编辑器创建一个 makefile 文件：

```
[omm@dbsvr test]$ nano  makefile
```

将下面的内容复制到文件中：

```
hello: hello.o
cc -o hello hello.o
hello.o: hello.c
cc -c -o hello.o hello.c
clean:
rm -f *o hello
```

接下来按图 4-2 所示，在相应的行前面插入一个制表符（即按一下 <Tab> 键）。

最后按 <Ctrl+X> 组合键、字母 <Y> 键和 <Enter> 键存盘退出。

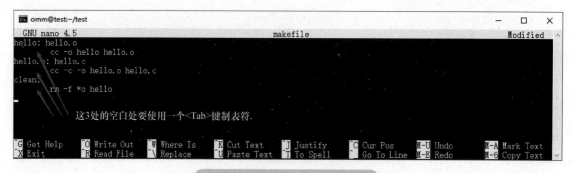

图 4-2　为 makefile 添加制表符

现在可以执行下面的命令，使用 make 来编译 hello.c 样例程序：

```
[omm@dbsvr test]$ make clean
rm -f *o hello
[omm@dbsvr test]$ make
cc -c -o hello.o hello.c
cc -o hello hello.o
[omm@dbsvr test]$ make
make: 'hello' is up to date.
[omm@dbsvr test]$
```

上面的命令首先清除了之前编译产生的文件；然后第一次执行 make 命令来编译整个程序；接下来第二次执行 make 命令，将提示 "hello'is up to date"，其含义是可执行文件 hello 所依赖的 C 语言源代码文件 hello.c 自上次编译生成可执行文件 hello 后，到目前为止没有任何改变，不需要重新编译。

继续执行下面的命令：

```
[omm@dbsvr test]$ ls -l hello.c
-rw------- 1 omm dbgrp 74 Dec 29 20:54 hello.c
[omm@dbsvr test]$ date
Wed Dec 29 21:20:41 CST 2021
[omm@dbsvr test]$ touch hello.c
[omm@dbsvr test]$ ls -l hello.c
-rw------- 1 omm dbgrp 74 Dec 29 21:20 hello.c
[omm@dbsvr test]$ make
cc -c -o hello.o hello.c
cc -o hello hello.o
[omm@dbsvr test]$
```

此时可以发现，hello.c 文件被 touch "碰瓷" 之后，文件的最后修改时间被更新为当前的时间。再次执行 make 命令，将重新编译 makefile 文件。

touch 命令的另外一个用途是创建一个新的空文件，如果被 touch "碰瓷" 的文件不存在，那么将创建一个新的空文件：

```
[omm@dbsvr test]$ ls -l NewFile
ls: cannot access 'NewFile': No such file or directory
[omm@dbsvr test]$ touch NewFile
[omm@dbsvr test]$ ls -l NewFile
-rw------- 1 omm dbgrp 0 Dec 29 21:28 NewFile
[omm@dbsvr test]$
```

NewFile 一开始并不存在，执行命令 touch NewFile 后，生成了一个字节长度为 0 的空文件 NewFile。

十六、cp 命令

cp 命令用来复制文件和目录，其语法如下：

cp [options] SourceFile DestinationFile

1. 没有选项的 cp 命令

使用 omm 用户，执行下面的命令：

```
[omm@dbsvr test]$ cd
[omm@dbsvr ~]$ ls
dir1  test
[omm@dbsvr ~]$ cp /opt/software/openGauss/clusterconfig.xml ./
[omm@dbsvr ~]$ ls
clusterconfig.xml  dir1  test
[omm@dbsvr ~]$ cp clusterconfig.xml clusterconfig.xml.bak
[omm@dbsvr ~]$ ls -l
total 16
-rw------- 1 omm dbgrp  1820 Dec 29 21:30 clusterconfig.xml
-rw------- 1 omm dbgrp  1820 Dec 29 21:31 clusterconfig.xml.bak
drwx------ 3 omm dbgrp 4096 Dec 29 20:42 dir1
drwx------ 2 omm dbgrp 4096 Dec 29 21:28 test
[omm@dbsvr ~]$
```

不使用选项的 cp 命令只用来复制文件。

2. cp 命令的 -r 选项

如果需要复制一个目录及其子目录下的所有文件，则需要使用 -r 选项。-r 选项可以简记为 recursive（递归的）。

下面的命令将复制目录 dir1，新生成的目录 dirbak 拥有和目录 dir1 一样的文件和子目录。

```
[omm@dbsvr ~]$ cd
[omm@dbsvr ~]$ ls -ld dir1
drwx------ 3 omm dbgrp 4096 Dec 29 20:42 dir1
[omm@dbsvr ~]$ ls -lR dir1
dir1:
total 4
drwx------ 3 omm dbgrp 4096 Dec 29 20:42 dir2
dir1/dir2:
total 4
drwx------ 2 omm dbgrp 4096 Dec 29 20:42 dir3
dir1/dir2/dir3:
total 0
[omm@dbsvr ~]$ cp -r dir1 dirbak
[omm@dbsvr ~]$ ls -ld dirbak
drwx------ 3 omm dbgrp 4096 Dec 29 21:33 dirbak
[omm@dbsvr ~]$ ls -lR dirbak
dirbak:
total 4
drwx------ 3 omm dbgrp 4096 Dec 29 21:33 dir2
dirbak/dir2:
total 4
drwx------ 2 omm dbgrp 4096 Dec 29 21:33 dir3
dirbak/dir2/dir3:
total 0
[omm@dbsvr ~]$
```

可以看到，上面的命令将 dir1 整个目录复制为 dirbak，dir1 下的子目录 dir2 和 dir3 也被复制到 dirbak 目录下了。

3. cp 命令的 -p 选项

-p 选项可以简记为 preserve。在复制文件或者目录时，有时需要保留原文件的文件属性（属主信息及权限信息），此时可以使用 -p 选项。

执行下面的命令，从 omm 用户切换为 root 用户，使用 root 用户复制 omm 用户的文件，并保留 omm 用户的文件属性信息：

```
[omm@dbsvr ~]$ sudo su -
[sudo] password for omm:  # 输入 omm 用户的密码 omm123
  # 去掉了许多无用的输出
[root@dbsvr ~]# # 查看文件 /opt/software/openGauss/clusterconfig.xml 的信息
[root@dbsvr ~]# ls -l /opt/software/openGauss/clusterconfig.xml
-rw------- 1 omm dbgrp 1820 Dec 29 14:12 /opt/software/openGauss/clusterconfig.xml
[root@dbsvr ~]# # 复制文件 /opt/software/openGauss/clusterconfig.xml 到 /root 目录下
[root@dbsvr ~]# # 保留原文件的文件属性
[root@dbsvr ~]# cp -p /opt/software/openGauss/clusterconfig.xml /root
[root@dbsvr ~]# # 检查复制后的文件 clusterconfig.xml 的文件属性
[root@dbsvr ~]# ls -l /root/clusterconfig.xml
-rw------- 1 omm dbgrp 1820 Dec 29 14:12 clusterconfig.xml
[root@dbsvr ~]# exit
logout
[omm@dbsvr ~]$
```

可用看到，虽然 root 用户复制了文件，但是新复制的文件保留了原来的属性。

十七、ln 命令

ln 命令用来创建文件和目录的链接。文件和目录的链接有两种：硬链接和软链接（也称为符号链接）。ln 命令的语法如下：

ln [options] file-existed file-linked

1. 硬链接

硬链接不能跨越文件系统。因为文件名不是文件的属性，因此可以在同一个文件系统下让某个文件只存储一个副本，但是该副本具有与原文件不同的名字。这可以通过使用 ln 命令为文件创建硬链接来实现。

执行下面的命令进行测试：

```
[omm@dbsvr ~]$ cd
[omm@dbsvr ~]$ pwd
/home/omm
[omm@dbsvr ~]$ # 创建文件 fileA，其内容是 "I am fileA !"
[omm@dbsvr ~]$ echo "I am fileA !"> fileA
[omm@dbsvr ~]$ # 显示文件 fileA 的信息（包括索引节点号）
[omm@dbsvr ~]$ ls -li fileA
262168 -rw------- 1 omm dbgrp 13 Dec 29 22:38 fileA
[omm@dbsvr ~]$ # 为文件 fileA 创建硬链接 fileB
[omm@dbsvr ~]$ ln  fileA  fileB
[omm@dbsvr ~]$ # 显示文件 fileA、fileB 的信息（包括索引节点号）
[omm@dbsvr ~]$ ls -li file*
262168 -rw------- 2 omm dbgrp 13 Dec 29 22:31 fileA
262168 -rw------- 2 omm dbgrp 13 Dec 29 22:31 fileB
[omm@dbsvr ~]$ # 显示文件 fileA 的内容
[omm@dbsvr ~]$ cat fileA
I am fileA !
[omm@dbsvr ~]$ # 显示文件 fileB 的内容
```

```
[omm@dbsvr ~]$ cat fileB
I am fileA !
[omm@dbsvr ~]$ # 继续为 fileA，使用 fileB 创建一个新的硬链接 fileC
[omm@dbsvr ~]$ ln  fileB  fileC
[omm@dbsvr ~]$ # 显示文件 fileA、fileB 、fileC 的信息（包括索引节点号）
[omm@dbsvr ~]$ ls -li file*
262168 -rw------- 3 omm dbgrp 13 Dec 29 22:31 fileA
262168 -rw------- 3 omm dbgrp 13 Dec 29 22:31 fileB
262168 -rw------- 3 omm dbgrp 13 Dec 29 22:31 fileC
[omm@dbsvr ~]$
```

在上面的命令中，使用 echo 命令创建了一个文件 fileA，其内容是"I am fileA!"。文件 fileA 刚开始的链接数是 1。然后使用 ln 命令为文件 fileA 在同一个文件系统（/home）上创建了一个硬链接 fileB。这两个文件的索引节点号是一样的，说明是同一个文件，只是文件名不同，其余的都是相同的，这可以从两个文件的内容和文件属性值看出来。此外，链接数也由 1 变成了 2。继续创建新的硬链接（文件的链接数将继续增加 1），fileA、fileB、fileC 的链接数变成了 3，表示该文件有 3 个名字（fileA、fileB、fileC）。

2. 软链接（符号链接）

硬链接的一个问题是：**硬链接不能跨越文件系统**。当需要在两个不同的文件系统之间创建链接时，只能创建**软链接**。软链接相当于 Windows 系统中的快捷方式，可以把软链接理解为一个指针。实际上，软链接文件和它所指的文件是两个文件，因为这两个文件的索引节点号不同。

执行下面的命令来测试软链接：

```
[omm@dbsvr ~]$ cd
[omm@dbsvr ~]$ ln -s fileA fileD
[omm@dbsvr ~]$ ls -li file*
262168 -rw----------- 3 omm dbgrp 13 Dec 29 22:38 fileA
262168 -rw----------- 3 omm dbgrp 13 Dec 29 22:38 fileB
262168 -rw----------- 3 omm dbgrp 13 Dec 29 22:38 fileC
262169 lrwxrwxrwx 1 omm dbgrp  5 Dec 29 22:42 fileD -> fileA
[omm@dbsvr ~]$ cat fileA
I am fileA !
[omm@dbsvr ~]$ cat fileD
I am fileA !
[omm@dbsvr ~]$
```

可以看到，原始文件 fileA 和在它基础上创建的软链接文件是两个文件，原始文件 fileA 的索引节点号是 262168，而软链接文件 fileD 的索引节点号是 262169。此外，创建软链接没有导致 fileA 的链接数加 1，仍然保持为 3。

下面介绍一个使用小命令解决大问题的案例。在 1998 年左右，某研究所的一个大型应用软件（运行在 SGI 公司的 IRIX 上，文件系统类型是 xfs）安装在 /usr/app 下，运行数据必须保存在 /usr/app/data 目录下。那个时代的单块硬盘容量比较小，不到 1GB，分配给 /usr 文件系统的空间就更小了。因此用户购买了 3 块 1GB 的硬盘，做成逻辑卷，作为文件系统 /opt/data。

当时，熟悉 UNIX 原理和熟练使用 UNIX 命令的工程师比较少。很多工程师都无法解决用户的数据必须保存在 /usr/app/data 下的问题。编者到现场后，使用 ln 命令便为用户解决了这个问题。

下面使用仿真环境来回顾一下当时解决问题的过程。

首先使用 root 用户执行下面的命令，准备使用的初始环境：

```
[omm@dbsvr ~]$ sudo su -
[sudo] password for omm:   # 输入 omm 用户的密码 omm123
　 # 忽略一些没用的输出
[root@dbsvr ~]# mkdir /usr/app
[root@dbsvr ~]# mkdir /usr/app/data
[root@dbsvr ~]# touch /usr/app/data/exampleDataFile
[root@dbsvr ~]# mkdir /opt/data
[root@dbsvr ~]#
```

然后开始执行解决问题的命令：

```
[root@dbsvr ~]# # 创建目录 /opt/data/app
[root@dbsvr ~]# mkdir -p /opt/data/app
[root@dbsvr ~]# # 将 /usr/app/data 下的数据复制到 /opt/data/app/data 下
[root@dbsvr ~]# cp -pr /usr/app/data /opt/data/app
[root@dbsvr ~]# # 将目录 /usr/app/data 更名为 /usr/app/data.bak
[root@dbsvr ~]# mv /usr/app/data /usr/app/data.bak
[root@dbsvr ~]# # 创建软链接 /usr/app/data，指向目录 /opt/app/data
[root@dbsvr ~]# ln -s /opt/data/app/data /usr/app/data
[root@dbsvr ~]#
```

接下来让用户测试应用，确保应用现在能正常工作。一旦用户确认现在能正常工作了，就执行下面的命令，删除目录 /usr/app/data.bak：

```
[root@dbsvr ~]# rm -rf /usr/app/data.bak
```

请读者想一想，为什么执行 cp 命令时需要加上 -pr 这两个选项？

十八、mv 命令

mv 命令用来移动文件和目录。命令 mv 是单词 move 的缩写。如果在同一个目录下移动文件，那么相当于文件更名。mv 命令的语法如下：

mv OldfileName NewFileName

执行下面的命令，测试 mv 命令：

```
[root@dbsvr ~]# # 退出刚才的 sudo su -
[root@dbsvr ~]# exit
logout
[omm@dbsvr ~]$ cd
[omm@dbsvr ~]$ mkdir zqf
[omm@dbsvr ~]$ ls -l zqf
total 0
[omm@dbsvr ~]$ mv fileA zqf
[omm@dbsvr ~]$ ls -l zqf
total 4
-rw----------- 3 omm dbgrp 13 Dec 29 22:38 fileA
[omm@dbsvr ~]$ ls file*
fileB  fileC  fileD
[omm@dbsvr ~]$ mv file* zqf
[omm@dbsvr ~]$ ls -l zqf
```

```
total 12
-rw---------- 3 omm dbgrp 13 Dec 29 22:38 fileA
-rw---------- 3 omm dbgrp 13 Dec 29 22:38 fileB
-rw---------- 3 omm dbgrp 13 Dec 29 22:38 fileC
lrwxrwxrwx 1 omm dbgrp  5 Dec 29 22:42 fileD -> fileA
[omm@dbsvr ~]$ cd zqf
[omm@dbsvr zqf]$ mv fileC fileE
[omm@dbsvr zqf]$ ls -l
total 12
-rw---------- 3 omm dbgrp 13 Dec 29 22:38 fileA
-rw---------- 3 omm dbgrp 13 Dec 29 22:38 fileB
lrwxrwxrwx 1 omm dbgrp  5 Dec 29 22:42 fileD -> fileA
-rw---------- 3 omm dbgrp 13 Dec 29 22:38 fileE
[omm@dbsvr zqf]$
```

这里创建了一个目录 zqf，并将 fileA 移动到目录 zqf 中，然后再次使用通配符将以 file 开头的所有文件移动到目录 zqf 中。接下来进入目录 zqf，在目录 zqf 中将文件 fileC 的名字修改为 fileE。

执行下面的命令，将目录 zqf 的名字修改为 zqfbak：

```
[omm@dbsvr zqf]$ cd
[omm@dbsvr ~]$ ls -l
total 24
-rw------------ 1 omm dbgrp 1820 Dec 29 21:30 clusterconfig.xml
-rw------------ 1 omm dbgrp 1820 Dec 29 21:31 clusterconfig.xml.bak
drwx---------- 3 omm dbgrp 4096 Dec 29 20:42 dir1
drwx---------- 3 omm dbgrp 4096 Dec 29 21:33 dirbak
drwx---------- 2 omm dbgrp 4096 Dec 29 21:28 test
drwx---------- 2 omm dbgrp 4096 Dec 29 23:03 zqf
[omm@dbsvr ~]$ mv zqf zqfbak
[omm@dbsvr ~]$ ls -l
total 24
-rw------------ 1 omm dbgrp 1820 Dec 29 21:30 clusterconfig.xml
-rw------------ 1 omm dbgrp 1820 Dec 29 21:31 clusterconfig.xml.bak
drwx---------- 3 omm dbgrp 4096 Dec 29 20:42 dir1
drwx---------- 3 omm dbgrp 4096 Dec 29 21:33 dirbak
drwx---------- 2 omm dbgrp 4096 Dec 29 21:28 test
drwx---------- 2 omm dbgrp 4096 Dec 29 23:03 zqfbak
[omm@dbsvr ~]$
```

请注意，由于在执行 mv zqf zqfbak 命令前，在当前的目录（omm 用户的主目录 /home/omm）下不存在 zqfbak，因此执行这条命令是将目录 zqf 改名为 zqfbak。

执行下面的命令，将目录 zqfbak 移动到目录 dir1 下：

```
[omm@dbsvr ~]$ mv zqfbak dir1
[omm@dbsvr ~]$ ls -l dir1
total 8
drwx---------- 3 omm dbgrp 4096 Dec 29 20:42 dir2
drwx---------- 2 omm dbgrp 4096 Dec 29 23:03 zqfbak
[omm@dbsvr ~]$
```

在执行命令 mv zqfbak dir1 之前，在当前的目录（/home/omm）下存在目录 dir1，因此执行这条命令是把目录 zqfbak 移动到目录 dir1 下。

十九、rm 命令

命令 rm 是单词 remove 的缩写，用来删除文件和目录，其语法如下：

rm [options] file-or-directory-list

1. 没有选项的 rm 命令

没有选项的 rm 命令仅仅用来删除文件，不能删除目录。示例命令如下：

```
[omm@dbsvr dirbak]$ cd
[omm@dbsvr ~]$ ls
clusterconfig.xml clusterconfig.xml.bak dir1 dirbak test
[omm@dbsvr ~]$ rm clusterconfig.xml.bak
[omm@dbsvr ~]$ ls
clusterconfig.xml dir1 dirbak test
[omm@dbsvr ~]$ cd dir1
[omm@dbsvr dir1]$ ls -l
total 8
drwx---------- 3 omm dbgrp 4096 Dec 29 20:42 dir2
drwx---------- 2 omm dbgrp 4096 Dec 29 23:03 zqfbak
[omm@dbsvr dir1]$ rm zqfbak
rm: cannot remove 'zqfbak': Is a directory
[omm@dbsvr dir1]$
```

可以看到，rm 命令可以删除文件 clusterconfig.xml.bak，但不能删除目录 zqfbak。

2. rm 命令的 -r 选项

前面介绍了 rmdir 命令，使用它可以删除空目录。如果要删除的是一个非空目录，那么使用 rmdir 命令是无法删除的，只能使用 rm 命令的 -r 选项（助记单词是 recursive）来删除。执行下面的命令可以验证这一点：

```
[omm@dbsvr ~]$ cd
[omm@dbsvr ~]$ ls
clusterconfig.xml dir1 dirbak test
[omm@dbsvr ~]$ ls -l dirbak
total 4
drwx---------- 3 omm dbgrp 4096 Dec 29 21:33 dir2
[omm@dbsvr ~]$ rmdir dirbak
rmdir: failed to remove 'dirbak': Directory not empty
[omm@dbsvr ~]$ rm -r dirbak
[omm@dbsvr ~]$ ls -ld dirbak
ls: cannot access 'dirbak': No such file or directory
[omm@dbsvr ~]$
```

3. rm 命令的 -i 选项

使用 rm 命令删除文件时，默认情况下不给出提示，而是立即执行。但有时用户刚把一个文件删除就后悔了。为了使用户在删除文件前进行最后的确认，可以使用 rm 命令的 -i 选项，该选项可以用单词 interactive 来助记，表示交互式确认。执行下面的命令进行测试：

```
[omm@test ~]$ cd
[omm@test ~]$ mkdir dir2
```

```
[omm@test ~]$ cd dir2
[omm@test dir2]$ touch file1 file2 file3 file4 file5 file6 file7 file8
[omm@test dir2]$ ls
file1  file2  file3  file4  file5  file6  file7  file8
[omm@test dir2]$ rm -i file*
rm: remove regular empty file 'file1'? Y
rm: remove regular empty file 'file2'? y
rm: remove regular empty file 'file3'? N
rm: remove regular empty file 'file4'? n
rm: remove regular empty file 'file5'?
rm: remove regular empty file 'file6'? c
rm: remove regular empty file 'file7'? d
rm: remove regular empty file 'file8'? e
[omm@test dir2]$ ls
file3  file4  file5  file6  file7  file8
[omm@test dir2]$
```

从上面的输出可以发现，执行删除命令时会提醒用户是否真的要删除，如果回答大写字母 Y 或者小写字母 y，则会执行真正的删除操作。除此之外的任何字符都不会执行删除操作。

4. rm 命令的 -f 选项

执行下面的命令，为 rm 命令设置命令别名：

```
[omm@dbsvr dir2]$ alias rm="rm -i"
[omm@dbsvr dir2]$
```

设置了别名之后，每次执行 rm 命令时都会自动带上 -i 选项，删除文件时会提醒用户是否要删除该文件。

```
[omm@dbsvr dir2]$ cd
[omm@dbsvr ~]$ ls -l dir2
total 0
-rw------------ 1 omm dbgrp 0 Dec 29 23:59 file3
-rw------------ 1 omm dbgrp 0 Dec 29 23:59 file4
-rw------------ 1 omm dbgrp 0 Dec 29 23:59 file5
-rw------------ 1 omm dbgrp 0 Dec 29 23:59 file6
-rw------------ 1 omm dbgrp 0 Dec 29 23:59 file7
-rw------------ 1 omm dbgrp 0 Dec 29 23:59 file8
[omm@dbsvr ~]$ rm dir2/*
rm: remove regular empty file 'dir2/file3'? y
rm: remove regular empty file 'dir2/file4'? Y
rm: remove regular empty file 'dir2/file5'? N
rm: remove regular empty file 'dir2/file6'? n
rm: remove regular empty file 'dir2/file7'?
rm: remove regular empty file 'dir2/file8'?
[omm@dbsvr ~]$ ls -l dir2
total 0
-rw------------ 1 omm dbgrp 0 Dec 29 23:59 file5
-rw------------ 1 omm dbgrp 0 Dec 29 23:59 file6
-rw------------ 1 omm dbgrp 0 Dec 29 23:59 file7
-rw------------ 1 omm dbgrp 0 Dec 29 23:59 file8
[omm@dbsvr ~]$
```

有时用户并不想要这些提醒，此时可以使用 rm 命令的 -f 选项（助记单词为 force）来屏蔽 -i 选项：

```
[omm@dbsvr ~]$ rm -f dir2/*
[omm@dbsvr ~]$  ls -l dir2
total 0
[omm@dbsvr ~]$
```

有时，在 omm 用户的某个目录下（omm 用户对该目录有完全的读写控制权）有属于其他用户的文件，那么即使 rm 命令没有带上 -i 选项的别名，也会在删除前进行提醒，下面通过实验说明这一点。

首先构建测试环境：

```
[omm@dbsvr ~]$ sudo su -
[sudo] password for omm:   # 输入 omm 用户的密码 omm123
   # 忽略没用的输出行
[root@dbsvr ~]# cp /etc/passwd /home/omm/dir2
[root@dbsvr ~]# exit
logout
[omm@dbsvr ~]$
```

然后使用 omm 用户执行如下命令：

```
[omm@dbsvr ~]$ ls -l dir2
total 4
-rw------------- 1 root root 2442 Dec 30 00:13 passwd
[omm@dbsvr ~]$ unalias rm # 执行这条命令，确保执行 rm 命令时，不会自动带上 -i 参数
[omm@dbsvr ~]$ rm dir2/*
rm: remove write-protected regular file 'dir2/passwd'? n
[omm@dbsvr ~]$ ls -l dir2
total 4
-rw----------- 1 root root 2442 Dec 30 00:13 passwd
[omm@dbsvr ~]$
```

如果不希望出现这种烦琐的提醒，则可以使用 rm 命令的 -f 参数：

```
[omm@test ~]$ rm -f dir2/*
[omm@test ~]$ ls -l dir2
total 0
[omm@test ~]$
```

二十、cat 命令

cat 命令用来查看文件的内容。cat 命令的语法如下：

cat FileList

cat 命令的第一种用途是简单地显示一个文件的内容。下面是 cat 命令这种用途的示例，可简单地显示文件 /etc/hosts 的内容：

```
[omm@dbsvr ~]$ cat /etc/hosts
127.0.0.1        localhost localhost.localdomain localhost4 localhost4.localdomain4
::1              localhost localhost.localdomain localhost6 localhost6.localdomain6
192.168.100.62 dbsvr
```

[omm@dbsvr ~]$

使用 cat 命令显示文件，会从文件头部显示到文件尾部。执行下面的命令显示文件 /etc/group 的内容：

```
[omm@dbsvr ~]$ cat /etc/group
root:x:0:
bin:x:1:
daemon:x:2:
    # 中间省略了许多行，在终端上一页无法完全显示
dbgrp:x:2000:
dba:x:3000:
[omm@dbsvr ~]$
```

因此，cat 命令更适合显示小于一页的文件。如果文件比较大，在 Linux 终端的一个页面显示不完，则需要使用另外一个 Linux 命令 more。

cat 命令的第二种用途是生成一个新文件。执行下面的命令，创建文件 fileA：

```
cat>fileA<<EOF
create short file fileA through command cat!
EOF
```

在命令 cat>fileA<<EOF 中：
- 符号 > 是重定向输出符号，表示将命令的输出显示（或保存）到后面的设备文件中（此处是将输出重定向到文件 fileA 中）。
- 符号 << 是重定向输入符号，<<EOF 表示当输入的 3 个连续字符是 EOF 时，结束输入重定向。

在这个例子中只输入了一行内容"create short file fileA through command cat"，然后就遇到了字符串 EOF，从而结束了命令的输入。

cat 命令的第三种用途是合并两个或者多个文件。首先执行下面的命令，创建文件 fileB：

```
cat>fileB<<EOF
create short file fileB through command cat!
EOF
```

接下来执行下面的命令，将文件 fileA 和 fileB 合并成名称为 fileC 的文件：

```
[omm@dbsvr ~]$ cat fileA fileB>fileC
[omm@dbsvr ~]$ cat fileC
create short file fileA through command cat!
create short file fileB through command cat!
[omm@dbsvr ~]$
```

请注意，使用 cat 命令对多个文件进行合并时，在重定向输出符号 > 后面一定要使用一个新文件名（此处是 fileC），千万不要使用合并前的任何一个文件的文件名（fileA 或 fileB）。如果这么做，则会导致数据丢失。

下面的命令让编者重温了当年的痛苦：

```
[omm@dbsvr ~]$ cat fileA
```

```
create short file fileA through command cat!
[omm@dbsvr ~]$ cat fileB
create short file fileB through command cat!
[omm@dbsvr ~]$ cat fileA fileB > fileA
[omm@dbsvr ~]$ cat fileA
create short file fileB through command cat!
[omm@dbsvr ~]$ cat fileB
create short file fileB through command cat!
[omm@dbsvr ~]$
```

可以看到，合并 fileA 和 fileB 时，把合并结果重定向到文件名 fileA，从而导致合并失败，文件 fileA 的内容丢失了。

二十一、more 命令

more 命令也可用来查看文件的内容，不过对于内容多于终端一页的文件，没在此页内显示的内容将暂停显示。more 命令的语法如下：

more　FileName

执行下面的 more 命令：

```
[omm@dbsvr ~]$ more /etc/group
```

可用看到，图 4-3 的左下角有"--More--（36%）"提示，表示到这一页为止已经显示了整个文件的 36%。此时，读者可以进行如下操作：

■ 按 <Enter> 键：显示下一行。
■ 按字母 <b> 键：往回显示一页。
■ 按空格键：显示下一页内容。
■ 按字母 <q> 键：结束 more 命令的显示，退出 more 命令。

图 4-3　more 命令每满一页停一次

二十二、head 命令

head 命令用来显示文件前几行的内容。head 命令的语法如下：

head [options] file

1. 没有选项的 head 命令

没有选项的 head 命令将默认显示一个文件的前 10 行：

```
[omm@dbsvr ~]$ cd
[omm@dbsvr ~]$ head /etc/group
root:x:0:
bin:x:1:
daemon:x:2:
sys:x:3:
adm:x:4:
tty:x:5:
disk:x:6:sanlock
lp:x:7:
mem:x:8:
kmem:x:9:
[omm@dbsvr ~]$
```

2. head 命令的 -n 选项

head 命令的 -n 选项（选项后跟着一个数字 num）表示显示文件的前 num 行：

```
[omm@dbsvr ~]$ head -n 5 /etc/group
root:x:0:
bin:x:1:
daemon:x:2:
sys:x:3:
adm:x:4:
[omm@dbsvr ~]$
```

命令 head -n 5 /etc/group 表示只显示文件 /etc/group 的前 5 行。

二十三、tail 命令

tail 命令用来显示文件最后几行的内容。tail 命令的语法如下：

tail [options] file

1. 没有选项的 tail 命令

没有选项的 tail 命令将默认显示一个文件的最后 10 行：

```
[omm@dbsvr ~]$ tail /etc/group
chrony:x:982:
pegasus:x:65:
pcpqa:x:981:
pesign:x:980:
postdrop:x:90:
postfix:x:89:
slocate:x:21:
tcpdump:x:72:
dbgrp:x:1000:
zqf:x:1001:
[omm@dbsvr ~]$
```

2. tail 命令的 -n 选项

tail 命令的 -n 选项（选项后跟着一个数字 num）表示显示文件的最后 num 行：

```
[omm@dbsvr ~]$ tail -n 5 /etc/group
postfix:x:89:
slocate:x:21:
tcpdump:x:72:
dbgrp:x:2000:
dba:x:3000:
[omm@test ~]$
```

命令 tail -n 5 /etc/group 表示只显示文件 /etc/group 的最后 5 行。

如果 tail 命令 -n 选项的选项值是 +num，则表示显示文件从第 num 行开始到文件最后一行的内容：

```
[omm@dbsvr ~]$ wc -l /etc/group
72 /etc/group
[omm@dbsvr ~]$ tail -n +68 /etc/group
postfix:x:89:
slocate:x:21:
tcpdump:x:72:
dbgrp:x:2000:
dba:x:3000:
[omm@dbsvr ~]$
```

可以看到，文件 /etc/group 一共有 72 行，命令 tail -n +68 /etc/group 显示了文件 /etc/group 的最后 5 行，这与命令 tail -n 5 /etc/group 的显示结果是一样的。

可以将一个 Shell 命令的输出作为另外一个 Shell 命令的输入，这是通过 Linux "**管道**" 来实现的。Linux 的 Shell 管道用字符 "|" 表示。

下面使用管道来显示 /etc/group 文件的第 11 ~ 15 行的内容：

```
[omm@dbsvr ~]$ tail -n +11 /etc/group | head -n 5
wheel:x:10:
cdrom:x:11:
mail:x:12:postfix
man:x:15:
dialout:x:18:
[omm@dbsvr ~]$
```

命令 tail -n +11 /etc/group 输出的是文件 /etc/group 从第 11 行到结尾的行，它们作为管道（|）的输入，传送给管道后面的命令 head，由 head 命令显示前 5 行，最终显示了文件 /etc/group 的第 11 ~ 15 行的内容。

二十四、file 命令

file 命令用来查看文件的类型：

```
[omm@dbsvr ~]$ cd /opt/software/openGauss/script/
[omm@dbsvr script]$ file *
clusterconfig.xml: XML 1.0 document, UTF-8 Unicode text
config:            directory
# 省略了一些输出
__init__.py:       empty
```

```
killall:          Python script, ASCII text executable
local:            directory
transfer.py:      Python script, ASCII text executable
[omm@dbsvr script]$
```

执行下面的命令，仔细观察 file 命令能识别出哪些类型的文件：

```
file /usr/bin/* | more
file /etc/* | more
file /dev/* | more
```

二十五、grep 命令

grep 命令用来搜索文件中的某一字符串。grep 命令是 Linux 上 C 语言程序员常用的命令，也是 Linux 系统管理员常用的命令。

grep 命令的语法如下：

grep [options] pattern FileList

1. 没有选项的 grep 命令

如果要在文件 /etc/passwd 中查找字符串 "omm"，则可以执行下面的命令：

```
[omm@dbsvr ~]$ grep omm /etc/passwd
omm:x:2000:2000::/home/omm:/bin/bash
[omm@dbsvr ~]$
```

可以看到，在文件 /etc/passwd 中找到了字符串 "omm"，并显示了这一行的全部内容。

如果要查找的字符串（如字符串 "oracle"）不在文件 /etc/passwd 中，那么 grep 命令将不产生任何输出：

```
[omm@dbsvr ~]$ grep oracle /etc/passwd
[omm@dbsvr ~]$
```

2. grep 命令的 -n 选项

使用 grep 命令的 -n 选项时，当 grep 命令找到字符串后，在显示该行内容的同时还显示该行的行号：

```
[omm@dbsvr ~]$ grep -n omm /etc/passwd
44:omm:x:1000:1000::/home/omm:/bin/bash
[omm@dbsvr ~]$
```

3. grep 命令的 -v 选项

grep 命令的 -v 选项可用来进行反向搜索，显示不包含搜索模式的行。

首先执行下面的命令，生成一个测试文件：

```
cd
cat > animal << EOF
dog
cat
pig
EOF
```

执行下面的命令进行测试：

```
[omm@dbsvr ~]$ grep -n cat animal  # 查找并显示含有 cat 的行
2:cat
[omm@dbsvr ~]$ grep -v cat animal  # 查找并显示不包含 cat 的行
dog
pig
[omm@dbsvr ~]$
```

任务六中的 Linux ps 命令，将进一步展示 grep 命令 -v 选项的用法示例。

二十六、diff 命令

diff 命令用来逐行比较两个文件。diff 命令是 Linux 上 C 语言程序员常用的命令。diff 命令的语法如下：

diff file1 file2

首先执行下面的命令，生成 3 个测试文件：

```
cd
cat > fileA <<EOF
aaaa
bbbb
cccc
EOF
cat > fileB <<EOF
aaaa
bbbb
cccc
EOF
cat > fileC <<EOF
aaaa
cccc
EOF
```

然后执行下面的命令，比较文件 fileA 和 fileB：

```
[root@dbsvr ~]$ diff fileA fileB
[root@dbsvr ~]$
```

可用看到 fileA 和 fileB 一样，将不产生任何输出。

继续执行下面的命令，比较文件 fileA 和 fileC：

```
[root@dbsvr ~]$ diff fileA fileC
2d1
< bbbb
[root@dbsvr ~]$
```

可用看到 fileA 和 fileC 不一样，命令输出提示了这两个文件的不同之处。

二十七、find 命令

find 命令用来在文件系统中搜索指定名字的文件。find 命令既是 Linux 上 C 语言程序员常用的命令，也是系统管理员常用的命令，其语法如下：

find Pathname -option [-print] [-exec command {} \;]

find Pathname -option [-print] [-ok command {} \;]

其中：

- Pathname：查找的起始目录（可以使用绝对路径、相对路径）。
- -print：将匹配的文件名输出到标准输出。
- -exec command {} \;：对匹配的文件执行该参数所给出的 Shell 命令。
- -ok command {} \;：和 -exec 的作用相同，区别在于执行命令前会提示用户是否确定执行。

注意：在 {} 和 \; 之间至少要有一个空格。

1. find 命令的 -name 选项

-name 选项用于查找指定名字的文件。如果想知道在目录 /opt/software 或者它的某个子目录下是否有文件名为 clusterconfig.xml 的文件，并且想知道具体在什么位置，则可以执行下面带有 -name 选项的 find 命令：

```
[omm@dbsvr ~]$ cd
[omm@dbsvr ~]$ find /opt/software -name clusterconfig.xml -print
/opt/software/openGauss/clusterconfig.xml
/opt/software/openGauss/script/clusterconfig.xml
[omm@dbsvr ~]$
```

find 命令将从 /opt/software 目录开始查找文件 clusterconfig.xml，一共找到了两个：第 1 个位于目录 /opt/software/openGauss/ 下；第 2 个位于目录 /opt/software/openGauss/script/ 下。

2. find 命令的 -exec 选项

-exec 选项可对找到的指定名字的文件执行 Linux 命令。在 -exec 后面的命令中，使用 {} 来代替找到的文件。

下面是一个示例：

首先在目录 /opt/software/openGauss/script 下用 touch 命令创建一个 example 文件：

```
[omm@dbsvr ~]$ touch /opt/software/openGauss/script/example
[omm@dbsvr ~]$
```

然后使用 find 命令从目录 /opt/software 开始查找文件 example，如果找到就将文件名为 example 的文件删除：

```
 [omm@dbsvr ~]$ ls -l /opt/software/openGauss/script/example
-rw----------- 1 omm dbgrp 0 Dec 30 03:25 /opt/software/openGauss/script/example
[omm@dbsvr ~]$ find /opt/software -name example -exec rm -rf {} \;
[omm@dbsvr ~]$ ls -l /opt/software/openGauss/script/example
ls: cannot access '/opt/software/openGauss/script/example': No such file or directory
[omm@dbsvr ~]$
```

3. find 命令的 -ok 选项

-ok 选项的功能与 -exec 差不多，只是在执行命令前会再次让用户确认是否对找到的这个文件进行命令操作。示例如下：

```
[omm@dbsvr ~]$ touch /opt/software/openGauss/script/example
[omm@dbsvr ~]$ ls -l /opt/software/openGauss/script/example
-rw----------- 1 omm dbgrp 0 Dec 30 03:27 /opt/software/openGauss/script/example
[omm@dbsvr ~]$ find /opt/software -name example -ok rm -rf {} \;
```

```
< rm ... /opt/software/openGauss/script/example > ? n
[omm@dbsvr ~]$ ls -l /opt/software/openGauss/script/example
-rw----------- 1 omm dbgrp 0 Dec 30 03:27 /opt/software/openGauss/script/example
[omm@dbsvr ~]$ find /opt/software -name example -ok rm -rf {} \;
< rm ... /opt/software/openGauss/script/example > ? y
[omm@dbsvr ~]$ ls -l /opt/software/openGauss/script/example
ls: cannot access '/opt/software/openGauss/script/example': No such file or directory
[omm@dbsvr ~]$
```

可以看到，如果确认时输入字母 y 或者 Y，那么将对找到的 example 文件执行命令操作；如果输入的字母是 n 或者 N，或者输入的是其他字母，那么将不会对文件 example 执行后面的命令操作。

二十八、wc 命令

wc 命令用来统计文件的行数、单词数和字符数。wc 命令的语法如下：

wc [options] file

其中，options 有 3 个常用的选项：

- -l：表示只显示文件的行数（line）。
- -w：表示只显示文件的单词数（word）。
- -c：表示只显示文件的字符数。

如果不使用任何参数，那么就同时显示文件的行数、单词数和字符数。

wc 命令的用法示例如下：

```
[omm@dbsvr ~]$ wc -l /etc/group
72 /etc/group
[omm@dbsvr ~]$ wc -w /etc/group
72 /etc/group
[omm@dbsvr ~]$ wc -c /etc/group
1002 /etc/group
[omm@dbsvr ~]$ wc   /etc/group
  72   72 1002 /etc/group
[omm@dbsvr ~]$
```

二十九、whereis 命令

whereis 命令用于在特定目录中查找符合条件的文件，可以是源代码文件、二进制文件或 man 手册文件。whereis 命令的语法如下：

whereis [options] [-B DirList] [-M DirList] [-S DirList] FileList

其中，options 常用的选项有：

- -b：仅查找二进制文件。
- -f：不显示文件名前的路径名称。
- -m：仅查找 man 手册文件。
- -s：仅查找源代码文件。
- -u：查找不包含指定类型的文件。
- -B DirList：只在设置的目录下查找二进制文件。
- -M DirList：只在设置的目录下查找 man 手册文件。
- -S DirList：只在设置的目录下查找源代码文件。

whereis 命令的用法示例如下：

```
[omm@test ~]$ cd
[omm@test ~]$ whereis ls
ls: /usr/bin/ls /usr/share/man/man1p/ls.1p
[omm@test ~]$ whereis -b ls
ls: /usr/bin/ls
[omm@test ~]$ whereis -m ls
ls: /usr/share/man/man1p/ls.1p
[omm@test ~]$
```

三十、which 命令

有时候，不同功能的程序会被开发人员取相同的名字。当执行某个特定名字的程序但执行结果不符合预期时，可以使用 which 命令定位判断这个指定名字的程序在哪个目录下。

which 命令根据 PATH 环境变量的值来搜索指定的 Command，如果在这些路径中搜索到了指定名字的 Command，则显示 Command 的全路径。which 命令的语法如下：

which Command

which 命令的用法示例如下：

```
[omm@dbsvr ~]$ cd
[omm@dbsvr ~]$ echo $PATH
/opt/huawei/install/app/bin:/opt/huawei/install/om/script/gspylib/pssh/bin:/opt/huawei/install/om/script:/
home/omm/.local/bin:/home/omm/bin:/root/gauss_om/omm/script:/usr/local/bin:/usr/bin:/usr/local/sbin:/usr/sbin
[omm@dbsvr ~]$ which ls
/usr/bin/ls
[omm@dbsvr ~]$
```

示例中，echo $PATH 将会打印 PATH 环境变量的值。which 命令将在 PATH 变量指定的目录中查看是否有名字为 ls 的程序，如果找到，就显示该程序在文件系统树中的位置，这里显示在 /usr/bin 目录下找到了程序 ls。

三十一、locate 命令

locate 命令根据名字来查找文件。locate 命令的语法如下：

locate [options] FileName

其中，options 常用的选项有：

- -h：显示帮助。
- -V：显示版本信息。
- -q：安静模式，不显示任何错误信息。
- -i：忽略大小写。
- -c：仅输出指定的数量。
- -l num：最多输出 num 个条目。
- -n num：最多显示 n 个输出。
- -d DBPATH：使用 DBPATH 指定的数据库，不使用默认数据库 /var/lib/mlocate/mlocate.db。

locate 命令的用法示例如下：

```
[omm@dbsvr ~]$ sudo su -
[sudo] password for omm:    # 输入 Linux 用户 omm 的密码 omm123
```

```
# 省略了一些没用的输出
[root@dbsvr ~]# touch /opt/software/openGauss/script/noSuchfile
[root@dbsvr ~]# locate noSuchfile
[root@dbsvr ~]# updatedb
[root@dbsvr ~]# locate noSuchfile
/opt/software/openGauss/script/noSuchfile
[root@dbsvr ~]#
```

上面的命令中，首先用 root 用户创建了一个文件 noSuchfile。如果马上执行 locate 命令，则将无法定位该文件的位置，因为 locate 命令默认在数据库文件 /var/lib/mlocate/mlocate.db 中查找定位文件，而此时还没有更新数据库。接着执行了命令 updatedb，更新关键字数据库。最后执行 locate 命令，就可以定位文件 noSuchfile 的位置了。

locate 命令和 find 命令都可以查找指定名字的文件。find 命令直接在文件系统中查找，因此不如 locate 命令在数据库中查找快。下面测试 find 和 locate 命令的查找速度：

```
[root@dbsvr ~]# time locate noSuchfile
/opt/software/openGauss/script/noSuchfile
real    0m0.035s
user    0m0.017s
sys     0m0.016s
[root@dbsvr ~]# time find / -name noSuchfile -print
/opt/software/openGauss/script/noSuchfile
real    0m0.495s
user    0m0.010s
sys     0m0.427s
[root@dbsvr ~]# exit
logout
[omm@dbsvr ~]$
```

在上面的命令中，在 find 和 locate 命令前面加上了一个 time 来对命令的执行进行计时，其中：

- real：表示实际的执行时间。
- user：表示在用户态执行的时间。
- sys：表示在内核态执行的时间。

比较这两条命令的执行时间可以发现，locate 命令比 find 命令确实要快得多。

三十二、sort 命令

sort 命令用来对文件的内容进行排序。sort 命令的语法如下：

sort [options] FileName

其中，options 常用的选项有：

- -n：按数字值排序。
- -M：识别 3 字符月份，按时间排序。
- -r：反向排序。

1. 没有选项的 sort 命令

没有选项的 sort 命令将按照默认语言的排序方法来进行排序。

首先执行下面的命令，创建一个文本文件 fileA：

```
cd
cat > fileA <<EOF
aaaa
cccc
bbbb
dddd
EOF
```

然后执行下面的命令，对文件 fileA 按字母顺序排序：

```
[omm@dbsvr ~]$ sort fileA
aaaa
bbbb
cccc
dddd
[omm@dbsvr ~]$
```

如果要保存排序的结果，则可以使用重定向输出：

```
[omm@dbsvr ~]$ sort fileA>fileB
[omm@dbsvr ~]$ cat fileB
aaaa
bbbb
cccc
dddd
[omm@dbsvr ~]$
```

2. sort 命令的 -n 选项

-n 选项表示按数字值对文件的行排序。

首先执行下面的命令，创建由数字组成的文本文件 fileA：

```
cat > fileA <<EOF
123
45
678
91011
1213
EOF
```

然后执行下面的命令，对文件 fileA 按数字值排序：

```
[omm@dbsvr ~]$ sort -n fileA
45
123
678
1213
91011
[omm@dbsvr ~]$
```

3.sort 命令的 -M 选项

-M 选项表示识别 3 字符月份，按时间对文件排序。

首先执行下面的命令，创建由月份的英文缩写组成的文本文件 fileA：

```
cat > fileA <<EOF
Jan
Jun
Aug
Feb
May
Jul
Oct
Dec
Mar
Nov
Apr
Sep
EOF
```

然后执行下面的命令，对文件 fileA 按月份排序：

```
[omm@dbsvr ~]$ sort -M fileA
Jan
Feb
Mar
Apr
May
Jun
Jul
Aug
Sep
Oct
Nov
Dec
[omm@dbsvr ~]$
```

4.sort 命令的 -r 选项

-r 选项表示按反向进行排序。

执行下面的命令，可以根据子目录所占存储容量的大小，按照从大到小的顺序排列目录 /opt/software/openGauss/ 下的所有子目录：

```
[omm@dbsvr ~]$ du -sh /opt/software/openGauss/* | sort -n   # 按默认顺序（从小到大）排序
4.0K        /opt/software/openGauss/clusterconfig.xml
4.0K        /opt/software/openGauss/openGauss-2.1.0-openEuler-64bit-om.sha256
4.0K        /opt/software/openGauss/openGauss-2.1.0-openEuler-64bit.sha256
4.0K        /opt/software/openGauss/upgrade_sql.sha256
4.0K        /opt/software/openGauss/version.cfg
12M         /opt/software/openGauss/lib
19M         /opt/software/openGauss/openGauss-2.1.0-openEuler-64bit-om.tar.gz
55M         /opt/software/openGauss/script
85M         /opt/software/openGauss/openGauss-2.1.0-openEuler-64bit.tar.bz2
100K        /opt/software/openGauss/simpleInstall
103M        /opt/software/openGauss/openGauss-2.1.0-openEuler-64bit-all.tar.gz
104M        /opt/software/openGauss/openGauss-Package-bak_compiled.tar.gz
```

```
224K        /opt/software/openGauss/upgrade_sql.tar.gz
289M        /opt/software/openGauss/libcgroup
[omm@dbsvr ~]$ du -sh /opt/software/openGauss/* | sort -nr  # 反向排序（从大到小）
289M        /opt/software/openGauss/libcgroup
224K        /opt/software/openGauss/upgrade_sql.tar.gz
104M        /opt/software/openGauss/openGauss-Package-bak_compiled.tar.gz
103M        /opt/software/openGauss/openGauss-2.1.0-openEuler-64bit-all.tar.gz
100K        /opt/software/openGauss/simpleInstall
85M         /opt/software/openGauss/openGauss-2.1.0-openEuler-64bit.tar.bz2
55M         /opt/software/openGauss/script
19M         /opt/software/openGauss/openGauss-2.1.0-openEuler-64bit-om.tar.gz
12M         /opt/software/openGauss/lib
4.0K        /opt/software/openGauss/version.cfg
4.0K        /opt/software/openGauss/upgrade_sql.sha256
4.0K        /opt/software/openGauss/openGauss-2.1.0-openEuler-64bit.sha256
4.0K        /opt/software/openGauss/openGauss-2.1.0-openEuler-64bit-om.sha256
4.0K        /opt/software/openGauss/clusterconfig.xml
[omm@dbsvr ~]$
```

请读者参考其他资料，学习 sort 处理文本的其他选项。

三十三、split 命令

split 命令用来将一个大文件拆分成指定大小的小文件，其语法如下：

split [options] FileName

其中，options 常用的选项有：

- -d：用数字作为后缀，而不是使用字母。
- -b num[mkl]：
  - b 表示字节。
  - num 表示数量。
  - m 表示兆。
  - k 表示千字节。
  - l 表示行。
- -a len：
  - fileprefix：文件名前缀。
  - +len：字节长度的后缀。

1. 将大文件拆分成小文件

使用 omm 用户，执行下面的命令，下载 MySQL 5.7.36 源代码文件：

```
wget http://dev.mysql.com/get/Downloads/MySQL-5.7/mysql-5.7.36.tar.gz
```

使用 omm 用户，执行下面的命令：

```
[omm@dbsvr ~]$ split -d -b 10m mysql-5.7.36.tar.gz -a 3 mysql-5.7.36.tar.gz_
[omm@dbsvr ~]$ ls -l mysql-5.7.36.tar.gz*
-rw------------ 1 omm dbgrp 56238341 Sep  7 11:37 mysql-5.7.36.tar.gz
-rw------------ 1 omm dbgrp 10485760 Jan 14 19:26 mysql-5.7.36.tar.gz_000
-rw------------ 1 omm dbgrp 10485760 Jan 14 19:26 mysql-5.7.36.tar.gz_001
-rw------------ 1 omm dbgrp 10485760 Jan 14 19:26 mysql-5.7.36.tar.gz_002
```

```
-rw----------- 1 omm dbgrp 10485760 Jan 14 19:26 mysql-5.7.36.tar.gz_003
-rw----------- 1 omm dbgrp 10485760 Jan 14 19:26 mysql-5.7.36.tar.gz_004
-rw----------- 1 omm dbgrp  3809541 Jan 14 19:26 mysql-5.7.36.tar.gz_005
[omm@dbsvr ~]$
```

2. 合并由 split 拆分的小文件

由 split 命令拆分的小文件，可以使用 cat 命令重新恢复：

```
[omm@dbsvr ~]$ rm mysql-5.7.36.tar.gz
[omm@dbsvr ~]$ ls
mysql-5.7.36.tar.gz_000  mysql-5.7.36.tar.gz_002  mysql-5.7.36.tar.gz_004
mysql-5.7.36.tar.gz_001  mysql-5.7.36.tar.gz_003  mysql-5.7.36.tar.gz_005
[omm@dbsvr ~]$ cat mysql-5.7.36.tar.gz_00* > mysql-5.7.36.tar.gz
[omm@dbsvr ~]$ tar xfz mysql-5.7.36.tar.gz
[omm@dbsvr ~]$ ls -ld mysql-5.7.36
drwx---------- 34 omm dbgrp 4096 Sep  7 13:35 mysql-5.7.36
[omm@dbsvr ~]$
```

这里先删除了下载的原始文件 mysql-5.7.36.tar.gz，然后用 cat 命令将这些由 split 命令拆分的小文件重新组合恢复，最后使用 tar 命令解压重新组合的文件。

三十四、tar 命令

tar 是 tape archive 的简写，意思为磁带归档。在光盘发明之前，计算机中的数据使用磁带进行归档，这就是这个命令的由来。

tar 命令用来创建磁带文件、查看磁带内容、从磁带恢复文件。由于在 UNIX 中一切皆文件，因此人们常常用一个扩展名为 .tar 的普通文件作为磁带设备文件。tar 命令的语法如下：

tar [options] [file-list]

其中，options 常用的选项有：

■ f：指定归档设备文件。
■ v：显示详细的信息。
■ c：创建归档文件。
■ t：显示归档设备的文件信息。
■ x：从归档设备中恢复文件。

1. 创建归档文件：选项 c

执行下面的命令，创建一个 tar 包归档文件：

```
[omm@dbsvr ~]$ cd /opt
[omm@dbsvr opt]$ tar cvf /home/omm/huawei.tar huawei
huawei/
huawei/install/
# 省略了很多输出
huawei/corefile/
huawei/tmp/
[omm@dbsvr opt]$
```

请读者注意以下两点：

1）选项 f 后跟的归档设备文件是 /home/omm/huawei.tar，需要保证执行这个命令的用户 omm 在归档设备文件所驻留的目录 /home/omm 有读写权限。

2）为了能让归档文件恢复到任意的目录，而不是与备份时所在的目录位置一样，读者必须要使用相对路径来表示归档的目标（这里要备份的数据在 /opt/huawei 目录，因此先将工作路径移动到 /opt 目录下，再备份子目录 huawei）。

2. 查看归档文件中的内容：选项 t

执行下面的命令，可以查看归档文件 tar 包中有哪些文件：

```
[omm@dbsvr opt]$ cd
[omm@dbsvr ~]$ ls -l huawei.tar
-rw----------- 1 omm dbgrp 1540352000 Dec 30 09:57 huawei.tar
[omm@dbsvr ~]$ tar tvf huawei.tar
drwxr-xr-x omm/dbgrp        0 2021-12-29 14:14 huawei/
# 省略了很多输出
drwxr-x------- omm/dbgrp        0 2021-12-29 14:14 huawei/corefile/
drwx----------- omm/dbgrp        0 2021-12-29 14:19 huawei/tmp/
[omm@dbsvr ~]$
```

3. 恢复归档文件中的内容：选项 x

执行下面的命令，解压归档文件 tar 包：

```
[omm@dbsvr ~]$ cd
[omm@dbsvr ~]$ ls -l huawei.tar
-rw----------- 1 omm dbgrp 1540352000 Dec 30 09:57 huawei.tar
[omm@dbsvr ~]$ tar xf huawei.tar
[omm@dbsvr ~]$ ls -ld huawei*
drwx--------- 5 omm dbgrp        4096 Dec 29 14:14 huawei
-rw----------- 1 omm dbgrp 1540352000 Dec 30 09:57 huawei.tar
[omm@dbsvr ~]$
```

在前面安装 openGauss、PostgreSQL、MySQL 等数据库时，我们在恢复归档文件内的 tar 命令中还用到了选项 z，这是在解压压缩后的 tar 包，命令形式如下：

```
[omm@dbsvr openGauss]$ cd
[omm@dbsvr ~]$ cp /opt/software/openGauss/openGauss-2.1.0-openEuler-64bit-all.tar.gz .
[omm@dbsvr ~]$ tar zxf openGauss-2.1.0-openEuler-64bit-all.tar.gz
[omm@dbsvr ~]$
```

三十五、zip 和 unzip 命令

zip 命令和 unzip 命令用来压缩文件和解压缩文件。这对命令的压缩比是比较理想的。

首先执行下面的命令，将目录 /home/omm/huawei 压缩为一个 zip 包：

```
[omm@dbsvr ~]$ zip -r /home/omm/huawei huawei
  adding: huawei/ (stored 0%)
  adding: huawei/install/ (stored 0%)
  adding: huawei/install/om/ (stored 0%)
  adding: huawei/install/om/openGauss-2.1.0-openEuler-64bit.sha256 (deflated 17%)
# 省略了很多输出
  adding: huawei/tmp/ (stored 0%)
[omm@dbsvr ~]$ ls -lh huawei.zip
-rw----------- 1 omm dbgrp 710M Dec 30 11:13 huawei.zip
[omm@dbsvr ~]$
```

可以看到，执行完成后生成了名称为 huawei.zip 的压缩包。

然后执行下面的命令，删除目录 /home/omm/huawei：

```
[omm@dbsvr ~]$ rm -rf /home/omm/huawei
[omm@dbsvr ~]$
```

接下来执行下面的命令，通过压缩包 huawei.zip 重新恢复目录 huawei：

```
[omm@dbsvr ~]$ unzip huawei.zip
Archive:    huawei.zip
  creating: huawei/
  creating: huawei/install/
  creating: huawei/install/om/
  inflating: huawei/install/om/openGauss-2.1.0-openEuler-64bit.sha256
# 省略了很多输出
  inflating: huawei/install/app_compiled/bin/gs_cgroup
 extracting: huawei/install/app_compiled/version.cfg
  creating: huawei/corefile/
  creating: huawei/tmp/
[omm@dbsvr ~]$ ls -ld huawei
drwx---------- 5 omm dbgrp 4096 Dec 29 14:14 huawei
[omm@dbsvr ~]$
```

最后执行下面的命令，删除一些文件和目录：

```
[omm@dbsvr ~]$ rm -rf huawei huawei.zip
[omm@dbsvr ~]$
```

三十六、gzip 和 gunzip 命令

gzip 命令和 gunzip 命令也可用来压缩文件和解压缩文件。这对命令的压缩比也是比较理想的。

执行下面的命令，压缩 tar 包 huawei.tar：

```
[omm@dbsvr ~]$ ls -l huawei*
-rw------------ 1 omm dbgrp 1540352000 Dec 30 09:57 huawei.tar
[omm@dbsvr ~]$ gzip huawei.tar
[omm@dbsvr ~]$ ls -l huawei*
-rw------------ 1 omm dbgrp 452207125 Dec 30 09:57 huawei.tar.gz
[omm@dbsvr ~]$
```

可以发现，执行 gzip 命令，生成新的压缩文件 huawei.tar.gz 后，会将原文件 huawei.tar 删除。

执行下面的命令，释放压缩文件 huawei.tar.gz：

```
[omm@dbsvr ~]$ gunzip huawei.tar.gz
[omm@dbsvr ~]$ ls -l huawei*
-rw------------ 1 omm dbgrp 1540352000 Dec 30 09:57 huawei.tar
[omm@dbsvr ~]$
```

可以发现，执行 gunzip 命令，解压缩文件 huawei.tar.gz 后，会生成新的名称为 huawei.tar 的文件，然后将原文件 huawei.tar.gz 删除。

要重新恢复子目录 huawei，读者可执行前面学过的 tar 命令：

```
[omm@dbsvr ~]$ tar xf huawei.tar
```

```
[omm@dbsvr ~]$ ls -ld huawei*
drwx--------- 5 omm dbgrp          4096 Dec 29 14:14 huawei
-rw----------- 1 omm dbgrp 1540352000 Dec 30 09:57 huawei.tar
[omm@dbsvr ~]$
```

对于文件名以 .tar.gz 结尾的 tar 压缩包，也可以用下面的命令来解压：

```
[omm@dbsvr ~]$ rm -rf huawei
[omm@dbsvr ~]$ gzip huawei.tar
[omm@dbsvr ~]$ ls -l huawei*
-rw----------- 1 omm dbgrp 452207125  Dec 30 09:57 huawei.tar.gz
[omm@dbsvr ~]$ tar xfz huawei.tar.gz
[omm@dbsvr ~]$ ls -ld huawei*
drwx--------- 5 omm dbgrp      4096      Dec 29 14:14 huawei
-rw----------- 1 omm dbgrp 452207125  Dec 30 09:57 huawei.tar.gz
[omm@dbsvr ~]$
```

三十七、wget 命令

wget 命令用来从网络下载文件。

1. 没有选项的 wget 命令

执行下面的命令，下载 MySQL 5.7.36 源代码文件：

```
wget http://dev.mysql.com/get/Downloads/MySQL-5.7/mysql-5.7.36.tar.gz
```

2. wget 命令的 -O 选项

-O 选项可重新命名下载的文件。执行下面的命令，下载 MySQL 5.7.36 源代码文件，并把下载的文件命名为 mysql5.7.36Media.tar.gz：

```
wget http://dev.mysql.com/get/Downloads/MySQL-5.7/mysql-5.7.36.tar.gz \
-O mysql5.7.36Media.tar.gz
```

3. wget 命令的 -c 选项

-c 选项可使 wget 具有断点续传的能力。在网络状况不好的情况下，这个功能非常有用。下面是使用断点续传的一个示例。

首先清除之前的下载文件：

```
[omm@dbsvr ~]$ rm -f mysql*
[omm@dbsvr ~]$
```

然后执行下面的命令，开始下载：

```
 [omm@dbsvr ~]$ wget -c http://dev.mysql.com/get/Downloads/MySQL-5.7/mysql-5.7.36.tar.gz
#省略了很多输出
Saving to: 'mysql-5.7.36.tar.gz'
mysql-5.7.36.tar.gz   51%[++++===========>              ] 27.67M  1.56MB/s    eta 26s
```

在还没完全下载完之前，按 <Ctrl+C> 组合键中断下载，仿真网络故障。接下来执行下面的命令，检查到目前为止的下载情况：

```
[omm@dbsvr ~]$ ls -lh mysql*
-rw----------- 1 omm dbgrp 4.9M Dec 30 12:52 mysql-5.7.36.tar.gz
```

```
[omm@dbsvr ~]$
```

重新执行下面的 wget 命令：

```
[omm@dbsvr ~]$ wget -c http://dev.mysql.com/get/Downloads/MySQL-5.7/mysql-5.7.36.tar.gz
# 省略了很多输出
mysql-5.7.36.tar.gz             100%[++++====================>]  53.63M  2.39MB/s   in 34s
2021-12-30 12:55:17 (1.43 MB/s) - 'mysql-5.7.36.tar.gz' saved [56238341/56238341]
[omm@dbsvr ~]$
```

下载完成后，执行下面的命令，检查下载的文件：

```
[omm@dbsvr ~]$ ls -l mysql*
-rw------- 1 omm dbgrp 56238341 Sep  7 11:37 mysql-5.7.36.tar.gz
[omm@dbsvr ~]$
```

可以看到，这两次 wget 下载只生成了一个下载文件。

如果没有 -c 选项，那么每次下载都将生成一个新的文件名（在下载的文件后面添加一个数字）：

```
[omm@dbsvr ~]$ # 首先删除之前的下载文件
[omm@dbsvr ~]$ rm -f mysql*
[omm@dbsvr ~]$ # 第 1 次下载
[omm@dbsvr ~]$ wget  http://dev.mysql.com/get/Downloads/MySQL-5.7/mysql-5.7.36.tar.gz
mysql-5.7.36.tar.gz     26%[==============>                  ]  14.44M  3.57MB/s    eta 12s
^C
[omm@dbsvr ~]$
```

在还没完全下载完之前，按 <Ctrl+C> 组合键中断文件下载，仿真发生了一次网络故障而造成下载终端故障。紧接着重新执行下面的 wget 命令，重新下载文件：

```
[omm@dbsvr ~]$ wget  http://dev.mysql.com/get/Downloads/MySQL-5.7/mysql-5.7.36.tar.gz
```

等待文件下载结束后执行下面的命令，检查下载了哪些文件：

```
[omm@dbsvr ~]$ ls -l mysql*
-rw----------- 1 omm dbgrp 17890293 Dec 30 13:03 mysql-5.7.36.tar.gz
-rw----------- 1 omm dbgrp 56238341 Sep   7 11:37 mysql-5.7.36.tar.gz.1
[omm@dbsvr ~]$
```

可以看到，重新下载后会保存之前下载过的文件，新下载的文件会在文件名的最后加上数字作为扩展名来标识。

Linux 常用命令实战：文件和目录权限管理

任务目标

让 openEuler Linux 初学者掌握 Linux 文件和目录权限管理的相关概念及命令。

实施步骤

一、实验环境

使用任务三项目 2 实施步骤十九中准备好的 dbsvrOK.rar 虚拟机备份。

二、基本概念：属主、属组、其他用户

在 UNIX/Linux 中可以把用户分成三类：属主（owner）、属组（group）和其他用户（others）。

存储在 Linux 上的文件或目录，属于某个 Linux 用户，它就是文件或者目录的属主（owner 或者 user）。

Linux 把一个或者多个用户组织为一个组。每个 Linux 用户都至少被指派为一个组的成员。于是，文件或目录拥有一个属主的同时，也会属于一个或者多个组，这就是文件或者目录的属组（group）。

如果一个用户既不是文件或者目录的属主（owner 或者 user），也不是文件所属的那些组（groups）的成员，那么该用户对于这个文件或者目录来说就是其他用户（others）。

无论一个用户是文件或者目录的属主、同组的成员，还是其他用户，对于一个文件和目录，都拥有 3 种权限：

- R：表示是否可以读。
  - ➤ R=r：表示该用户对文件或者目录有读权限。
  - ➤ R=-：表示该用户对文件或者目录没有读权限。
- W：表示是否可以写。
  - ➤ W=w：表示该用户对文件或者目录有写权限。
  - ➤ W=-：表示该用户对文件或者目录没有写权限。
- X：表示是否可以执行。
  - ➤ X=x：表示该用户对文件或者目录有执行权限。
  - ➤ X=-：表示该用户对文件或者目录没有可执行权限。

用户的这 3 种权限可以用 RWX 这 3 个字符的组合来表示，还可以用八进制数或者二进制数来表示，如图 5-1 所示。其中，常用的权限模式有 rwx、rw-、r-x、r-- 这 4 种。

3 种类型的用户按属主、同组用户和其他用户的顺序来排列对某个文件或者目录的权限。如图 5-2 所示，八进制数 755 可以表示为 rwxr-xr-x，表示属主可读、可写、可执行的权限；同组用户和其他用户都是可读、不可写但可执行的权限。

每类用户的 3 种权限

字符表示	二进制表示	八进制表示	含义		
rwx	111	7	可读、	可写、	可执行
rw-	011	6	可读、	可写、	不可执行
r-x	101	5	可读、	不可写、	可执行
r--	100	4	可读、	不可写、	不可执行
-wx	011	3	不可读、	可写、	可执行
-w-	010	2	不可读、	可写、	不可执行
--x	001	1	不可读、	不可写、	可执行
---	000	0	不可读、	不可写、	不可执行

图 5-1　每类用户的 3 种权限表示

任务四中介绍了 ls 命令。在 ls 命令的输出中，第一列的信息是关于文件的类型和权限的信息，文件或目录的权限模式如图 5-3 所示。

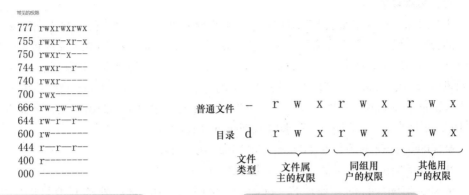

图 5-2 各类用户的常见权限模式   图 5-3 文件或目录的权限模式

- 位置为第 1 的字符，表示文件的类型。
  - 字符 -：表示是一个普通文件。
  - 字符 d：表示是一个目录文件。
  - 字符 l：表示是一个软链接。
- 位置为第 2~4 的 3 个字符，表示属主的权限。
- 位置为第 5~7 的 3 个字符，表示属组的权限。
- 位置为第 8~10 的 3 个字符，表示其他用户的权限。

执行下面命令，观察命令的输出：

```
[omm@dbsvr ~]$ cd /opt/software/openGauss
[omm@dbsvr openGauss]$ ls -l
total 316544
-rw--------   1 omm dbgrp       1820 Dec 29  14:12 clusterconfig.xml
drwx-------- 15 omm dbgrp       4096 Dec 29  14:13 lib
drwxr-xr-x   9 omm dbgrp       4096 Dec 29 14:14 libcgroup
-r----------   1 omm dbgrp 107466525 Dec 29 14:11 openGauss-2.1.0-openEuler-64bit-all.tar.gz
# 省略了一些输出
[omm@dbsvr openGauss]$
```

仔细观察上面 ls -l 命令的输出：

```
drwxr-xr-x  9 omm dbgrp     4096 Dec 29 14:14 libcgroup
```

从右往左看，可知：
- libcgroup 是一个目录（由从左到右数第 1 列的第 1 个字符是 d 而得知）。
- 目录 libcgroup 的创建时间是 Dec 29 14:14。
- 目录 libcgroup 的大小是 4096B。
- 目录 libcgroup 的属组是 dbgrp。
- 目录 libcgroup 的属主是 omm。
- 目录 libcgroup 的链接数是 9。
- 其他用户对目录 libcgroup 的访问权限是可读、不可写、可执行（r-x）。

- 属组 dbgrp 的成员对目录 libcgroup 的访问权限是可读、不可写、可执行（r-x）。
- 属主 omm 用户对目录 libcgroup 的访问权限是可读、可写、可执行（rwx）。

三、实验场景

现在可以应用这些概念来组织用户、数据文件和目录了。假设有一个 openEuler 系统，运行了大学的管理系统。这里为计算机科学与技术专业（下面简称计科）2021 级的每个学生都创建了一个以学生姓名的拼音命名的 Linux 用户，并为计科 2021 级的每个班都创建了一个用户组 cs210X(X 表示班号）。计科 2021 级 1 班的李明和 2 班的王奎同学，在 openEuler 操作系统上为他们创建了名为 liming 和 wangkui 的用户，其中，用户 liming 属于用户组 cs2101，用户 wangkui 属于用户组 cs2102。李明在系统上创建了一个脚本文件 showUserDate：

- showUserDate 的属主（owner）是 Linux 用户 liming。
- showUserDate 的属组（group）是 cs2101。
- showUserDate 的其他用户（others）是除了 cs2101 班以外的其他班的学生用户，用户 wangkui 就是一个其他用户。

使用 root 用户，执行下面的命令，创建 Linux 用户组：

```
C:\Users\zqf>ssh root@192.168.100.62
Authorized users only. All activities may be monitored and reported.
root@192.168.100.62's password:  # 输入 root 用户的密码 root@ustb2021
# 省略了许多输出
[root@dbsvr ~]# groupadd -g 10001 cs2101
[root@dbsvr ~]# groupadd -g 10002 cs2102
```

使用 root 用户，执行下面的命令，创建 Linux 用户：

```
[root@dbsvr ~]# useradd -u 21101 -G 10001 liming
[root@dbsvr ~]# id liming
uid=21101(liming) gid=21101(liming) groups=21101(liming),10001(cs2101)
[root@dbsvr ~]# useradd -u 21102 -G 10002 wangkui
[root@dbsvr ~]# id wangkui
uid=21102(wangkui) gid=21102(wangkui) groups=21102(wangkui),10002(cs2102)
[root@dbsvr ~]#
```

使用 root 用户，执行下面的命令，为用户设置密码：

```
[root@dbsvr ~]# echo "liming123" | passwd --stdin liming
Changing password for user liming.
passwd: all authentication tokens updated successfully.
[root@dbsvr ~]# echo "wangkui123"| passwd --stdin wangkui
Changing password for user wangkui.
passwd: all authentication tokens updated successfully.
[root@dbsvr ~]#
```

使用 root 用户，执行下面的命令，为用户李明创建一个目录：

```
[root@dbsvr ~]# mkdir -p /opt/app/bin
[root@dbsvr ~]# chmod -R 755 /opt/app
[root@dbsvr ~]# chown -R liming.liming /opt/app
[root@dbsvr ~]#
```

打开另外一个 Windows 10 的 CMD 窗口，使用用户 liming 登录到 openEuler 操作系统：

```
C:\Users\zqf>ssh liming@192.168.100.62
Authorized users only. All activities may be monitored and reported.
liming@192.168.100.62's password:   # 输入用户 liming 的密码 liming123
# 省略了许多输出
[liming@dbsvr ~]$
```

以用户 liming 的身份执行下面的脚本，创建脚本文件 showUserDate：

```
cd /opt/app/bin
cat> showUserDate <<EOF
echo \$USER
date
EOF
```

执行下面的命令，查看刚刚创建的脚本文件 showUserDate：

```
[liming@dbsvr bin]$ ls -l
total 4
-rw-r--r-- 1 liming liming 16 Jan 22 09:54 showUserDate
[liming@dbsvr bin]$
```

可以看到，文件 showUserDate 的文件模式为 -rw-r--r--，表示 showUserDate 文件是一个普通文件（第 1 个字符是 -，表示一个普通文件）；属主 liming 可读、可写、不可执行（第 2～4 个字符是 rw-）；属组 liming 只能读（第 5～7 个字符是 r--）；其他用户也是只能读（第 8～10 个字符是 r--）。这里属组和属主同名，这是因为使用 useradd 命令创建新用户时会创建一个同名的属组。

此时以 Linux 用户 liming 的身份执行这个脚本：

```
[liming@dbsvr bin]$ ./showUserDate
-bash: ./showUserDate: Permission denied
[liming@dbsvr bin]$
```

可以发现，用户 liming 无法执行这个脚本文件，因为没有执行权限。此时需要使用 chmod 命令来修改文件权限，让属主 liming 拥有执行这个脚本的权限。

四、chmod 命令

chmod 命令用来修改文件或目录的权限模式。其语法格式如下：

chmod [options] Mode file-or-directory

其中：

■ options 通常是 -R 选项，表示递归地修改目录的权限模式。

■ Mode 是文件或目录的权限模式。

为了执行 showUserDate 脚本，需要让属主用户 liming 拥有可读、可写和可执行文件 /opt/sharedata/showUerDate 的权限。此外，还打算让属组 liming 有可读的权限、没有可写的权限，但是具有可执行的权限；其他用户没有可读、可写和可执行的权限。从图 5-2 可知，其对应的八进制数权限表示为 750，对应的字符串权限表示为 rwxr-x---。

使用 liming 用户，执行下面的命令，来完成规划：

```
[liming@dbsvr bin]$ ls -l showUserDate
-rw-r--r-- 1 liming liming 16 Jan 22 09:54 showUserDate
[liming@dbsvr bin]$ chmod 750 showUserDate
```

```
[liming@dbsvr bin]$ ls -l showUserDate
-rwxr-x--- 1 liming liming 16 Jan 22 09:54 showUserDate
[liming@dbsvr bin]$
```

从命令的输出可以看到，权限模式发生了相应的变动。

接下来用 Linux 用户 liming 执行这个脚本：

```
[liming@dbsvr bin]$ ./showUserDate
liming
Sat Jan 22 10:04:10 CST 2022
liming
[liming@dbsvr bin]$
```

如果要修改一个目录及其下面的所有目录和文件的权限模式，则必须使用 -R 选项。这里规划将 /opt/app 目录的权限模式修改为属主用户和属组用户都有可读、可写、可执行的权限，其他用户没有任何权限。为了完成这个规划，使用 liming 用户，执行下面的命令：

```
[liming@dbsvr bin]$ cd
[liming@dbsvr ~]$ ls -lR /opt/app/
/opt/app/:
total 4
drwxr-xr-x 2 liming liming 4096 Jan 22 09:54 bin
/opt/app/bin:
total 4
-rwxr-x--- 1 liming liming 16 Jan 22 09:54 showUserDate
[liming@dbsvr ~]$ chmod -R 770 /opt/app/
[liming@dbsvr ~]$ ls -lR /opt/app/
/opt/app/:
total 4
drwxrwx--- 2 liming liming 4096 Jan 22 09:54 bin
/opt/app/bin:
total 4
-rwxrwx--- 1 liming liming 16 Jan 22 09:54 showUserDate
[liming@dbsvr ~]$
```

在 chmod 命令中，除了用八进制数字来表示文件或目录的权限模式外，还可以用字符来表示文件或目录的权限：

- r：代表读权限。
- w：代表写权限。
- x：代表执行权限。
- u：代表 owner，用户自己。
- g：代表 group，同组用户。
- o：代表 others，其他用户。
- a：代表 all，所有用户（自己、同组和其他用户）。
- +：表示增加权限。
- -：表示去掉权限。
- =：表示赋予权限（无论原来的权限是什么）。

使用 liming 用户，执行下面的命令，去掉同组用户对目录 /opt/app 的执行权限：

```
[liming@dbsvr ~]$ chmod -R g-x /opt/app
[liming@dbsvr ~]$ ls -ld /opt/app
drwxrw---- 2 liming liming 4096 Jan 22 09:53 /opt/app/
[liming@dbsvr ~]$
```

执行下面的命令，赋予同组用户对目录 /opt/app 的可读、可写、可执行权限，为其他用户添加可读权限：

```
[liming@dbsvr ~]$ chmod -R g=rwx,o+r /opt/app
[liming@dbsvr ~]$ ls -ld /opt/app/
drwxrwxr-- 2 liming liming 4096 Jan 22 09:53 /opt/app/
[liming@dbsvr ~]$ ls -lR /opt/app/
/opt/app/:
total 4
drwxrwxr-- 2 liming liming 4096 Jan 22 09:54 bin
/opt/app/bin:
total 4
-rwxrwxr-- 1 liming liming 16 Jan 22 09:54 showUserDate
[liming@dbsvr ~]$
```

五、chown 命令

chown 命令用来修改文件或目录的属主。其语法格式如下：

chown [options] owner file-or-directory

要注意，普通用户不能执行 chown 命令。如果以普通用户 liming 的身份执行下面的语句：

```
[liming@dbsvr ~]$ cd /opt/app/bin
[liming@dbsvr bin]$ ls -l
total 4
-rwxrwxr-- 1 liming liming 16 Jan 22 09:54 showUserDate
[liming@dbsvr bin]$
[liming@dbsvr bin]$ chown wangkui.wangkui showUserDate
chown: changing ownership of 'showUserDate': Operation not permitted
[liming@dbsvr bin]$
```

由于没有为用户 liming 配置 sudo 权限（sudo 权限可以让普通用户变成超级用户来执行命令，普通用户不需要知道超级用户的密码），因此重新以 root 用户登录到 openEuler 操作系统：

```
C:\Users\zqf>ssh root@192.168.100.62
Authorized users only. All activities may be monitored and reported.
root@192.168.100.62's password:   # 输入 root 用户的密码 root@ustb2021
# 省略了许多输出
[root@dbsvr ~]# cd /opt/app/bin
[root@dbsvr bin]# ls -l
total 4
-rwxrwxr-- 1 liming liming 16 Jan 22 09:54 showUserDate
[root@dbsvr bin]# chown wangkui showUserDate
[root@dbsvr bin]# ls -l
total 4
-rwxrwxr-- 1 wangkui liming 16 Jan 22 09:54 showUserDate
[root@dbsvr bin]#
```

chown 命令的常用选项是 -R 选项，用来对目录进行操作。下面的命令将把目录 /opt/bin 及其下的子目录和文件都修改成属主 wangkui：

```
[root@dbsvr bin]# cd /opt/
[root@dbsvr opt]# ls -ld app
drwxrwxr-- 3 liming liming 4096 Jan 22 09:53 app
[root@dbsvr opt]# ls -lR app
app:
total 4
drwxrwxr-- 2 liming liming 4096 Jan 22 09:54 bin
app/bin:
total 4
-rwxrwxr-- 1 wangkui liming 16 Jan 22 09:54 showUserDate
[root@dbsvr opt]# chown -R wangkui app
[root@dbsvr opt]# ls -ld app
drwxrwxr-- 3 wangkui liming 4096 Jan 22 09:53 app
[root@dbsvr opt]# ls -lR app
app:
total 4
drwxrwxr-- 2 wangkui liming 4096 Jan 22 09:54 bin
app/bin:
total 4
-rwxrwxr-- 1 wangkui liming 16 Jan 22 09:54 showUserDate
[root@dbsvr opt]#
```

chown 命令还可以同时改属主和属组：

```
[root@dbsvr opt]# cd /opt
[root@dbsvr opt]# chown -R omm.dbgrp app
[root@dbsvr opt]# ls -ld app
drwxrwxr-- 3 omm dbgrp 4096 Jan 22 09:53 app
[root@dbsvr opt]# ls -lR app
app:
total 4
drwxrwxr-- 2 omm dbgrp 4096 Jan 22 09:54 bin
app/bin:
total 4
-rwxrwxr-- 1 omm dbgrp 16 Jan 22 09:54 showUserDate
[root@dbsvr opt]#
```

在 chown 命令中，属主和属组之间用点号隔开（omm.dbgrp），可以同时修改属主和属组。

六、chgrp 命令

chgrp 命令用来修改文件或目录的属组。其语法格式如下：

chgrp [options] Newgroup file-or-directory

要注意，普通用户不能执行 chgrp 命令。

打开另外一个 Windows 10 的 CMD 窗口，使用用户 liming 登录到系统：

```
C:\Users\zqf>ssh liming@192.168.100.62
Authorized users only. All activities may be monitored and reported.
liming@192.168.100.62's password:   #输入用户 liming 的密码 liming123
#省略了许多输出
```

```
[liming@dbsvr ~]$
```

使用 Linux 普通用户 liming，执行下面的命令：

```
[liming@dbsvr ~]$ cd /opt
[liming@dbsvr opt]$ ls -ld app
drwxrwxr-- 3 omm dbgrp 4096 Jan 22 09:53 app
[liming@dbsvr opt]$ chown -R liming app
chown: cannot access 'app/bin': Permission denied
chown: changing ownership of 'app': Operation not permitted
[liming@dbsvr opt]$
```

回到正在使用 root 用户登录系统的 CMD 窗口，执行 chgrp 命令：

```
[root@dbsvr opt]# cd /opt
[root@dbsvr opt]# ls -ld app
drwxrwxr-- 3 omm dbgrp 4096 Jan 22 09:53 app
[root@dbsvr opt]# chgrp -R liming app
[root@dbsvr opt]# ls -ld app
drwxrwxr-- 3 omm liming 4096 Jan 22 09:53 app
[root@dbsvr opt]# ls -lR app
app:
total 4
drwxrwxr-- 2 omm liming 4096 Jan 22 09:54 bin
app/bin:
total 4
-rwxrwxr-- 1 omm liming 16 Jan 22 09:54 showUserDate
[root@dbsvr opt]#
```

可以看到，-R 选项的作用是递归地修改目录和子目录的属组。

任务目标

让 openEuler Linux 初学者掌握 Linux 系统的进程管理命令。

实施步骤

一、实验环境

使用任务三项目 2 实施步骤十九中准备好的 dbsvrOK.rar 虚拟机备份。

二、基本概念

程序是驻留在文件系统上的可执行文件。例如，在任务三的项目 7 中，通过编译 C 语言源代码 hello.c 生成了可执行的程序 hello，把可执行程序 hello 存放在 Linux 文件系统中的 /usr/local/bin 目录下。

可以简单地认为，**进程**是程序的执行，虽然这并不一定非常准确。进程本质上是通过执行 fork 系统调用生成的。一个进程执行 fork 系统调用，会派生出一个新的进程。调用 fork 系统调用的进程被称为**父进程**；新产生的进程被称为**子进程**。子进程也可以继续调用 fork 系统调用，再生成新的进程。

事实上，1 号进程（systemd 进程）是在启动过程中创建的进程，因此把它称为**天生进程**。其他的进程都是 1 号进程的后代。进程在 Linux 中组成了一个树状的层次结构，树根是 1 号进程，跟人类社会的家族谱系是一样的。

一个进程可能会由于多次调用 fork 系统调用而创建多个子进程，这些新创建的子进程被称为**兄弟进程**。

如果一个进程中的父进程退出，则该进程被称为**孤儿进程**。Linux 系统需要为孤儿进程进行寻父操作，一般会把 1 号进程作为孤儿进程的父进程。

如果一个进程执行了 exit 系统调用，当它的父进程还没有执行 wait 系统调用，则该进程此时处于僵尸状态，称为**僵尸进程**。作为用户，无法杀死僵尸进程，因为僵尸进程已经死亡，只是需要等待父进程为它"收尸"（回收 proc 数据结构）。孤儿进程由 1 号进程负责回收 proc 数据结构。

现代操作系统，把进程看成资源分配的单位，这些资源由一组线程所共享，线程是执行的单元。引进线程概念后，一个进程的多个线程可以被并行地调度到多核 CPU 上运行。

Linux 的线程实现非常优雅，进程和线程都采用结构体 task 来进行描述。一个进程中的多个 Linux 线程，它们的进程 PID 是相同的。

三、ps 命令

ps 命令用来查看 Linux 上进程的相关信息。其语法格式如下：

ps [options]

1. 没有任何选项参数的 ps 命令

打开一个 Windows 10 的 CMD 窗口，使用 omm 用户登录 openEuler，然后执行没有任何选项的 ps 命令：

```
C:\Users\zqf>ssh omm@192.168.100.62
Authorized users only. All activities may be monitored and reported.
omm@192.168.100.62's password:   # 输入密码 omm123
[omm@dbsvr ~]$ echo $SHELL
/bin/bash
[omm@dbsvr ~]$ ps
    PID TTY        TIME CMD
   7914 pts/0   00:00:00 bash
   7957 pts/0   00:00:00 ps
[omm@dbsvr ~]$
```

从输出可知，omm 用户登录 openEuler 后使用的 Shell 是 bash，进程号为 7914。执行下面的 kill 命令，杀掉进程 7914（bash）：

```
[omm@dbsvr ~]$ kill -9 7914
Connection to 192.168.100.62 closed.
C:\Users\zqf>
```

可以看到，没有了 Shell 进程，用户直接与 openEuler 中断了连接。

2. ps -ef 命令

■ -e 选项可以简记为 every，表示要显示系统中每一个进程的信息。

■ -f 选择可以简记为 full，表示显示进程的所有信息。

重新使用 omm 用户登录系统，执行下面的命令：

```
[omm@dbsvr ~]$ sleep 12345 &
[1] 9425
[omm@dbsvr ~]$ ps -ef
UID        PID   PPID  C STIME TTY          TIME CMD
# 省略了许多输出
omm        9425   8715  0   09:41 pts/0     00:00:00 sleep 12345
omm        9426   8715  0   09:41 pts/0     00:00:00 ps -ef
[omm@dbsvr ~]$
```

ps -ef 命令的输出有以下一些列，它们的含义是：

■ UID：用户标识（用户名字）。

■ PID：进程号。

■ PPID：父进程号。

■ C：使用 CPU 的百分比。

■ STIME：进程的启动时间。

■ TTY：在哪个终端运行（问号表示无终端，该进程是守护程序）。

■ TIME：进程使用的 CPU 时间。

■ CMD：产生进程的命令。

人们常常使用程序名或用户名来搜索进程：

```
[omm@dbsvr ~]$ ps -ef|grep sleep
omm           9425   8715  0 09:41 pts/0    00:00:00 sleep 12345
omm           9888   8715  0 09:57 pts/0    00:00:00 grep --color=auto sleep
[omm@dbsvr ~]$ ps -ef|grep sleep|grep -v grep
```

```
omm            9425    8715 0 09:41 pts/0   00:00:00 sleep 12345
[omm@dbsvr ~]$
```

这里，第 1 条命令使用了管道，用命令关键字 sleep 搜索相关的进程，但会多输出一条 grep 进程记录，因此常常使用第 2 条命令进行反向过滤，去掉这条多出的 grep 进程记录。

3. ps -elf 命令

■ -l 选项可以简记为 long，表示以长格式显示进程的信息。

使用 omm 用户，执行下面的命令：

```
[omm@dbsvr ~]$ ps -elf
F S UID      PID   PPID C PRI NI ADDR SZ WCHAN   STIME TTY       TIME CMD
# 省略了很多输出
0 S omm     9425   8175 0 80  0  - 53093    hrtime   12:51  pts/0   00:00:00 sleep 12345
0 R omm     9887   8175 0 80  0  - 53979    -        12:52  pts/0   00:00:00 ps -elf
[omm@dbsvr ~]$
```

相较于 ps -ef 命令，ps -elf 命令的输出多出了以下几项：

■ F：内核分配给进程的系统标记。

■ S：进程状态（O：正在运行；S：休眠；R：就绪；Z：僵尸；T：停止）。

■ PRI：进程的优先级（Priority）。值越小，优先级越高。

■ NI：进程的 nice 值。

■ ADDR：进程在内存的位置；如果是一个执行的进程，则值为 - 。

■ SZ：使用的内存大小（KB）。

■ WCHAN：进程休眠时的内核函数地址。

4. ps -aux 命令

ps -aux 命令的功能与 ps -ef 命令类似，区别是它按 BSD UNIX 的风格来显示进程的信息。

使用 omm 用户，执行下面的命令：

```
[omm@dbsvr ~]$ ps -aux
USER        PID  %CPU %MEM     VSZ  RSS TTY    STAT START  TIME  COMMAND
# 省略了许多输出
omm        9425   0.0   0.0 212372  756 pts/0    S     09:41  0:00  sleep 12345
# 省略了许多输出
[omm@dbsvr ~]$
```

ps -aux 命令的输出有以下一些列，它们的含义是：

■ USER：用户的名字。

■ PID：进程号。

■ %CPU：使用 CPU 的百分比。

■ %MEM：进程占用内存的百分比。

■ VSZ：进程使用的虚拟内存（单位 KB）。

■ RSS：进程驻留物理内存的大小（单位 KB）。

■ TTY：进程关联的终端设备，如果是 ?，则概念进程是守护进程。

■ STAT：进程的状态。

■ TIME：进程使用的 CPU 时间。

■ COMMAND：产生进程的命令。

其中的进程状态 STAT 有如下的一些值：

- D：不可中断休眠状态（通常为 IO 进程）。
- R：正在处理器上运行或者在就绪队列中。
- S：处于休眠状态。
- T：停止或被追踪。
- W：进入内存交换（从内核 2.6 开始无效）。
- X：死掉的进程（基本很少见）。
- Z：僵尸进程。
- <：优先级高的进程。
- N：优先级较低的进程。
- L：有些页被锁进内存。
- S：进程的领导者（在它之下有子进程）。
- L：多线程，克隆线程。
- +：位于后台的进程组。

四、pstree 命令

pstree 命令用于打印进程的家族树信息。它常用的选项有：

- -p：打印进程号。
- -u：打印用户名。

执行下面的命令，可以打印系统的进程家族树：

```
[omm@dbsvr ~]$ pstree
[omm@dbsvr ~]$ pstree  -p
[omm@dbsvr ~]$ pstree  -u
[omm@dbsvr ~]$ pstree  -pu
```

上面的命令输出被省略，读者可逐个执行来查看结果。

执行下面的命令，查看某个进程开始的后代家族树：

```
[omm@dbsvr ~]$ ps
    PID TTY          TIME CMD
   7901 pts/0    00:00:00 bash
   7944 pts/0    00:00:00 sleep
   8624 pts/0    00:00:00 ps
[omm@dbsvr ~]$ pstree -pu 7901
bash(7901,omm) ——┬—— pstree(8626)
                 └── sleep(7944)
[omm@dbsvr ~]$
```

五、kill 命令

kill 命令用来给执行 PID 号的进程发信号。kill 命令的语法如下：

kill [options] PID

1. kill 命令的 -l 选项：kill -l

使用 -l 选项的 kill 命令，将列出系统支持的所有信号：

```
[omm@dbsvr ~]$ kill -l
 1) SIGHUP        2) SIGINT        3) SIGQUIT       4) SIGILL       5) SIGTRAP
 6) SIGABRT       7) SIGBUS        8) SIGFPE        9) SIGKILL      10) SIGUSR1
11) SIGSEGV      12) SIGUSR2      13) SIGPIPE      14) SIGALRM     15) SIGTERM
16) SIGSTKFLT    17) SIGCHLD      18) SIGCONT      19) SIGSTOP     20) SIGTSTP
21) SIGTTIN      22) SIGTTOU      23) SIGURG       24) SIGXCPU     25) SIGXFSZ
26) SIGVTALRM    27) SIGPROF      28) SIGWINCH     29) SIGIO       30) SIGPWR
31) SIGSYS       34) SIGRTMIN     35) SIGRTMIN+1   36) SIGRTMIN+2  37) SIGRTMIN+3
38) SIGRTMIN+4   39) SIGRTMIN+5   40) SIGRTMIN+6   41) SIGRTMIN+7  42) SIGRTMIN+8
43) SIGRTMIN+9   44) SIGRTMIN+10  45) SIGRTMIN+11  46) SIGRTMIN+12 47) SIGRTMIN+13
48) SIGRTMIN+14  49) SIGRTMIN+15  50) SIGRTMAX-14  51) SIGRTMAX-13 52) SIGRTMAX-12
53) SIGRTMAX-11  54) SIGRTMAX-10  55) SIGRTMAX-9   56) SIGRTMAX-8  57) SIGRTMAX-7
58) SIGRTMAX-6   59) SIGRTMAX-5   60) SIGRTMAX-4   61) SIGRTMAX-3  62) SIGRTMAX-2
63) SIGRTMAX-1   64) SIGRTMAX
[omm@dbsvr ~]$
```

前面的数字表示信号值，后面的字符串表示信号的符号名。

2. 没有任何选项的 kill 命令：kill PID

没有任何选项的 kill 命令，将向进程发送 15 号信号（SIGTERM）。有些进程会忽略 SIG-TERM 信号，因此给进程发送 15 号信号不一定能杀死进程。

3. 使用信号 9 杀死进程：kill -9 PID

在 Linux 中，所谓杀死进程，其实是给进程发信号。任何进程都不能忽略 9 号信号（SIG-KILL），这个信号会让系统杀死进程。

```
[omm@dbsvr ~]$ ps -ef|grep sleep|grep -v grep
omm          9425      8715  0 10:59 pts/0    00:00:00 sleep 12345
[omm@dbsvr ~]$ kill -9 9425
[omm@dbsvr ~]$（按 <Enter> 键）
[1]+  Killed                  sleep 12345
[omm@dbsvr ~]$
```

4. 使用信号 1（SIGHUP）重启进程：kill -HUP PID

给进程发 1 号信号的符号名是 HUP，进程收到该信号将重新启动，但不改变进程的当前进程号 PID：

kill -HUP PID

建议读者不要使用 kill -1 PID，因为如果漏掉了 1 前面的 "−" 号，则相当于杀死了 1 号进程，会导致系统崩溃。在需要重启进程，让进程重新读取进程的初始化参数配置文件时，这条命令非常有用。

例如，当在 DNS 中添加了一条新的记录时，为了让新添加的主机名和 IP 解析记录生效，则需要执行如下的命令：

ps -ef|grep bind

kill -HUP PIDofBind

六、pgrep 命令

pgrep 命令用来搜索指定模式的进程。其语法格式如下：

pgrep [options] <pattern>

其中，常用的选项有：
- -o：仅显示找到的最小（起始）进程号。
- -n：仅显示找到的最大（结束）进程号。
- -l：显示进程名称。
- -P：指定父进程号。
- -g：指定进程组。
- -t：指定开启进程的终端。
- -u：指定进程的有效用户 ID。

这里使用两个终端来测试这条命令。

打开一个 Windows 10 的 CMD 窗口，执行下面的命令：

```
C:\Users\zqf>ssh omm@192.168.100.62
Authorized users only. All activities may be monitored and reported.
omm@192.168.100.62's password:  # 输入 omm 用户的密码 omm123
# 省略了许多输出
[omm@dbsvr ~]$ sleep 10001&
[1] 13368
[omm@dbsvr ~]$ sleep 10002&
[2] 13369
[omm@dbsvr ~]$ sleep 10003&
[3] 13370
[omm@dbsvr ~]$ ps
    PID TTY            TIME CMD
  13319 pts/0      00:00:00 bash
  13368 pts/0      00:00:00 sleep
  13369 pts/0      00:00:00 sleep
  13370 pts/0      00:00:00 sleep
  13371 pts/0      00:00:00 ps
[omm@dbsvr ~]$
```

打开另外一个 Windows 10 的 CMD 窗口，执行下面的命令，搜索名字为 sleep 的进程：

```
C:\Users\zqf>ssh omm@192.168.100.62
Authorized users only. All activities may be monitored and reported.
omm@192.168.100.62's password:  # 输入 omm 用户的密码 omm123
# 省略了许多输出
[omm@dbsvr ~]$ pgrep sleep
13368
13369
13370
[omm@dbsvr ~]$
```

执行下面的命令，搜索虚拟终端 pts/0 上的所有进程，并显示进程名：

```
[omm@dbsvr ~]$ pgrep -l -t pts/0
13319 bash
13368 sleep
13369 sleep
13370 sleep
[omm@dbsvr ~]$
```

下面的命令，在上一条命令的基础上，只显示进程号最小和最大的进程：

```
[omm@dbsvr ~]$ pgrep -o -l -t pts/0
13319 bash
[omm@dbsvr ~]$ pgrep -n -l -t pts/0
13370 sleep
[omm@dbsvr ~]$
```

执行下面的命令，查看用户 omm 的进程：

```
[omm@dbsvr ~]$ pgrep -l -u omm
13309 systemd
13311 (sd-pam)
13318 sshd
13319 bash
13368 sleep
13369 sleep
13370 sleep
13378 sshd
13379 bash
[omm@dbsvr ~]$
```

七、killall 命令

killall 命令用于给指定名字的进程发信号。killall 命令的语法如下：

killall [options] ProcessName

常用的选项有：

- -u：杀死指定用户的进程。
- -s：发送指定的信号。

执行下面的命令，测试 killall 命令：

```
[omm@dbsvr ~]$ killall -9 sleep
[1]  Killed                  sleep 10001
[2]- Killed                  sleep 10002
[3]+ Killed                  sleep 10003
[omm@dbsvr ~]$
```

八、pkill 命令

pkill 命令用于查找并杀死指定名字的进程。pkill 命令的语法如下：

pkill [options] ProcessName

常用的选项有：

- -o：仅显示找到的最小（起始）进程号。
- -n：仅显示找到的最大（结束）进程号。
- -l：显示进程名称。
- -P：指定父进程号。
- -g：指定进程组。
- -t：指定开启进程的终端。

这里使用两个终端来测试这条命令。

打开一个 Windows 10 的 CMD 窗口，执行下面的命令：

```
C:\Users\zqf>ssh omm@192.168.100.62
Authorized users only. All activities may be monitored and reported.
omm@192.168.100.62's password:　# 输入 omm 用户的密码 omm123
# 省略了许多输出
[omm@dbsvr ~]$ sleep 20001&
[1] 14155
[omm@dbsvr ~]$ sleep 20002&
[2] 14156
[omm@dbsvr ~]$ sleep 20003&
[3] 14157
[omm@dbsvr ~]$ ps
   PID TTY          TIME CMD
 13319 pts/0     00:00:00 bash
 14155 pts/0     00:00:00 sleep
 14156 pts/0     00:00:00 sleep
 14157 pts/0     00:00:00 sleep
 14158 pts/0     00:00:00 ps
[omm@dbsvr ~]$
```

打开另外一个 Windows 10 的 CMD 窗口，执行下面的命令，搜索名字为 sleep 的进程：

```
C:\Users\zqf>ssh omm@192.168.100.62
Authorized users only. All activities may be monitored and reported.
omm@192.168.100.62's password:　# 输入 omm 用户的密码 omm123
# 省略了许多输出
[omm@dbsvr ~]$ pgrep sleep
14155
14156
14157
[omm@dbsvr ~]$ pkill sleep
[omm@dbsvr ~]$ pgrep sleep
[omm@dbsvr ~]$
```

返回到第一个 CMD 窗口，按 <Enter> 键，将看到如下输出：

```
[omm@dbsvr ~]$ # 按 <Enter> 键
[1]   Terminated              sleep 20001
[2]-  Terminated              sleep 20002
[3]+  Terminated              sleep 20003
[omm@dbsvr ~]$
```

九、nice 命令

nice 命令用来在启动进程时调整默认的优先级。可通过设置 nice 值来进行微调：普通用户通过设置一个正的 nice 值来降低自己的优先级，这种行为相对其他用户来说是在做"好事"，因而得名。

默认情况下，运行程序时，nice 值是 0：

```
[omm@dbsvr ~]$ sleep 12345 &
[1] 15713
```

```
[omm@dbsvr ~]$ ps -elf |grep sleep|grep -v grep
0 S omm          15713  15541  0  80   0 - 53093 hrtime 13:34 pts/1   00:00:00 sleep 12345
[omm@dbsvr ~]$
```

数字 80 是进程的优先级，后面跟的 0 是当前的 nice 值。

普通用户只能降低自己的优先级（通过将 nice 值设置为一个正数来实现，如数字 15），执行如下的命令，能以更低的优先级运行程序：

```
[omm@dbsvr ~]$ nice -n 15 sleep 54321 &
[2] 15720
[omm@dbsvr ~]$ ps -elf |grep sleep|grep -v grep
0 S omm          15713  15541  0  80   0 - 53093 hrtime 13:34 pts/1   00:00:00 sleep 12345
0 S omm          15720  15541  0  95  15 - 53093 hrtime 13:37 pts/1   00:00:00 sleep 54321
[omm@dbsvr ~]$
```

可以看到，这个进程的优先级是 95，其中，nice 值是 15。

超级用户可以提高自己的优先级（通过将 nice 值设置为一个负数来实现，如数字 -10），执行如下的命令，能以更高的优先级运行程序：

```
[omm@dbsvr ~]$ sudo su -
[sudo] password for omm:   输入 omm 用户的命令 omm123
# 省略了很多输出
[root@dbsvr ~]# nice -n -10 sleep 56789&
[1] 15776
[root@dbsvr ~]# ps -elf |grep sleep|grep -v grep
0 S omm          15713  15541  0  80   0 - 53093 hrtime 13:34 pts/1   00:00:00 sleep 12345
0 S omm          15720  15541  0  95  15 - 53093 hrtime 13:37 pts/1   00:00:00 sleep 54321
4 S root         15776  15726  0  70 -10 - 53093 hrtime 13:39 pts/1   00:00:00 sleep 56789
[root@dbsvr ~]#
```

可以看到，这个进程的优先级是 70，nice 值是 -10。

总结一下，进程的默认优先级为 PRI=80，nice 值默认为 0。通过调整 nice 值可以调整进程的优先级。普通用户只能通过 nice 值降低自己的优先级，如果 nice 值是 15，那么优先级 PRI=80+15=95；超级用户可以提高进程的优先级，如果 nice 值为 -10，那么进程的优先级 PRI=80+（-10）=70。优先级的 PRI 值越大，优先级越低。

十、renice 命令

renice 命令可以调整一个正在运行的进程的 nice 值。renice 命令的语法格式如下：

renice [-g|-p|-u] -n increment ID

其中：

■ -g 选项：命令中的 ID 解释为进程组号。

■ -p 选项：命令中的 ID 解释为进程号，是默认的选项。

■ -u 选项：命令中的 ID 解释为用户号。

■ -n increment：指定 nice 值的增量为 increment。

执行命令 renice 时，依然要遵守"普通用户只能当'好人'，通过设置更大的 nice 值来降低自己的优先级"这一规则。使用 omm 用户，执行如下命令：

```
[omm@dbsvr ~]$ ps -elf |grep sleep|grep -v grep
0 S omm          15713  15541  0  80   0 - 53093 hrtime 13:34 pts/1   00:00:00 sleep 12345
0 S omm          15720  15541  0  95  15 - 53093 hrtime 13:37 pts/1   00:00:00 sleep 54321
4 S root         15776  15726  0  70 -10 - 53093 -        13:39 pts/1   00:00:00 sleep 56789
[omm@dbsvr ~]$ renice  -n -5 15713
renice: failed to set priority for 15713 (process ID): Permission denied
[omm@dbsvr ~]$ renice  -n -5 -p 15713
renice: failed to set priority for 15713 (process ID): Permission denied
[omm@dbsvr ~]$
```

上面的命令测试了 -p 选项，不管用不用 -p 选项，效果都是一样的。

执行下面的命令，将进程 15713 的 nice 值增加 5：

```
[omm@dbsvr ~]$ renice  -n 5 15713
15713 (process ID) old priority 0, new priority 5
[omm@dbsvr ~]$  ps -elf |grep sleep|grep -v grep
0 S omm          15713  15541  0  85   5 - 53093 hrtime 13:34 pts/1   00:00:00 sleep 12345
0 S omm          15720  15541  0  95  15 - 53093 hrtime 13:37 pts/1   00:00:00 sleep 54321
4 S root         15776  15726  0  70 -10 - 53093 -        13:39 pts/1   00:00:00 sleep 56789
[omm@dbsvr ~]$
```

使用 root 用户，将用户 omm 所有进程的 nice 值设置为 −3：

```
[omm@dbsvr ~]$ sudo su -
[sudo] password for omm:    # 输入 omm 用户的命令 omm123
# 省略了很多输出
[root@dbsvr ~]# id omm
uid=2000(omm) gid=2000(dbgrp) groups=2000(dbgrp)
[root@dbsvr ~]# ps -elf |grep sleep|grep -v grep
0 S omm          15713  15541  0  85    5 - 53093 hrtime 13:34 pts/1   00:00:00 sleep 12345
0 S omm          15720  15541  0  95   15 - 53093 hrtime 13:37 pts/1   00:00:00 sleep 54321
4 S root         15776  15726  0  70  -10 - 53093 hrtime 13:39 pts/1   00:00:00 sleep 56789
[root@dbsvr ~]# renice -n -3 -u 2000
2000 (user ID) old priority 0, new priority -3
[root@dbsvr ~]# ps -elf |grep sleep|grep -v grep
0 S omm          15713  15541  0  77   -3 - 53093 hrtime 13:34 pts/1   00:00:00 sleep 12345
0 S omm          15720  15541  0  77   -3 - 53093 hrtime 13:37 pts/1   00:00:00 sleep 54321
4 S root         15776  15726  0  70  -10 - 53093 hrtime 13:39 pts/1   00:00:00 sleep 56789
[root@dbsvr ~]#
```

使用 renice 命令提高进程优先级时，如果设置的新 nice 值不如原来 nice 值的优先级高，则将保持原来的值。上面的进程 15776 原来的 nice 值为 −10，执行上面的命令调整 nice 值为 −3 时，因为旧值 −10 比新值 −3 的优先级高，因此维持原来的 nice 值 −10。另外两个进程的 nice 值都被调整到新值 −3。

十一、nohup 命令

有时候，人们需要通过网络使用 telnet 或者 ssh 远程登录到 openEuler Linux 服务器上，然后执行一些非常耗时的命令，但又不想等待命令运行结束后再退出 Linux，此时可以使用 nohup 来执行程序。

在 Windows 10 的 CMD 窗口执行下面的命令，创建一个脚本文件：

```
C:\Users\zqf>ssh omm@192.168.100.62
Authorized users only. All activities may be monitored and reported.
omm@192.168.100.62's password:# 输入 omm 用户的密码 omm123
# 省略了许多输出
[omm@dbsvr ~]$ nano myprog
```

输入如下内容：

```
#!/bin/bash
for ((i=1;i<12345;i++))
do
    sleep 1
    echo  $i
done
```

按 <Ctrl+X> 组合键、<y> 键、<Enter> 键存盘退出。

然后执行下面的命令，修改脚本文件 myprog 的文件权限：

```
[omm@dbsvr ~]$ chmod 755 myprog
[omm@dbsvr ~]$ ls -l myprog
-rwxr-xr-x 1 omm dbgrp 69 Jan  2 16:57 myprog
[omm@dbsvr ~]$
```

现在用 nohup 命令来执行 myprog 程序：

```
[omm@dbsvr ~]$ nohup /home/omm/myprog &
[1] 22924
[omm@dbsvr ~]$ nohup: ignoring input and appending output to 'nohup.out'
# 按 <Enter> 键
[omm@dbsvr ~]$ ps -ef|grep myprog|grep -v grep
omm      7831    7783  0 17:12 pts/0    00:00:00 /bin/bash /home/omm/myprog
[omm@dbsvr ~]$
```

此时可以关闭 Windows 10 的 CMD 窗口，模拟连接掉线。

接下来再次打开一个 Windows 10 的 CMD 窗口，执行下面的命令：

```
C:\Users\zqf>ssh omm@192.168.100.62
Authorized users only. All activities may be monitored and reported.
omm@192.168.100.62's password:# 输入 omm 用户的密码 omm123
# 省略了许多输出
[omm@dbsvr ~]$ ps -ef|grep myprog|grep -v grep
omm      7831       1  0 17:12 ?        00:00:00 /bin/bash /home/omm/myprog
[omm@dbsvr ~]$
```

读者可以执行下面的命令来观察脚本的执行：

```
[omm@dbsvr ~]$ tail -f nohup.out
168
169
# 数字每隔 1s 增加 1
```

每隔 1s，数字会加 1 后显示。

要终止数字的显示，可按 <Ctrl+C> 组合键，停止显示数字：

```
295
^C
[omm@dbsvr ~]$
```

使用 nohup 命令执行程序，可以保证即使与 openEuler Linux 连接中断，程序也能在后台正常运行。

十二、top 命令

在学习 top 命令之前，首先执行下面的命令，启动 openGauss 数据库：

```
[omm@dbsvr ~]$ gs_om -t start
# 省略了许多输出
Successfully started.
[omm@dbsvr ~]$
```

top 命令常常被用来监视 Linux 系统中所有进程的运行情况。它的语法格式如下：

top [options]

其中，常用的选项有：

- -d num：指出每间隔 nums 显示一次，默认间隔 5s。
- -b：以批处理方式运行。
- -n times：常与 -b 选项一块使用，指出总共显示的次数为 times 次。
- -p PID：只显示特定的进程。
- -a：按使用内存进程排序。
- -c：显示命令的全路径。
- -H：显示线程信息。

1. 没有选项的 top 命令

使用 root 用户，执行 top 命令：

```
[root@dbsvr ~]# top
```

top 命令将每隔 5s 显示下面的一屏信息，如图 6-1 所示。

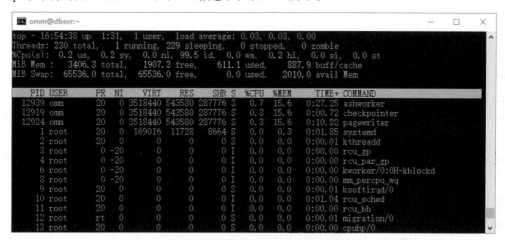

图 6-1　无选项的 top 命令的输出

（1）第1行的信息

- 系统当前时间：16:54:38。
- 系统已经运行的时间：up 1:31。
- 系统当前登录的用户数：1 user。
- 系统平均负载：load average:0.03（1分钟），0.03（5分钟），0.00（15分钟）。

（2）第2行显示系统中的线程信息

- 总线程数：230。
- 正在运行的线程：1。
- 睡眠线程数：229。
- 停止的线程：0。
- 僵尸线程：0。

（3）第3行显示CPU的使用百分比

- 用户态（us）：0.2。
- 内核态（sy）：0.2。
- 改变过优先级的进程占用的CPU时间：0.0。
- 空闲id：99.5。
- I/O等待（wa）：0.0。
- 硬件中断请求占用的CPU时间（hi）：0.2。
- 软中断占用的CPU时间（si）：0.0。
- 虚拟机占用的CPU时间（st）：0.0。

（4）第4、5行显示内存、交换区的信息（单位MB）

- 物理内存总量：3406.3 MB。
- 空闲的物理内存：1907.3 MB。
- 已用物理内存总量：611.1 MB。
- 缓冲区/高速缓存大小：887.9 MB。
- 总的交换区大小：65536.0 MB。
- 空闲交换区大小：65536.0 MB。
- 已用交换区大小：0.0 MB。
- 可用于分配的物理内存：2010.0 MB。

（5）接下来显示的是进程的信息

- PID：进程id。
- USER：进程属主用户。
- PR：进程的优先级。
- NI：nice值。负值表示高优先级，正值表示低优先级。
- VIRT：进程使用的虚拟内存总量（KB），VIRT=SWAP+RES。其中，SWAP表示所用交换区的大小。
- RES：进程使用的、未被换出的物理内存大小（KB），RES=CODE+DATA。其中，CODE表示进程代码文本的大小。
- SHR：共享内存大小（KB）。
- S：进程状态。
  - ➢ D：不可中断的睡眠状态。

➢ R= 运行状态。
➢ S= 睡眠状态。
➢ T= 跟踪 / 停止状态。
➢ Z= 僵尸进程状态。

■ %CPU：从上次更新到现在的 CPU 时间占用百分比。
■ %MEM：进程使用的物理内存百分比。
■ TIME+：进程使用的 CPU 时间总计，单位为 1/100s。
■ COMMAND：命令名 / 命令行。

2. top 命令的交互式子命令

执行没有参数的 top 命令后，每隔 5s 刷新一次。

数字 1 是 top 子命令开关。按一次数字 1，可显示多处理器系统每个 CPU 核心的负载情况，如图 6-2 所示。再按一次数字 1，返回显示 CPU 总体负载情况的界面，如图 6-1 所示。

```
root@dbsvr:~
top - 18:05:07 up  2:41,  2 users,  load average: 0.00, 0.00, 0.00
Tasks: 182 total,   1 running, 181 sleeping,   0 stopped,   0 zombie
%Cpu0  :  0.0 us,  0.0 sy,  0.0 ni,100.0 id,  0.0 wa,  0.0 hi,  0.0 si,  0.0 st
%Cpu1  :  0.0 us,  0.0 sy,  0.0 ni,100.0 id,  0.0 wa,  0.0 hi,  0.0 si,  0.0 st
%Cpu2  :  0.0 us,  0.0 sy,  0.0 ni, 99.7 id,  0.0 wa,  0.3 hi,  0.0 si,  0.0 st
%Cpu3  :  0.3 us,  0.0 sy,  0.0 ni, 99.7 id,  0.0 wa,  0.0 hi,  0.0 si,  0.0 st
MiB Mem :   3406.3 total,   1913.5 free,    631.4 used,    861.3 buff/cache
MiB Swap:  65536.0 total,  65536.0 free,      0.0 used.   1988.9 avail Mem

  PID USER      PR  NI    VIRT    RES    SHR S  %CPU  %MEM     TIME+ COMMAND
12884 omm       20   0 3518440 548084 287776 S   0.7  15.7   2:10.48 gaussdb
17558 root      20   0       0      0      0 I   0.3   0.0   0:01.55 kworker/0:0-events
    1 root      20   0  169096  11748   8664 S   0.0   0.3   0:02.00 systemd
    2 root      20   0       0      0      0 S   0.0   0.0   0:00.02 kthreadd
    3 root       0 -20       0      0      0 I   0.0   0.0   0:00.00 rcu_gp
    4 root       0 -20       0      0      0 I   0.0   0.0   0:00.00 rcu_par_gp
    6 root       0 -20       0      0      0 I   0.0   0.0   0:00.00 kworker/0:0H-kblockd
    8 root       0 -20       0      0      0 I   0.0   0.0   0:00.00 mm_percpu_wq
    9 root      20   0       0      0      0 S   0.0   0.0   0:00.02 ksoftirqd/0
   10 root      20   0       0      0      0 I   0.0   0.0   0:01.75 rcu_sched
   11 root      20   0       0      0      0 I   0.0   0.0   0:00.00 rcu_bh
   12 root      rt   0       0      0      0 S   0.0   0.0   0:00.01 migration/0
   13 root      20   0       0      0      0 S   0.0   0.0   0:00.00 cpuhp/0
   14 root      20   0       0      0      0 S   0.0   0.0   0:00.00 cpuhp/1
   15 root      rt   0       0      0      0 S   0.0   0.0   0:00.47 migration/1
   16 root      20   0       0      0      0 S   0.0   0.0   0:00.03 ksoftirqd/1
   18 root       0 -20       0      0      0 I   0.0   0.0   0:00.00 kworker/1:0H-kblockd
   19 root      20   0       0      0      0 S   0.0   0.0   0:00.00 cpuhp/2
   20 root      rt   0       0      0      0 S   0.0   0.0   0:00.47 migration/2
   21 root      20   0       0      0      0 S   0.0   0.0   0:00.03 ksoftirqd/2
```

图 6-2 top 子命令数字 1 显示每个 CPU 核心的负载情况

字母 m 也是 top 子命令开关，每按一次，可切换内存信息的显示方式，如图 6-3 ~ 图 6-5 所示。

```
root@dbsvr:~
top - 18:16:08 up  2:52,  2 users,  load average: 0.00, 0.01, 0.00
Tasks: 181 total,   1 running, 180 sleeping,   0 stopped,   0 zombie
%Cpu(s):  0.2 us,  0.1 sy,  0.0 ni, 99.6 id,  0.0 wa,  0.2 hi,  0.0 si,  0.0 st
MiB Mem : 41.7/3406.3   [|||||||||||||||||||||||||                              ]
MiB Swap:  0.0/65536.0  [                                                       ]

  PID USER      PR  NI    VIRT    RES    SHR S  %CPU  %MEM     TIME+ COMMAND
12884 omm       20   0 3518440 548720 287776 S   1.0  15.7   2:18.77 gaussdb
18306 root      20   0  216432   3796   3324 R   0.7   0.1   0:01.56 top
17558 root      20   0       0      0      0 I   0.3   0.0   0:02.55 kworker/0:0-even+
18338 root      20   0       0      0      0 I   0.3   0.0   0:00.04 kworker/u256:1-f+
    1 root      20   0  169096  11760   8664 S   0.0   0.3   0:02.03 systemd
    2 root      20   0       0      0      0 S   0.0   0.0   0:00.02 kthreadd
    3 root       0 -20       0      0      0 I   0.0   0.0   0:00.00 rcu_gp
    4 root       0 -20       0      0      0 I   0.0   0.0   0:00.00 rcu_par_gp
    6 root       0 -20       0      0      0 I   0.0   0.0   0:00.00 kworker/0:0H-kbl+
    8 root       0 -20       0      0      0 I   0.0   0.0   0:00.00 mm_percpu_wq
```

图 6-3 top 子命令字母 m 切换内存信息的显示方式（1）

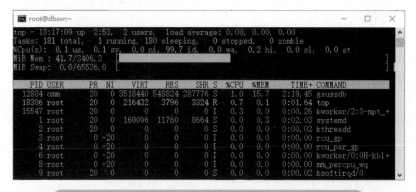

图 6-4　top 子命令字母 m 切换内存信息的显示方式（2）

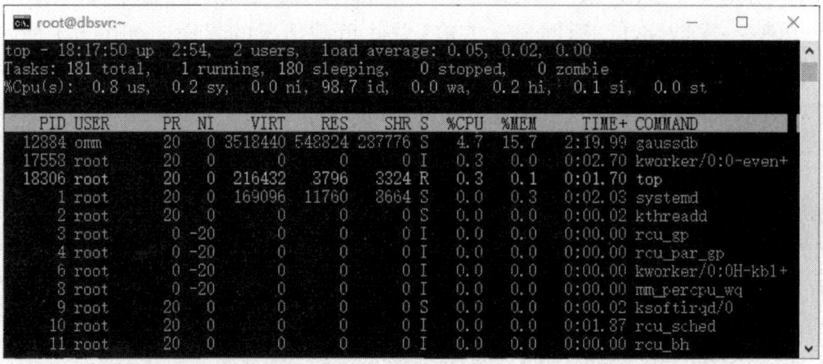

图 6-5　top 子命令字母 m 切换内存信息的显示方式（3）

top 命令的其他切换开关子命令有：

- 字母 l：是否显示启动时间和负载。
- 字母 t：是否显示进程和 CPU 状态的方式。
- 字母 R：切换显示的排序方式。
- 字母 H：显示是进程还是线程。
- 字母 c：显示命令的全部还是部分。
- 字母 i：是否显示 idle 进程 / 线程、僵尸进程 / 线程。
- 字母 S：切换显示时间的方式，即是采用间隔区间的时间还是累计时间。

top 命令有如下的子命令：

- 字母 u：用来显示指定用户的进程 / 线程信息。
- 字母 n：用来设置显示的进程 / 线程的数量。
- 字母 k：用来杀死指定 PID 的进程 / 线程。
- 字母 r：用来重新设置进程 / 线程的优先级。
- 字母 d 或 s：用来重新设置 top 命令显示的时间间隔。
- 字母 W：将当前 top 的设置写入配置文件 ~/.toprc 中。
- 字母 q：退出 top 命令。

下面以 top 命令的子命令 u 为例进行实战。在 top 运行时，按 <u> 键后，将显示如下内容：

```
top - 18:35:57 up  3:12,  2 users,  load average: 0.24, 0.09, 0.02
Threads: 235 total,   1 running, 234 sleeping,   0 stopped,   0 zombie
```

```
%Cpu(s): 0.2 us, 0.0 sy, 0.0 ni, 99.7 id, 0.0 wa, 0.1 hi, 0.1 si, 0.0 st
MiB Mem :  3406.3 total,  1816.3 free,   633.9 used,   956.1 buff/cache
MiB Swap: 65536.0 total, 65536.0 free,     0.0 used.  1986.1 avail Mem
Which user (blank for all) omm
   PID USER    PR NI   VIRT    RES    SHR S %CPU %MEM   TIME+    COMMAND
 12938 omm     20  0 3518440 549928 287776 S   0.3  15.8  0:15.69  percentworker
# 省略了一些输出
```

输入用户名 omm，top 将只显示用户 omm 的所有进程 / 线程，如图 6-6 所示。

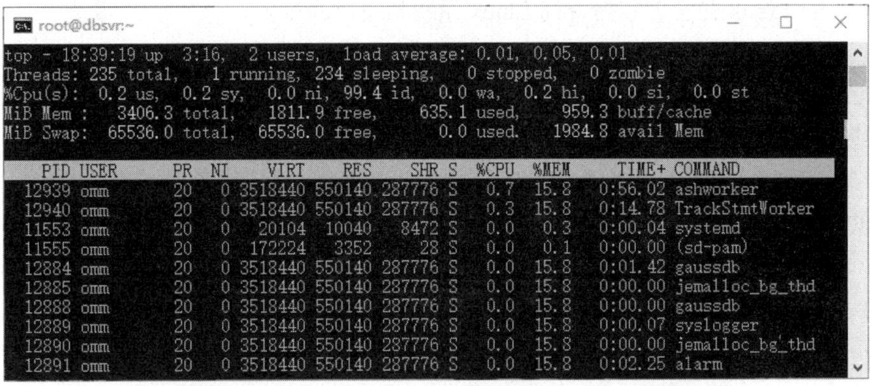

图 6-6　top 子命令字母 u 显示特定用户的进程 / 线程

最后，在 top 命令运行时，按 <q> 键，退出 top 命令的运行。

十三、管理 Linux 上的线程

使用 omm 用户，执行下面的命令，启动 openGauss 数据库：

```
[omm@dbsvr ~]$ gs_om -t start
```

执行下面的命令，查看 openGauss 数据库的主进程：

```
[omm@dbsvr ~]$ ps -ef|grep gaussdb|grep -v grep
omm     12884     1  3 15:28 pts/0   00:00:03 /opt/huawei/install/app/bin/gaussdb -D /opt/huawei/install/
data/dn01
[omm@dbsvr ~]$
```

可以看到，openGauss 数据库的主进程 PID 是 12884。

接下来执行下面的命令，查看 openGauss 数据库的主进程有哪些线程：

```
[omm@dbsvr ~]$ ps -T -p 12884
   PID   SPID TTY       TIME CMD
 12884  12884 pts/0  00:00:01 gaussdb
 12884  12885 pts/0  00:00:00 jemalloc_bg_thd
# 省略了许多输出
[omm@dbsvr ~]$
```

执行下面的命令，可以监视 openGauss 数据库各个线程：

```
[omm@dbsvr ~]$ top -H -p 12884
```

Linux 常用命令实战：查询系统信息

任务目标

让 openEuler Linux 初学者掌握查询 Linux 系统信息的命令。

实施步骤

一、实验环境

使用任务三项目 2 实施步骤十九中准备好的 dbsvrOK.rar 虚拟机备份。

二、date 命令

date 命令用来查询时间。其语法如下：

date [OPTION]…[+FORMAT]

1. 没有选项的 date 命令

执行下面的命令，可以查看系统的当前时间：

```
[omm@dbsvr ~]$ date
Wed Dec 29 15:35:45 CST 2021
[omm@dbsvr ~]$
```

2.date 命令的 -R 选项

date 命令的 -R 选项用来以 RFC 5322 的格式显示日期和时间：

```
[omm@dbsvr ~]$ date -R
Wed, 29 Dec 2021 15:36:01 +0800
[omm@dbsvr ~]$
```

3.date 命令的 -r 选项

date 命令的 -r 选项用来查询一个文件的最后修改时间。

执行下面的命令，查看文件 /etc/passwd 的最后修改时间：

```
[omm@test ~]$ date -r /etc/passwd
Wed Dec 29 15:09:35 CST 2021
[omm@dbsvr ~]$
```

4.date 命令的 -u 选项

date 命令的 -u 选项用来表示以 UTC（世界协调时）的方式显示时间。

执行下面的命令，显示系统的 UTC 时间和 CST（中国标准时）时间：

```
[omm@dbsvr ~]$ date -u
Wed Dec 29 07:38:02 UTC 2021
[omm@dbsvr ~]$ date
Wed Dec 29 15:38:03 CST 2021
[omm@dbsvr ~]$
```

可以看到 CST（中国标准时）要比 UTC（世界协调时）快 8h。

5. 使用日期格式

在 date 命令中，日期的格式符号及其含义见表 7-1。

表 7-1　日期的格式符号及其含义

符号	含义
%H	小时（以 00～23 来表示）
%I	小时（以 01～12 来表示）
%K	小时（以 0～23 来表示）
%l	小时（以 0～12 来表示）
%M	分钟（以 00～59 来表示）
%P	AM 或 PM
%r	时间（含时分秒，小时以 12 小时 AM/PM 来表示）
%s	总秒数。起算时间为 1970-01-01 00:00:00 UTC
%S	秒（以本地的惯用法来表示）
%T	时间（含时分秒，小时以 24 小时制来表示）
%X	时间（以本地的惯用法来表示）
%Z	市区
%a	星期的缩写
%A	星期的完整名称
%b	月份英文名的缩写
%B	月份的完整英文名称
%c	日期与时间。只输入 date 指令也会显示同样的结果
%d	日期（以 01～31 来表示）
%D	日期（含年月日）
%j	该年中的第几天
%m	月份（以 01～12 来表示）
%U	该年中的周数
%w	该周的天数，0 代表周日，1 代表周一，以此类推
%x	日期（以本地的惯用法来表示）
%y	年份（以 00～99 来表示）
%Y	年份（以 4 位数来表示）
%n	在显示时插入新的一行
%t	在显示时插入 tab
MM	月份（必要）
DD	日期（必要）
hh	小时（必要）
mm	分钟（必要）
ss	秒（选择性）

执行下面的命令，只显示当前的日期：

```
[omm@dbsvr ~]$ date +"%Y-%m-%d"
2021-12-29
[omm@dbsvr ~]$
```

执行下面的命令，只显示当前的时间：

```
[omm@dbsvr ~]$ date +"%H:%M:%S"
15:39:24
[omm@dbsvr ~]$
```

执行下面的命令，只显示当前的日期和时间：

```
[omm@dbsvr ~]$ date +"%Y-%m-%d %H:%M:%S"
2021-12-29 15:39:50
[omm@dbsvr ~]$
```

三、who 命令

who 命令可以查看哪些用户从哪里登录到 Linux 系统了。

1. 没有选项的 who 命令

打开第 1 个 Windows 10 的 CMD 窗口，用 root 登录系统：

```
C:\Users\zqf>ssh root@192.168.100.62
Authorized users only. All activities may be monitored and reported.
root@192.168.100.62's password:# 输入 root 用户的密码 root@ustb2021
# 省略了许多输出
[root@dbsvr ~]#
```

打开第 2 个 Windows 10 的 CMD 窗口，用 omm 登录系统：

```
C:\Users\zqf>ssh omm@192.168.100.62
Authorized users only. All activities may be monitored and reported.
omm@192.168.100.62's password: # 输入 omm 用户的密码 omm123
# 省略了许多输出
[omm@dbsvr ~]$
```

打开第 3 个 Windows 10 的 CMD 窗口，用 postgres 登录系统：

```
C:\Users\zqf>ssh postgres@192.168.100.62
Authorized users only. All activities may be monitored and reported.
postgres@192.168.100.62's password: # 输入 postgres 用户的密码 postgres123
# 省略了许多输出
[postgres@dbsvr ~]$
```

在第 1 个 CMD 窗口，使用 root 用户，执行下面的命令：

```
[root@dbsvr ~]# who
root     pts/0    2021-12-29 15:52 (192.168.100.1)
omm      pts/1    2021-12-29 15:55 (192.168.100.1)
postgres pts/2    2021-12-29 15:57 (192.168.100.1)
[root@dbsvr ~]#
```

可以看到，使用 who 命令可以查看哪些用户登录到了 openEuler Linux 操作系统。

在第 1 个 CMD 窗口，执行下面的命令，切换到用户 omm：

```
[root@dbsvr ~]# su - omm
Last login: Wed Dec 29 15:55:02 CST 2021 from 192.168.100.1 on pts/1
# 省略了许多输出
[omm@dbsvr ~]$
```

继续执行命令 whoami：

```
[omm@dbsvr ~]$ whoami
omm
[omm@dbsvr ~]$
```

此时可以看到 whoami 命令的输出显示，当前 Shell 用户是 omm。

执行命令 who am i：

```
[omm@dbsvr ~]$ who am i
root    pts/0      2021-12-29 15:52 (192.168.100.1)
[omm@dbsvr ~]$
```

此时可以看到 who am i 命令的输出显示，当前 Shell 最初是由 root 用户登录到系统的，然后通过执行 su 命令（Switch User）切换过来。

2.who 命令的 -b 选项

who 命令的 -b 选项用来查看系统是什么时候启动的：

```
[omm@dbsvr ~]$ who -b
        system boot  2021-12-29 23:23
[omm@dbsvr ~]$
```

3.who 命令的 -a 选项

who 命令的 -a 选项用来查看系统的信息：

```
[omm@dbsvr ~]$ who -a
         system boot   2021-12-29 23:23
         run-level 3   2021-12-29 23:23
LOGIN        tty1     2021-12-29 23:23              1481 id=tty1
root       + pts/0     2021-12-29 15:52  old        12610 (192.168.100.1)
omm        + pts/1     2021-12-29 15:55  old        12661 (192.168.100.1)
postgres   + pts/2     2021-12-29 15:57  old        13114 (192.168.100.1)
[omm@dbsvr ~]$
```

4.who 命令的其他选项

- -d 选项：用来查看系统中死掉的进程。
- -u 选项：用来查看有哪些用户登录到系统了。
- -r 选项：用来查看系统的运行等级。

四、df 命令

df 命令用来查看文件系统的空间使用情况，这些文件系统建立在磁盘分区或者逻辑卷之上。

1. 没有参数的 df 命令

执行下面的命令，查看文件系统的使用情况：

```
[omm@dbsvr ~]$ df
Filesystem              1K-blocks      Used      Available   Use%    Mounted on
devtmpfs                1727196          0        1727196     0%     /dev
tmpfs                   1744012          0        1744012     0%     /dev/shm
tmpfs                   1744012      17588        1726424     2%     /run
tmpfs                   1744012          0        1744012     0%     /sys/fs/cgroup
```

/dev/mapper/openeuler-root	20511312	419128	19027224	3%	/
/dev/mapper/openeuler-usr	20511312	3805740	15640612	20%	/usr
/dev/mapper/openeuler-home	41022688	49244	38859908	1%	/home
# 省略了一些输出					
[omm@dbsvr ~]$					

注意，这里以根文件系统为例：

Filesystem	1K-blocks	Used	Available	Use%	Mountedon
/dev/mapper/openeuler-root	20511312	419128	19027224	3%	/

空闲的空间（Available：19027224）加上已经使用的空间（Used：419128），这两者的总和还需要乘以 1.1 才与总的空间（1K-blocks：20511312）差不多，这是因为当文件系统占用约 90% 的空间时，找到一个空闲块的时间将大大增加，因此系统预留 10% 左右的空间来保证文件系统的高性能。

2. df -h 命令

df 命令的 -h 选项能以人类容易识别的方式来显示文件系统的使用信息：

```
[omm@dbsvr ~]$ df -h
Filesystem                  Size    Used   Avail   Use%   Mounted on
devtmpfs                    1.7G    0      1.7G    0%     /dev
tmpfs                       1.7G    0      1.7G    0%     /dev/shm
tmpfs                       1.7G    18M    1.7G    2%     /run
tmpfs                       1.7G    0      1.7G    0%     /sys/fs/cgroup
/dev/mapper/openeuler-root  20G     410M   19G     3%     /
/dev/mapper/openeuler-usr   20G     3.7G   15G     20%    /usr
# 省略了一些输出
[omm@dbsvr ~]$
```

五、w 命令

w 命令可以用来查看登录到系统上的用户正在执行什么程序：

```
[omm@dbsvr ~]$ w
 17:43:25  up 2:20,  3 users,  load average: 0.00, 0.00, 0.00
USER       TTY      LOGIN@    IDLE     JCPU     PCPU     WHAT
root       pts/0    15:52     1.00s    0.05s    0.00s    w
omm        pts/1    15:55     1:48m    0.01s    0.01s    -bash
postgres   pts/2    15:57     1:28m    0.01s    0.01s    -bash
[omm@dbsvr ~]$
```

六、uname 命令

uname 命令用来查看计算机系统的信息。其语法如下：

uname [选项]

常用的选项有：

- -a 选项：显示系统的所有信息。
- -s 选项：显示系统的内核名字。
- -n 选项：显示系统的主机名。
- -r 选项：显示系统的内核 release。
- -v 选项：显示系统的内核 version。

- -m 选项：显示系统的硬件名。
- -p 选项：显示系统的处理器类型（不可移植）。
- -i 选项：显示系统的硬件平台（不可移植）。
- -o 选项：显示系统的操作系统名。

下面是 uname 命令的一些例子：

```
[root@dbsvr ~]# uname -a
Linux dbsvr 4.19.90-2112.4.0.0127.oe1.x86_64 #1 SMP Wed Dec 22 01:27:53 UTC 2021 x86_64 x86_64 x86_64 GNU/Linux
[root@dbsvr ~]# uname -s
Linux
[root@dbsvr ~]# uname -n
dbsvr
[root@dbsvr ~]# uname -r
4.19.90-2112.4.0.0127.oe1.x86_64
[root@dbsvr ~]# uname -v
#1 SMP Wed Dec 22 01:27:53 UTC 2021
[root@dbsvr ~]# uname -m
x86_64
[root@dbsvr ~]# uname -p
x86_64
[root@dbsvr ~]# uname -i
x86_64
[root@dbsvr ~]# uname -o
GNU/Linux
[root@dbsvr ~]# uname
Linux
[root@dbsvr ~]#
```

七、lshw 命令

lshw 命令用来查看计算机系统的硬件信息。其语法如下：

lshw［选项］

其中常用的选项有：

- -html 选项：以 HTML 的方式显示结果。
- -c cpu 选项：显示计算机的 CPU 信息。
- -c memory 选项：显示计算机的内存信息。
- -c disk 选项：显示计算机的磁盘信息。
- -c storage 选项：显示计算机的存储控制器信息。
- -c multimedia 选项：显示计算机的多媒体设备信息。

1. 查看系统的 CPU 信息：lshw -c cpu

使用 root 用户，执行下面的命令，查看计算机系统上的 CPU 信息：

```
[root@dbsvr ~]# lshw -c cpu
  *-cpu:0
     description: CPU
     product: Intel(R) Core(TM) i9-9900K CPU @ 3.60GHz
     vendor: Intel Corp.
     physical id: 1
```

```
    bus info: cpu@0
    version: Intel(R) Core(TM) i9-9900K CPU @ 3.60GHz
    slot: CPU #000
    size: 3600MHz
    capacity: 4230MHz
    width: 64 bits
    capabilities: lm fpu fpu_exception wp vme de pse tsc msr pae mce cx8 apic sep mtrr pge mca cmov pat
pse36 clflush mmx fxsr sse sse2 ss ht syscall nx pdpe1gb rdtscp x86-64 constant_tsc arch_perfmon nopl xtopol-
ogy tsc_reliable nonstop_tsc cpuid pni pclmulqdq ssse3 fma cx16 pcid sse4_1 sse4_2 x2apic movbe popcnt tsc_
deadline_timer aes xsave avx f16c rdrand hypervisor lahf_lm abm 3dnowprefetch cpuid_fault invpcid_single
ssbd ibrs ibpb stibp fsgsbase tsc_adjust bmi1 avx2 smep bmi2 invpcid rdseed adx smap clflushopt xsaveopt
xsavec xgetbv1 xsaves arat md_clear flush_l1d arch_capabilities
    configuration: cores=4 enabledcores=4
  # 省略了 cpu:1~cpu:3 的信息
  *-cpu:4 DISABLED
    description: CPU
    vendor: GenuineIntel
    physical id: 7
    bus info: cpu@4
    version: Intel(R) Core(TM) i9-9900K CPU @ 3.60GHz
    slot: CPU #004
    size: 3600MHz
    capacity: 4230MHz
    capabilities: lm
    configuration: cores=4 enabledcores=4
  # 本例中从 cpu: 4 开始一直到 cpu: 127，状态都是 DISABLED
```

如果想让这些信息以 HTML 的格式显示或者保存，则可以执行下面的命令：

```
[root@dbsvr ~]# lshw -html -c cpu > openEuler_CPU.html
[root@dbsrv ~]# ls -l openEuler_CPU.html
-rw-r--r-- 1 root root 189471 Dec 11 20:10 openEuler_CPU.html
[root@dbsvr ~]#
```

此时可以使用浏览器打开文件 openEuler_CPU.html。

2. 查看系统的内存信息：lshw -c memory

使用 root 用户，执行下面的命令，查看计算机系统上的内存信息：

```
[root@dbsvr ~]# lshw -c memory
  *-firmware
    description: BIOS
    vendor: Phoenix Technologies LTD
    physical id: 0
    version: 6.00
    date: 11/12/2020
    size: 86KiB
    capabilities: isa pci pcmcia pnp apm upgrade shadowing escd cdboot bootselect edd int5printscreen in-
t9keyboard int14serial int17printer int10video acpi smartbattery biosbootspecification netboot
  *-cache:0
    description: L1 cache
    physical id: 0
    slot: L1
```

```
        size: 16KiB
        capacity: 16KiB
        capabilities: asynchronous internal write-back
        configuration: level=1
# 中间省略许多
 *-memory
        description: System Memory
        physical id: 1a2
        slot: System board or motherboard
        size: 4GiB
      *-bank:0
          description: DIMM DRAM EDO
          physical id: 0
          slot: RAM slot #0
          size: 4GiB
          width: 32 bits
...
```

同样，如果想以 HTML 的格式显示或者保存这些信息，则可以执行如下命令：

```
[root@dbsvr ~]# lshw -html -c memory > openEuler_memory.html
[root@dbsvr ~]# ls -l openEuler_memory.html
-rw-r--r-- 1 root root 224127 Dec 11 20:22 openEuler_memory.html
[root@dbsvr ~]#
```

3. 查看系统的存储控制器信息：lshw -c storage

使用 root 用户，执行下面的命令，查看计算机系统上的存储控制器信息：

```
[root@dbsvr ~]# lshw -c storage
  *-ide
      description: IDE interface
      product: 82371AB/EB/MB PIIX4 IDE
      vendor: Intel Corporation
      physical id: 7.1
      bus info: pci@0000:00:07.1
      logical name: scsi0
      version: 01
      width: 32 bits
      clock: 33MHz
      capabilities: ide isa_compatibility_mode_controller__supports_both_channels_switched_to_pci_na-
tive_mode__supports_bus_mastering bus_master emulated
      configuration: driver=ata_piix latency=64
      resources: irq:0 ioport:1f0(size=8) ioport:3f6 ioport:170(size=8) ioport:376 ioport:1060(size=16)
  *-scsi
      description: SCSI storage controller
      product: 53c1030 PCI-X Fusion-MPT Dual Ultra320 SCSI
      vendor: Broadcom / LSI
      physical id: 10
      bus info: pci@0000:00:10.0
      logical name: scsi2
      version: 01
      width: 64 bits
```

```
    clock: 33MHz
    capabilities: scsi bus_master cap_list rom scsi-host
    configuration: driver=mptspi latency=64 maxlatency=255 mingnt=6
      resources: irq:17 ioport:1400(size=256) memory:feba0000-febbffff memory:febc0000-febdffff
memory:c0008000-c000bfff
    [rovot@dbsvr ~]#
```

从命令的输出可以知道，当前 openEuler 系统上有 IDE 磁盘控制器和 SCSI 磁盘控制器。同样，如果想以 HTML 的格式显示或者保存这些信息，则可以执行如下命令：

```
[root@dbsvr ~]# lshw -html -c storage > openEuler_storage.html
[root@dbsvr ~]# ls -l openEuler_storage.html
-rw-r--r-- 1 root root 18829 Dec 11 20:31 openEuler_storage.html
[root@dbsvr ~]#
```

4. 查看系统的磁盘信息：lshw -c disk

使用 root 用户，执行下面的命令，查看计算机系统上的磁盘信息：

```
[root@dbsvr ~]# lshw -c disk
  *-cdrom
      description: DVD-RAM writer
      product: VMware IDE CDR00
      vendor: NECVMWar
      physical id: 0.0.0
      bus info: scsi@0:0.0.0
      logical name: /dev/cdrom
      logical name: /dev/sr0
      version: 1.00
      capabilities: removable audio cd-r cd-rw dvd dvd-r dvd-ram
      configuration: ansiversion=5 status=open
  *-disk
      description: SCSI Disk
      product: VMware Virtual S
      vendor: VMware,
      physical id: 0.0.0
      bus info: scsi@2:0.0.0
      logical name: /dev/sda
      version: 1.0
      size: 900GiB (966GB)
      capabilities: 7200rpm partitioned partitioned:dos
      configuration: ansiversion=2 logicalsectorsize=512 sectorsize=512 signature=69a11e8b
  [root@test ~]#
```

从输出可以看到，当前系统有一块硬盘（设备名是 /dev/sda），还有一个光驱（设备名是 /dev/sr0，/dev/sr0 的另外一个名字是 /dev/cdrom）。系统的磁盘和光驱都是连接在 SCSI 磁盘控制器上的。

在 Linux 中，SCSI 磁盘控制器上的第 1 块磁盘的设备名是 /dev/sda，第 2 块磁盘的设备名是 /dev/sdb，第 3 块磁盘的设备名是 /dev/sdc，按照英文小写字母依次类推。现代计算机系统上已经基本淘汰了 IDE 磁盘控制器，如果读者有幸在具有 IDE 磁盘控制器和 IDE 磁盘的计算机上运行 openEuler，就会发现，IDE 磁盘控制器上的第 1 块磁盘的设备名是 /dev/hda，第 2 块磁盘的设备名是 /dev/hdb，第 3 块磁盘的设备名是 /dev/hdc，也按照英文小写字母依次类推。

同样，如果想以 HTML 的格式显示或者保存这些信息，则可以执行如下命令：

```
[root@dbsvr ~]# lshw -html -c disk > openEuler_disk.html
[root@dbsvr ~]# ls -l openEuler_disk.html
-rw-r--r-- 1 root root 17664 Dec 11 20:26 openEuler_disk.html
[root@dbsvr ~]#
```

5. 查看系统的多媒体设备信息：lshw -c multimedia

使用 root 用户，执行下面的命令，查看计算机系统上的多媒体设备信息：

```
[root@dbsvr ~]# lshw -c multimedia
  *-multimedia
      description: Multimedia audio controller
      product: ES1371/ES1373 / Creative Labs CT2518
      vendor: Ensoniq
      physical id: 3
      bus info: pci@0000:02:03.0
      version: 02
      width: 32 bits
      clock: 33MHz
      capabilities: bus_master cap_list
      configuration: driver=snd_ens1371 latency=64 maxlatency=255 mingnt=6
      resources: irq:17 ioport:2080(size=64)
[root@dbsvr ~]#
```

从输出可以看到，系统目前有一个多媒体声卡设备。

同样，如果想以 HTML 的格式显示或者保存这些信息，则可以执行如下命令：

```
[root@dbsvr ~]# lshw -html -c multimedia > openEuler_multimedia
[root@dbsvr ~]# ls -l openEuler_multimedia
-rw-r--r-- 1 root root 16227 Dec 11 20:44 openEuler_multimedia
[root@dbsvr ~]#
```

八、lspci 命令

lspci 命令用来查看计算机系统的 PCI 设备情况。其语法如下：

lspci [选项]

其中，常用的选项有：

■ -v 选项：显示详细的信息。

■ -vv 选项：显示更详细的信息。

■ -s 选项：显示指定的总线。

使用 root 用户，执行命令 lspci，可以查看计算机系统的 PCI 设备情况：

```
[root@dbsvr ~]# lspci
00:00.0 Host bridge: Intel Corporation 440BX/ZX/DX - 82443BX/ZX/DX Host bridge (rev 01)
00:01.0 PCI bridge: Intel Corporation 440BX/ZX/DX - 82443BX/ZX/DX AGP bridge (rev 01)
00:07.0 ISA bridge: Intel Corporation 82371AB/EB/MB PIIX4 ISA (rev 08)
00:07.1 IDE interface: Intel Corporation 82371AB/EB/MB PIIX4 IDE (rev 01)
00:07.3 Bridge: Intel Corporation 82371AB/EB/MB PIIX4 ACPI (rev 08)
00:07.7 System peripheral: VMware Virtual Machine Communication Interface (rev 10)
00:0f.0 VGA compatible controller: VMware SVGA II Adapter
```

```
00:10.0 SCSI storage controller: Broadcom / LSI 53c1030 PCI-X Fusion-MPT Dual Ultra320 SCSI (rev 01)
00:11.0 PCI bridge: VMware PCI bridge (rev 02)
00:15.0 PCI bridge: VMware PCI Express Root Port (rev 01)
00:15.1 PCI bridge: VMware PCI Express Root Port (rev 01)
# 省略了许多输出
00:18.6 PCI bridge: VMware PCI Express Root Port (rev 01)
00:18.7 PCI bridge: VMware PCI Express Root Port (rev 01)
02:00.0 USB controller: VMware USB1.1 UHCI Controller
02:01.0 Ethernet controller: Intel Corporation 82545EM Gigabit Ethernet Controller (Copper) (rev 01)
02:02.0 Ethernet controller: Intel Corporation 82545EM Gigabit Ethernet Controller (Copper) (rev 01)
02:03.0 Multimedia audio controller: Ensoniq ES1371/ES1373 / Creative Labs CT2518 (rev 02)
02:04.0 USB controller: VMware USB2 EHCI Controller
[root@dbsvr ~]#
```

从 lspci 命令的输出可以看到，总线地址 02:00.0 处是一个 USB 控制器，如果想显示其更详细的信息，则可以使用 root 用户执行如下命令：

```
[root@dbsvr ~]# lspci -vv -s 02:00.0
02:00.0 USB controller: VMware USB1.1 UHCI Controller (prog-if 00 [UHCI])
        DeviceName: usb
        Subsystem: VMware Device 1976
        Physical Slot: 32
        Control: I/O+ Mem- BusMaster+ SpecCycle- MemWINV- VGASnoop- ParErr- Stepping- SERR-
FastB2B- DisINTx-
        Status: Cap+ 66MHz- UDF- FastB2B+ ParErr- DEVSEL=medium >TAbort- <TAbort-
<MAbort- >SERR- <PERR- INTx-
        Latency: 64
        Interrupt: pin A routed to IRQ 18
        Region 4: I/O ports at 20c0 [size=32]
        Capabilities: [40] PCI Advanced Features
            AFCap: TP+ FLR+
            AFCtrl: FLR-
            AFStatus: TP-
        Kernel driver in use: uhci_hcd
[root@dbsvr ~]#
```

九、lsusb 命令

lsusb 命令用来查看计算机系统的 USB 设备的信息。其语法如下：

lsusb [选项]

其中，常用的选项有：

■ -t 选项：以树的方式显示 USB 设备。

■ -v 选项：显示 USB 设备的详细信息。

■ -s bus:device 选项：显示指定总线上的 USB 设备。

■ -D device 选项：显示指定的总线。

■ -d vendor[:product] 选项：显示指定厂商的 USB 设备。

使用 root 用户，执行命令 lsusb，查看计算机系统上的 USB 设备信息：

```
[root@dbsvr ~]# lsusb
Bus 001 Device 001: ID 1d6b:0002 Linux Foundation 2.0 root hub
Bus 002 Device 003: ID 0e0f:0002 VMware, Inc. Virtual USB Hub
```

```
Bus 002 Device 002: ID 0e0f:0003 VMware, Inc. Virtual Mouse
Bus 002 Device 001: ID 1d6b:0001 Linux Foundation 1.1 root hub
[root@dbsvr ~]# lsusb -t
/:  Bus 02.Port 1: Dev 1, Class=root_hub, Driver=uhci_hcd/2p, 12M
    |__ Port 1: Dev 2, If 0, Class=Human Interface Device, Driver=usbhid, 12M
    |__ Port 2: Dev 3, If 0, Class=Hub, Driver=hub/7p, 12M
/:  Bus 01.Port 1: Dev 1, Class=root_hub, Driver=ehci-pci/6p, 480M
[root@dbsvr ~]# lsusb -s 002:002
Bus 002 Device 002: ID 0e0f:0003 VMware, Inc. Virtual Mouse
[root@dbsvr ~]#
```

十、lsblk 命令

lsblk 命令用来查看计算机系统的块设备信息。其语法如下：

lsblk [选项]

其中，常用的选项有：

- -S 选项：显示 SCSI（Small Computer System Interface）设备信息。
- -f 选项：显示块设备及其上的文件系统信息。

使用 root 用户，执行下面的命令，查看计算机系统上的 SCSI 设备信息：

```
[root@dbsvr ~]# lsblk -S
NAME HCTL       TYPE VENDOR    MODEL                          REV  TRAN
sda  2:0:0:0    disk VMware,    VMware_Virtual_S               1.0  spi
sr0  0:0:0:0    rom  NECVMWar   VMware_Virtual_IDE_CDROM_Drive 1.00 ata
[root@dbsvr ~]#
```

从命令的输出可以看到，目前系统上有一个设备名为 sda 的硬盘，还有一个设备名为 sr0 的 CDROM。

使用 root 用户，执行下面的命令，查看计算机系统上的块设备信息：

```
[root@dbsvr ~]# lsblk
NAME              MAJ:MIN   RM   SIZE   RO   TYPE   MOUNTPOINT
sda               8:0       0    900G   0    disk
├─sda1            8:1       0    20G    0    part   /boot
└─sda2            8:2       0    880G   0    part
  ├─openeuler-root 253:0    0    20G    0    lvm    /
  ├─openeuler-swap 253:1    0    64G    0    lvm    [SWAP]
  ├─openeuler-usr  253:2    0    20G    0    lvm    /usr
  ├─openeuler-tmp  253:3    0    20G    0    lvm    /tmp
  ├─openeuler-home 253:4    0    40G    0    lvm    /home
  ├─openeuler-var  253:5    0    40G    0    lvm    /var
  └─openeuler-opt  253:6    0    200G   0    lvm    /opt
sr0               11:0      1    15.5G  0    rom
[root@dbsvr ~]#
```

如果还想看到块设备上的文件系统类型，则可以执行 lsblk -f 命令，命令输出如图 7-1 所示。

在命令的输出中可以看到，操作系统的各个逻辑卷上创建的文件系统是 ext4 类型的文件系统，光盘驱动器上的文件系统是 iso9660。

图 7-1　lsblk -f 命令的输出

十一、lscpu 命令

使用 root 用户，执行命令 lscpu，可以查看计算机系统上 CPU 的情况，如图 7-2 所示。

图 7-2　lscpu 命令的输出

可以看到，运行 openEuler 的计算机有 4 个 CPU 核心，CPU 的型号是 Intel(R) Core(TM) i9-9900K CPU @ 3.60GHz，有 L1 指令 cache 128KB、L1 数据 cache 128KB、L2 cache 有 1MB、L3 cache 有 16MB，这 4 个核心都在一个 NUMA 节点上。

root 用户也可以使用命令 cat/proc/cpuinfo 来查看 CPU 的情况：

```
[root@dbsvr ~]# cat /proc/cpuinfo
processor          : 0
vendor_id          : GenuineIntel
cpu family         : 6
model              : 158
```

```
        model name      : Intel(R) Core(TM) i9-9900K CPU @ 3.60GHz
        stepping        : 12
        microcode       : 0xae
        cpu MHz         : 3600.003
        cache size      : 16384 KB
        physical id     : 0
        siblings        : 4
        core id         : 0
        cpu cores       : 4
        apicid          : 0
        initial apicid  : 0
        fpu             : yes
        fpu_exception   : yes
        cpuid level     : 22
        wp              : yes
        flags           : fpu vme de pse tsc msr pae mce cx8 apic sep mtrr pge mca cmov pat pse36 clflush
mmx fxsr sse sse2 ss ht syscall nx pdpe1gb rdtscp lm constant_tsc arch_perfmon nopl xtopology tsc_reliable
nonstop_tsc cpuid pni pclmulqdq ssse3 fma cx16 pcid sse4_1 sse4_2 x2apic movbe popcnt tsc_deadline_timer
aes xsave avx f16c rdrand hypervisor lahf_lm abm 3dnowprefetch cpuid_fault invpcid_single ssbd ibrs ibpb stibp
fsgsbase tsc_adjust bmi1 avx2 smep bmi2 invpcid rdseed adx smap clflushopt xsaveopt xsavec xgetbv1 xsaves
arat md_clear flush_l1d arch_capabilities
        bugs            : spectre_v1 spectre_v2 spec_store_bypass mds swapgs itlb_multihit srbds
        bogomips        : 7200.00
        clflush size    : 64
        cache_alignment : 64
        address sizes   : 45 bits physical, 48 bits virtual
        power management:
# 省略了许多输出
```

十二、free 命令

free 命令可以用来查看系统的内存、交换区的配置和使用情况。其命令的语法如下：

free [options]

其中，常用的选项有：

- -h：以人类可读的方式显示。
- -g：以 GB 为单位显示。
- -m：以 MB 为单位显示。

使用 root 用户，执行下面的命令：

```
[root@dbsvr ~]# free
              total        used        free      shared  buff/cache   available
Mem:        3488024      388664     2546504       17612      552856     2530976
Swap:      67108860           0    67108860
[root@dbsvr ~]# free -h
              total        used        free      shared  buff/cache   available
Mem:          3.3Gi       379Mi       2.4Gi        17Mi       539Mi       2.4Gi
Swap:          63Gi          0B        63Gi
[root@dbsvr ~]# free -g
              total        used        free      shared  buff/cache   available
Mem:              3           0           2           0           0           2
Swap:            63           0          63
```

```
[root@dbsvr ~]# free -m
              total        used        free      shared  buff/cache   available
Mem:           3406         379        2486          17         540        2471
Swap:         65535           0       65535
[root@dbsvr ~]#
```

可以看到系统有 3.3GB 内存，交换区有 63GB。从中还可以看到虚拟内存的使用情况。

十三、uptime 命令

uptime 命令可以查看系统到现在为止的运行时间等信息。其语法如下：

uptime [options]

其中，常用的选项有：

- -s：显示系统的启动时间。
- -p：显示系统已经运行的时间。

使用 root 用户，执行下面的命令：

```
[postgres@dbsvr ~]$ uptime
 19:32:01 up  4:08, 3 users, load average: 0.01, 0.00, 0.00
[postgres@dbsvr ~]$
```

这条命令显示当前的时间是 19 点 32 分 01 秒；系统已经运行了 4 小时 8 分；有 3 个用户登录到系统；1min 之内的平均负载是 0.01，5min 之内的平均负载是 0，15min 之内的平均负载是 0。

使用 root 用户，执行下面的命令，显示系统的启动时间：

```
[postgres@dbsvr ~]$ uptime -s
2021-12-29 15:23:18
[postgres@dbsvr ~]$
```

使用 root 用户，执行下面的命令，显示系统已经运行了多长时间：

```
[postgres@dbsvr ~]$ uptime -p
up 4 hours, 8 minutes
[postgres@dbsvr ~]$
```

十四、查看系统的磁盘信息

在此之前，读者已经学习了查看系统磁盘（disk）详细信息的多种方法：

- 命令 lshw -c disk。
- 命令 lsblk -S。

除此之外，还可以使用 fdisk -l 命令来查看系统的磁盘信息：

```
[root@dbsvr ~]# fdisk -l
Disk /dev/sda: 900 GiB, 966367641600 bytes, 1887436800 sectors
Disk model: VMware Virtual S
Units: sectors of 1 * 512 = 512 bytes
Sector size (logical/physical): 512 bytes / 512 bytes
I/O size (minimum/optimal): 512 bytes / 512 bytes
Disklabel type: dos
Disk identifier: 0x69a11e8b

Device     Boot    Start          End      Sectors     Size    Id    Type
```

```
/dev/sda1   *      2048     41945087     41943040     20G    83    Linux
/dev/sda2        41945088  1887436799   1845491712   880G    8e    Linux LVM

Disk /dev/mapper/openeuler-root: 20 GiB, 21474836480 bytes, 41943040 sectors
Units: sectors of 1 * 512 = 512 bytes
Sector size (logical/physical): 512 bytes / 512 bytes
I/O size (minimum/optimal): 512 bytes / 512 bytes
# 省略了一些输出
[root@dbsvr ~]#
```

十五、查看系统的网卡信息

有许多命令可以查看 openEuler 系统上的网卡信息。

1. ls 命令

使用 root 用户，执行下面的命令，可以查询当前系统有哪些网卡：

```
[root@dbsvr ~]# ls /sys/class/net
ens33 ens34 lo virbr0 virbr0-nic
[root@dbsvr ~]#
```

这里，读者只需要关注其中的 ens33、ens34 以太网卡，以及 IP 的本地回环网卡 lo。本地回环网卡的地址一般配置成 127.0.0.1，主要用于网络程序开发、网络组件测试，可通过回环地址访问本机上应用。

2. lspci 命令

使用 root 用户，执行下面的命令，查看系统上以太网卡的信息：

```
[root@dbsvr ~]# lspci|grep -i Ethernet
02:01.0 Ethernet controller: Intel Corporation 82545EM Gigabit Ethernet Controller (Copper) (rev 01)
02:02.0 Ethernet controller: Intel Corporation 82545EM Gigabit Ethernet Controller (Copper) (rev 01)
[root@dbsvr ~]#
```

3.ip 命令

使用 root 用户，执行下面的命令，查看系统上的网卡设备：

```
[root@dbsvr ~]# ip link
1: lo: <LOOPBACK,UP,LOWER_UP> mtu 65536 qdisc noqueue state UNKNOWN mode DEFAULT
group default qlen 1000
    link/loopback 00:00:00:00:00:00 brd 00:00:00:00:00:00
2: ens33: <BROADCAST,MULTICAST,UP,LOWER_UP> mtu 1500 qdisc fq_codel state UP mode DE-
FAULT group default qlen 1000
    link/ether 00:0c:29:68:81:1f brd ff:ff:ff:ff:ff:ff
3: ens34: <BROADCAST,MULTICAST,UP,LOWER_UP> mtu 1500 qdisc fq_codel state UP mode DE-
FAULT group default qlen 1000
    link/ether 00:0c:29:68:81:29 brd ff:ff:ff:ff:ff:ff
4: virbr0: <NO-CARRIER,BROADCAST,MULTICAST,UP> mtu 1500 qdisc noqueue state DOWN mode
DEFAULT group default qlen 1000
    link/ether 52:54:00:0d:ee:2c brd ff:ff:ff:ff:ff:ff
5: virbr0-nic: <BROADCAST,MULTICAST> mtu 1500 qdisc fq_codel master virbr0 state DOWN mode
DEFAULT group default qlen 1000
    link/ether 52:54:00:0d:ee:2c brd ff:ff:ff:ff:ff:ff
[root@dbsvr ~]#
```

使用 root 用户，执行下面的命令，可以查看网卡的统计信息：

```
[root@dbsvr ~]# ip -s link
1: lo: <LOOPBACK,UP,LOWER_UP> mtu 65536 qdisc noqueue state UNKNOWN mode DEFAULT
group default qlen 1000
    link/loopback 00:00:00:00:00:00 brd 00:00:00:00:00:00
    RX: bytes  packets  errors  dropped overrun mcast
    1043679   2301     0       0       0      0
    TX: bytes  packets  errors  dropped carrier collsns
    1043679   2301     0       0       0      0
2: ens33: <BROADCAST,MULTICAST,UP,LOWER_UP> mtu 1500 qdisc fq_codel state UP mode DE-
FAULT group default qlen 1000
    link/ether 00:0c:29:68:81:1f brd ff:ff:ff:ff:ff:ff
    RX: bytes  packets  errors  dropped overrun mcast
    92951     1161     0       0       0      0
    TX: bytes  packets  errors  dropped carrier collsns
    158690    907      0       0       0      0
3: ens34: <BROADCAST,MULTICAST,UP,LOWER_UP> mtu 1500 qdisc fq_codel state UP mode DE-
FAULT group default qlen 1000
    link/ether 00:0c:29:68:81:29 brd ff:ff:ff:ff:ff:ff
    RX: bytes  packets  errors  dropped overrun mcast
    20233     289      0       0       0      0
    TX: bytes  packets  errors  dropped carrier collsns
    9284      105      0       0       0      0
4: virbr0: <NO-CARRIER,BROADCAST,MULTICAST,UP> mtu 1500 qdisc noqueue state DOWN mode
DEFAULT group default qlen 1000
    link/ether 52:54:00:0d:ee:2c brd ff:ff:ff:ff:ff:ff
    RX: bytes  packets  errors  dropped overrun mcast
    0         0        0       0       0      0
    TX: bytes  packets  errors  dropped carrier collsns
    0         0        0       0       0      0
5: virbr0-nic: <BROADCAST,MULTICAST> mtu 1500 qdisc fq_codel master virbr0 state DOWN mode
DEFAULT group default qlen 1000
    link/ether 52:54:00:0d:ee:2c brd ff:ff:ff:ff:ff:ff
    RX: bytes  packets  errors  dropped overrun mcast
    0         0        0       0       0      0
    TX: bytes  packets  errors  dropped carrier collsns
    0         0        0       0       0      0
[root@dbsvr ~]#
```

使用 root 用户，执行下面的命令，可以查看网卡的配置情况：

```
[root@dbsvr ~]# ip addr
1: lo: <LOOPBACK,UP,LOWER_UP> mtu 65536 qdisc noqueue state UNKNOWN group default qlen
1000
    link/loopback 00:00:00:00:00:00 brd 00:00:00:00:00:00
    inet 127.0.0.1/8 scope host lo
       valid_lft forever preferred_lft forever
    inet6 ::1/128 scope host
       valid_lft forever preferred_lft forever
2: ens33: <BROADCAST,MULTICAST,UP,LOWER_UP> mtu 1500 qdisc fq_codel state UP group default
qlen 1000
    link/ether 00:0c:29:68:81:1f brd ff:ff:ff:ff:ff:ff
```

```
    inet 192.168.100.61/24 brd 192.168.100.255 scope global noprefixroute ens33
       valid_lft forever preferred_lft forever
    inet6 fe80::64e1:e033:3e08:1155/64 scope link noprefixroute
       valid_lft forever preferred_lft forever
 3: ens34: <BROADCAST,MULTICAST,UP,LOWER_UP> mtu 1500 qdisc fq_codel state UP group default
qlen 1000
    link/ether 00:0c:29:68:81:29 brd ff:ff:ff:ff:ff:ff
    inet 192.168.252.135/24 brd 192.168.252.255 scope global dynamic noprefixroute ens34
       valid_lft 1644sec preferred_lft 1644sec
    inet6 fe80::fe6c:3b15:9a27:2e3e/64 scope link noprefixroute
       valid_lft forever preferred_lft forever
# 省略了一些输出
[root@dbsvr ~]#
```

也可以执行下面的命令，查看系统上网卡的信息：

```
[root@dbsvr ~]# ip a
 1: lo: <LOOPBACK,UP,LOWER_UP> mtu 65536 qdisc noqueue state UNKNOWN group default qlen
1000
    link/loopback 00:00:00:00:00:00 brd 00:00:00:00:00:00
    inet 127.0.0.1/8 scope host lo
       valid_lft forever preferred_lft forever
    inet6 ::1/128 scope host
       valid_lft forever preferred_lft forever
 2: ens33: <BROADCAST,MULTICAST,UP,LOWER_UP> mtu 1500 qdisc fq_codel state UP group default
qlen 1000
    link/ether 00:0c:29:68:81:1f brd ff:ff:ff:ff:ff:ff
    inet 192.168.100.61/24 brd 192.168.100.255 scope global noprefixroute ens33
       valid_lft forever preferred_lft forever
    inet6 fe80::64e1:e033:3e08:1155/64 scope link noprefixroute
       valid_lft forever preferred_lft forever
 3: ens34: <BROADCAST,MULTICAST,UP,LOWER_UP> mtu 1500 qdisc fq_codel state UP group default
qlen 1000
    link/ether 00:0c:29:68:81:29 brd ff:ff:ff:ff:ff:ff
    inet 192.168.252.135/24 brd 192.168.252.255 scope global dynamic noprefixroute ens34
       valid_lft 1610sec preferred_lft 1610sec
# 省略了一些输出
[root@dbsvr ~]#
```

4.ifconfig 命令

使用 root 用户，执行下面的命令，可以查看系统上所有网卡的信息：

```
[root@dbsvr ~]# ifconfig -a
ens33: flags=4163<UP,BROADCAST,RUNNING,MULTICAST>  mtu 1500
       inet 192.168.100.62  netmask 255.255.255.0  broadcast 192.168.100.255
       inet6 fe80::78df:960b:a4ae:cd56  prefixlen 64  scopeid 0x20<link>
       ether 00:0c:29:be:8e:d1  txqueuelen 1000  (Ethernet)
       RX packets 4056  bytes 297128 (290.1 KiB)
       RX errors 0  dropped 0  overruns 0  frame 0
       TX packets 4664  bytes 3032741 (2.8 MiB)
       TX errors 0  dropped 0  overruns 0  carrier 0  collisions 0
ens34: flags=4163<UP,BROADCAST,RUNNING,MULTICAST>  mtu 1500
```

```
        inet 192.168.252.191  netmask 255.255.255.0  broadcast 192.168.252.255
        inet6 fe80::4588:4c6b:9312:b8e4  prefixlen 64  scopeid 0x20<link>
        ether 00:0c:29:be:8e:db  txqueuelen 1000  (Ethernet)
        RX packets 16662  bytes 20279484 (19.3 MiB)
        RX errors 0  dropped 0  overruns 0  frame 0
        TX packets 3051  bytes 199695 (195.0 KiB)
# 省略了一些输出
 [root@dbsvr ~]#
```

也可以执行下面的命令，查看特定网卡的信息：

```
[root@dbsvr ~]# ifconfig ens33
ens33: flags=4163<UP,BROADCAST,RUNNING,MULTICAST>  mtu 1500
        inet 192.168.100.62  netmask 255.255.255.0  broadcast 192.168.100.255
        inet6 fe80::78df:960b:a4ae:cd56  prefixlen 64  scopeid 0x20<link>
        ether 00:0c:29:be:8e:d1  txqueuelen 1000  (Ethernet)
        RX packets 4020  bytes 294518 (287.6 KiB)
        RX errors 0  dropped 0  overruns 0  frame 0
        TX packets 4638  bytes 3029925 (2.8 MiB)
        TX errors 0  dropped 0 overruns 0  carrier 0  collisions 0
[root@dbsvr ~]#
```

十六、通过 /proc 文件系统查看系统信息

root 用户可以执行下面的命令来查看操作系统的版本：

```
[root@dbsvr ~]#  cat /proc/version
Linux version 4.19.90-2112.4.0.0127.oe1.x86_64 (abuild@ecs-obsworker-0010) (gcc version 7.3.0 (GCC))
#1 SMP Wed Dec 22 01:27:53 UTC 2021
 [root@dbsvr ~]#
```

root 用户可以执行下面的命令来获取 CPU 的信息：

```
[root@dbsvr ~]#  cat /proc/cpuinfo
processor        : 0
vendor_id        : GenuineIntel
cpu family       : 6
model            : 158
model name       : Intel(R) Core(TM) i9-9900K CPU @ 3.60GHz
stepping         : 12
microcode        : 0xae
cpu MHz          : 3600.000
cache size       : 16384 KB
physical id      : 0
siblings         : 4
core id          : 0
cpu cores        : 4
apicid           : 0
initial apicid   : 0
fpu              : yes
fpu_exception    : yes
cpuid level      : 22
wp               : yes
```

```
flags              : fpu vme de pse tsc msr pae mce cx8 apic sep mtrr pge mca cmov pat pse36 clflush mmx
fxsr sse sse2 ss ht syscall nx pdpe1gb rdtscp lm constant_tsc arch_perfmon nopl xtopology tsc_reliable nonstop_
tsc cpuid pni pclmulqdq ssse3 fma cx16 pcid sse4_1 sse4_2 x2apic movbe popcnt tsc_deadline_timer aes xsave
avx f16c rdrand hypervisor lahf_lm abm 3dnowprefetch cpuid_fault invpcid_single ssbd ibrs ibpb stibp fsgsbase
tsc_adjust bmi1 avx2 smep bmi2 invpcid
# 删除了许多输出行
[root@dbsvr ~]#
```

root 用户可以执行下面的命令来获取系统内存的总数：

```
[root@dbsvr ~]# cat /proc/meminfo |grep MemTotal
MemTotal:        3488028 kB
[root@dbsvr ~]#
```

root 用户可以使用下面的命令来查看系统内存的详细信息：

```
[root@dbsvr ~]# cat /proc/meminfo
MemTotal:        3488028  kB
MemFree:         2689312  kB
MemAvailable:    2622596  kB
Buffers:           34072  kB
Cached:           354336  kB
SwapCached:            0  kB
Active:           212988  kB
Inactive:         240040  kB
Active(anon):      76044  kB
Inactive(anon):     7308  kB
# 省略了许多输出
[root@dbsvr ~]#
```

十七、查看操作系统的版本信息

root 用户可以执行下面的命令来获取操作系统的版本信息：

```
[root@dbsvr ~]# cd
[root@dbsvr ~]# cd /etc/
[root@dbsvr etc]# ls -l *release
-rw-r--r--. 1 root root  34 Jun 24  2021 openEuler-release
-rw-r--r--. 1 root root 136 Jun 24  2021 os-release
lrwxrwxrwx. 1 root root  17 Jun 24  2021 system-release -> openEuler-release
[root@dbsvr etc]# cat system-release
openEuler release 20.03 (LTS-SP2)
[root@dbsvr etc]# cat openEuler-release
openEuler release 20.03 (LTS-SP2)
[root@dbsvr etc]# cat os-release
NAME="openEuler"
VERSION="20.03 (LTS-SP2)"
ID="openEuler"
VERSION_ID="20.03"
PRETTY_NAME="openEuler 20.03 (LTS-SP2)"
ANSI_COLOR="0;31"
[root@dbsvr etc]#
```

任务目标

让 openEuler Linux 初学者学会在遇到问题时获取 openEuler Linux 的系统帮助。

实施步骤

一、实验环境

使用任务三项目 2 实施步骤十九中准备好的 dbsvrOK.rar 虚拟机备份。

二、man 手册页简介

1995 年之前，我国互联网还没有流行，那时候学习 UNIX 遇到问题，基本上只能通过 man 手册页来解决。

1.man 手册页分成 9 部分

OpenEuler Linux 的 man 手册页分成以下 9 个部分：

- 第 1 部分：可执行程序和 Shell 命令。
- 第 2 部分：Linux 系统调用。
- 第 3 部分：C 语言库函数。
- 第 4 部分：特殊文件 (通常是目录 /dev 下的文件)。
- 第 5 部分：文件格式和规范（如文件 /etc/passwd）。
- 第 6 部分：游戏。
- 第 7 部分：杂项（包括宏包和规范，如 man(7)、groff(7)）。
- 第 8 部分：系统管理命令。
- 第 9 部分：内核函数（非标准）。

2.man 手册页格式

每一条命令或者文件的 man 手册页都有固定的格式，由以下项组成：

- NAME：命令名称及功能简要描述。
- SYNOPSIS：命令语法格式，包含命令的选项。
- DESCRIPTION：命令的详细描述，包括每一个选项的含义。
- EXAMPLES：例子。
- OVERVIEW：概述。
- DEFAULTS：默认的功能。
- OPTIONS：说明每一项的意义。
- ENVIRONMENT：环境变量。
- FILES：命令相关的文件。
- BUGS：错误漏洞。
- EXAMPLES：使用示例。
- SEE ALSO：额外参照。

- HISTORY：维护历史与联系方式。
- COPYRIGHT：版权信息。

三、man 命令

man 命令用来查看 Linux 的联机手册页。man 命令的语法如下：

man [options] CmdOrFile

其中，常用的选项有：

- -s num：指定从 man 手册页的 num 部分查找相关的信息。
- -k keyWord：相当于 apropos 命令，查找与关键字 keyWord 相关的命令。
- -f Cmd：相当于 whatis 命令，显示 man 手册页的描述部分。

执行下面的命令，查看命令 passwd 的手册页：

```
[omm@dbsvr ~]$ man passwd
```

执行这条命令后，输出如图 8-1 所示。

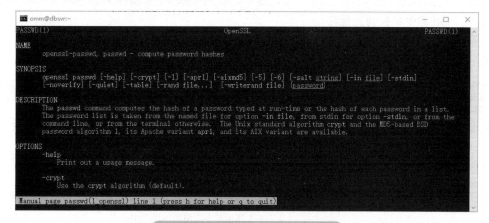

图 8-1　man passwd 命令的输出

执行下面的命令，查看 /etc/passwd 文件的格式：

```
[omm@dbsvr ~]$ man -s 5 passwd
```

执行这条命令后，输出如图 8-2 所示。

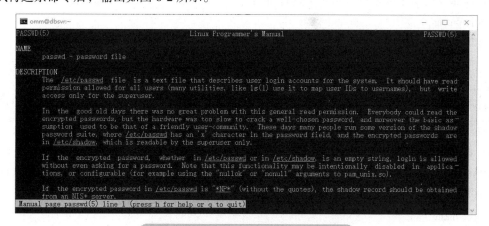

图 8-2　man -s 5 passwd 命令的输出

如果要搜索 disk 相关的命令，则可以执行下面的命令：

```
[omm@dbsvr ~]$ man -k disk
arm_sync_file_range (2) - sync a file segment with disk
df (1p)                  - report free disk space
diskdevstat (8)          - tool for recording harddisk activity
fd (4)                   - floppy disk device
hd (4)                   - MFM/IDE hard disk devices
# 删除了许多输出
[omm@dbsvr ~]$
```

如果要查看 passwd 命令或文件的描述，则可以执行下面的命令：

```
[omm@dbsvr ~]$ man -f passwd
passwd (1_openssl)       - compute password hashes
passwd (5)               - password file
[omm@dbsvr ~]$
```

四、在 man 命令中控制光标移动

在 man 手册页中，如果想控制光标移动，那么可按照表 8-1 按相应的键。

表 8-1　man 手册中控制光标移动的键及用途

按键	用途
空格键	向下翻一页
Page Down	向下翻一页
Page Up	向上翻一页
Home	直接前往首页
End	直接前往尾页
/	从上至下搜索某个关键词，如 "/linux"
?	从下至上搜索某个关键词，如 "?linux"
n	定位到下一个搜索到的关键词
N	定位到上一个搜索到的关键词
q	退出帮助文档

五、whatis 命令

whatis 命令用来显示 man 手册页的描述部分，相当于 man -f 。whatis 命令的语法如下：

whatis name

whatis 命令的示例如下：

```
[omm@dbsvr ~]$ whatis passwd
passwd (1_openssl)       - compute password hashes
passwd (5)               - password file
[omm@dbsvr ~]$
```

六、apropos 命令

apropos 命令按指定的关键字 name 来搜索相应的 man 手册页，相当于命令 man -k name。apropos 命令的语法如下：

apropos name

apropos 命令的示例如下：

```
[omm@dbsvr ~]$ apropos disk
arm_sync_file_range (2)   - sync a file segment with disk
df (1p)                   - report free disk space
diskdevstat (8)           - tool for recording harddisk activity
fd (4)                    - floppy disk device
hd (4)                    - MFM/IDE hard disk devices
# 删除了许多输出
[omm@dbsvr ~]$
```

七、在 openEuler 官方网站获取帮助

读者可以在 openEuler 的官方网站 https://www.openeuler.org/zh/ 上获取一些帮助信息。

读者可以访问下面的网页来查找相应的资料：

https://docs.openeuler.org/zh/docs/20.03_LTS_SP2/docs/Releasenotes/release_notes.html

八、使用互联网搜索引擎获取帮助

强烈建议读者在百度之类的搜索引擎中使用问题的关键字进行搜索，从而帮助解决问题。大多数时候，这些问题在其他的 Linux 发行版（如 RHEL、CentOS 或者 Ubuntu）上已经有了解决方案，这些解决方案很可能也适用于 openEuler Linux 操作系统。

任务目标

到目前为止，在需要编辑文件内容时，要么使用 cat 命令，要么使用 nano 编辑器。这种安排是有意的，因为 nano 编辑器比较简单，更容易上手，让读者避免从一开始就要学习比较复杂的 vi 编辑器。

虽然 nano 编辑器比较简单，也更容易上手，但功能不如 vi 编辑器强大。事实上，一个能熟练使用 Linux 的计算机专业人员，一般只使用 vi 编辑器。

本任务的目标是让 Linux 初学者掌握 vi 编辑器的基本用法。

实施步骤

一、实验环境

使用任务三项目 2 实施步骤十九中准备好的 dbsvrOK.rar 虚拟机备份。

二、vi 编辑器的 3 种模式

以 Linux 用户 omm 的身份登录到 openEuler 操作系统，然后执行下面的命令，启动 vi 编辑器：

```
[omm@dbsvr ~]$ vi mynewfile
```

之后将出现图 9-1 所示的画面。

图 9-1　启动 vi 编辑器的画面

启动 vi 编辑器后，vi 编辑器处于命令模式，但是编者还是习惯在此时按一下 <Esc> 键（位于键盘的最左上角），确保 vi 编辑器一定处于**命令模式**。

在 vi 编辑器的**命令模式**，可以输入 vi 编辑子命令。vi 编辑子命令 i 可让 vi 编辑器进入编辑模式，在当前光标的前面为文件插入新的字符。

此时按 <i> 键，将出现图 9-2 所示的界面。从左下角的提示可以看到，vi 编辑器已经处于**编辑模式**的插入（INSERT）状态了。

图 9-2　vi 命令模式下输入编辑子命令 i 后转入编辑模式的插入（INSERT）状态

现在输入以下两行文本内容：

abcdefghijk

1234567890

接下来，再次按 <Esc> 键，使 vi 编辑器返回到命令模式。

在 vi 的命令模式下，按 <:> 键（或者斜杆键 </>、问号键 <?>），将使 vi **进入最后一行模式**。在最后一行模式下，可以对 vi 进行一些设置操作、查找文件内容，或者决定是否保存文件内容后退出 vi 编辑器。

按顺序输入 :、q、!，然后按 <Enter> 键，如图 9-3 所示。

图 9-3　在 vi 最后一行模式下输入 :、q、! 之后不保存文件退出 vi

此时，将放弃刚才的编辑（不保存文件 mynewfile）并退出 vi 编辑器。

再次从头开始刚刚的操作，完成这两行文本内容的输入，并按 <Esc> 键返回到 vi 的命令模式。不过接下来，按顺序输入 :、w、q、!，按 <Enter> 键如图 9-4 所示。

图 9-4　在 vi 最后一行模式下输入 :、w、q、! 之后将保存文件退出 vi

此时，将把这两行的文本内容保存到文件 mynewfile 中，并退出 vi 编辑器。

通过上面的例子，读者了解了 vi 的 3 种模式：**命令模式**、**编辑模式**和**最后一行模式**。这几种模式之间的转换如图 9-5 所示。

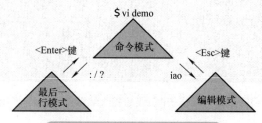

图 9-5　vi 3 种模式之间的切换

vi 编辑器 3 种模式之间的切换总结如下：

1）无论当前 vi 处于何种模式，只要按一下 <Esc> 键，vi 就会回到命令模式。

2）在命令模式下，输入 vi 编辑子命令（如小写字母 i、a、o，或者其他），将使 vi 进入编辑模式。

3）在编辑模式下，可以为文件输入文本信息。

4）当输入完信息后，可以再按一下 <Esc> 键，将再次返回命令模式。

5）在命令模式下，当输入 :、/ 或者 ? 这三者之一时，将使 vi 切换到最后一行模式。

6）当在最后一行模式中完成 vi 子命令的输入，并按 <Enter> 键后，将从最后一行模式切换回命令模式。

三、在 vi 中控制光标移动

1. 使用方向键在 vi 中控制光标移动

首先用 Linux 用户 omm 执行下面的脚本，创建一个文件 oldfile：

```
cat >oldfile <<EOF
abcdefghijklmn
1234567890
ABCDEFGHIJKLMN
11111111111111
22222222222222
    33333333333333
44444444444444
opqrstuvwxyz
EOF
```

然后使用 vi 编辑器编辑 oldfile 文件：

```
[omm@dbsvr ~]$ vi oldfile
```

先按一下 <Esc> 键，确保 vi 编辑器处于命令模式，此时，光标位于文件的第一行第一个字符处。

在命令模式下使用键盘的方向键（"↑""↓""←""→"），可以控制光标在文件中上下左右移动。请读者练习使用方向键，将光标移动到想要的地方。

大多数时候，使用键盘的方向键可以在 vi 编辑器中控制光标的位置。但在有些时候，当 Linux 不知道用户正在使用的终端的参数时，方向键无法正常控制光标移动，此时需要在命令模式下使用字母来代替方向键，从而在 vi 编辑器中控制光标移动。

2. 使用字母在 vi 中控制光标移动

在 vi 命令模式下，控制移动方向的字母总是能正常控制光标的移动：

- 按小写字母 <h> 键，相当于左移方向键"←"。
- 按小写字母 <j> 键，相当于下移方向键"↓"。
- 按小写字母 <k> 键，相当于上移方向键"↑"。
- 按小写字母 <l> 键，相当于右移方向键"→"。
- 按空格键，可以使光标向右移动一个位置。
- 按 <Enter> 键，可以使光标移动到下一行。

请读者多练习几次，一定要熟练掌握以上控制光标位置的方法。

3. 将光标移动到指定的行号

在命令模式下，可以输入一个:（冒号）、一个整数 n，将光标移动到文件的第 n 行。

例：把光标移动到文件的第 6 行。

一个好的习惯是先按一下 <Esc> 键，确保 vi 处于命令模式，然后再按 <:> 键、<6> 键、<Enter> 键。此时如果再按 <Ctrl+G> 组合键，会出现图 9-6 所示的界面，显示文件总共有几行及当前光标在文件的第几行。

图 9-6 命令模式下按 <Ctrl+G> 组合键将显示当前光标在文件的位置（行数）

例：把光标移动到文件的第 1 行。

先按一下 <Esc> 键，然后按 <:> 键和 <1> 键就可以。

把光标移动到文件的最末尾。

先按一下 <Esc> 键，然后按 <Shift+G> 组合键即可。

4. 在一行中移动光标

首先将光标移动到文件 oldfile 的第 6 行：按一下 <Esc> 键，然后按 <:> 键和 <6> 键。接下来会在第 6 行中移动光标。

例：将光标移动到当前行的第 1 个位置。

先按一下 <Esc> 键，再按 <0> 键即可。

例：将光标移动到当前行的末尾。

先按一下 <Esc> 键，再按 <$> 键（或按 <Shift+4> 组合键）即可。

例：将光标移动到当前行的第 1 个非空白字符处（跳过该行开始的空格和制表符）。

先按一下 <Esc> 键，再按 <^> 键（或按 <Shift+6> 组合键）即可。

继续下面的学习之前，请读者退出 vi 编辑器（先按 <Esc> 键，然后按 <:> 键、<q> 键、<!>

键和 <Enter> 键）。

5. 在 vi 中翻屏

一个文件的行号是 1，2，3，…，一直到最后一行。这里定义**向前翻屏**是沿着行号增加的方向翻屏；**向后翻屏**是沿着行号减小的方向翻屏。

为了在 vi 编辑器中进行翻屏操作，需要编辑一个比较大的文件：

[omm@dbsvr ~]$ vi /opt/huawei/install/data/dn01/pg_hba.conf

例：向前翻一屏。

先按一下 <Esc> 键，然后按 <Ctrl+F> 组合键。

例：向后翻一屏。

先按一下 <Esc> 键，然后按 <Ctrl+B> 组合键。

例：向前翻半屏。

先按一下 <Esc> 键，然后按 <Ctrl+D> 组合键。

例：向后翻半屏。

先按一下 <Esc> 键，然后按 <Ctrl+U> 组合键。

继续下面的学习之前，请读者退出 vi 编辑器（先按 <Esc> 键，然后按 <:> 键、<q> 键、<!> 键和 <Enter> 键）。

四、vi 编辑子命令：添加文本

这里继续以编辑文件 oldfile 为例来介绍 vi 编辑子命令：

[omm@dbsvr ~]$ vi oldfile

按照惯例，依旧先按一下 <Esc> 键，使 vi 编辑器处于命令模式，然后将光标移动到第 3 行的字母 E 处：

1）在命令模式下输入：、3，按 <Enter> 键，将光标移动到文件第 3 行。

2）使用方向键"→"将光标移动到字母 E 处（如果移过了，那么使用方向键"←"进行调整）。

例：在当前光标之前插入新文本（vi 编辑子命令小写字母 i）。

在当前光标之前插入新文本，方法是：先按一下 <Esc> 键确保 vi 编辑器处于命令模式，然后输入小写字母 i，此时，vi 处于编辑模式的插入（INSERT）文本状态，在当前光标的前面插入新的文本。如果此时输入数字 123，将出现图 9-7 所示的界面。

图 9-7　使用 vi 编辑器的编辑子命令小写字母 i 在当前光标之前插入新文本

可以看到，执行完上述操作后，在字母 E 之前插入了数字 123。

此时如果再按一下 <Esc> 键，那么 vi 编辑器将返回命令模式，并且光标将定位在刚刚输入的最后一个字符 3 处，如图 9-8 所示。

图 9-8　从 vi 编辑模式的插入状态返回命令模式时光标定位于最后一个输入的文本字符处

为了继续下面的介绍，先把光标移动到字母 E 处（此时可以按一下空格键或者按一下方向键 <→>）。

例：在当前光标之后插入新文本（vi 编辑子命令小写字母 a）。

先按一下 <Esc> 键确保 vi 编辑器处于命令模式，然后输入小写字母 a，此时，vi 处于编辑模式的追加（APPEND）文本的状态，在当前光标的后面追加新的文本。如果此时输入数字 456，将出现图 9-9 所示的界面。

图 9-9　使用 vi 编辑器的编辑子命令小写字母 a 在当前光标之后追加新文本

例：在当前光标所在行的开头插入新文本（vi 编辑子命令大写字母 I）。

先按一下 <Esc> 键确保 vi 编辑器处于命令模式，然后输入大写字母 I，此时，vi 处于编辑模式的插入（INSERT）文本状态，在当前光标所在行的开头插入新的文本。如果此时输入数字789，将出现图 9-10 所示的界面。

例：在当前光标所在行的末尾追加新文本（vi 编辑子命令大写字母 A）。

先按一下 <Esc> 键确保 vi 编辑器处于命令模式，然后输入大写字母 A，此时，vi 处于编辑模式的追加（APPEND）文本的状态，在当前光标所在行的末尾追加新的文本。如果此时输入数字012，将出现图 9-11 所示的界面。

例：在当前光标所在行下面开辟新行输入文本（vi 编辑子命令小写字母 o）。

图 9-10　使用 vi 编辑器的编辑子命令大写字母 I 在当前光标所在行的开头追加新文本

图 9-11　使用 vi 编辑器的编辑子命令大写字母 A 在当前光标所在行的末尾追加新文本

先按一下 <Esc> 键确保 vi 编辑器处于命令模式，然后输入小写字母 o，此时，vi 处于编辑模式的打开（OPEN）新行状态，在当前光标所在行的下面开辟一个新行来输入新文本。如果此时输入数字串 01234，将出现图 9-12 所示的界面。

图 9-12　使用 vi 编辑器的编辑子命令小写字母 o 在当前光标处的下面开辟新行来输入新文本

再继续介绍之前，将光标移动到文件 oldfile 的第 3 行（按一下 <Esc> 键，输入 :、3，按 <Enter> 键即可）。

例： 在当前光标所在行上面开辟新行（vi 编辑子命令大写字母 O）。

先按一下 <Esc> 键确保使 vi 编辑器处于命令模式，然后输入大写字母 O，此时，vi 处于编辑模式的打开（OPEN）新行状态，在当前光标所在行的上面开辟一个新行来输入新文本。如果此时输入数字串 56789，将出现图 9-13 所示的界面。

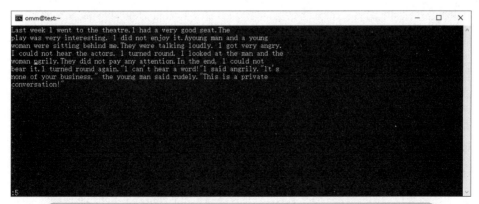

图 9-13 使用 vi 编辑器的编辑子命令大写字母 O 在当前光标处的上面开辟新行来输入新文本

此时保存文件并退出 vi 编辑器（按 <Esc> 键，输入 :wq，再按 <Enter> 键）。

五、vi 编辑子命令：删除文本

首先用 Linux 用户 omm 执行下面的脚本，创建一个文件 text1：

```
cat >text1 <<EOF
Last week l went to the theatre.l had a very good seat.The
play was very interesting. l did not enjoy it.Ayoung man and a young
woman were sitting behind me.They were talking loudly. l got very angry.
I could not hear the actors. l turned round. l looked at the man and the
woman angrily.They did not pay any attention.In the end, l could not
bear it.l turned round again."l can't hear a word!"l said angrily."lt's
none of your business," the young man said rudely."This is a private
conversation!"
EOF
```

然后执行下面的命令，开始编辑文件 text1：

```
[omm@dbsvr ~]$ vi text1
```

接下来将光标移动到文件第 5 行第 2 个单词的首字母处，方法如下：

1）按 <Esc> 键、<:> 键、<5> 键、<Enter> 键。

2）使用空格键或者方向键，将光标移动到第 2 个单词 angrily 的首字母。

例：删除当前光标处的字符（vi 编辑子命令小写字母 x）。

先按 <Esc> 键，然后按小写字母 <x> 键，就把当前光标处的字符 a 删除了，执行完后如图 9-14 所示。

图 9-14 使用 vi 编辑器的编辑子命令小写字母 x 删除当前光标处的字符

例：删除当前光标处开始的 3 个字符（vi 编辑子命令 3x）。

先按 <Esc> 键，再按数字 <3> 键，之后按小写字母 <x> 键，就把从当前光标开始算起的连续 3 个字符删除了，执行完后如图 9-15 所示。

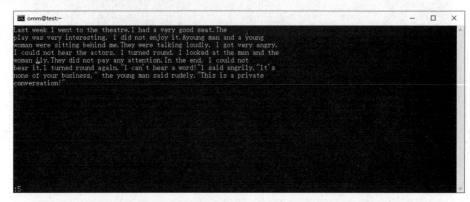

图 9-15　使用 vi 编辑器的编辑子命令 3x 删除从当前光标处开始的 3 个字符

例：删除从当前光标处开始到单词结尾的字符（vi 编辑子命令 dw）。

继续介绍之前，先用方向键 <→> 将光标移动到本行单词 attention 的第 7 个字符 i 处，如图 9-16 所示。

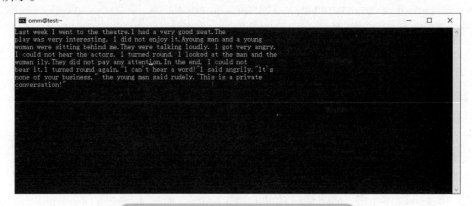

图 9-16　移动光标到 attention 的字符 i 处

如果此时按 <Esc> 键，然后输入小写字母 d 和小写字母 w，就可以删除从当前光标开始到单词结尾的内容（attention 中的 ion 部分被删除了），如图 9-17 所示。

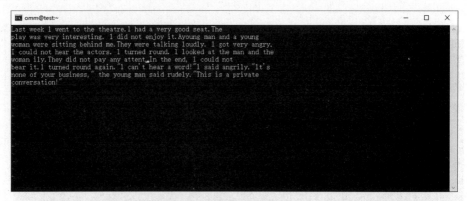

图 9-17　使用 vi 的编辑子命令 dw 删除从当前光标开始到单词末尾的内容

显然，如果光标位于某单词的首字母处，就删除整个单词。例如，要将本行中的单词 end 删除，可以先按一下 <Esc> 键，确保 vi 当前处于命令模式，再将光标移动到单词 end 的首字母 e 处，然后输入 dw，就可以把整个单词 end 删除，执行完成后如图 9-18 所示。

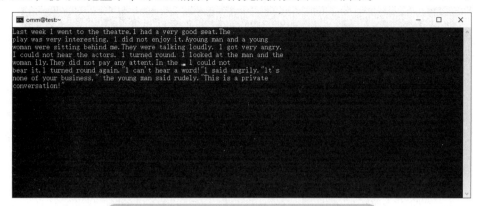

图 9-18　使用 vi 的编辑子命令 dw 删除单词 end

例：删除从当前光标开始到行尾的内容（vi 编辑子命令大写字母 D）。

先按 <Esc> 键，再按一下大写字母 <D> 键，就可以将从当前光标开始到行尾的内容删除掉，执行完成后如图 9-19 所示。

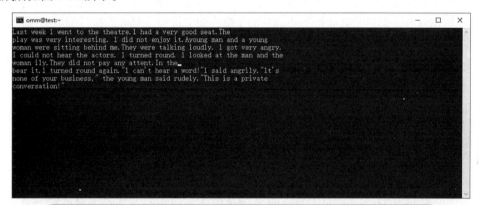

图 9-19　使用 vi 的编辑子命令大写字母 D 删除从光标开始到行尾的内容

例：删除当前光标所在的行（vi 编辑子命令 dd）。

先按 <Esc> 键，再连续输入两个小写字母 d（dd），就可以将当前光标所在行的全部内容删除，执行完成后如图 9-20 所示。

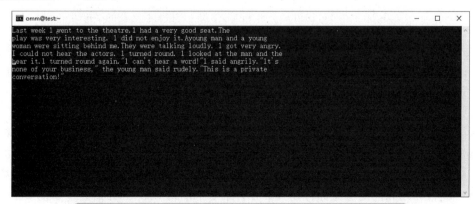

图 9-20　使用 vi 的编辑子命令 dd 删除光标所在行的全部内容

如果要删除从当前光标所在行开始的 3 行内容，在命令模式下输入 3dd，就可以完成，执行完毕后如图 9-21 所示。

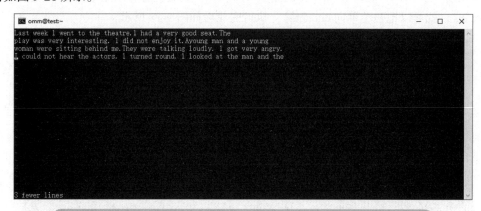

图 9-21　使用 vi 的编辑子命令 3dd 删除从光标所在行开始的 3 行内容

六、vi 编辑子命令：修改文本

例：替换当前光标处的字符（vi 编辑子命令 r）。

如果想把文本中的某个字符修改为其他字符，那么可以先将 vi 编辑器转换到命令模式，然后将光标定位到该字符处，接着输入 vi 编辑子命令小写字母 r，最后输入要替换的新字符。

如果要把当前行（文件的第 4 行）中的所有 I 修改为字母 U，则可以执行如下的操作：

1）先按 <Esc> 键，确保 vi 编辑器处于命令模式。

2）由于当前光标下的字符（目前是字母 I）正是要被修改的字符 I，因此直接输入替换命令小写字母 r，再输入大写字母 U 即可，操作完成后如图 9-22 所示。

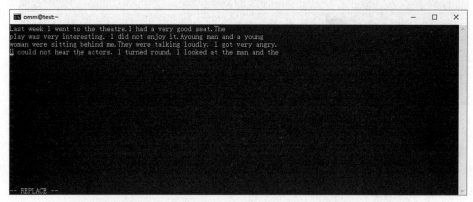

图 9-22　使用 vi 的编辑子命令小写字母 r 替换光标所在的字符

3）接下来按 <Esc> 键，将光标移动到第 2 个字母 I 处，输入替换命令小写字母 r，再输入大写字母 U；再按 <Esc> 键，将光标移动到第 3 个字母 I 处，输入替换命令小写字母 r，再输入大写字母 U。完成上面的操作后如图 9-23 所示。

例：替换从当前光标开始的多个字符（vi 编辑子命令 R）。

如果要替换多个字符，那么可以先按 <Esc> 键，使 vi 处于命令模式，然后将光标移动到要开始替换的文本处，输入替换多个字符的 vi 编辑子命令大写字母 R，之后输入要替换的字符。假设要将从这个文件第 3 行第 2 个单词 were 开始的 10 个字符替换为 1234567890，可以这样操作：先按 <Esc> 键，再用方向键将光标移动到第 3 行第 2 个单词 were 的开始处（单词 were 的字符

w 处），输入替换多个字符的编辑命令大写字母 R，输入数字串 1234567890，完成上述操作后如图 9-24 所示。

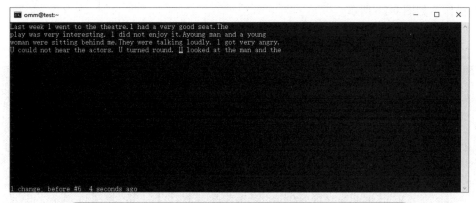

图 9-23　使用 vi 的编辑子命令小写字母 r 替换光标所在的字符

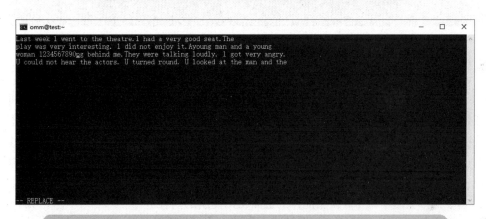

图 9-24　使用 vi 的编辑子命令大写字母 R 替换从当前光标开始的多个字符

例：替换单词（vi 编辑子命令 cw）。

如果要替换一个单词，无论是整个单词，还是从这个单词的中间开始，一直替换到单词的尾部，则可以使用 vi 编辑子命令 cw 来实现。例如要将第 2 行的第 2 个单词 was 替换为 were，可以先按 <Esc> 键，使 vi 处于命令状态，然后使用方向键将光标移动到第 2 行的第 2 个单词 was 的首字母 w 处，接着输入 vi 编辑子命令 cw，再输入要替换的单词 were，完成这些操作后如图 9-25 所示。

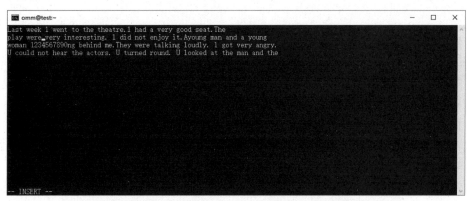

图 9-25　使用 vi 的编辑子命令 cw 替换光标开始的一个单词

如果要把第 3 行的 were 替换为 was，那么可以这么来操作：先按 <Esc> 键，然后将光标移动到第 3 行的单词 were 的第 2 个字母 e 处，接下来输入 vi 编辑子命令 cw，最后输入 as 这两个字符，完成这些操作后如图 9-26 所示。

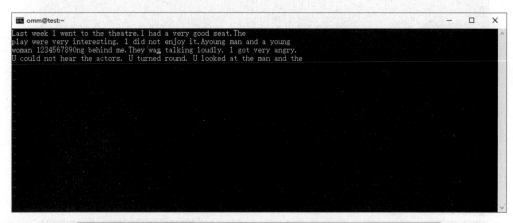

图 9-26　使用 vi 的编辑子命令 cw 替换从单词中间开始到结尾的部分

七、vi 编辑子命令：复制文本

在 vi 编辑器中，复制文本可按如下方式进行：首先使 vi 编辑器处于命令模式，然后将光标移动到要开始复制的行，接着输入一个要复制的行数 n（从当前光标开始数，当前光标所在行为第 1 行，如数字 12），紧接着输入 vi 的编辑子命令大写字母 Y（定义复制的内容），再将光标移动到目标所在的位置（某行）。此时如果要将内容复制到当前光标所在行的下面，就使用 vi 编辑子命令小写字母 p（在当前行的下面粘贴复制的内容），如果要将内容复制到当前光标所在行的上面，就使用 vi 编辑子命令大写字母 P（在当前行的上面粘贴复制的内容）。

首先以 omm 用户的身份执行下面的脚本，创建一个文本文件 text2：

```
cat >text2 <<EOF
111111111111
222222222222
aaaaaaaaaaaa
bbbbbbbbbbbb
cccccccccccc
888888888888
999999999999
EOF
```

然后使用 omm 用户编辑文件 text2：

```
[omm@dbsvr ~]$ vi text2
```

进入 vi 编辑器后，先按 <Esc> 键使 vi 处于命令模式。

例：将文件 text2 的前 2 行内容复制到文件第 3 行的下面。

先按 <Esc> 键使 vi 处于命令模式，然后将光标移动到第 1 行的任意位置，输入数字 2，输入大写字母 <Y> 键，接下来将光标移动到文件 text2 的第 3 行的任意位置，输入小写字母 p。完成这些操作之后如图 9-27 所示。

图 9-27　在 vi 编辑器中将内容复制到当前光标的下面（大写字母 Y 和小写字母 p）

例：将文件 text2 的最后 2 行复制到文件 text2 第 3 行的上面。

先按 <Esc> 键使 vi 处于命令模式，然后将光标移动到文件 text2 的倒数第 2 行的任意位置，输入数字 2，输入大写字母 Y，接下来将光标移动到文件 text2 的第 3 行的任意位置（使用方向键，或者输入 :、2，按 <Enter> 键），输入大写字母 P，完成这些操作之后如图 9-28 所示。

图 9-28　在 vi 编辑器中将内容复制到当前光标的上面（大写字母 Y）

八、vi 编辑子命令：移动文本

移动文本比较简单，可以先按 <Esc> 键，使 vi 编辑器处于命令模式；然后将光标移动到要移动文本的第 1 行处；接下来输入要移动的行数（比如要移动 3 行，就输入数字 3），用 vi 删除行的子命令 dd 将要移动的文本删除；紧接着将光标移动到目标位置所在的行；最后如果要把移动的文本放在当前光标的下面，就输入小写字母 p，如果要把移动的文本放在当前光标的上面，就输入大写字母 P。

例：将文件 text2 的前 4 行移动到文件 text2 第 8 行的下面（将文件的前 4 行数字移动到含有字母 b 的行的下面）。

先按 <Esc> 键，然后将光标移动到文件的第 1 行，再输入数字 4，接下来输入 vi 的删除行子命令 dd，将光标移动到目标位置（这里是含有字母 b 的文本行），然后输入小写字母 p，完成这些操作之后如图 9-29 所示。

图 9-29　在 vi 编辑器中移动行

九、vi 编辑子命令：合并文件的两行

如果要把文本文件的两行内容放到一行，那么可以先按 <Esc> 键使 vi 处于命令模式，然后将光标移动到要合并的第 1 行处，最后输入大写字母 J 就可以完成。

例：将文件 text2 的第 2 行和第 3 行合并成为一行。

先按 <Esc> 键，然后将光标移动到 text2 文件的第 2 行，接着输入大写字母 J（合并两行的编辑命令），执行完这些操作之后如图 9-30 所示。

图 9-30　在 vi 编辑器中使用大写字母 J 合并两行

十、最后一行模式：查找字符串模式

在 vi 的命令状态下输入 :，也可以输入 / 或者 ?，使 vi 处于最后一行模式。

为了完成本节的实战，以 omm 用户的身份执行下面的脚本，再次创建文件 text1：

```
cat >text1 <<EOF
Last week l went to the theatre.l had a very good seat.The
play was very interesting. l did not enjoy it.Ayoung man and a young
woman were sitting behind me.They were talking loudly. l got very angry.
I could not hear the actors. l turned round. l looked at the man and the
woman angrily.They did not pay any attention.In the end, l could not
bear it.l turned round again."l can't hear a word!"l said angrily."lt's
none of your business," the young man said rudely."This is a private
conversation!"
EOF
```

接下来执行下面的命令，开始编辑文件 text1：

[omm@dbsvr ~]$ vi text1

例： 从文件 text1 的第 2 行开始往下查找单词 the。

先按 <Esc> 键，使 vi 处于命令模式，然后将光标移动到第 2 行的开头，接下来输入 / 和要查找的单词 the，最后按 <Enter> 键，这将从当前位置开始往下（行号增长方向）查找单词 the，并且在第 4 行处找到了第一个单词 the，如图 9-31 所示。

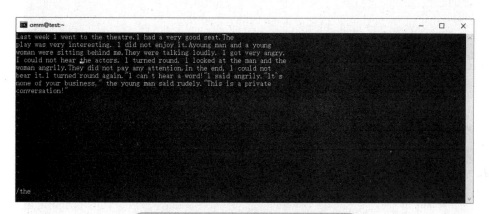

图 9-31　在 vi 编辑器中使用 / 往下查找

如果要继续往下查找，则可以输入小写字母 n，在第 4 行又找到了一个 the（第 2 次找到单词 the），如图 9-32 所示。

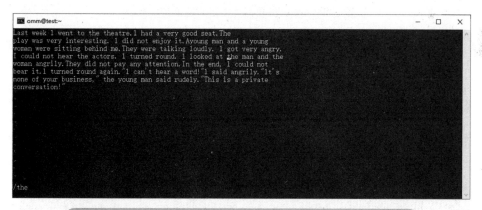

图 9-32　在 vi 编辑器中使用小写字母 n 继续往下查找下一个 the

继续输入小写字母 n，又在第 4 行找到了一个单词 the。

继续输入小写字母 n，在第 5 行找到了一个单词 the，如图 9-33 所示。

此时，如果要回到上次查找到单词 the 的位置（往回查找一次），则可以输入大写字母 N。

例： 从文件 text1 的第 7 行的第一个字符位置处往上查找单词 the。

先按 <Esc> 键，使 vi 处于命令模式，然后将光标移动到第 7 行的开头，接下来输入? 和要查找的单词 the，最后按 <Enter> 键，这将从当前位置开始往上（行号减小的方向）查找单词 the，并且在第 5 行处找到了第一个单词 the，如图 9-34 所示。

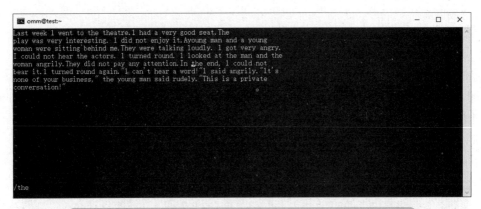

图 9-33　在 vi 编辑器中连续使用小写字母 n 往下查找下一个 the

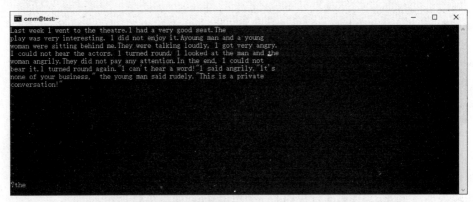

图 9-34　在 vi 编辑器中使用？往上查找 the

如果要继续往上查找，则可以输入小写字母 n，在第 4 行又找到了一个单词 the（第 2 次找到单词 the），如图 9-35 所示。

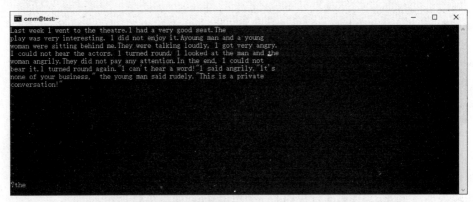

图 9-35　在 vi 编辑器中使用小写字母 n 继续往上查找下一个 the

如果要往回查找上一个 the，那么输入大写字母 N 即可。

在 vi 中查找某个字符串，通常是为了将其替换成人们想要的字符串。要完成这个任务，方法如下：

1）首先按照任务九中步骤十的方法进行字符串查找。

2）在找到的位置使用任务九中步骤六的方法，将其修改为想要的字符串。

3）修改完成后，记住一定要按 <Esc> 键，使 vi 回到命令模式。

4）接下来使用小写字母 n 或者大写字母 N 继续查找，在找到的需要做同样修改的地方输入一个点号 .，这是 vi 的重复上一次操作的命令，可帮助用户完成上一次一样的修改。

例：将文本文件 text1 中第 4 行的 the 修改成 thee。

首先按 <Esc> 键，确保 vi 处于命令模式；然后将光标移动到第 4 行；输入 /the 查找字符串，然后按 <Enter> 键找到第一个单词 the，输入 cw 将该单词修改为 thee。继续操作之前再按一下 <Esc> 键，使 vi 处于命令模式，然后输入小写字母 n 查找下一个单词 the。此时要完成同样的修改，只需要输入点号 .，就可以把第 2 次找到的单词 the 修改为 thee。重复这些操作。

十一、最后一行模式：全部替换

如果要把一个文件中某个字符串的所有副本都修改为新的字符串，例如要把文件 text1 中的所有单词 were 都修改为 was，那么可以使用最后一行模式命令来实现。

1）首先按 <Esc> 键，使 vi 处于命令模式。

2）输入 ":%s%were%was%g"，如图 9-36 所示。此处的冒号表示进入 vi 最后一行模式，百分号 % 是分隔符，小写字母 g 表示要将文件中所有的 were 都修改为 was。

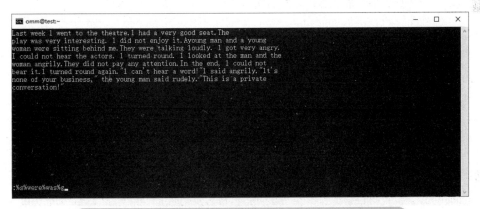

图 9-36 在 vi 编辑器中使用最后一行模式命令进行全局替换

3）按 <Enter> 键后，文件中所有的单词 were 都被替换为 was，替换后如图 9-37 所示。

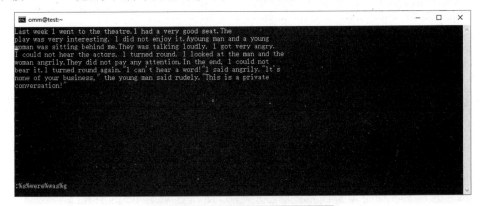

图 9-37 全局替换后的文件 text1

十二、最后一行模式：设置 vi 会话

在 vi 的最后一行模式下可以对 vi 编辑器进行一些设置，set 子命令见表 9-1。

表 9-1　vi 编辑器的 set 子命令

命令	作用
:set nu	显示文件的行号
:set nonu	隐藏文件的行号
:set ic	搜索时忽略大小写
:set noic	搜索时区分大小写
:set list	显示不可见字符，如制表符、行结束符
:set nolist	不显示不可见字符
:set showmode	显示当前的操作模式
:set noshowmode	不显示当前的操作模式
:set	显示所有的 vi 变量
:set all	显示所有的 vi 变量和它们的当前值

例：在编辑文件 text2 时显示行号。

先按 <Esc> 键使 vi 处于命令模式，然后输入 ":set nu"，如图 9-38 所示。

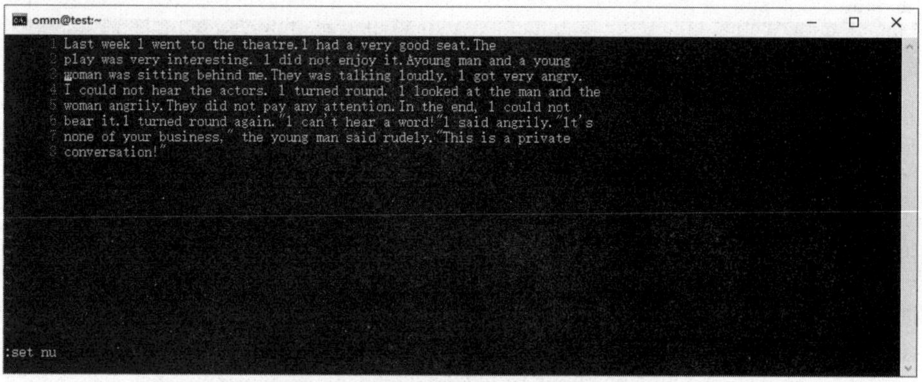

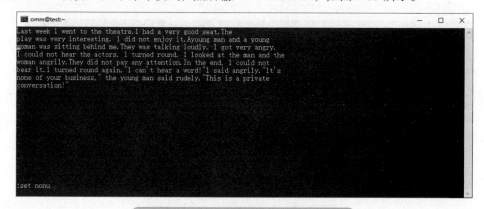

图 9-38　在 vi 编辑器中设置显示行号

例：在编辑文件 text2 时，如果已经显示了行号，则取消显示行号。

先按 <Esc> 键使 vi 处于命令模式，然后输入 ":set nonu"，如图 9-39 所示。

图 9-39　在 vi 编辑器中设置不显示行号

请读者尝试使用表 9-1 中的其他 vi 编辑器的 set 子命令。

十三、最后一行模式：退出 vi

当完成使用 vi 编辑器编辑文件的任务后，需要退出 vi 编辑器。在最后一行模式，执行表 9-2 中的命令，可以退出 vi 编辑器。

表 9-2　退出 vi 编辑器的命令

命令	作用
:w	保存文件
:w newfilename	用新文件名 newfilename 保存文件
:wq	存盘并退出 vi 编辑器
:x	存盘并退出 vi 编辑器
ZZ	存盘并退出 vi 编辑器
:q！	不存盘退出 vi 编辑器
:wq！	强制保存文件（只读文件）并退出 vi 编辑器

例：保存对文件 text2 的修改，显示行号。

先按 <Esc> 键使 vi 处于命令模式，然后输入 ":wq"，存盘退出 vi 编辑器。

请读者尝试使用表 9-2 中 vi 编辑器的其他退出命令。

十四、vi 编辑器的几个特殊命令：点命令

在 vi 编辑器的命令模式下，点号（.）可以重复 vi 的最后一次操作。

使用点命令的一个例子是，刚刚执行了 vi 的 dd 删除命令删除了文件的一行，然后将光标移动到另外一处，此时按 <.> 键，将重复刚才的删除行操作，把当前光标下的行进行删除。

使用点命令的另外一个例子是，当使用 vi 编辑一个文件时，查找某个字符串 string1，并需要将其中的一部分（不是全部）字符串修改成字符串 string2。此时可以使用 vi 的查找字符串命令定位字符串 string1，然后使用 vi 的替换命令在需要替换的第一个位置将其替换为 string2，接下来使用字母 n 或者 N 查找下一个，最后在需要替换的位置使用点号，就可以将找到的 string1 替换为 string2。

十五、vi 编辑器的几个特殊命令：命令 u 和 U

在 vi 编辑器的命令模式下，小写字母 u 可以取消 vi 的上一次操作。如果对某个文件做了一系列的编辑，多次执行命令 u 可以取消之前的若干个操作。

在 vi 编辑器的命令模式下，大写字母 U 可以取消 vi 在一行中的所有操作，恢复到光标到达该行位置时的初始状态。假设先按 <Esc> 键，然后将光标移动到第 3 行，接下来对该行的几处进行了修改，此时突然觉得对当前光标所在行的修改都不是我们想要的，则可以按 <Esc> 键，然后按一下大写字母 <U> 键，就可以将光标所在行的所有修改都撤销。

十六、vi 编辑器的几个特殊命令：刷新屏幕 <Ctrl+l>

Linux 操作系统是多用户操作系统，当一个用户使用 vi 编辑器正在编辑一个文件时，其他用户（很可能是 Linux 操作系统的超级用户 root）可能会使用命令 wall 发送一些信息（如提醒用户系统将要在 30min 后关机），这些信息会混杂显示在 vi 编辑的文件中，此时可以先按 <Esc> 键，然后按 <Ctrl+l> 组合键来刷新 vi 编辑器所在的终端屏幕。

下面通过实验来体验：

首先在 Windows 10 上打开一个 CMD 窗口，执行命令 ssh omm@192.168.100.62，登录到 openEuler 系统。

然后执行命令 vi/etc/passwd，并将光标移动到文件的第 5 行（按 <Esc> 键，输入 ":5"）。

接下来再打开一个 Windows 10 CMD 窗口，执行命令 ssh root@192.168.100.62，登录到 openEuler 系统。

紧接着执行命令 wall "System will be shut down in 30 minutes！"。

此时正在使用 vi 命令编辑文件 /etc/passwd 的 omm 用户将看到图 9-40 所示的界面。omm 用户需要先仔细阅读一下这些信息（必须仔细阅读，否则会因为系统关机导致自己不必要的数据损失）。阅读完提示信息后，按 <Esc> 键确保 vi 返回命令模式，再按组合键 <Ctrl+l> 来刷新 vi 编辑器所在的终端屏幕。这样，正在编辑的文件 /etc/passwd 的内容就恢复正常显示了。

图 9-40　在 vi 编辑器过程中收到系统信息的界面

Linux 系统管理实战：常规管理

任务目标

让 openEuler Linux 初学者掌握 Linux 服务器的常规管理，包括开关机、修改机器名、修改系统时间、管理 Linux 服务、管理系统的运行等级。

实施步骤

一、实验环境

使用任务三项目 2 实施步骤十九中的 dbsvrOK.rar 虚拟机备份。

二、启动 openEuler 服务器

首先，在 VMware Workstation 启动测试用的 openEuler 虚拟机。

openEuler 操作系统启动后，在 Windows 10 上打开 CMD 窗口，用 omm 用户登录到 openEuler：

```
C:\Users\zqf>ssh omm@192.168.100.62
Authorized users only. All activities may be monitored and reported.
omm@192.168.100.62's password:# 输入 omm 用户的密码 omm123
# 省略许多输出
[omm@dbsvr ~]$
```

接下来，执行下面的命令，启动 openGauss 数据库：

```
[omm@dbsvr ~]$ gs_om -t start
Starting cluster.
=========================================
[SUCCESS] dbsvr
2021-12-29 19:27:53.320 61cc4639.1 [unknown] 140469666460608 [unknown] 0 dn_6001 01000  0
[BACKEND] WARNING:  could not create any HA TCP/IP sockets
=========================================
Successfully started.
[omm@dbsvr ~]$
```

三、关闭 openEuler 服务器上的应用（以 openGauss 为例）

要关闭正在运行 openGauss 数据库管理系统的 openEuler 服务器，首先需要执行下面的命令，关闭 openGauss 数据库：

```
[omm@dbsvr ~]$ gs_om -t stop
Stopping cluster.
=========================================
Successfully stopped cluster.
=========================================
End stop cluster.
[omm@dbsvr ~]$
```

然后使用 root 用户，执行以下 Linux 操作系统命令，关闭 openEuler 服务器：

- halt。
- poweroff。
- shutdown。

绝对不能直接拔掉正在运行 openEuler 操作系统的计算机的电源，这很危险，可能会导致：

- 计算机硬件（机械硬盘）有可能会损害。
- openEuler 操作系统（文件系统）有可能会损害。

四、执行关机命令：halt 命令

在 Windows 10 上打开 CMD 窗口，用 root 用户登录到 openEuler：

```
C:\Users\zqf>ssh root@192.168.100.62
Authorized users only. All activities may be monitored and reported.
root@192.168.100.62's password:# 输入 root 用户的密码 root@ustb2021
# 省略许多输出
[root@dbsvr ~]#
```

执行关机命令 halt：

```
[root@dbsvr ~]# halt
Connection to 192.168.100.62 closed by remote host.
Connection to 192.168.100.62 closed.

C:\Users\zqf>
```

稍等一会，将出现图 10-1 所示的界面。

图 10-1　执行 halt 停机命令后的虚拟机界面

这说明执行完 halt 命令后，运行 openEuler 的计算机执行了 CPU 停机指令，但没有关闭 openEuler 服务器的电源，需要手工关闭电源。

在使用的 VMware Workstation 虚拟机环境中，需要执行如下操作来关闭计算机的电源：首先单击图 10-1 中的"确定"按钮，将出现图 10-2 所示的界面。在图 10-2 所示的界面中，用鼠标左键单击标号为 1 的椭圆圈，然后用鼠标左键单击标号为 2 的椭圆圈（有两处标号为 2 的椭圆圈，一个是"关闭客户机"，一个是"关机"）即可。

图 10-2　关闭计算机电源界面

五、执行关机命令：poweroff 命令

命令 poweroff 和命令 halt 的作用差不多，不同的是 poweroff 命令会在关闭 openEuler 操作系统后自动关闭计算机的电源。

首先执行任务十的步骤二来启动 openEuler 服务器和 openGauss 数据库服务器。

然后执行任务十的步骤三来关闭 openGauss 数据库服务器。

接下来在 Windows 10 上打开 CMD 窗口，用 root 用户登录到 openEuler：

```
C:\Users\zqf>ssh root@192.168.100.62
Authorized users only. All activities may be monitored and reported.
root@192.168.100.62's password:# 输入 root 用户的密码 root@ustb2021
# 省略许多输出
[root@dbsvr ~]#
```

最后执行关机命令 poweroff：

```
[root@dbsvr ~]# poweroff
Connection to 192.168.100.62 closed by remote host.
Connection to 192.168.100.62 closed.
C:\Users\zqf>
```

可以看到，执行这个命令会关闭 openEuler 服务器的电源。

六、执行关机命令：shutdown 命令

启动 openEuler 虚拟机，然后在 Windows 10 上打开 CMD 窗口，用 root 用户登录到 openEuler 操作系统。

使用命令 shutdown 关闭 openEuler 操作系统是非常好的选择。正常状态下，openEuler 操作系统中会运行很多的服务程序。使用 shutdown 命令，会依次执行这些服务的停止命令，最后卸载文件系统，关闭计算机。显然，使用命令 shutdown 来关机会更安全。

shutdown 命令的语法如下：

shutdown [options] [DelayTime] [WarningMessages]

1.shutdown 命令的 -h 选项

-h 选项是很常用的选项，一般用 root 用户执行下面的命令来关闭 openEuler：

```
[root@dbsrv ~]# shutdown -h
Shutdown scheduled for Tue 2022-01-04 12:35:36 CST, use 'shutdown -c' to cancel.
[root@dbsvr ~]#
```

执行这条命令将会使 openEuler 在 1min 后开始执行停机操作。

根据这条命令的提示，可以使用 shutdown -c 命令来取消 1min 之后的停机操作。

```
[root@dbsvr ~]# shutdown -c
[root@dbsvr ~]#
```

如果想提醒登录到系统上的所有用户 openEuler 操作系统将在 5min 后开始执行停机操作，则可以用 root 用户执行下面的命令：

```
[root@dbsvr ~]# date
Tue Jan  4 12:35:22 CST 2022
[root@dbsvr ~]# shutdown -h 300 "System will be shut down in 5 minutes!"
Shutdown scheduled for Tue 2022-01-04 17:35:31 CST, use 'shutdown -c' to cancel.
[root@dbsvr ~]# date
Tue Jan  4 12:35:35 CST 2022
[root@dbsvr ~]#
```

如果想让 openEuler 操作系统马上执行停机操作，则可以执行下面的命令：

```
[root@dbsvr ~]# shutdown -h now
Connection to 192.168.100.62 closed by remote host.
Connection to 192.168.100.62 closed.
C:\Users\zqf>
```

继续之前的操作，重新启动 openEuler 虚拟机。

2. shutdown 命令的 -r 选项

shutdown 命令的 -r 选项可用来让 openEuler 操作系统重新启动。

执行下面的命令，重新启动 openEuler 操作系统：

```
C:\Users\zqf>ssh root@192.168.100.62
Authorized users only. All activities may be monitored and reported.
root@192.168.100.62's password:# 输入 root 用户的密码 root@ustb2021
# 省略许多输出
[root@dbsvr ~]#
[root@dbsvr ~]# shutdown -r now
Connection to 192.168.100.62 closed by remote host.
Connection to 192.168.100.62 closed.
C:\Users\zqf>
```

可以看到，openEuler 虚拟机先关闭再重新启动。

七、设置系统的时间

有时候需要重新调整 openEuler Linux 操作系统的时间，这种情况下需要以 root 用户的身份执行 date 命令和 hwclock 命令来修改系统的时间：

```
[root@dbsvr ~]# hwclock --show              # 显示硬件时钟的时间
2022-01-04 12:47:32.430367+08:00
```

```
[root@dbsvr ~]# date -s "2022-01-5 12:48"    # 设置系统的时间
Wed Jan  5 12:48:00 CST 2022
[root@dbsvr ~]# hwclock --show               # 再次查看硬件时钟的时间，没有被上一条命令修改
2022-01-04 12:48:34.195512+08:00
[root@dbsvr ~]# date
Wed Jan  5 12:48:32 CST 2022
[root@dbsvr ~]# hwclock -w                    # 将系统的时间写入硬件时钟
[root@dbsvr ~]# hwclock --show               # 再次查看硬件时钟的时间，硬件由上一条命令修改
2022-01-05 12:49:03.477378+08:00
[root@dbsvr ~]# date
Wed Jan  5 12:49:09 CST 2022
[root@dbsvr ~]#
```

也可以使用 timedatectl 命令来查看及设置系统的日期和时间：

```
[root@dbsvr ~]# timedatectl
               Local time: Wed 2022-01-05 12:50:35 CST
           Universal time: Wed 2022-01-05 04:50:35 UTC
                 RTC time: Wed 2022-01-05 04:50:36
                Time zone: Asia/Shanghai (CST, +0800)
System clock synchronized: no
              NTP service: active
          RTC in local TZ: no
[root@dbsvr ~]#
```

执行下面的命令，可以查看所有的时区信息：

```
[root@dbsvr ~]# timedatectl
```

执行下面的命令，可以查看亚洲的所有时区信息：

```
[root@dbsvr ~]# timedatectl list-timezones | grep Asia
```

执行下面的命令，将时区设置为上海：

```
[root@dbsvr ~]# timedatectl set-timezone Asia/Shanghai
[root@dbsvr ~]#
```

还有一种将时区设置为上海的方法：

```
[root@dbsvr ~]# rm -f /etc/localtime
[root@dbsvr ~]# ln -s ../usr/share/zoneinfo/Asia/Shanghai /etc/localtime
[root@dbsvr ~]#
```

执行下面的命令，关闭 NTP 时间更新，手动设置新的时间：

```
[root@dbsvr ~]# timedatectl set-ntp no
[root@dbsvr ~]# timedatectl set-time '2022-01-5 13:00:00'    # 设置日期和时间
[root@dbsvr ~]# timedatectl set-time '2022-01-5'             # 设置日期
[root@dbsvr ~]# timedatectl set-time '13:00:00'             # 设置时间
[root@dbsvr ~]#
```

八、重新设置主机名

hostname 命令可以用来查看 Linux 服务器的机器名：

```
[root@dbsvr ~]# hostname
dbsvr
[root@dbsvr ~]#
```

可以使用 hostnamectl 命令来设置 Linux 服务器的机器名：

```
[root@dbsvr ~]# hostnamectl set-hostname svr
[root@dbsvr ~]# hostname
svr
[root@dbsvr ~]#
```

可以看到，执行完 hostnamectl set-hostname svr 命令后，机器名由 dbsvr 修改为 svr，但 bash Shell 的命令提示还没有修改过来。此时可以退出 bash，重新登录到 openEuler Linux：

```
[root@dbsvr ~]# exit
logout
Connection to 192.168.100.62 closed.
C:\Users\zqf>ssh root@192.168.100.62
Authorized users only. All activities may be monitored and reported.
root@192.168.100.62's password:# 输入 root 用户的密码 root@ustb2021
# 省略了许多输出
[root@svr ~]#
```

执行下面的命令，将机器名重新设置为 dbsvr，退出 root 用户，并重新用 root 用户登录 openEuler 服务器：

```
[root@svr ~]# hostnamectl set-hostname dbsrv
[root@svr ~]# hostname
dbsrv
[root@svr ~]# exit
logout
Connection to 192.168.100.62 closed.
C:\Users\zqf>ssh root@192.168.100.62
Authorized users only. All activities may be monitored and reported.
root@192.168.100.62's password: # 输入 root 用户的密码 root@ustb2021
# 省略了许多输出
[root@dbsvr ~]#
```

可以发现，机器名已经恢复为原来的 dbsvr 了。

九、管理系统运行等级（init）

Linux 操作系统的运行等级见表 10-1。

表 10-1　Linux 操作系统的运行等级

运行等级	说明
0	关机
1	单用户模式，主要用于系统维护
2	多用户模式，不启动网络服务
3	多用户模式，启动网络服务
4	未使用

（续）

运行等级	说明
5	图像界面模式
6	重新启动

1. 查看系统的运行等级

可以使用以下两条命令来查看 openEuler Linux 系统的运行等级：

```
[root@dbsvr ~]# who -r
     run-level 3  2022-01-04 15:25              last=1
[root@dbsvr ~]# runlevel
1 3
[root@dbsvr ~]#
```

who -r 命令和 runlevel 命令都会显示系统上一次的运行等级及现在的运行等级。

2. 改变系统的运行等级

使用命令 init n 可以将系统的运行等级变更为 n。

执行下面的命令，将系统的运行等级变更为 1：

```
[root@dbsvr ~]# who -r
     run-level 3  2022-01-04 15:25              last=1
[root@dbsvr ~]# init 1
[root@dbsvr ~]# who -r
     run-level 1  2022-01-04 15:30              last=3
[root@dbsvr ~]# runlevel
3 1
[root@dbsvr ~]#
```

执行下面的命令，将系统的运行等级变更为 3：

```
[root@dbsvr ~]# init 3
[root@dbsvr ~]# who -r
     run-level 3  2022-01-04 15:31              last=1
[root@dbsvr ~]# runlevel
1 3
[root@dbsvr ~]#
```

执行下面的命令，重新启动 openEuler Linux 服务器（将系统的运行等级切换到 6）：

```
[root@dbsvr ~]# init 6
Connection to 192.168.100.62 closed by remote host.
Connection to 192.168.100.62 closed.
C:\Users\zqf>
```

十、管理系统运行等级（systemctl）

使用 init n 命令将系统的运行等级变更为 n 是较老的命令，现在一般使用 systemctl 命令来控制系统的运行等级。

为了完成下面的实验，请读者使用 root 用户，执行下面的命令，更新系统和安装 DDE GUI：

```
dnf -y update
dnf -y install dde
systemctl set-default graphical.target
echo "abcd@1234"|passwd --stdin openeuler
systemctl isolate reboot.target
```

上面的命令将设置 openEuler 开机启动后运行图形 DDE GUI，在命令的最后，系统通过切换运行等级的方式来重新启动 openEuler Linux 系统。稍等一会儿，用户在控制台上可以看到 DDE 登录界面。

系统启动后，重新打开 Windows 10 的 CMD 窗口，用 root 用户登录系统，执行下面的命令，获取系统默认的运行等级信息：

```
C:\Users\zqf>ssh root@192.168.100.62
Authorized users only. All activities may be monitored and reported.
root@192.168.100.62's password:# 输入 root 用户的密码 root@ustb2021
# 删除了一些输出
[root@dbsvr ~]# systemctl get-default
graphical.target
[root@dbsvr ~]#
```

可以看到，重启系统后运行在运行等级 graphical.target 下。

系统的运行等级有如下的值：

- poweroff.target：关闭电源（运行等级 0）。
- rescue.target：急救（运行等级 1）。
- multi-user.target：多用户命令行（运行等级 3）。
- graphical.target：图形界面（运行等级 5）。
- reboot.target：重启（运行等级 6）。

使用 root 用户，执行下面的命令，设置系统默认的运行等级：

```
[root@dbsvr ~]# systemctl set-default multi-user.target
Removed /etc/systemd/system/default.target.
Created symlink /etc/systemd/system/default.target → /usr/lib/systemd/system/rescue.target.
[root@dbsvr ~]#
```

这将导致系统重新启动后进入运行等级 3（multi-user.target）。

使用 root 用户，执行下面的命令，通过切换系统运行等级的方式重新启动 openEuler Linux 系统：

```
[root@dbsvr ~]# systemctl isolate reboot.target
Connection to 192.168.100.62 closed by remote host.
Connection to 192.168.100.62 closed.
C:\Users\zqf>
```

稍等一会儿，系统启动后，重新打开 Windows 10 的 CMD 窗口，用 root 用户登录系统，执行下面的命令，重新获取系统默认的运行等级信息：

```
C:\Users\zqf>ssh root@192.168.100.62
Authorized users only. All activities may be monitored and reported.
root@192.168.100.62's password:# 输入 root 用户的密码 root@ustb2021
```

```
# 删除了一些输出
[root@dbsvr ~]# systemctl get-default
multi-user.target
[root@dbsvr ~]#
```

可以看到，重启后的默认运行等级变更为运行等级 multi-user.target 了。

命令 systemctl isolate NameOfRunlevel 可以临时切换系统的运行等级。例如，现在要临时切换到 DDE GUI，可以使用 root 用户，执行下面的命令：

```
[root@dbsvr ~]# systemctl isolate graphical.target
```

十一、管理 Linux 服务

这里以 openEuler Linux 上的 firewalld.service 服务为例来介绍如何管理 Linux 上的服务。

1. 查看 Linux 服务的状态

使用 root 用户，执行下面的命令，查看 firewalld.service 服务的状态：

```
[root@dbsrv ~]# systemctl status firewalld.service
• firewalld.service - firewalld - dynamic firewall daemon
  Loaded: loaded (/usr/lib/systemd/system/firewalld.service; disabled; vendor preset: enabled)
  Active: inactive (dead)
    Docs: man:firewalld(1)
[root@dbsrv ~]#
```

可以看到，当前 firewalld.service 服务是没有运行的。

2. 启动 Linux 服务

使用 root 用户，执行下面的命令，启动 firewalld.service 服务：

```
[root@dbsrv ~]# systemctl start firewalld.service
[root@dbsrv ~]#
```

再次使用 root 用户，执行下面的命令，查看 firewalld.service 服务的状态：

```
[root@dbsrv ~]# systemctl status firewalld.service
• firewalld.service - firewalld - dynamic firewall daemon
  Loaded: loaded (/usr/lib/systemd/system/firewalld.service; disabled; vendor preset: enabled)
  Active: active (running) since Wed 2022-01-05 13:43:49 CST; 5s ago
    Docs: man:firewalld(1)
 Main PID: 10184 (firewalld)
   Tasks: 2
  Memory: 24.0M
  CGroup: /system.slice/firewalld.service
          └─ 10184 /usr/bin/python3 /usr/sbin/firewalld --nofork --nopid

Jan 05 13:43:49 dbsrv systemd[1]: Starting firewalld - dynamic firewall daemon...
Jan 05 13:43:49 dbsrv systemd[1]: Started firewalld - dynamic firewall daemon.
[root@dbsrv ~]#
```

可以看到，当前 firewalld.service 服务正在运行中。

3. 停止 Linux 服务

使用 root 用户，执行下面的命令，停止 firewalld.service 服务：

```
[root@dbsrv ~]# systemctl stop firewalld.service
[root@dbsrv ~]#
```

再次使用 root 用户，执行下面的命令，查看 firewalld.service 服务的状态：

```
[root@dbsrv ~]# systemctl status firewalld.service
• firewalld.service - firewalld - dynamic firewall daemon
  Loaded: loaded (/usr/lib/systemd/system/firewalld.service; disabled; vendor preset: enabled)
  Active: inactive (dead)
  Docs: man:firewalld(1)
Jan 05 13:43:49 dbsrv systemd[1]: Starting firewalld - dynamic firewall daemon...
Jan 05 13:43:49 dbsrv systemd[1]: Started firewalld - dynamic firewall daemon.
Jan 05 13:54:53 dbsrv systemd[1]: Stopping firewalld - dynamic firewall daemon...
Jan 05 13:54:54 dbsrv systemd[1]: firewalld.service: Succeeded.
Jan 05 13:54:54 dbsrv systemd[1]: Stopped firewalld - dynamic firewall daemon.
[root@dbsrv ~]#
```

可以看到，当前 firewalld.service 服务是没有运行的。

4. 启动 Linux 服务（让服务在服务器开机时自动启动）

使用 root 用户，执行下面的命令，让 firewalld.service 服务在 Linux 开机启动时自动启动：

```
[root@dbsrv ~]# systemctl enable firewalld.service
Created symlink /etc/systemd/system/dbus-org.fedoraproject.FirewallD1.service  → /usr/lib/systemd/sys-
tem/firewalld.service.
Created symlink /etc/systemd/system/multi-user.target.wants/firewalld.service  → /usr/lib/systemd/system/
firewalld.service.
[root@dbsrv ~]#
```

执行 reboot 命令，重新启动 openEuler Linux 服务器：

```
[root@dbsrv ~]# reboot
Connection to 192.168.100.62 closed by remote host.
Connection to 192.168.100.62 closed.
C:\Users\zqf>
```

再次登录到 openEuler 服务器，查看 firewalld.service 服务的状态：

```
C:\Users\zqf>ssh root@192.168.100.62
Authorized users only. All activities may be monitored and reported.
root@192.168.100.62's password: # 输入 root 用户的密码 root@ustb2021
# 省略了许多输出
[root@dbsrv ~]#  systemctl status firewalld.service
• firewalld.service - firewalld - dynamic firewall daemon
  Loaded: loaded (/usr/lib/systemd/system/firewalld.service; enabled; vendor preset: enabled)
  Active: active (running) since Wed 2022-01-05 13:59:08 CST; 2min 18s ago
  Docs: man:firewalld(1)
 Main PID: 971 (firewalld)
   Tasks: 2
  Memory: 29.7M
  CGroup: /system.slice/firewalld.service
          └─ 971 /usr/bin/python3 /usr/sbin/firewalld --nofork --nopid
Jan 05 13:59:07 dbsrv systemd[1]: Starting firewalld - dynamic firewall daemon...
```

```
Jan 05 13:59:08 dbsrv systemd[1]: Started firewalld - dynamic firewall daemon.
[root@dbsrv ~]#
```

可以看到，firewalld.service 服务在 Linux 服务器重新启动后自动启动了。

5. 重新启动 Linux 服务

重新启动 firewalld.service 服务相当于执行两条 systemctl 命令：

```
[root@dbsrv ~]# systemctl stop  firewalld.service
[root@dbsrv ~]# systemctl start  firewalld.service
[root@dbsrv ~]#
```

也可以用下面的一条命令来完成：

```
[root@dbsrv ~]# systemctl restart firewalld.service
[root@dbsrv ~]#
```

6. 禁用 Linux 服务（不允许服务器开机时自动启动服务）

使用 root 用户，执行下面的命令，禁止在 openEuler Linux 开机时自动启动 firewalld.service 服务：

```
[root@dbsrv ~]# systemctl disable firewalld.service
Removed /etc/systemd/system/multi-user.target.wants/firewalld.service.
Removed /etc/systemd/system/dbus-org.fedoraproject.FirewallD1.service.
[root@dbsrv ~]#
```

执行 reboot 命令，重新启动 openEuler Linux 服务器：

```
[root@dbsrv ~]# reboot
Connection to 192.168.100.62 closed by remote host.
Connection to 192.168.100.62 closed.

C:\Users\zqf>
```

再次登录到 openEuler 服务器，查看 firewalld.service 服务的状态：

```
C:\Users\zqf>ssh root@192.168.100.62
Authorized users only. All activities may be monitored and reported.
root@192.168.100.62's password: # 输入 root 用户的密码 root@ustb2021
# 省略了许多输出
[root@dbsrv ~]#  systemctl status firewalld.service
• firewalld.service - firewalld - dynamic firewall daemon
  Loaded: loaded (/usr/lib/systemd/system/firewalld.service; disabled; vendor preset: enabled)
  Active: inactive (dead)
    Docs: man:firewalld(1)
[root@dbsrv ~]#
```

可以看到，firewalld.service 服务在 Linux 服务器重新启动后没有自动启动。

任务目标

openEuler 是多用户 Linux 操作系统，像 openGauss 之类的大型系统软件，一般会使用专门的用户账号 omm 来进行安装管理。

一个用户可以属于一个或者多个组，也可以不是某个组的成员。

本任务的目标是让 openEuler Linux 初学者掌握 Linux 服务器上用户管理的命令、组管理的命令，以及限制用户使用操作系统资源。

实施步骤

一、实验环境

使用任务三项目 2 实施步骤十九中的 dbsvrOK.rar 虚拟机备份。

二、管理用户组：groupadd 命令

groupadd 命令用于为 Linux 系统创建新的用户组。

groupadd 命令的语法如下：

groupadd [options] NewGroupName

初学者只需要掌握 -g 选项就可以，它用来指定用户组的组 ID（GID）数值。使用 root 用户，执行下面的命令，为计算机系 2021 级的新生创建一个新的用户组 cs2021，组 ID 是 2021：

```
[root@dbsvr ~]# groupadd -g 2021 cs2021
[root@dbsvr ~]#
```

执行完这条 groupadd 命令后，将在 /etc/group 文件中添加一行 "cs2021:X:2021:"：

```
[root@dbsvr ~]# tail -1 /etc/group
cs2021:x:2021:
[root@dbsvr ~]# grep -n cs2021 /etc/group
73:cs2021:x:2021:
[root@dbsvr ~]#
```

添加的这行记录被 3 个冒号分成 4 个字段，分别是组名 cs2021、组密码占位符 x、用户组标识 GID=2021、用户组成员列表（目前为空）。下一条命令 grep 使用 -n 参数显示了行号 73。

也可以执行下面的命令来查看一个 Linux 用户组的信息：

```
[root@dbsvr ~]# getent group cs2021
cs2021:x:2021:
[root@dbsvr ~]#
```

1. 删除用户组：groupdel 命令

groupdel 命令用于删除 Linux 系统的用户组。其语法如下：

groupadd GroupNameToBeDeleted

执行下面的命令，将刚刚创建的用户组 cs2021 删除：

```
[root@dbsvr ~]# groupdel cs2021
[root@dbsvr ~]# grep -n cs2021 /etc/group
[root@dbsvr ~]# getent group cs2021
[root@dbsvr ~]#
```

可以看到，删除用户组 cs2021 时将清除文件 /etc/group 中关于该组的记录。

2. 修改用户组：groupmod 命令

groupmod 命令用于修改 Linux 用户组。其语法如下：

groupmod [options] GroupName

其中，常用的选项有：

■ -g 选项：为用户组指定新的组标识 GID。

■ -n 选项：为用户组指定新的组名。

首先创建一个用户组 testgroup1，其组标识 GID=10000：

```
[root@dbsvr ~]# groupadd -g 10000 testgroup1
[root@dbsvr ~]#
```

然后执行 getent 命令，显示刚刚创建的这个组的信息：

```
[root@dbsvr ~]# getent group testgroup1
testgroup1:x:10000:
[root@dbsvr ~]#
```

接下来执行下面的命令，将用户组 testgroup1 的组标识 GID 的值 10000 修改为 20000：

```
[root@dbsvr ~]# groupmod -g 20000 testgroup1
[root@dbsvr ~]# getent group testgroup1
testgroup1:x:20000:
[root@dbsvr ~]#
```

最后执行下面的命令，将用户组 testgroup1 的名字修改为 testgroup2：

```
[root@dbsvr ~]# groupmod -n testgroup2 testgroup1
[root@dbsvr ~]# getent group testgroup2
testgroup2:x:20000:
[root@dbsvr ~]# getent group testgroup1
[root@dbsvr ~]#
```

此时发现已经找不到 testgroup1 组了，因为它已经把名字修改为 testgroup2 组了。

三、管理用户：useradd 命令

useradd 命令用于创建 Linux 新用户。其语法如下：

useradd [options] NewUserName

其中，常用的选项有：

■ -u 选项：指定用户账号的 UID。

■ -g 选项：指定用户账号的主组。

■ -G 选项：指定用户账号所属的额外的组。

- -c 选项：指定用户账号的注释信息。

使用 root 用户，执行下面的命令，将创建一个 student 用户：

```
[root@dbsvr ~]# useradd -u 5000 -G 2000,3000 -c "New User" student
[root@dbsvr ~]# id student
uid=5000(student) gid=5000(student) groups=5000(student),2000(dbgrp),3000(dba)
[root@dbsvr ~]#
```

此时创建了一个名字为 student 的新用户，用户 ID（UID）是 5000，用户主组 ID（gid）是 5000，该用户还是用户组 dbgrp 和用户组 dba 的成员。

创建完用户后，发现 /etc/passwd 文件中多了一行记录（下面命令中的第 2 行）：

```
[root@dbsvr ~]# tail -1 /etc/passwd
student:x:5000:5000:New User:/home/student:/bin/bash
[root@dbsvr ~]#
```

这行记录被冒号分成了**7 个字段**，分别是用户名 student、密码占位符 x、用户标识 UID=5000、用户主属组 GID=5000、用户账号的注释信息为 New User、用户的主目录为 /home/student、用户的 Shell 是 /bin/bash。

为了完成用户的创建，还需要执行下面的命令为用户 student 设置密码"student@openEuler"：

```
[root@dbsvr ~]# passwd student
Changing password for user student.
New password: # 输入密码 student@openEuler
BAD PASSWORD: The password contains the user name in some form
Retype new password: # 再次输入密码 student@openEuler
passwd: all authentication tokens updated successfully.
[root@dbsvr ~]#
```

四、管理用户：userdel 命令

userdel 命令用于删除 Linux 用户。其语法如下：

userdel [options] UserName

执行下面的命令，将刚刚创建的用户 student 删除：

```
[root@dbsvr ~]# userdel -r student
```

-r 选项表示把用户的主目录也删除（使用 -r 选项时需要特别小心，要提前确认主目录的数据是无用的）。

五、管理用户：usermod 命令

usermod 命令用于修改 Linux 用户。其语法如下：

usermod [options] UserName

其中，常用的选项有：

- -u 选项：修改用户标识 UID。
- -g 选项：修改用户的主组标识 GID。
- -G 选项：修改用户的附加组标识 GID。
- -d 选项：修改用户的主目录。

- -l 选项：修改用户的名字。
- -L 选项：锁定用户。
- -U 选项：解锁用户。
- -c 选项：修改用户的注释信息。

首先使用 root 用户创建一个新用户 study，其用户标识 UID=5000，study 同时还是 dbgrp 组（GID=2000）和 dba 组（GID=3000）的成员：

```
[root@dbsvr ~]# useradd -u 5000 -G 2000,3000 -c "New User" study
[root@dbsvr ~]# id study
uid=5000(study) gid=5000(study) groups=5000(study),2000(dbgrp),3000(dba)
[root@dbsvr ~]#
```

执行完上面的命令后，除了创建 UID=5000 的 study 用户外，还创建了一个 GID=5000 的 study 组，同时还让用户 study 加入了组 2000 和组 3000。

然后使用 root 用户，执行下面的命令，将用户 student 的 UID 修改为 6000：

```
[root@dbsvr ~]# usermod -u 6000 study
[root@dbsvr ~]# id study
uid=6000(study) gid=5000(study) groups=5000(study),2000(dbgrp),3000(dba)
[root@dbsvr ~]#
```

接下来使用 root 用户，执行下面的命令，将 study 组的 GID 修改为 6000：

```
[root@dbsvr ~]# getent group study
study:x:5000:
[root@dbsvr ~]# groupmod -g 6000 study
[root@dbsvr ~]# getent group study
study:x:6000:
[root@dbsvr ~]# id study
uid=6000(study) gid=6000(study) groups=6000(study),2000(dbgrp),3000(dba)
[root@dbsvr ~]#
```

将 study 组的组名修改为 pupil：

```
[root@dbsvr ~]# groupmod -n pupil study
[root@dbsvr ~]#
```

将 study 用户的名字修改为 pupil：

```
[root@dbsvr ~]# usermod -l pupil study
[root@dbsvr ~]# id pupil
uid=6000(pupil) gid=6000(study) groups=6000(study),2000(dbgrp),3000(dba)
[root@dbsvr ~]#
```

六、设置用户的操作系统资源限制

1. ulimit 命令

ulimit 命令用来设置 Linux 用户的资源限制。其语法如下：

ulimit [options] [limit]

其中，常用的选项有：

- -a 选项：列出所有资源限制。

- -S 选项：软限制，当超过软限制值时会报警。
- -H 选项：硬限制，不允许超过硬限制值。
- -c 选项：限制每个 core 文件的最大容量。
- -d 选项：限制每个进程数据段的最大值。
- -f 选项：限制当前 Shell 可创建的最大文件容量。
- -l 选项：可以锁定的物理内存的最大值。
- -m 选项：可以使用的常驻内存的最大值。
- -n 选项：每个进程可以同时打开的最大文件句柄数。
- -p 选项：管道的最大值。
- -s 选项：堆栈的最大值。
- -t 选项：进程可以使用 CPU 的最大时间。
- -u 选项：用户运行的最大进程并发数。
- -v 选项：当前 Shell 可使用的最大虚拟内存。

打开一个 Windows 10 的 CMD 窗口，使用 root 用户登录 openEuler：

```
C:\Users\zqf>ssh root@192.168.100.62
Authorized users only. All activities may be monitored and reported.
root@192.168.100.62's password: # 输入 root 用户的密码 root@ustb2021
[root@dbsvr ~]#
```

执行下面的命令，查看用户的所有资源限制：

```
[root@dbsvr ~]# ulimit -a
core file size          (blocks, -c) unlimited
data seg size           (kbytes, -d) unlimited
scheduling priority             (-e) 0
file size               (blocks, -f) unlimited
pending signals                 (-i) 13493
max locked memory       (kbytes, -l) 64
max memory size         (kbytes, -m) unlimited
open files                      (-n) 1000000
pipe size            (512 bytes, -p) 8
POSIX message queues     (bytes, -q) 819200
real-time priority              (-r) 0
stack size              (kbytes, -s) 3072
cpu time               (seconds, -t) unlimited
max user processes              (-u) unlimited
virtual memory          (kbytes, -v) unlimited
file locks                      (-x) unlimited
[root@dbsvr ~]#
```

例：设置 core 文件的最大值为 1073741824B（1GB）。

```
[omm@dbsvr ~]# ulimit -c 1073741824
[omm@dbsvr ~]$
```

执行下面的命令，查看用户的最大 core 文件大小限制：

```
[root@dbsvr ~]# ulimit -c
```

```
1073741824
[root@dbsvr ~]#
```

执行下面的命令，将 core 文件的最大值设置为无限制：

```
[root@dbsvr ~]# ulimit -c unlimited
[root@dbsvr ~]# ulimit -c
unlimited
[root@dbsvr ~]#
```

其他资源限制参数的设置方法与 core 文件的参数设置方法一样。

可以将设置用户资源限制的 ulimit 命令放到 bash 的 /etc/profile 全局环境设置文件中或者用户的 bash 环境变量文件 ~ /.bashrc 中，这样当用户登录到系统时就自动设置了资源使用限制。

2. 使用文件 /etc/security/limits.conf 设置用户的资源限制

文件 /etc/security/limits.conf 用来永久地配置用户的资源限制。在前面安装 openGauss 数据库时，已经使用过这个文件来限制 omm 用户的系统资源（参看任务三项目 1 的步骤八）。

如果文件 /etc/security/limits.conf 有如下的内容：

```
* soft stack 3072
* hard stack 3072
omm soft nofile 1000000
omm hard nofile 1000000
omm soft nproc unlimited
omm hard nproc unlimited
```

则：

- 所有用户（*）的堆栈软限制是 3072。
- 所有用户（*）的堆栈硬限制是 3072。
- omm 用户的每个进程能打开文件的数量的软限制是 1000000。
- omm 用户的每个进程能打开文件的数量的硬限制是 1000000。
- omm 用户可以创建的线程数量的软限制是 unlimited（不限制）。
- omm 用户可以创建的线程数量的硬限制是 unlimited（不限制）。

任务十二 **12**

Linux 系统管理实战：磁盘分区管理

任务目标

让 openEuler Linux 初学者掌握 Linux 磁盘分区管理的相关概念和命令。

实施步骤

一、实验环境

使用任务三项目 2 实施步骤十九中准备好的 dbsvrOK.rar 虚拟机备份。

本任务的实验需要使用多个磁盘。这里采用虚拟化磁盘来做实验非常方便。

读者可能会担心自己的计算机没有足够的空间来创建虚拟磁盘：自己的笔记本计算机上只有 200GB 的空闲空间，怎么能创建 1TB 大小的虚拟磁盘呢？这正是虚拟化技术的好处。勿须担心这个问题，尽管创建比现有空闲空间更大的虚拟磁盘即可，唯一的限制是在创建的虚拟磁盘上保存的数据不能超过物理空闲空间的大小。

二、创建 VMware 虚拟磁盘

请读者按照图 12-1 ～ 图 12-8 所示的内容进行操作，为运行 openEuler 的虚拟机创建一个 1TB 大小的虚拟磁盘。

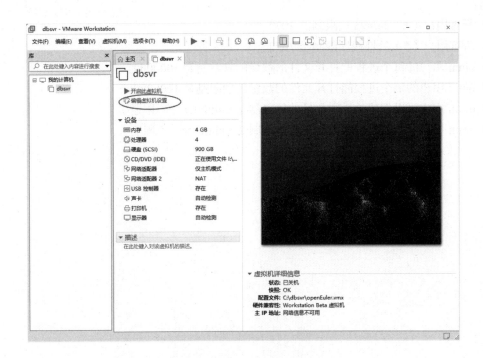

图 12-1 开始编辑虚拟机的配置

图 12-2　为虚拟机添加新的硬件

图 12-3　选择为虚拟机添加磁盘

图 12-4　设置添加的磁盘的类型

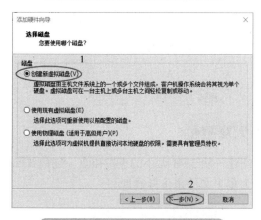

图 12-5　选择创建新的虚拟磁盘

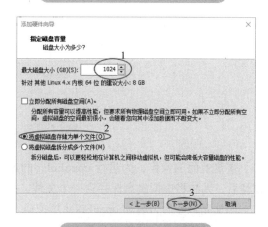

图 12-6　设置磁盘的容量

图 12-7　设置虚拟磁盘的文件名与位置

图 12-8　成功添加一个虚拟磁盘

重复上面的操作，为运行 openEuler 的虚拟机再创建一块 3TB 大小的虚拟磁盘。创建 3TB 的磁盘后，无法将虚拟磁盘保存为一个文件，只能拆分为多个文件来仿真磁盘。

添加完磁盘后，启动 openEuler 虚拟机。

三、理解磁盘分区的概念

初学者需要理解**磁盘分区**的概念。在早期，磁盘的容量比较小（从几个 MB 到几十个 MB，

1992 年左右，常用的磁盘容量为 200MB，最大不超过 1GB），而且非常昂贵。

采用磁盘分区技术有两个好处：第一，可以将一块磁盘分成几个分区，每个分区就像一个逻辑磁盘一样，服务于某个特定的目的或者应用，这样，用户好像拥有了多个磁盘（降低了成本）；第二，使用分区可以将某个应用的数据限制在一定的大小范围之内，例如，UNIX/Linux 文件系统分区 /var 在早期一般被设置为 10MB 大小，超过这个大小时，系统管理员就需要将 /var 目录下无用的日志删除。

命令 fdisk 和 parted，是 Linux 上对磁盘进行分区的系统程序。

命令 fdisk 主要用于对小于 2TB 的磁盘分区，命令 parted 主要用于对大于 2TB 的磁盘进行分区。

命令 fdisk 只能用于管理msdos分区。如图 12-9 所示，对于msdos分区，一个磁盘可以被划分为：

- 选择 1：最多 4 个主分区（Primary Partition）。
- 选择 2：最多 3 个主分区和一个扩展分区（Extended Partition）。扩展分区可以再次被划分为多个逻辑分区（Logic Partition）。

命令 parted 用于管理 GPT 分区。GPT 分区可以将磁盘最多划分为 128 个分区。

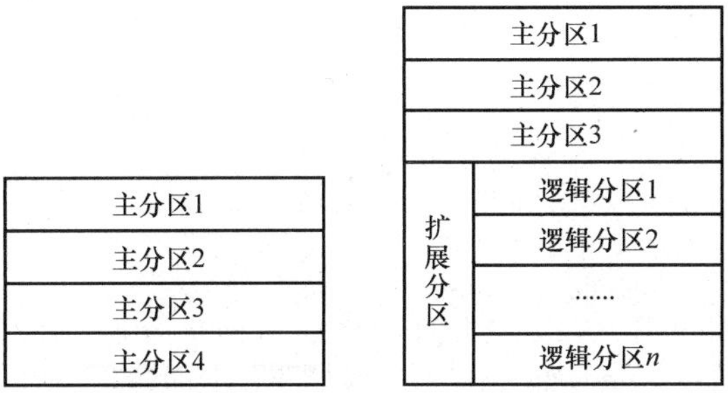

图 12-9　msdos 分区可以划分为 4 个主分区，或者划分为 3 个主分区和一个扩展分区，扩展分区可再划分为多个逻辑分区

四、查看系统的硬盘

使用 root 用户，执行下面的命令，查看当前 Linux 系统上的磁盘情况：

```
[root@dbsvr ~]# lsscsi
[1:0:0:0]    cd/dvd   NECVMWar   VMware     IDE      CDR10    1.00   /dev/sr0
[2:0:0:0]    disk     VMware,    VMware     Virtual  S        1.0    /dev/sda
[2:0:1:0]    disk     VMware,    VMware     Virtual  S        1.0    /dev/sdb
[2:0:2:0]    disk     VMware,    VMware     Virtual  S        1.0    /dev/sdc
[root@test ~]# lsblk -S
NAME   HCTL      TYPE  VENDOR    MODEL                            REV    TRAN
sda    2:0:0:0   disk  VMware,   VMware_Virtual_S                 1.0    spi
sdb    2:0:1:0   disk  VMware,   VMware_Virtual_S                 1.0    spi
sdc    2:0:2:0   disk  VMware,   VMware_Virtual_S                 1.0    spi
sr0    0:0:0:0   rom   NECVMWar  VMware_Virtual_IDE_CDROM_Drive   1.00   ata
[root@test ~]# lsblk
NAME                MAJ:MIN    RM    SIZE    RO    TYPE   MOUNTPOINT
sda                 8:0        0     900G    0     disk
├─sda1              8:1        0     20G     0     part   /boot
└─sda2              8:2        0     880G    0     part
  ├─openeuler-root  253:0      0     20G     0     lvm    /
  ├─openeuler-swap  253:1      0     64G     0     lvm    [SWAP]
  ├─openeuler-usr   253:2      0     20G     0     lvm    /usr
```

├── openeuler-tmp	253:3	0	20G	0	lvm	/tmp
├── openeuler-home	253:4	0	40G	0	lvm	/home
├── openeuler-var	253:5	0	40G	0	lvm	/var
└── openeuler-opt	253:6	0	200G	0	lvm	/opt
sdb	8:16	0	1T	0	disk	
sdc	8:32	0	3T	0	disk	
sr0	11:0	1	15.5G	0	rom	
[root@dbsvr ~]#						

执行上面的命令，可以查看系统有哪些磁盘。从这些命令的输出可以看到，当前系统有 3 块磁盘，其中，第 1 块磁盘 sda 是系统盘，大小为 900GB，已经有分区 sda1 和 sda2；第 2 块磁盘 sdb 是 1TB 大小的磁盘，还没有进行分区；第 3 块磁盘 sdc 是 3TB 大小的磁盘，也还没有进行分区。

Linux 的哲学认为一切皆文件。设备文件 /dev/sda 对应第 1 块磁盘；设备文件 /dev/sdb 对应第 2 块磁盘；设备文件 /dev/sdc 对应第 3 块磁盘。

五、fdisk 命令：无法管理 2TB 以上的磁盘

使用 root 用户，执行下面的命令，对第 3 块大小为 3TB 的磁盘进行分区：

```
[root@dbsvr ~]# fdisk /dev/sdc
Welcome to fdisk (util-linux 2.35.2).
Changes will remain in memory only, until you decide to write them.
Be careful before using the write command.
Device does not contain a recognized partition table.
The size of this disk is 3 TiB (3298534883328 bytes). DOS partition table format cannot be used on drives
for volumes larger than 2199023255040 bytes for 512-byte sectors. Use GUID partition table format (GPT).
Created a new DOS disklabel with disk identifier 0x36dcd6f4.
Command (m for help):
```

从上面的命令可以看到，fdisk 程序警告 DOS 分区表使用 512B 的扇区，管理不了大小超过 2199023255040B 的磁盘。

如果要强行使用 fdisk 给 3TB 的磁盘进行分区，则执行下面的命令：

```
Command (m for help): n
Partition type
   p   primary (0 primary, 0 extended, 4 free)
   e   extended (container for logical partitions)
Select (default p): p
Partition number (1-4, default 1): # 按 <Enter> 键
First sector (2048-4294967295, default 2048): # 按 <Enter> 键
Last sector, +/-sectors or +/-size{K,M,G,T,P} (2048-4294967295, default 4294967295): (按回车键)
Created a new partition 1 of type 'Linux' and of size 2 TiB.
Command (m for help):
```

上面的内容提示已经创建了一个 2TB 的主分区。

继续使用 fdisk 为 3TB 的磁盘创建另外一个分区：

```
Command (m for help): n
Partition type
   p   primary (1 primary, 0 extended, 3 free)
   e   extended (container for logical partitions)
Select (default p): p
```

```
Partition number (2-4, default 2): # 按 <Enter> 键
No free sectors available.
Command (m for help): q
[root@dbsvr ~]#
```

此时提示没有空闲的扇区了。可是磁盘 /dev/sdc 的大小是 3TB，创建了一个 2TB 大小的分区之后，还有 1TB 的空闲空间。也就是说，fdisk 不能管理大于 2TB 的磁盘。此时，读者只能输入小写字母 q 退出 fdisk 程序。

六、fdisk 命令：管理 2TB 以下的磁盘

使用 root 用户，执行下面的命令，启动 fdisk 分区程序，开始对第 2 块大小为 1TB 的磁盘 /dev/sdb 进行分区：

```
[root@dbsvr ~]# fdisk /dev/sdb
Welcome to fdisk (util-linux 2.35.2).
Changes will remain in memory only, until you decide to write them.
Be careful before using the write command.
Device does not contain a recognized partition table.
Created a new DOS disklabel with disk identifier 0xc19de8b5.
Command (m for help):
```

1. 获取分区程序 fdisk 的使用帮助

在进行分区之前，读者可以先输入 fdisk 程序的命令 m，获取使用帮助：

```
Command (m for help): m
Help:

  DOS (MBR)
   a   toggle a bootable flag
   b   edit nested BSD disklabel
   c   toggle the dos compatibility flag
  Generic
   d   delete a partition
   F   list free unpartitioned space
   l   list known partition types
   n   add a new partition
   p   print the partition table
   t   change a partition type
   v   verify the partition table
   i   print information about a partition
  Misc
   m   print this menu
   u   change display/entry units
   x   extra functionality (experts only)
  Script
   I   load disk layout from sfdisk script file
   O   dump disk layout to sfdisk script file
  Save & Exit
   w   write table to disk and exit
   q   quit without saving changes
  Create a new label
   g   create a new empty GPT partition table
   G   create a new empty SGI (IRIX) partition table
```

```
    o  create a new empty DOS partition table
    s  create a new empty Sun partition table
Command (m for help):
```

2. 创建新的分区（类型为主分区）

fdisk 程序的 n 命令用于创建一个新的分区：

```
Command (m for help): n
Partition type
   p  primary (0 primary, 0 extended, 4 free)
   e  extended (container for logical partitions)
Select (default p):
```

输入命令 n 之后，fdisk 程序会提示用户设置要创建的分区类型：如果此时输入小写字母 p，则表示要创建的是主分区（Primary）；如果输入小写字母 e，则表示要创建的是扩展分区（Extended）。默认情况下，按 <Enter> 键将创建主分区。这里输入小写字母 p，创建第 1 个主分区：

```
Select (default p): p
Partition number (1-4, default 1):    （在此处输入分区编号或者按 <Enter> 键，接收默认值）
```

接下来，fdisk 程序提醒用户输入要创建的分区编号。一般，此处使用默认值，读者可直接按 <Enter> 键，之后 fdisk 程序提醒用户输入要创建的分区在磁盘的起始位置（扇区号）：

```
First sector (2048-2147483647, default 2048):    （建议在此处按 <Enter> 键接受默认值）
```

同样，此处使用默认值，按 <Enter> 键后，fdisk 程序将提醒用户输入要创建的分区在磁盘的大小：

```
Last sector, +/-sectors or +/-size{K,M,G,T,P} (2048-2147483647, default 2147483647):
```

一般情况下，使用 MB 或者 GB 为单位来为分区设置大小。这里假设要创建的第 1 个主分区大小是 300GB，因此在这里输入 +300G：

```
Last sector, +/-sectors or +/-size{K,M,G,T,P} (2048-2147483647, default 2147483647): +300G
Created a new partition 1 of type 'Linux' and of size 300 GiB.
Command (m for help):
```

这就完成了创建主分区 1。重复上面的步骤，继续创建大小为 200GB 的主分区 2 和大小为 100GB 的主分区 3：

```
Command (m for help): n
Partition type
   p  primary (1 primary, 0 extended, 3 free)
   e  extended (container for logical partitions)
Select (default p): p
Partition number (2-4, default 2): # 按 <Enter> 键
First sector (629147648-2147483647, default 629147648): # 按 <Enter> 键
Last sector, +/-sectors or +/-size{K,M,G,T,P} (629147648-2147483647, default 2147483647): +200G
Created a new partition 2 of type 'Linux' and of size 200 GiB.
Command (m for help): n
Partition type
```

```
   p   primary (2 primary, 0 extended, 2 free)
   e   extended (container for logical partitions)
Select (default p): # 按 <Enter> 键
Using default response p.
Partition number (3,4, default 3): # 按 <Enter> 键
First sector (1048578048-2147483647, default 1048578048): # 按 <Enter> 键
Last sector, +/-sectors or +/-size{K,M,G,T,P} (1048578048-2147483647, default 2147483647): +100G
Created a new partition 3 of type 'Linux' and of size 100 GiB.
Command (m for help):
```

3. 创建新的分区（类型为扩展分区）

继续执行 fdisk 程序的下列命令，创建扩展分区 4：

```
Command (m for help): n
Partition type
   p   primary (3 primary, 0 extended, 1 free)
   e   extended (container for logical partitions)
Select (default e): e
Selected partition 4
First sector (1258293248-2147483647, default 1258293248): # 按 <Enter> 键
Last sector, +/-sectors or +/-size{K,M,G,T,P} (1258293248-2147483647, default 2147483647): # 按 <Enter> 键
Created a new partition 4 of type 'Extended' and of size 424 GiB.
Command (m for help):
```

4. 在扩展分区上创建逻辑分区

继续执行 fdisk 程序的下列命令，在扩展分区 4 上创建大小为 80GB 的逻辑分区 5，大小为 60GB 的逻辑分区 6：

```
Command (m for help): n
All primary partitions are in use.
Adding logical partition 5
First sector (1258295296-2147483647, default 1258295296): # 按 <Enter> 键
Last sector, +/-sectors or +/-size{K,M,G,T,P} (1258295296-2147483647, default 2147483647): +80G
Created a new partition 5 of type 'Linux' and of size 80 GiB.
Command (m for help): n
All primary partitions are in use.
Adding logical partition 6
First sector (1426069504-2147483647, default 1426069504): # 按 <Enter> 键
Last sector, +/-sectors or +/-size{K,M,G,T,P} (1426069504-2147483647, default 2147483647): +60G
Created a new partition 6 of type 'Linux' and of size 60 GiB.
Command (m for help):
```

5. 打印分区信息

执行 fdisk 程序的 print 命令（简写为 p），打印分区信息：

```
Command (m for help): print
Disk /dev/sdb: 1 TiB, 1099511627776 bytes, 2147483648 sectors
Disk model: VMware Virtual S
Units: sectors of 1 * 512 = 512 bytes
Sector size (logical/physical): 512 bytes / 512 bytes
I/O size (minimum/optimal): 512 bytes / 512 bytes
```

```
Disklabel type: dos
Disk identifier: 0x47b7365c
Device     Boot      Start           End      Sectors    Size    Id    Type
/dev/sdb1            2048      629147647    629145600    300G    83    Linux
/dev/sdb2      629147648     1048578047    419430400    200G    83    Linux
/dev/sdb3     1048578048     1258293247    209715200    100G    83    Linux
/dev/sdb4     1258293248     2147483647    889190400    424G     5    Extended
/dev/sdb5     1258295296     1426067455    167772160     80G    83    Linux
/dev/sdb6     1426069504     1551898623    125829120     60G    83    Linux
Command (m for help):
```

可以看到，磁盘 /dev/sdb 已经被分为 3 个主分区、一个扩展分区 4，扩展分区 4 上有逻辑分区 5 和逻辑分区 6。

fdisk 程序打印分区信息的 print 命令，也可以简写为 p：

```
Command (m for help): p
Disk /dev/sdb: 1 TiB, 1099511627776 bytes, 2147483648 sectors
Disk model: VMware Virtual S
Units: sectors of 1 * 512 = 512 bytes
Sector size (logical/physical): 512 bytes / 512 bytes
I/O size (minimum/optimal): 512 bytes / 512 bytes
Disklabel type: dos
Disk identifier: 0x47b7365c
Device     Boot      Start           End      Sectors    Size    Id    Type
/dev/sdb1            2048      629147647    629145600    300G    83    Linux
/dev/sdb2      629147648     1048578047    419430400    200G    83    Linux
/dev/sdb3     1048578048     1258293247    209715200    100G    83    Linux
/dev/sdb4     1258293248     2147483647    889190400    424G     5    Extended
/dev/sdb5     1258295296     1426067455    167772160     80G    83    Linux
/dev/sdb6     1426069504     1551898623    125829120     60G    83    Linux
Command (m for help):
```

6. 退出 fdisk 程序

执行 fdisk 程序的 q 命令，退出 fdisk 程序：

```
Command (m for help): q
[root@dbsvr ~]#
```

没有执行保存分区的命令就退出 fdisk 程序，刚刚创建的所有分区信息都会丢失，就像从来没有操作过磁盘 /dev/sdb 一样。

7. 保存分区信息后退出 fdisk 程序

请读者从本步骤开头重新执行一次，先不执行退出 fdisk 程序的命令 q，而是执行下面的 fdisk 程序的 w 命令，保存分区信息后退出 fdisk：

```
Command (m for help): w
The partition table has been altered.
Calling ioctl() to re-read partition table.
Syncing disks.
[root@dbsvr ~]#
```

8. 删除主分区

执行 fdisk 程序的 d 命令，可以删除主分区 1 ~ 主分区 3：

```
[root@dbsvr ~]# fdisk /dev/sdb
Welcome to fdisk (util-linux 2.35.2).
Changes will remain in memory only, until you decide to write them.
Be careful before using the write command.
Command (m for help): p
Disk /dev/sdb: 1 TiB, 1099511627776 bytes, 2147483648 sectors
Disk model: VMware Virtual S
Units: sectors of 1 * 512 = 512 bytes
Sector size (logical/physical): 512 bytes / 512 bytes
I/O size (minimum/optimal): 512 bytes / 512 bytes
Disklabel type: dos
Disk identifier: 0x48ebdcf5
Device     Boot      Start            End        Sectors    Size   Id   Type
/dev/sdb1            2048        629147647      629145600    300G   83   Linux
/dev/sdb2         629147648    1048578047      419430400    200G   83   Linux
/dev/sdb3        1048578048    1258293247      209715200    100G   83   Linux
/dev/sdb4        1258293248    2147483647      889190400    424G    5   Extended
/dev/sdb5        1258295296    1426067455      167772160     80G   83   Linux
/dev/sdb6        1426069504    1551898623      125829120     60G   83   Linux
Command (m for help): d
Partition number (1-6, default 6): 1
Partition 1 has been deleted.
Command (m for help): d
Partition number (2-6, default 6): 2
Partition 2 has been deleted.
Command (m for help): d
Partition number (3-6, default 6): 3
Partition 3 has been deleted.
Command (m for help): p
Disk /dev/sdb: 1 TiB, 1099511627776 bytes, 2147483648 sectors
Disk model: VMware Virtual S
Units: sectors of 1 * 512 = 512 bytes
Sector size (logical/physical): 512 bytes / 512 bytes
I/O size (minimum/optimal): 512 bytes / 512 bytes
Disklabel type: dos
Disk identifier: 0x48ebdcf5
Device     Boot      Start            End        Sectors    Size   Id   Type
/dev/sdb4        1258293248    2147483647      889190400    424G    5   Extended
/dev/sdb5        1258295296    1426067455      167772160     80G   83   Linux
/dev/sdb6        1426069504    1551898623      125829120     60G   83   Linux
Command (m for help): w
The partition table has been altered.
Calling ioctl() to re-read partition table.
Syncing disks.
[root@dbsvr ~]#
```

删除主分区 1 ~ 主分区 3 之后，磁盘 /dev/sdb 只剩下扩展分区 4 和其上的逻辑分区 5 和逻辑分区 6。删除分区后，保存了磁盘的分区信息，然后退出 fdisk 程序。

9. 删除逻辑分区

执行 fdisk 程序的 d 命令，可以删除逻辑分区。执行下面的命令，删除逻辑分区 6：

```
[root@dbsvr ~]# fdisk /dev/sdb
Welcome to fdisk (util-linux 2.35.2).
Changes will remain in memory only, until you decide to write them.
Be careful before using the write command.
Command (m for help): p
Disk /dev/sdb: 1 TiB, 1099511627776 bytes, 2147483648 sectors
Disk model: VMware Virtual S
Units: sectors of 1 * 512 = 512 bytes
Sector size (logical/physical): 512 bytes / 512 bytes
I/O size (minimum/optimal): 512 bytes / 512 bytes
Disklabel type: dos
Disk identifier: 0x48ebdcf5
Device     Boot     Start          End         Sectors    Size   Id   Type
/dev/sdb4           1258293248     2147483647  889190400   424G   5    Extended
/dev/sdb5           1258295296     1426067455  167772160   80G    83   Linux
/dev/sdb6           1426069504     1551898623  125829120   60G    83   Linux
Command (m for help): d
Partition number (4-6, default 6): 6
Partition 6 has been deleted.
Command (m for help): w
The partition table has been altered.
Calling ioctl() to re-read partition table.
Syncing disks.
[root@dbsvr ~]#
```

10. 删除扩展分区

删除扩展分区会同时将其上的逻辑分区也删除。在当前的使用环境下，/dev/sdb 上有扩展分区 4，扩展分区 4 上还有一个逻辑分区 5，删除扩展分区 4 的同时会把逻辑分区 5 删除：

```
[root@dbsvr ~]# fdisk /dev/sdb
Welcome to fdisk (util-linux 2.35.2).
Changes will remain in memory only, until you decide to write them.
Be careful before using the write command.
Command (m for help): p
Disk /dev/sdb: 1 TiB, 1099511627776 bytes, 2147483648 sectors
Disk model: VMware Virtual S
Units: sectors of 1 * 512 = 512 bytes
Sector size (logical/physical): 512 bytes / 512 bytes
I/O size (minimum/optimal): 512 bytes / 512 bytes
Disklabel type: dos
Disk identifier: 0x48ebdcf5
Device     Boot     Start          End         Sectors    Size   Id   Type
/dev/sdb4           1258293248     2147483647  889190400   424G   5    Extended
/dev/sdb5           1258295296     1426067455  167772160   80G    83   Linux
Command (m for help): d
Partition number (4,5, default 5): 4
Partition 4 has been deleted.
Command (m for help): p
Disk /dev/sdb: 1 TiB, 1099511627776 bytes, 2147483648 sectors
```

```
Disk model: VMware Virtual S
Units: sectors of 1 * 512 = 512 bytes
Sector size (logical/physical): 512 bytes / 512 bytes
I/O size (minimum/optimal): 512 bytes / 512 bytes
Disklabel type: dos
Disk identifier: 0x48ebdcf5
Command (m for help): w
The partition table has been altered.
Calling ioctl() to re-read partition table.
Syncing disks.
[root@dbsvr ~]#
```

七、parted 命令

命令 parted 用来对大于 2TB 的磁盘进行分区。

1. 启动分区程序 parted

使用 root 用户，执行下面的命令，启动 parted 分区程序，开始对第 3 块磁盘 /dev/sdc（3TB）进行分区：

```
[root@dbsvr ~]# parted /dev/sdc
GNU Parted 3.3
Using /dev/sdc
Welcome to GNU Parted! Type 'help' to view a list of commands.
(parted)
```

2. 获取 parted 分区程序命令的帮助

在 parted 分区程序中执行 help 命令，可以获取每条命令的帮助信息：

```
(parted) help
  align-check TYPE N                      check partition N for TYPE(min|opt) alignment
  help [COMMAND]                          print general help, or help on COMMAND
  mklabel,mktable LABEL-TYPE              create a new disklabel (partition table)
  mkpart PART-TYPE [FS-TYPE] START END    make a partition
  name NUMBER NAME                        name partition NUMBER as NAME
  print [devices|free|list,all|NUMBER]    display the partition table, available devices,
free space, all found partitions, or a particular
partition
  quit                                    exit program
  rescue START END                        rescue a lost partition near START and END
  resizepart NUMBER END                   resize partition NUMBER
  rm NUMBER                               delete partition NUMBER
  select DEVICE                           choose the device to edit
  disk_set FLAG STATE                     change the FLAG on selected device
  disk_toggle [FLAG]                      toggle the state of FLAG on selected device
  set NUMBER FLAG STATE                   change the FLAG on partition NUMBER
  toggle [NUMBER [FLAG]]                  toggle the state of FLAG on partition NUMBER
  unit UNIT                               set the default unit to UNIT
  version                                 display the version number and copyright
information of GNU Parted
(parted)
```

要获得某条命令（如 mklabel）更为具体的帮助信息，可以执行以下命令：

```
(parted) help mklabel
  mklabel,mktable LABEL-TYPE            create a new disklabel (partition table)
  LABEL-TYPE is one of:aix, amiga, bsd, dvh, gpt_sync_mbr, gpt, mac, msdos, pc98, sun, atari, loop
(parted)
```

3. 创建 GPT 分区类型的磁盘卷标：mklabel 命令

执行下面的命令，可以创建一个 GPT 类型的磁盘卷标：

```
(parted) mklabel gpt
(parted)
```

4. 创建新的 gpt 分区：mkpart 命令（使用大小表示分区首尾位置）

创建 gpt 分区的第 1 种方法是使用大小来表示分区的起始位置和结束位置（第 2 种方法在下文进行介绍）。下面是采用这个方法进行分区的例子，创建两个磁盘分区，第 1 个分区为 300GB（300-0=300），第 2 个分区为 500GB（800-300=500），这两个分区最后都将被格式化为 xfs 文件系统：

```
(parted) mkpart primary xfs 0   300G
Warning: The resulting partition is not properly aligned for best performance: 34s % 2048s != 0s
Ignore/Cancel? I
(parted) mkpart primary xfs 300G   800G
(parted)
```

5. 打印磁盘分区信息：print 命令

执行下面的命令，可以打印磁盘的分区信息：

```
(parted) print
Model: VMware, VMware Virtual S (scsi)
Disk /dev/sdc: 3299GB
Sector size (logical/physical): 512B/512B
Partition Table: gpt
Disk Flags:
Number  Start    End     Size    File   system    Name      Flags
1       17.4kB   300GB   300GB   xfs               primary
2       300GB    800GB   500GB   xfs               primary
(parted)
```

可以看到，目前创建了两个最后可以格式化为 xfs 文件系统的 gpt 分区，分区 1 的大小为 300GB，分区 2 的大小为 500GB。

与使用 fdisk 创建分区不一样，使用 parted 分区程序的 mkpart 命令创建分区后会立即将分区信息保存在分区表中。

6. 删除磁盘分区：rm PartitionNumber 命令

执行下面的命令，删除刚刚创建的两个 gpt 分区：

```
(parted) print
Model: VMware, VMware Virtual S (scsi)
Disk /dev/sdc: 3299GB
Sector size (logical/physical): 512B/512B
Partition Table: gpt
Disk Flags:
```

Number	Start	End	Size	File	system	Name	Flags
1	17.4kB	300GB	300GB	xfs		primary	
2	300GB	800GB	500GB	xfs		primary	

```
(parted) rm 1
(parted) print
Model: VMware, VMware Virtual S (scsi)
Disk /dev/sdc: 2199GB
Sector size (logical/physical): 512B/512B
Partition Table: gpt
 Disk Flags:
```

Number	Start	End	Size	File	system	Name	Flags
2	300GB	800GB	500GB	xfs		primary	

```
(parted) rm 2
(parted) print
Model: VMware, VMware Virtual S (scsi)
Disk /dev/sdc: 2199GB
Sector size (logical/physical): 512B/512B
Partition Table: gpt
Disk Flags:
Number  Start  End  Size  File system  Name  Flags
(parted)
```

7. 创建新的 gpt 分区：mkpart 命令（使用百分比表示分区首尾位置）

创建 gpt 分区的第 2 种方法是使用百分比来定义分区的起始位置和结束位置，这种方法会自动进行对齐（很重要）。推荐读者采用百分比的方法来创建分区。下面是采用这个方法的例子，创建两个分区，第 1 个分区占磁盘 40% 的空间，第 2 个分区占磁盘 30% 的空间，这两个分区最后都将被格式化为 xfs 文件系统：

```
(parted) mkpart primary xfs  0% 40%
(parted) mkpart primary xfs 40% 70%
(parted) print
Model: VMware, VMware Virtual S (scsi)
Disk /dev/sdc: 3299GB
Sector size (logical/physical): 512B/512B
Partition Table: gpt
Disk Flags:
```

Number	Start	End	Size	File	system	Name	Flags
1	1049kB	1319GB	1319GB	xfs		primary	
2	1319GB	2309GB	990GB	xfs		primary	

```
(parted)
```

8. 命名磁盘分区：name 命令

对于刚刚创建的两个分区，分区 1 用于存储 openGauss 数据库的数据，将该分区命名为 og-data，分区 2 用于存储 PostgreSQL 数据库的数据，将该分区命名为 pgdata。执行下面的命令可以完成任务：

```
(parted) print
Model: VMware, VMware Virtual S (scsi)
Disk /dev/sdc: 3299GB
Sector size (logical/physical): 512B/512B
```

```
Partition Table: gpt
Disk Flags:
Number     Start      End        Size       File     system     Name       Flags
 1         1049kB     1319GB     1319GB     xfs                  primary
 2         1319GB     2309GB     990GB      xfs                  primary
(parted) name 1 ogdata
(parted) name 2 pgdata
(parted) print
Model: VMware, VMware Virtual S (scsi)
Disk /dev/sdc: 3299GB
Sector size (logical/physical): 512B/512B
Partition Table: gpt
Disk Flags:
Number     Start      End        Size       File     system     Name       Flags
 1         1049kB     1319GB     1319GB     xfs                  ogdata
 2         1319GB     2309GB     990GB      xfs                  pgdata
(parted)
```

9. 退出分区程序 parted：quit 命令

执行下面的命令，可以退出 parted 分区程序：

```
(parted) quit
Information: You may need to update /etc/fstab.
[root@dbsvr ~]#
```

10. 清理工作

执行下面的命令，可清除磁盘 /dev/sdb 和 /dev/sdc 上的分区信息：

```
[root@dbsvr ~]# dd if=/dev/zero of=/dev/sdb bs=1M count=10
[root@dbsvr ~]# dd if=/dev/zero of=/dev/sdc bs=1M count=10
```

八、磁盘分区管理实例：fdisk

磁盘 /dev/sdb 的大小是 1TB，现在要用 fdisk 程序来对磁盘 /dev/sdb 进行分区，将它分为 7 个分区：

- 主分区 1：大小为 100GB。
- 主分区 2：大小为 110GB。
- 主分区 3：大小为 120GB。
- 扩展分区 4：大小为主分区以外的所有空间。
- 逻辑分区 5：大小为 130GB。
- 逻辑分区 6：大小为 140GB。
- 逻辑分区 7：大小为 150GB。

执行下面的命令来完成这个任务：

```
[root@dbsvr ~]# fdisk /dev/sdb
# 省略了许多输出
Command (m for help): n
Partition type
   p   primary (0 primary, 0 extended, 4 free)
   e   extended (container for logical partitions)
```

```
Select (default p): # 按 <Enter> 键
Using default response p.
Partition number (1-4, default 1): # 按 <Enter> 键
First sector (2048-2147483647, default 2048): # 按 <Enter> 键
Last sector, +/-sectors or +/-size{K,M,G,T,P} (2048-2147483647, default 2147483647): +100G
Created a new partition 1 of type 'Linux' and of size 100 GiB.
Command (m for help): n
Partition type
   p   primary (1 primary, 0 extended, 3 free)
   e   extended (container for logical partitions)
Select (default p): # 按 <Enter> 键
Using default response p.
Partition number (2-4, default 2): # 按 <Enter> 键
First sector (209717248-2147483647, default 209717248): # 按 <Enter> 键
Last sector, +/-sectors or +/-size{K,M,G,T,P} (209717248-2147483647, default 2147483647): +110G
Created a new partition 2 of type 'Linux' and of size 110 GiB.
Command (m for help): n
Partition type
   p   primary (2 primary, 0 extended, 2 free)
   e   extended (container for logical partitions)
Select (default p): # 按 <Enter> 键
Using default response p.
Partition number (3,4, default 3): # 按 <Enter> 键
First sector (440403968-2147483647, default 440403968): # 按 <Enter> 键
Last sector, +/-sectors or +/-size{K,M,G,T,P} (440403968-2147483647, default 2147483647): +120G
Created a new partition 3 of type 'Linux' and of size 120 GiB.
Command (m for help): n
Partition type
   p   primary (3 primary, 0 extended, 1 free)
   e   extended (container for logical partitions)
Select (default e): e
Selected partition 4
First sector (692062208-2147483647, default 692062208): # 按 <Enter> 键
Last sector, +/-sectors or +/-size{K,M,G,T,P} (692062208-2147483647, default 2147483647): # 按 <Enter> 键
Created a new partition 4 of type 'Extended' and of size 694 GiB.
Command (m for help): n
All primary partitions are in use.
Adding logical partition 5
First sector (692064256-2147483647, default 692064256): # 按 <Enter> 键
Last sector, +/-sectors or +/-size{K,M,G,T,P} (692064256-2147483647, default 2147483647): +130G
Created a new partition 5 of type 'Linux' and of size 130 GiB.
Command (m for help): n
All primary partitions are in use.
Adding logical partition 6
First sector (964696064-2147483647, default 964696064): # 按 <Enter> 键
Last sector, +/-sectors or +/-size{K,M,G,T,P} (964696064-2147483647, default 2147483647): +140G
Created a new partition 6 of type 'Linux' and of size 140 GiB.
Command (m for help): n
All primary partitions are in use.
Adding logical partition 7
First sector (1258299392-2147483647, default 1258299392): # 按 <Enter> 键
Last sector, +/-sectors or +/-size{K,M,G,T,P} (1258299392-2147483647, default 2147483647): +150G
```

```
Created a new partition 7 of type 'Linux' and of size 150 GiB.
Command (m for help): print
# 省略了一些输出
Device     Boot       Start          End       Sectors     Size    Id    Type
/dev/sdb1            2048      209717247     209715200    100G    83    Linux
/dev/sdb2       209717248      440403967     230686720    110G    83    Linux
/dev/sdb3       440403968      692062207     251658240    120G    83    Linux
/dev/sdb4       692062208     2147483647    1455421440    694G     5    Extended
/dev/sdb5       692064256      964694015     272629760    130G    83    Linux
/dev/sdb6       964696064     1258297343     293601280    140G    83    Linux
/dev/sdb7      1258299392     1572872191     314572800    150G    83    Linux
Command (m for help): w
The partition table has been altered.
Calling ioctl() to re-read partition table.
Syncing disks.
[root@dbsvr ~]#
```

这里计划将主分区和扩展分区格式化为 ext4 文件系统,执行下面的命令来完成这个任务:

```
[root@dbsvr ~]# mkfs.ext4 /dev/sdb1
[root@dbsvr ~]# mkfs.ext4 /dev/sdb2
[root@dbsvr ~]# mkfs.ext4 /dev/sdb3
[root@dbsvr ~]# mkfs.ext4 /dev/sdb5
[root@dbsvr ~]# mkfs.ext4 /dev/sdb6
[root@dbsvr ~]# mkfs.ext4 /dev/sdb7
```

计划将上述 6 个已经创建了 ext4 文件系统的分区(3 个主分区和 3 个逻辑分区)挂载在 Linux 文件系统的目录 /ogdata1 ~ /ogdata6 上,首先需要执行下面的命令创建 6 个目录:

```
[root@dbsvr ~]# mkdir /ogdata1 /ogdata2 /ogdata3 /ogdata4 /ogdata5 /ogdata6
```

为了让 openEuler 操作系统启动时能够自动挂载这些分区到相应的文件系统目录上,需要使用 vi 编辑器编辑文件 /etc/fstab:

```
[root@dbsvr ~]# vi /etc/fstab
```

在文件 /etc/fstab 的尾部添加以下行:

```
/dev/sdb1            /ogdata1        ext4    defaults    1 2
/dev/sdb2            /ogdata2        ext4    defaults    1 2
/dev/sdb3            /ogdata3        ext4    defaults    1 2
/dev/sdb5            /ogdata4        ext4    defaults    1 2
/dev/sdb6            /ogdata5        ext4    defaults    1 2
/dev/sdb7            /ogdata6        ext4    defaults    1 2
```

保存对文件 /etc/fstab 的修改后,执行如下的命令:

```
[root@dbsvr ~]# mount -a
[root@dbsvr ~]# df -h
Filesystem          Size  Used Avail Use% Mounted on
# 省略了一些输出
/dev/sdb1            98G   61M  93G   1% /ogdata1
/dev/sdb2           108G   61M 103G   1% /ogdata2
```

```
/dev/sdb3          118G  61M  112G  1% /ogdata3
/dev/sdb5          127G  61M  121G  1% /ogdata4
/dev/sdb6          137G  61M  130G  1% /ogdata5
/dev/sdb7          147G  61M  140G  1% /ogdata6
[root@test ~]#
```

可以看到，/dev/sdb[1-6] 这 6 个磁盘分区挂载到 /ogdata1 ~ /ogdata6 等目录上了。

九、磁盘分区管理实例：parted

磁盘 /dev/sdc 的大小是 3TB，现在要用 fdisk 程序来对磁盘 /dev/sdc 进行分区，将它分为 3 个分区。执行下面的命令来完成这个任务：

```
[root@dbsvr ~]# parted /dev/sdc
# 省略了一些输出
(parted) mklabel gpt
(parted) mkpart primary xfs  0% 30%
(parted) mkpart primary xfs 30% 61%
(parted) mkpart primary xfs 61% 93%
(parted) print
Model: VMware, VMware Virtual S (scsi)
Disk /dev/sdc: 3299GB
Sector size (logical/physical): 512B/512B
Partition Table: gpt
Disk Flags:
Number    Start      End       Size      File    system    Name      Flags
1         1049kB     990GB     990GB     xfs               primary
2         990GB      2012GB    1023GB    xfs               primary
3         2012GB     3068GB    1056GB    xfs               primary
(parted) name 1 pgdata1
(parted) name 2 pgdata2
(parted) name 3 pgdata3
(parted) print
# 省略了一些输出
Number    Start      End       Size      File    system    Name      Flags
1         1049kB     990GB     990GB     xfs               pgdata1
2         990GB      2012GB    1023GB    xfs               pgdata2
3         2012GB     3068GB    1056GB    xfs               pgdata3
(parted) quit
Information: You may need to update /etc/fstab.
[root@dbsvr ~]#
```

至此创建了 3 个 gpt 主分区：

- /dev/sdc1（占总空间的 30%）。
- /dev/sdc2（占总空间的 31%）。
- /dev/sdb3（占总空间的 32%）。

这里计划将这 3 个 gpt 主分区格式化为 xfs 文件系统，执行下面的命令，完成这个任务：

```
[root@dbsvr ~]# mkfs.xfs /dev/sdc1
[root@dbsvr ~]# mkfs.xfs /dev/sdc2
[root@dbsvr ~]# mkfs.xfs /dev/sdc3
```

计划将上述 3 个已经创建了 xfs 文件系统的分区挂载在 Linux 文件系统的目录 /pgdata1 ~ pgdata3

上。首先需要执行下面的命令创建 3 个目录：

```
[root@dbsvr ~]# mkdir /pgdata1 /pgdata2 /pgdata3
```

为了让 openEuler 操作系统启动时能够自动挂载这些分区到相应的文件系统目录上，需要使用 vi 编辑器编辑文件 /etc/fstab：

```
[root@dbsvr ~]# vi /etc/fstab
```

在文件 /etc/fstab 的尾部添加以下行：

```
/dev/sdc1          /pgdata1        xfs    defaults    1 2
/dev/sdc2          /pgdata2        xfs    defaults    1 2
/dev/sdc3          /pgdata3        xfs    defaults    1 2
```

保存对文件 /etc/fstab 的修改后，执行如下的命令：

```
[root@dbsvr ~]# mount -a
[root@dbsvr ~]# df -h
Filesystem              Size  Used Avail Use% Mounted on
# 省略了许多无关的输出
/dev/sdc1               615G  4.4G 610G   1% /pgdata1
/dev/sdc2               635G  4.5G 631G   1% /pgdata2
/dev/sdc3               656G  4.7G 651G   1% /pgdata3
[root@dbsvr ~]#
```

可以看到，这 3 个分区 /dev/sdc[1-3] 挂载到文件系统的 /pgdata1 ~ /pgdata3 上了。

Linux 系统管理实战：逻辑卷管理

任务目标

让 openEuler Linux 初学者掌握 Linux 逻辑卷管理的相关概念和命令。

实施步骤

一、基本概念

把一个物理磁盘称为一个物理卷（Phisical Volume，PV）；一个物理卷由很多的物理扩展（Phisical Extent，PE）构成，每个 PE 的大小是 4MB，如图 13-1 所示。

多个物理卷（PV）可以捆绑在一起，形成一个**卷组**（Volume Group，VG），如图 13-2 所示。可以把卷组看成一个很大的抽象磁盘。

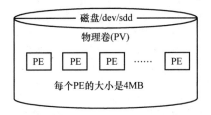

图 13-1　物理卷（PV）由 PE 组成

图 13-2　卷组由多个物理卷 PV 组成

一个卷组（VG）可以重新被划分为多个**逻辑卷**（Logic Volume，LV），如图 13-3 所示。

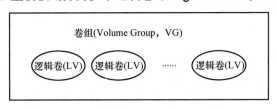

图 13-3　卷组（VG）可以重新被划分为多个 LV

一个逻辑卷（LV）上的 PE（物理扩展），可以分布在多个物理卷上。如果在逻辑卷上创建文件系统，那么读写文件系统上的数据时，将同时在多个磁盘上操作，这将大大提高计算机的性能。这是引入逻辑卷管理后获得的第一个好处。

引入逻辑卷的第二个好处是可以解决一个问题：当用户的某个文件大于一个物理磁盘的大小时，使用前面学过的磁盘分区技术无法保存这个用户文件，使用逻辑卷可以解决此问题。引入逻辑卷技术之后，将几个物理磁盘 [物理卷（PV）] 捆绑在一起，构成一个大的逻辑磁盘 [卷组（VG）]，然后在这个卷组上创建一个足够大的逻辑卷（LV），并在这个逻辑卷上创建文件系统，就可以存储用户的这个特大文件了。

引入逻辑卷的第三个好处是，当某个文件系统所依赖的逻辑卷太小时，可以动态地扩大逻辑卷的大小。

二、实战环境

首先使用任务三项目 2 实施步骤十九中准备好的 dbsvrOK.rar 虚拟机备份。

然后按照任务十二实施步骤二为运行 openEuler 的虚拟机创建 4 个 VMware 虚拟磁盘，每个虚拟磁盘的大小为 1536GB（1.5TB）。

创建完成后，启动 openEuler 虚拟机，使用 root 用户，执行下面的命令：

```
[root@dbsvr ~]# lsblk -S
NAME HCTL       TYPE VENDOR   MODEL                       REV TRAN
sda  2:0:0:0    disk VMware, VMware_Virtual_S            1.0 spi
sdb  2:0:1:0    disk VMware, VMware_Virtual_S            1.0 spi
sdc  2:0:2:0    disk VMware, VMware_Virtual_S            1.0 spi
sdd  2:0:3:0    disk VMware, VMware_Virtual_S            1.0 spi
sde  2:0:4:0    disk VMware, VMware_Virtual_S            1.0 spi
sr0  1:0:0:0    rom  NECVMWar VMware_Virtual_IDE_CDROM_Drive 1.00 ata
[root@dbsvr ~]# lsblk
NAME                 MAJ:MIN   RM   SIZE   RO   TYPE   MOUNTPOINT
sda                  8:0       0    900G   0    disk
├─ sda1              8:1       0    20G    0    part   /boot
└─ sda2              8:2       0    880G   0    part
  ├─ openeuler-root  253:0     0    20G    0    lvm    /
  ├─ openeuler-swap  253:1     0    64G    0    lvm    [SWAP]
  ├─ openeuler-usr   253:2     0    20G    0    lvm    /usr
  ├─ openeuler-opt   253:3     0    40G    0    lvm    /opt
  ├─ openeuler-var   253:4     0    40G    0    lvm    /var
  ├─ openeuler-home  253:5     0    40G    0    lvm    /home
  └─ openeuler-tmp   253:6     0    20G    0    lvm    /tmp
sdb                  8:16      0    1.5T   0    disk
sdc                  8:32      0    1.5T   0    disk
sdd                  8:48      0    1.5T   0    disk
sde                  8:64      0    1.5T   0    disk
sr0                  11:0      1    15.5G  0    rom
[root@dbsvr ~]#
```

可以看到，创建了 4 个 1.5TB 的磁盘，设备名分别是 /dev/sdb、/dev/sdc、/dev/sdd、/dev/sde。

这里计划将每个 1.5TB 的磁盘都创建为一个**物理卷**（PV）；将前 3 个物理卷捆绑在一块，创建一个名为 dbdatavg 的**卷组**（VG）；接下来在卷组 dbdatavg 上创建两个大小为都是 2TB 的**逻辑卷**（LV）。

三、初始化物理卷：pvcreate 命令

pvcreate 命令用来初始化一个新的物理卷。其语法如下：

pgcreate Disk

执行下面的命令，将磁盘 /dev/sdb、/dev/sdc、/dev/sdd 和 /dev/sde 初始化为新的物理卷：

```
[root@dbsvr ~]# pvcreate /dev/sdb
[root@dbsvr ~]# pvcreate /dev/sdc
[root@dbsvr ~]# pvcreate /dev/sdd
[root@dbsvr ~]# pvcreate /dev/sde
```

四、pvs 命令和 pvdisplay 命令

pvs 命令和 pvdisplay 命令用来查看物理卷的信息。

1. 查看系统目前有哪些物理卷：pvs 命令

直接执行 vgs 命令，可以查看当前系统有哪些物理卷：

```
[root@dbsvr ~]# pvs
  PV          VG          Fmt      Attr     PSize        PFree
  /dev/sda2   openeuler   lvm2     a--      <880.00g     <276.00g
  /dev/sdb                lvm2     ---      1.50t        1.50t
  /dev/sdc                lvm2     ---      1.50t        1.50t
  /dev/sdd                lvm2     ---      1.50t        1.50t
  /dev/sde                lvm2     ---      1.50t        1.50t
[root@dbsvr ~]#
```

可以看到，目前系统上有 5 个物理卷：物理卷 /dev/sda2 已经被划分给了卷组 openeuler；另外 4 个物理卷（/dev/sdb、/dev/sdc、/dev/sdd、/dev/sde），容量都是 1.5TB，还没有被划分给任何卷组。

2. 查看某个物理卷的详细信息：pvdisplay 命令

pvdisplay 命令用来查看某个特定物理卷的详细信息。其语法如下：

pvdisplay NameOfVG

执行下面的命令，可以查看物理卷 /dev/sdb 的详细信息：

```
[root@dbsvr ~]# pvdisplay /dev/sdb
  "/dev/sdb" is a new physical volume of "1.50 TiB"
  --- NEW Physical volume ---
  PV Name               /dev/sdb
  VG Name
  PV Size               1.50 TiB
  Allocatable           NO
  PE Size               0
  Total PE              0
  Free PE               0
  Allocated PE          0
  PV UUID               UDjegl-6kxO-T1AL-COZH-ujKU-jrWG-TfpyCs
[root@dbsvr ~]#
```

可以看到，物理卷 /dev/sdb 的大小是 1.5TB。

五、删除物理卷：pvremove 命令

pvremove 命令用来删除一个物理卷。其语法如下：

pvremove NameOfPV

使用 root 用户，执行下面的命令，删除物理卷：

```
[root@dbsvr ~]# pvs
  PV          VG          Fmt      Attr     PSize        PFree
  /dev/sda2   openeuler   lvm2     a--      <880.00g     4.00m
  /dev/sdb                lvm2     ---      1.50t        1.50t
  /dev/sdc                lvm2     ---      1.50t        1.50t
  /dev/sdd                lvm2     ---      1.50t        1.50t
  /dev/sde                lvm2     ---      1.50t        1.50t
[root@dbsvr ~]# pvremove /dev/sdb
  Labels on physical volume "/dev/sdb" successfully wiped.
```

```
[root@dbsvr ~]# pvremove /dev/sdc
  Labels on physical volume "/dev/sdc" successfully wiped.
[root@dbsvr ~]# pvremove /dev/sdd
  Labels on physical volume "/dev/sdd" successfully wiped.
[root@dbsvr ~]# pvremove /dev/sde
  Labels on physical volume "/dev/sde" successfully wiped.
[root@dbsvr ~]# pvs
  PV         VG        Fmt  Attr PSize     PFree
  /dev/sda2  openeuler lvm2 a--  <880.00g 4.00m
[root@dbsvr ~]#
```

可以看到，已经把刚刚创建的 4 个物理卷都删除了。

为了继续下面的学习，请读者使用 root 用户，执行下面的命令，重新创建物理卷 /dev/sdb、/dev/sdc、/dev/sdd 和 /dev/sde：

```
pvcreate /dev/sdb
pvcreate /dev/sdc
pvcreate /dev/sdd
pvcreate /dev/sde
```

六、创建卷组：vgcreate 命令

vgcreate 命令用来创建一个新的卷组。其语法如下：

vgcreate NewVG_Name PV ...

使用 root 用户，执行下面的命令，创建一个名为 dbdatavg 的卷组（VG），它由 3 个 PV 构成（/dev/sdb、/dev/sdc、/dev/sdd）：

```
[root@dbsvr ~]#  vgcreate dbdatavg /dev/sdb /dev/sdc /dev/sdd
  Volume group "dbdatavg" successfully created
[root@dbsvr ~]#
```

七、创建逻辑卷：lvcreate 命令

lvcreate 命令用来创建一个新的逻辑卷。其语法如下：

lvcreate -L SizeOfLV -n NameOfLV NameOfVG

其中，常用的选项有：

■ -L：指定逻辑卷的大小。
■ -n：指定逻辑卷的名字。

使用 root 用户，执行下面的命令，创建两个逻辑卷，名字分别为 ogdblv 和 pgdblv，大小都是 2TB：

```
[root@dbsvr ~]# lvcreate -L 2048G -n ogdatalv dbdatavg
  Logical volume "ogdatalv" created.
[root@dbsvr ~]# lvcreate -L 2048G -n pgdatalv dbdatavg
  Logical volume "pgdatalv" created.
[root@dbsvr ~]#
```

创建完逻辑卷之后，可以在逻辑卷上创建文件系统。使用 root 用户，执行下面的命令，在两个刚刚创建的逻辑卷上创建 xfs 文件系统：

```
[root@dbsvr ~]# mkfs.xfs /dev/dbdatavg/ogdatalv
[root@dbsvr ~]# mkfs.xfs /dev/dbdatavg/pgdatalv
```

在逻辑卷上创建完 xfs 文件系统后，可以将它们挂载在 Linux 文件系统树上。先执行下面的命令，创建两个目录：

```
[root@dbsvr ~]# mkdir /ogdata /pgdata
```

然后执行下面的命令，将逻辑卷挂载在文件系统目录树上：

```
[root@dbsvr ~]# mount /dev/mapper/dbdatavg-ogdatalv /ogdata
[root@dbsvr ~]# mount /dev/mapper/dbdatavg-pgdatalv /pgdata
[root@dbsvr ~]#
```

执行完 mount 命令后，逻辑卷 dbdatavg/ogdatalv 被临时挂载到目录 /ogdata 上，逻辑卷 dbdat-avg/pgdatalv 被临时挂载到目录 /pgdata 上：

```
[root@dbsvr ~]# df -h /ogdata /pgdata
Filesystem                       Size    Used    Avail    Use%    Mounted on
/dev/mapper/dbdatavg-ogdatalv    2.0T    15G     2.0T     1%      /ogdata
/dev/mapper/dbdatavg-pgdatalv    2.0T    15G     2.0T     1%      /pgdata
[root@dbsvr ~]#
```

八、扩展卷组：vgextend 命令

现在计划将逻辑卷 ogdatalv 扩大到 2.5TB，将逻辑卷 pgdatalv 扩大到 3TB。

为了完成这个任务，首先执行下面的命令，查看一下卷组 dbdatavg 的情况：

```
[root@dbsvr ~]# vgdisplay dbdatavg
  --- Volume group ---
  VG Name               dbdatavg
  System ID
  Format                lvm2
#省略了一些输出
  VG Size               <4.50 TiB
  PE Size               4.00 MiB
  Total PE              1179645
  Alloc PE / Size       1048576 / 4.00 TiB
  Free  PE / Size       131069 / <511.99 GiB
  VG UUID               0yvicm-J45L-mwf2-czAl-Uvxh-UCtW-1m8q2z
[root@dbsvr ~]#
```

从上面的输出可以看到，目前的 dbdatavg 卷组只剩下 511.99GB 的空闲空间了，没法满足扩大逻辑卷的任务。

解决方法是使用 vgextend 命令为卷组 dbdatavg 添加新的物理卷（PV）。vgextend 命令的语法如下：

vgextend　NameOfVG　PV ...

使用 root 用户，执行下面的命令，为卷组 dbdatavg 添加一个未被使用的物理卷 /dev/sde：

```
[root@dbsvr ~]# vgextend dbdatavg /dev/sde
  Volume group "dbdatavg" successfully extended
```

```
[root@dbsvr ~]#
```

再次执行下面的命令，查看卷组 dbdatavg 的情况：

```
[root@dbsvr ~]# vgdisplay dbdatavg
  --- Volume group ---
  VG Name              dbdatavg
# 省略了许多输出
  VG Size              <6.00 TiB
  PE Size              4.00 MiB
  Total PE             1572860
  Alloc PE / Size      1048576 / 4.00 TiB
  Free  PE / Size      524284 / <2.00 TiB
  VG UUID              0yvicm-J45L-mwf2-czAl-Uvxh-UCtW-1m8q2z
[root@dbsvr ~]#
```

现在可以看到，卷组 dbdatavg 的总大小是 6TB，还有 2TB 的空闲空间，可以满足将逻辑卷 ogdatalv 大小扩展到 2.5TB，将逻辑卷 pgdatalv 大小扩展到 3TB 的任务了。

九、扩展逻辑卷：lvextend 命令

在扩展逻辑卷 ogdatalv 之前，先使用 root 用户，执行下面的命令，查看系统上逻辑卷的情况：

```
[root@dbsvr ~]# lvs
LV         VG         Attr       LSize  Pool Origin Data%  Meta%  Move Log Cpy%Sync Convert
ogdatalv   dbdatavg   -wi-ao----  2.00t
pgdatalv   dbdatavg   -wi-ao----  2.00t
# 省略了许多输出
[root@dbsvr ~]#
```

可以看到，要扩展的逻辑卷 ogdatalv 属于卷组 dbdatavg，当前大小是 2TB。

lvextend 命令用来扩展逻辑卷（LV）的大小。其的语法如下：

lvextend -L NewSizeOfLV NameOfLV

其中的 -L 参数用来指定扩展后逻辑卷的大小。

使用 root 用户，执行下面的命令，将逻辑卷 dbdatavg/ogdatalv 的大小扩大到 2.5TB：

```
[root@dbsvr ~]# lvextend -L 2.5T dbdatavg/ogdatalv
    Size of logical volume dbdatavg/ogdatalv changed from 2.00 TiB (524288 extents) to 2.50 TiB (655360 extents).
    Logical volume dbdatavg/ogdatalv successfully resized.
[root@dbsvr ~]#
```

请注意，在指定逻辑卷时需要前置卷组的名字，本例中使用的是 dbdatavg/ogdatalv。

扩大逻辑卷 dbdatavg/ogdatalv 到指定大小后，对于 xfs，还需要执行下面的命令，扩大逻辑卷 ogdatalv 上的 xfs 文件系统：

```
[root@dbsvr ~]# xfs_growfs /dev/dbdatavg/ogdatalv
# 省略了许多输出
[root@dbsvr ~]# df -h /ogdata
Filesystem                          Size    Used    Avail   Use%   Mounted on
```

```
/dev/mapper/dbdatavg-ogdatalv    2.5T    18G    2.5T    1%    /ogdata
[root@dbsvr ~]#
```

使用 root 用户，执行下面的命令，将逻辑卷 dbdatavg/pgdatalv 的大小扩大到 3TB，并扩大逻辑卷 pgdatalv 上的 xfs 文件系统：

```
[root@dbsvr ~]# lvextend -L 3T dbdatavg/pgdatalv
  Size of logical volume dbdatavg/pgdatalv changed from 2.00 TiB (524288 extents) to 3.00 TiB (786432 extents).
  Logical volume dbdatavg/pgdatalv successfully resized.
[root@dbsvr ~]# xfs_growfs /dev/dbdatavg/pgdatalv
# 省略了许多输出
[root@dbsvr ~]# df -h /pgdata
Filesystem                        Size    Used    Avail    Use%    Mounted    on
/dev/mapper/dbdatavg-pgdatalv     3.0T    22G     3.0T     1%      /pgdata
[root@dbsvr ~]#
```

十、vgs 命令和 vgdisplay 命令

vgs 命令和 vgdisplay 命令用来查看卷组的信息。

1. 查看系统目前有哪些卷组：vgs 命令

直接执行 vgs 命令，可以查看当前系统有哪些卷组：

```
[root@dbsvr ~]# vgs
  VG        #PV #LV #SN Attr   VSize     VFree
  dbdatavg    4   2   0 wz--n- <6.00t    511.98g
  openeuler   1   8   0 wz--n- <880.00g  <276.00g
[root@dbsvr ~]#
```

可以看到，目前系统上有两个卷组：卷组 dbdatavg 有 4 个物理卷，上面有两个逻辑卷，卷组大小是 6TB，还有 511.98GB 空闲空间；卷组 openeuler 有一个物理卷，上面有 8 个逻辑卷，卷组大小是 880GB，还有 276GB 空闲空间。

2. 查看某个卷组的详细信息：vgdisplay 命令

vgdisplay 命令用来查看某个特定卷组的详细信息。其语法如下：

vgdisplay NameOfVG

执行下面的命令，可以查看卷组 dbdatavg 的详细信息：

```
[root@dbsvr ~]# vgdisplay dbdatavg
  --- Volume group ---
  VG Name               dbdatavg
  System ID
  Format                lvm2
  Metadata Areas        4
  Metadata Sequence No  8
  VG Access             read/write
  VG Status             resizable
  MAX LV                0
  Cur LV                2
  Open LV               2
  Max PV                0
```

```
    Cur PV              4
    Act PV              4
    VG Size             <6.00 TiB
    PE Size             4.00 MiB
    Total PE            1572860
    Alloc PE / Size     1441792 / 5.50 TiB
    Free  PE / Size     131068 / 511.98 GiB
    VG UUID             PgF5DP-GlRP-B843-Tydd-vuWA-Ak7m-cce0YQ
[root@dbsvr ~]#
```

可以看到，卷组 dbdatavg 当前有 4 个 PV，活动的 PV 也是 4 个，PE 大小是 4MB，已经分配出去了 5.5TB 的空间，还有 511.98GB 空闲空间。

十一、lvs 命令和 lvdisplay 命令

lvs 命令和 lvdisplay 命令用来查看逻辑卷的信息。

1. 查看系统目前有哪些逻辑卷：lvs 命令

直接执行 lvs 命令，可以查看当前系统有哪些逻辑卷：

```
[root@dbsvr ~]# lvs
  LV       VG       Attr      LSize Pool Origin Data% Meta% Move Log Cpy%Sync Convert
  ogdatalv dbdatavg -wi-ao---- 2.50t
  pgdatalv dbdatavg -wi-ao---- 3.00t
  home     openeuler -wi-ao---- 40.00g
  opt      openeuler -wi-ao---- 40.00g
  root     openeuler -wi-ao---- 20.00g
  swap     openeuler -wi-ao---- 64.00g
  tmp      openeuler -wi-ao---- 20.00g
  usr      openeuler -wi-ao---- 20.00g
  var      openeuler -wi-ao---- 40.00g
[root@dbsvr ~]#
```

可以看到系统上有哪些逻辑卷及这些逻辑卷都属于哪个卷组。如逻辑卷 ogdatalv，它属于卷组 dbdatavg，逻辑卷 ogdatalv 目前的大小是 2.5TB。

2. 查看某个逻辑卷的详细信息：lvdisplay 命令

lvdisplay 命令用来查看某个特定逻辑卷的详细信息。其语法如下：

lvdisplay NameOfLV

执行下面的命令，可以查看逻辑卷 dbdatavg/ogdatalv 的详细信息：

```
[root@dbsvr ~]# lvdisplay dbdatavg/ogdatalv
  --- Logical volume ---
  LV Path                /dev/dbdatavg/ogdatalv
  LV Name                ogdatalv
  VG Name                dbdatavg
  LV UUID                KNrZ3p-WHJH-ORpB-AOMP-AbBF-7Qj9-5MstpR
  LV Write Access        read/write
  LV Creation host, time dbsvr, 2022-01-05 10:50:11 +0800
  LV Status              available
  # open                 1
  LV Size                2.50 TiB
```

```
Current LE              655360
Segments                3
Allocation              inherit
Read ahead sectors      auto
- currently set to      8192
Block device            253:8
[root@dbsvr ~]#
```

十二、删除逻辑卷：lvremove 命令

lvremove 命令用来删除一个逻辑卷。其语法如下：

lvremove NameOfLV

要删除一个逻辑卷，首先要确保该逻辑卷没有被挂载到 Linux 的文件系统树上。如卷组 db-datavg 中的逻辑卷 ogdatalv，目前被挂载在文件系统的目录 /ogdata 上，因此需要先执行下面的命令，卸载文件系统 /ogdata：

```
[root@dbsvr ~]# umount /ogdata
```

然后执行 lvremove 命令，删除逻辑卷 dbdatavg/ogdatalv：

```
[root@dbsvr ~]# lvremove dbdatavg/ogdatalv
Do you really want to remove active logical volume dbdatavg/ogdatalv? [y/n]: y
  Logical volume "ogdatalv" successfully removed
[root@dbsvr ~]#
```

十三、从卷组中删除物理卷：vgreduce 命令

vgreduce 命令用来删除卷组中的一个未被使用的物理卷。其语法如下：

vgreduce NameOfVG PV ...

因为这里的磁盘大小是 1.5TB，在步骤十二中删除的逻辑卷 ogdatalv 最初创建时是 2TB，占用了物理卷 /dev/sdb 的 1.5TB 和另外物理卷的 0.5TB 空间。因此，在删除逻辑卷 ogdatalv 之后，物理卷 /dev/sdb 是空闲的。

使用 root 用户，执行下面的命令，可以从卷组 dbdatavg 中删除空闲的物理卷 /dev/sdb：

```
[root@dbsvr ~]# vgreduce dbdatavg /dev/sdb
  Removed "/dev/sdb" from volume group "dbdatavg"
[root@dbsvr ~]#
```

另外的物理卷因为还在被使用中，所以不能从卷组 dbdatavg 中删除：

```
[root@dbsvr ~]# vgreduce dbdatavg /dev/sdc
  Physical volume "/dev/sdc" still in use
[root@dbsvr ~]# vgreduce dbdatavg /dev/sdd
  Physical volume "/dev/sdd" still in use
[root@dbsvr ~]# vgreduce dbdatavg /dev/sde
  Physical volume "/dev/sde" still in use
[root@dbsvr ~]#
```

接下来将卷组 dbdatavg 中的所有逻辑卷都删除（其实就剩下一个逻辑卷 dbdatavg/pgda-talv 了）：

```
[root@dbsvr ~]# umount /pgdata
[root@dbsvr ~]# lvremove dbdatavg/pgdatalv
Do you really want to remove active logical volume dbdatavg/pgdatalv? [y/n]: y
  Logical volume "pgdatalv" successfully removed
[root@dbsvr ~]#
```

此时，卷组 dbdatavg 中所有的物理卷都处于未分配状态，可以再次尝试删除卷组 dbdatavg 中的所有物理卷：

```
[root@dbsvr ~]# vgreduce dbdatavg /dev/sdc
  Removed "/dev/sdc" from volume group "dbdatavg"
[root@dbsvr ~]# vgreduce dbdatavg /dev/sdd
  Removed "/dev/sdd" from volume group "dbdatavg"
[root@dbsvr ~]# vgreduce dbdatavg /dev/sde
  Can't remove final physical volume "/dev/sde" from volume group "dbdatavg"
[root@dbsvr ~]#
```

从上面的输出可以看到，无法把卷组 dbdatavg 的最后一个物理卷 /dev/sde 从卷组中删除。

十四、删除卷组：vgremove 命令

vgremove 命令用来删除一个卷组。其语法如下：

vgremove NameOfVG

执行下面的命令，将卷组 dbdatavg 删除：

```
[root@dbsvr ~]# vgremove dbdatavg
  Volume group "dbdatavg" successfully removed
[root@dbsvr ~]#
```

因为当前卷组 dbdatavg 上没有任何逻辑卷，因此没有任何提示就将卷组 dbdatavg 删除了。

如果卷组中还存在逻辑卷，那么执行 vgremove 命令时将提示用户是否将卷组删除。下面的命令验证了这一点：

```
[root@dbsvr ~]# vgcreate dbdatavg /dev/sdb /dev/sdc
  Volume group "dbdatavg" successfully created
[root@dbsvr ~]# lvcreate -L 2048G -n ogdatalv dbdatavg
WARNING: xfs signature detected on /dev/dbdatavg/ogdatalv at offset 0. Wipe it? [y/n]: y
  Wiping xfs signature on /dev/dbdatavg/ogdatalv.
  Logical volume "ogdatalv" created.
[root@dbsvr ~]# vgremove dbdatavg
Do you really want to remove volume group "dbdatavg" containing 1 logical volumes? [y/n]: y
Do you really want to remove active logical volume dbdatavg/ogdatalv? [y/n]: y
  Logical volume "ogdatalv" successfully removed
  Volume group "dbdatavg" successfully removed
[root@dbsvr ~]#
```

可以看到，即使将之前创建的 xfs 文件系统删除，也会在磁盘上留下签名信息。重建逻辑卷时，将提示用户是否将这些签名信息擦除；在删除含有逻辑卷的卷组时，会提示用户是否删除含有逻辑卷的卷组；在删除逻辑卷时，也会提示用户是否将逻辑卷删除。

十五、逻辑卷 LVM 管理实例 1：在逻辑卷上创建和扩大 xfs 文件系统

首先使用 root 用户，将系统上的 4 个磁盘 /dev/sdb、/dev/sdc、/dev/sdd 和 /dev/sde 格式化为 PV：

```
pvcreate /dev/sdb
pvcreate /dev/sdc
pvcreate /dev/sdd
pvcreate /dev/sde
```

然后创建名为 dbdatavg 的 VG，它使用了刚刚创建的 4 个 PV：

```
vgcreate dbdatavg /dev/sdb /dev/sdc /dev/sdd /dev/sde
```

接下来在 VG dbdatavg 中创建名为 ogdatalv 的 LV，大小是 2048GB：

```
lvcreate -L 2048G -n ogdatalv dbdatavg
```

继续在逻辑卷 dbdatavg/ogdatalv 上创建 xfs 文件系统：

```
mkfs.xfs /dev/dbdatavg/ogdatalv
```

使用 vi 编辑器编辑 /etc/fstab 文件，使创建完 xfs 文件系统的逻辑卷 dbdatavg/ogdatalv 在 openEuler 启动时能自动挂载到文件系统树的目录 /ogdata 上：

```
vi /etc/fstab
```

在文件 /etc/fstab 的尾部添加下面的行：

```
/dev/mapper/dbdatavg-ogdatalv /ogdata              xfs       defaults       1 2
```

保存文件 /etc/fstab。

执行下面的命令，将新创建了 xfs 文件系统的逻辑卷挂载到 Linux 文件系统上：

```
mount -a
```

执行下面的命令，查看挂载情况：

```
[root@dbsvr ~]# df -h /ogdata
Filesystem                    Size    Used    Avail    Use%    Mounted on
/dev/mapper/dbdatavg-ogdatalv  2.0T    15G     2.0T     1%      /ogdata
[root@dbsvr ~]#
```

最后将 LV dbdatavg/ogdatalv 的大小扩大到 2.5TB，同时扩展逻辑卷上的 xfs 文件系统：

```
[root@dbsvr ~]# lvextend -L 2.5T dbdatavg/ogdatalv
  Size of logical volume dbdatavg/ogdatalv changed from 2.00 TiB (524288 extents) to 2.50 TiB (655360
extents).
  Logical volume dbdatavg/ogdatalv successfully resized.
[root@dbsvr ~]# xfs_growfs /dev/dbdatavg/ogdatalv
#省略了许多输出
[root@dbsvr ~]# df -h /ogdata
Filesystem                    Size    Used    Avail    Use%    Mounted on
/dev/mapper/dbdatavg-ogdatalv  2.5T    18G     2.5T     1%      /ogdata
[root@dbsvr ~]#
```

十六、逻辑卷 LVM 管理实例 2：在逻辑卷上创建和扩大 ext4 文件系统

因为已经创建了卷组 dbdatavg，因此可以直接执行下面的命令在卷组 dbdatavg 上创建名字为

pgdatalv 的 LV，大小是 1536GB：

```
[root@dbsvr ~]# lvcreate -L 1536G -n pgdatalv dbdatavg
WARNING: xfs signature detected on /dev/dbdatavg/pgdatalv at offset 0. Wipe it? [y/n]: y
  Wiping xfs signature on /dev/dbdatavg/pgdatalv.
  Logical volume "pgdatalv" created.
[root@dbsvr ~]#
```

接下来在逻辑卷 dbdatavg/ogdatalv 上不再创建 xfs 文件系统，而是创建 ext4 文件系统（使用命令 mkfs.ext4）：

```
[root@dbsvr ~]# mkfs.ext4 /dev/dbdatavg/pgdatalv
# 省略了许多输出
[root@dbsvr ~]#
```

同样，使用 vi 编辑器编辑 /etc/fstab 文件：

```
vi /etc/fstab
```

在文件 /etc/fstab 的尾部添加下面的行，使创建完 ext4 文件系统的逻辑卷 dbdatavg/pgdatalv 在 openEuler 启动时能自动挂载到文件系统树的目录 /pgdata 上：

```
/dev/mapper/dbdatavg-pgdatalv /pgdata        ext4      defaults      1 2
```

保存文件 /etc/fstab。

执行下面的命令，将新创建了 ext4 文件系统的逻辑卷挂载到 Linux 文件系统上：

```
mount -a
```

执行下面的命令，查看挂载情况：

```
[root@dbsvr ~]# df -h /pgdata
Filesystem                      Size    Used    Avail    Use%    Mounted on
/dev/mapper/dbdatavg-pgdatalv   1.5T    77M     1.5T     1%      /pgdata
[root@dbsvr ~]#
```

最后将 LV dbdatavg/pgdatalv 的大小扩大到 3TB，同时扩展逻辑卷上的 ext4 文件系统：

```
[root@dbsvr ~]# lvextend -L 3T dbdatavg/pgdatalv
  Size of logical volume dbdatavg/pgdatalv changed from 1.50 TiB (393216 extents) to 3.00 TiB (786432
extents).
  Logical volume dbdatavg/pgdatalv successfully resized.
[root@dbsvr ~]# resize2fs /dev/dbdatavg/pgdatalv
resize2fs 1.45.6 (20-Mar-2020)
Filesystem at /dev/dbdatavg/pgdatalv is mounted on /pgdata; on-line resizing required
old_desc_blocks = 192, new_desc_blocks = 384
The filesystem on /dev/dbdatavg/pgdatalv is now 805306368 (4k) blocks long.

[root@dbsvr ~]# df -h /pgdata
Filesystem                      Size    Used    Avail    Use%    Mounted on
/dev/mapper/dbdatavg-pgdatalv   3.0T    72M     2.9T     1%      /pgdata
[root@dbsvr ~]#
```

任务目标

让 openEuler Linux 初学者掌握除磁盘外的其他存储介质（如光盘、USB 盘、移动磁盘）的管理。

实施步骤

一、实验环境

首先使用任务三项目 2 实施步骤十九中准备好的 dbsvrOK.rar 虚拟机备份。

然后按照图 14-1 ～ 图 14-4 所示的内容为 openEuler 虚拟机配置使用虚拟光盘驱动器，并向虚拟光盘驱动器中装载 openEuler 操作系统 iso 镜像文件。

接下来按照图 14-5 所示的设置为 openEuler 虚拟机配置 USB 控制器，要求 USB 控制器兼容 USB 3.1 协议。

单击"确定"按钮，完成 openEuler 虚拟机 USB 控制器的设置。配置完成之后，启动 openEuler 虚拟机。

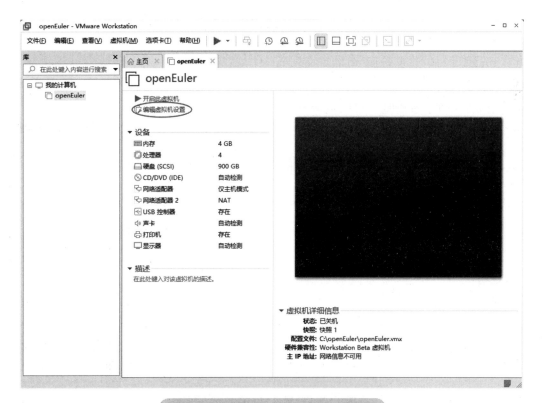

图 14-1　编辑 openEuler 虚拟机的配置

图 14-2　配置虚拟光盘界面（1）

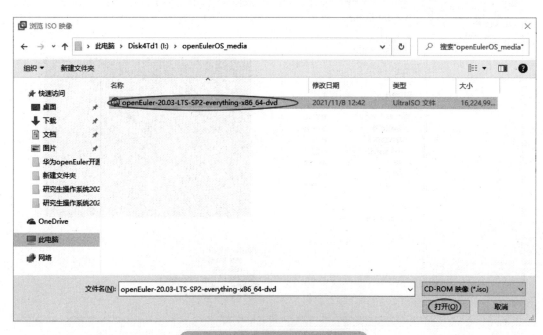

图 14-3　配置虚拟光盘界面（2）

图 14-4　配置虚拟光盘界面（3）

图 14-5　配置虚拟光盘界面（4）

二、了解 openEuler Linux 上的物理光盘驱动器

有些计算机系统可能会配置一台或者多台物理光盘驱动器，在这些系统上运行 openEuler 操作系统，将使用设备文件 /dev/sr0 来代表第 1 个物理光盘驱动器，使用设备文件 /dev/sr1 代表第 2 个物理光盘驱动器，以此类推。

也可以用设备文件 /dev/cdrom 来代表第 1 个物理光盘驱动器，原因是该文件被软链接到设备文件 /dev/sr0 上：

```
[root@dbsvr ~]# ls -l /dev/cdrom
lrwxrwxrwx 1 root root 3 Jan 22  2022 /dev/cdrom -> sr0
[root@dbsvr ~]#
```

三、挂接使用物理光盘

在 Windows 10 上打开 CMD 窗口，执行命令 ssh root@192.168.100.62，登录到 openEuler 操作系统，然后执行下面的命令，挂接光盘到 openEuler Linux 的文件系统 /mnt/cdrom 上：

```
[root@dbsvr ~]# mkdir /mnt/cdrom
[root@dbsvr ~]# mount /dev/cdrom /mnt/cdrom
mount: /mnt/cdrom: WARNING: source write-protected, mounted read-only.
[root@dbsvr ~]# df -h /mnt/cdrom
Filesystem          Size      Used      Avail      Use%      Mounted on
/dev/sr0            16G       16G       0          100%      /mnt/cdrom
[root@dbsvr ~]#
```

虽然使用光盘设备文件 /dev/cdrom 来挂接光盘，但上面的输出显示挂接的光盘设备文件是 /dev/sr0（openEuler 系统的第一个物理光盘）。实际上，也可以直接使用光盘的设备名 /dev/sr0 来挂接光盘。

如果要在一个物理光盘驱动器上使用多个光盘，那么需要在用完一个光盘后弹出光盘，然后更换其他光盘，再重新挂接这个更换后的光盘。

执行下面的命令可以弹出光盘：

```
[root@dbsvr ~]# eject cdrom
[root@dbsvr ~]# df -h
Filesystem                    Size      Used      Avail      Use%      Mounted on
devtmpfs                      1.7G      0         1.7G       0%        /dev
tmpfs                         1.7G      0         1.7G       0%        /dev/shm
tmpfs                         1.7G      18M       1.7G       2%        /run
tmpfs                         1.7G      0         1.7G       0%        /sys/fs/cgroup
/dev/mapper/openeuler-root    20G       418M      19G        3%        /
/dev/mapper/openeuler-usr     20G       3.5G      16G        19%       /usr
/dev/mapper/openeuler-tmp     20G       45M       19G        1%        /tmp
/dev/mapper/openeuler-var     40G       409M      37G        2%        /var
/dev/mapper/openeuler-home    40G       49M       38G        1%        /home
/dev/sda1                     20G       187M      19G        1%        /boot
/dev/mapper/openeuler-opt     394G      2.3G      375G       1%        /opt
tmpfs                         341M      0         341M       0%        /run/user/0
[root@dbsvr ~]#
```

可以看到，df -h 命令的输出已经看不到光盘设备的挂接信息了，也就是说光盘已经被弹出来了。更换光盘后，需要重新执行 mount 命令挂接新的光盘。

四、挂接 iso 镜像文件

当前，很多商业软件的发行版依然通过光盘交付给最终用户，当然软件开发商也向最终用户交付 iso 镜像文件。

最终用户可以把 iso 镜像文件刻录到物理光盘片上，然后通过计算机系统上的物理光盘来读取这些软件发行。

很多现代计算机系统，已经不再配置物理光盘驱动器了。这时候可以使用类似 UltraISO 这样的应用软件把 iso 镜像文件刻录到 U 盘上，然后直接在 Linux 系统上挂接 U 盘。

还有一种方法可以在 Linux 系统中挂载 iso 镜像文件：

首先需要使用 FileZilla，将 openEuler 20.03 LTS SP2 操作系统 iso 镜像文件 openEuler-20.03-LTS-SP2-everything-x86_64-dvd.iso 使用 root 用户上传到 /opt 下。传输完成后，使用 root 用户，执行下面的命令进行检查：

```
[root@dbsvr ~]# cd /opt
[root@dbsvr opt]# ls -lh openEuler-20.03-LTS-SP2-everything-x86_64-dvd.iso
-rw-r--r-- 1 root root 16G Dec 29 15:52 openEuler-20.03-LTS-SP2-everything-x86_64-dvd.iso
[root@dbsvr opt]#
```

这个 iso 镜像的文件名较长，这里将文件名修改得更短一些：

```
[root@dbsvr opt]# mv openEuler-20.03-LTS-SP2-everything-x86_64-dvd.iso openEuler.iso
[root@dbsvr opt]# ls -lh openEuler.iso
-rw-r--r-- 1 root root 16G Jan 22 09:58 openEuler.iso
[root@dbsvr opt]#
```

然后创建一个挂接点目录 /mnt/iso：

```
[root@dbsvr opt]# mkdir /mnt/iso
```

接下来执行下面的命令，挂接 openEuler.iso 镜像文件：

```
[root@dbsvr opt]# mount -t iso9660 -o loop openEuler.iso  /mnt/iso
mount: /mnt/iso: WARNING: source write-protected, mounted read-only.
[root@dbsvr opt]# df -h /mnt/iso
Filesystem                     Size     Used     Avail    Use%     Mounted on
/dev/loop0                     16G      16G      0        100%     /mnt/iso
[root@dbsvr opt]#
```

之后就可以到目录 /mnt/iso 下查看 openEuler.iso 镜像文件中的内容了：

```
[root@dbsvr opt]# cd /mnt/iso
[root@dbsvr iso]# ls -l
total 2657
dr-xr-xr-x 2 root root    2048 Jun 24  2021 docs
dr-xr-xr-x 3 root root    2048 Jun 24  2021 EFI
dr-xr-xr-x 3 root root    2048 Jun 24  2021 images
dr-xr-xr-x 2 root root    2048 Jun 24  2021 isolinux
dr-xr-xr-x 2 root root    2048 Jun 24  2021 ks
dr-xr-xr-x 2 root root 2701312 Jun 24  2021 Packages
# 省略了一些内容
[root@dbsvr iso]#
```

五、连接 U 盘到 openEuler 操作系统

当 openEuler 虚拟机启动后，在 Windows 10 宿主机上将 U 盘插入 USB 接口（2.0 和 3.0 均可），VMware Workstation 将弹出一个对话框，如图 14-6 所示。

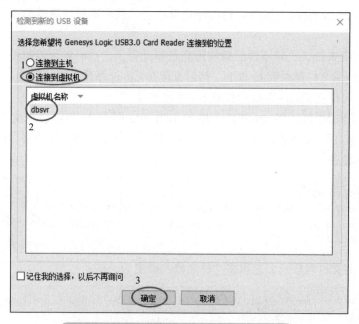

图 14-6 "检测到新的 USB 设备"对话框

按图 14-6 所示进行操作，将 U 盘连接到虚拟机 dbsvr。

六、安装支持 Windows 文件系统的 openEuler 软件包

U 盘一般被格式化为 NTFS 或者 FAT32 文件系统格式。为了能支持这些文件系统，需要使用 root 用户来安装软件：

```
[root@dbsvr ~]# dnf -y install ntfs-3g
```

七、挂接 U 盘

使用 root 用户，执行下面的命令，查看系统上的磁盘：

```
[root@dbsvr ~]# lsblk -S
NAME HCTL        TYPE VENDOR   MODEL                              REV TRAN
sda  2:0:0:0     disk VMware,  VMware_Virtual_S                   1.0  spi
sdc  3:0:0:1     disk Generic  MassStorageClass                   1538 usb
sr0  1:0:0:0      rom NECVMWar VMware_Virtual_IDE_CDROM_Drive 1.00 ata
[root@dbsvr ~]#
```

可以看到，USB 盘的设备名是 /dev/sdc。

执行下面的命令，查看 U 盘的分区信息：

```
[root@dbsvr ~]# fdisk -l /dev/sdc
# 省略一些输出
Device     Boot Start       End        Sectors      Size    Id  Type
/dev/sdc1       2048     500170751   500168704    238.5G    7   HPFS/NTFS/exFAT
[root@dbsvr ~]#
```

可以看到，U 盘的设备名是 /dev/sdc，上面有一个分区是 /dev/sdc1。

执行下面的命令，创建一个挂接目录 /mnt/udisk，并将 U 盘挂接到 Linux 文件系统上：

```
[root@dbsvr ~]# mkdir /mnt/udisk
[root@dbsvr ~]# mount /dev/sdc1 /mnt/udisk
[root@dbsvr ~]# df -h /mnt/udisk
Filesystem            Size      Used      Avail     Use%      Mounted on
/dev/sdb4             58G       4.4G      54G       8%        /mnt/udisk
[root@dbsvr ~]#
```

直接到目录 /mnt/udisk 就可以读写 U 盘了：

```
[root@dbsvr ~]# cd /mnt/udisk
[root@dbsvr udisk]# echo "Create a file nnamed Newfile on U disk!" > Newfile
[root@dbsvr udisk]# ls -l /mnt/udisk/Newfile
-rwxr-xr-x 1 root root 40 Jan 22 10:46 /mnt/udisk/Newfile
[root@dbsvr udisk]#
```

如果要卸载 U 盘，那么需要执行下面的命令：

```
[root@dbsvr udisk]# cd
[root@dbsvr ~]# umount /mnt/udisk
[root@dbsvr ~]#
```

执行完上面的命令后，可以将 U 盘从宿主机上拔出。

Linux 系统管理实战：软件管理

任务目标

在使用源代码编译安装 PostgreSQL 数据库的过程中，体验了在 Linux 包管理程序出现之前在 Linux 上安装应用软件的最初方式：首先对源代码进行编译配置（configure），然后是执行 make 命令进行编译，最后执行 make install 命令。有些软件的编译配置选项特别多，因此对大多数的 Linux 用户并不友好。

幸运的是，依次出现了许多包管理程序：rpm、yum 和 dnf。这些包管理程序极大地方便了 Linux 用户在系统上安装各种系统和应用程序。

本任务的目标是让 openEuler Linux 初学者掌握 openEuler Linux 上的软件管理命令 yum、dnf。

实施步骤

一、实验环境

使用任务三项目 2 实施步骤十九中准备好的 dbsvrOK.rar 虚拟机备份。

二、rpm 包管理器简介

rpm 是英文 RedHat Package Manager 的简称，是由 Red Hat 公司开发的，因为好用，被很多 Linux 发行（Fedora、CentOS、SuSE）作为软件安装的管理工具。

rpm 软件包中含有已经编译过的软件、记录软件安装时所需的其他依赖软件。

在 Linux 上安装 rmp 包时，rpm 程序会先依照包中记录的软件依赖信息查询要安装该软件的 Linux 系统是否满足这些先决条件。如果满足则开始安装，否则就停止安装 rpm 软件包。

采用 rpm 软件管理程序的优点：第一，软件已经编译打包，所以传输和安装方便，不需要用户通过编译安装软件；第二，在安装之前，会先检查系统的磁盘、操作系统版本等，避免将软件错误安装在系统上；第三，安装过的软件信息都记录在 Linux 主机的数据库上，方便查询、升级和卸载。

rpm 软件管理程序存在的缺点：第一，软件安装环境必须与打包环境一致或兼容；第二，必须已经安装了该 rpm 软件包所依赖的其他 rpm 软件包，才能完成安装；第三，卸载 rpm 包时，最底层的软件不能先移除，否则可能造成整个系统不能用。

rpm 包的命名格式为：

软件名称 - 版本号 - 发布次数 . 适合 Linux 系统 . 硬件平台 .rpm

例如 rpm 软件包 mysql-connector-java-8.0.27-1.el8.noarch.rpm，根据命名格式，可以知道软件的名字为 mysql-connector-java，版本号是 8.0.27-1，是第 1 次发布，适用于 el8 系统，noarch 表示可以在任意的体系结构上进行安装。

三、查看 rpm 软件包的信息

使用 rpm 程序查看软件包的安装信息，需要使用 -q 选项。

与 -q 选项一起使用的查询信息选项及其含义如下：

■ -a 选项：表示所有安装到系统的软件包。

- ■ -i 选项：表示显示软件包的详细信息。
- ■ -p 选项：显示未安装软件包的信息。
- ■ -f 选项：查找指定的文件名属于哪个已安装的软件。
- ■ -l 选项：列出该软件所有的文件与目录的完整文件名。
- ■ -c 选项：列出该软件的所有配置文件名。
- ■ -d 选项：列出该软件所有的帮助文档。
- ■ -R 选项：列出与该软件有关的依赖软件所含的文件。

使用 root 用户，执行下面的命令，查看当前系统所有已经安装的软件包：

```
[root@dbsvr ~]# rpm -qa
lttng-ust-help-2.10.1-8.oe1.noarch
# 省略很多输出
libargon2-20190702-1.oe1.x86_64
[root@dbsvr ~]#
```

使用 root 用户，执行下面的命令，查看是否安装了 JDBC 驱动：

```
[root@dbsvr ~]# rpm -qa |grep mysql-connector-java
[root@dbsvr ~]#
```

输出显示目前还没有安装 MySQL 数据库的 JDBC 驱动。

现在请读者到网址 https://dev.mysql.com/downloads/connector/j/ 下载 JDBC 驱动软件包 mysql-connector-java-8.0.27-1.el8.noarch.rpm（版本会自动更新），然后使用 FileZilla 将这个 rpm 文件传送到 openEuler 的 /root 目录下。

接下来使用 root 用户，执行下面的命令，查看这个刚刚下载的 rpm 软件包的文件信息：

```
[root@dbsvr ~]# rpm -qp mysql-connector-java-8.0.27-1.el8.noarch.rpm
warning: mysql-connector-java-8.0.27-1.el8.noarch.rpm: Header V3 DSA/SHA256 Signature, key ID 5072e1f5: NOKEY
mysql-connector-java-8.0.27-1.el8.noarch
[root@dbsvr ~]#
```

使用 root 用户，执行下面的命令，查看这个刚刚下载的 rpm 软件包的详细信息：

```
[root@dbsvr ~]# rpm -qi  mysql-connector-java-8.0.27-1.el8.noarch.rpm
warning: mysql-connector-java-8.0.27-1.el8.noarch.rpm: Header V3 DSA/SHA256 Signature, key ID 5072e1f5: NOKEY
Name        : mysql-connector-java
Epoch       : 1
Version     : 8.0.27
Release     : 1.el8
Architecture : noarch
Install Date : (not installed)
Group       : Development/Libraries
Size        : 2853005
License     : GPLv2
Signature   : DSA/SHA256, Wed 29 Sep 2021 03:08:04 AM CST, Key ID 8c718d3b5072e1f5
Source RPM : mysql-connector-java-8.0.27-1.el8.src.rpm
Build Date  : Wed 29 Sep 2021 02:23:02 AM CST
Build Host  : pb2-el8-05.appad2iad.mysql2iad.oraclevcn.com
```

```
URL         : http://dev.mysql.com/downloads/connector/j/
Summary     : Standardized MySQL database driver for Java
Description :
MySQL provides connectivity for client applications developed in the
Java programming language with MySQL Connector/J, a driver that
implements the [Java Database Connectivity (JDBC) API]
(http://www.oracle.com/technetwork/java/javase/jdbc/).
MySQL Connector/J 8.0 is a JDBC Type 4 driver that is compatible with
the [JDBC 4.2](http://docs.oracle.com/javase/8/docs/technotes/guides/jdbc/)
specification. The Type 4 designation means that the driver is a pure
Java implementation of the MySQL protocol and does not rely on the
MySQL client libraries.
For detailed information please visit the official
[MySQL Connector/J documentation]
(http://dev.mysql.com/doc/connector-j/en/).
[root@dbsvr ~]#
```

使用 root 用户，执行下面的命令，查看 rpm 包的文档信息：

```
[root@dbsvr ~]# rpm -qd mysql-connector-java-8.0.27-1.el8.noarch.rpm
warning: mysql-connector-java-8.0.27-1.el8.noarch.rpm: Header V3 DSA/SHA256 Signature, key ID 5072e1f5: NOKEY
/usr/share/doc/mysql-connector-java/CHANGES
/usr/share/doc/mysql-connector-java/INFO_BIN
/usr/share/doc/mysql-connector-java/INFO_SRC
/usr/share/doc/mysql-connector-java/LICENSE
/usr/share/doc/mysql-connector-java/README
[root@dbsvr ~]#
```

使用 root 用户，执行下面的命令，查看 rpm 包的依赖信息：

```
[root@dbsvr ~]# rpm -qR mysql-connector-java-8.0.27-1.el8.noarch.rpm
warning: mysql-connector-java-8.0.27-1.el8.noarch.rpm: Header V3 DSA/SHA256 Signature, key ID 5072e1f5: NOKEY
java-headless >= 1:1.8.0
rpmlib(CompressedFileNames) <= 3.0.4-1
rpmlib(FileDigests) <= 4.6.0-1
rpmlib(PayloadFilesHavePrefix) <= 4.0-1
rpmlib(PayloadIsXz) <= 5.2-1
[root@dbsvr ~]#
```

可以看到，需要在服务器上安装 Java 1.8 才能安装这个 MySQL 的 JDBC 驱动包。

使用 root 用户，执行下面的命令，查看某个程序（如 /usr/bin/vi）是由什么 rpm 包安装的：

```
[root@dbsvr ~]# rpm -qf /usr/bin/vi
vim-minimal-8.2-1.oe1.x86_64
[root@dbsvr ~]#
```

四、安装 rpm 软件包

使用 rpm 程序安装软件包，经常使用如下的 3 个选项：

■ -i 选项：告诉 rpm 程序安装软件包。

■ -v 选项：显示安装过程中的详细信息。

- -h 选项：安装过程中会打印 # 来显示进度，一般与 -v 选项一起使用。

使用 root 用户，执行下面的命令，安装 JDBC rpm 软件包：

```
[root@dbsvr ~]# rpm -ivh mysql-connector-java-8.0.27-1.el8.noarch.rpm
warning: mysql-connector-java-8.0.27-1.el8.noarch.rpm: Header V3 DSA/SHA256 Signature, key ID
5072e1f5: NOKEY
error: Failed dependencies:
      java-headless >= 1:1.8.0 is needed by mysql-connector-java-1:8.0.27-1.el8.noarch
[root@dbsvr ~]#
```

提示：现在还不能安装 mysql-connector-java-8.0.27-1.el8.noarch.rpm 包，是因为系统还没有安装 java-headless。

使用 root 用户，执行下面的命令：

```
yum -y install java
```

下面安装 mysql-connector-java-8.0.27-1.el8.noarch.rpm 包的依赖包。

使用 root 用户，执行下面的命令，再次安装 JDBC rpm 软件包：

```
[root@dbsvr ~]# rpm -ivh mysql-connector-java-8.0.27-1.el8.noarch.rpm
warning: mysql-connector-java-8.0.27-1.el8.noarch.rpm: Header V3 DSA/SHA256 Signature, key ID
5072e1f5: NOKEY
Verifying...                        ############################### [100%]
Preparing...                        ############################### [100%]
Updating / installing...
   1:mysql-connector-java-1:8.0.27-1.e ############################### [100%]
[root@dbsvr ~]#
```

使用 root 用户，执行下面的命令，查看是否安装了 JDBC 驱动：

```
[root@dbsvr ~]# rpm -qa |grep mysql-connector-java
mysql-connector-java-8.0.27-1.el8.noarch
[root@dbsvr ~]#
```

输出显示已经安装了 MySQL 数据库的 JDBC 驱动。

五、卸载 rpm 软件包

使用 rpm 程序卸载软件包，需要使用 -e 选项：

```
[root@dbsvr ~]# rpm -e mysql-connector-java-8.0.27-1.el8.noarch.rpm
error: package mysql-connector-java-8.0.27-1.el8.noarch.rpm is not installed
[root@dbsvr ~]# rpm -e mysql-connector-java
[root@dbsvr ~]#
```

从上面的输出可以看到，删除一个 rpm 包，需要使用 rpm 包的名字，不要包含 rpm 包的其他信息。

再次执行下面的命令，查看系统是否已经将 MySQL 的 JDBC 驱动包删除了：

```
[root@dbsvr ~]# rpm -qa|grep mysql-connector-java
[root@dbsvr ~]#
```

此时发现，现在系统已经找不到 MySQL 的 JDBC 驱动包了。

六、升级安装 rpm 软件包

使用 rpm 程序升级安装软件包，需要使用如下选项：

- -U 选项：告诉 rpm 程序是升级安装软件包。
- -v 选项：显示安装过程中的详细信息。
- -h 选项：安装过程中会打印 # 来显示进度，一般与 -v 选项一起使用。

不管 rpm 软件包是首次安装还是升级安装，都可以使用升级安装命令，因此推荐读者使用下列命令来安装 rpm 软件包：

```
[root@dbsvr ~]# cd
[root@dbsvr ~]# rpm -Uvh mysql-connector-java-8.0.27-1.el8.noarch.rpm
warning: mysql-connector-java-8.0.27-1.el8.noarch.rpm: Header V3 DSA/SHA256 Signature, key ID
5072e1f5: NOKEY
Verifying...                          ################################# [100%]
Preparing...                          ################################# [100%]
Updating / installing...
   1:mysql-connector-java-1:8.0.27-1.e ################################# [100%]
[root@dbsvr ~]#
```

七、yum 包管理器简介

yum（Yellow dog Updater Modified）是杜克大学在 rpm 包管理器基础上开发的一种软件包管理器。yum 最初是由 Yellow dog 发行版的开发者 Terra Soft 使用 Python 语言编写的，当时命名为 yup（Yellow dog Updater），后由杜克大学的开发团队进行改进（Modified），于是包管理器被命名为 yum。

在使用 rpm 程序安装软件时，如果该软件有很多 rpm 包，并且依赖于许多其他的软件包，那么用户通常会遇到很多麻烦。yum 可以更方便地添加、删除、更新 rpm 软件包，自动解决包的依赖性问题，便于管理大量系统的更新问题。

yum 包管理程序需要一个中心软件仓库（Repository），它可以是 HTTP 或 FTP 站点，也可以是本地软件池。在中心软件仓库中，保存了软件的 rpm 包，并且还包含 rpm 包的 header 信息。rpm header 中包括以下信息：rpm 包的描述、功能、文件、依赖性。yum 通过分析这些 header 信息，自动化地完成软件包的升级、安装、删除等操作，减少了 Linux 用户一直头痛的 dependencies 问题。

在 yum 的配置文件 /etc/yum.conf 中，可以同时配置多个中心软件仓库（Repository），自动解决增加或删除 rpm 包时遇到的依赖性问题，保持与 RPM 数据库的一致性。

八、yum 包管理器的配置文件

yum 包管理器的配置文件分为两部分。

yum 配置文件的第一部分是全局配置选项 main，一般位于文件 /etc/yum.conf 中，只能有一个全局配置选项。在新安装的 openEuler 系统中，文件 /etc/yum.conf 的内容如下：

```
[root@dbsvr ~]# cat /etc/yum.conf
[main]
gpgcheck=1
installonly_limit=3
clean_requirements_on_remove=True
best=True
skip_if_unavailable=False
[root@dbsvr ~]#
```

　　gpgcheck 可以是 0 或者 1，用于设置是否进行 gpg（GNU Private Guard）校验，以确定 rpm 包的来源是有效和安全的。这个选项如果设置在 [main] 部分，则对每个软件仓库（Repository）都有效。gpgcheck 的默认值为 0。

　　在 /etc/yum.conf 中还可以添加选项 exclude，如 exclude=selinux*，selinux* 中的 * 是通配符，表示与 selinux 所有相关的软件。使用这个选项表示要将与 selinux 所有相关的软件都排除在升级名单之外。在 exclude 选项中，各个被排除的软件要用空格隔开。

　　yum 配置文件的第二部分是软件仓库（Repository），它定义了每个源/服务器的具体配置，在目录 /etc/yum.repo.d 下可以有一到多个软件仓库。

```
[root@dbsvr ~]# cd /etc/yum.repos.d/
[root@dbsvr yum.repos.d]# ls -l
total 4
-rw-r--r--. 1 root root 1972 Jun 24 00:22 openEuler.repo
[root@dbsvr yum.repos.d]#
```

　　在新安装的 openEuler 系统中，该目录下目前只有一个软件仓库。执行下面的命令可查看仓库的内容：

```
[root@dbsvr yum.repos.d]# cat openEuler.repo
#generic-repos is licensed under the Mulan PSL v2.
# 省略了许多输出
[OS]
name=OS
baseurl=http://repo.openeuler.org/openEuler-20.03-LTS-SP2/OS/$basearch/
enabled=1
gpgcheck=1
gpgkey=http://repo.openeuler.org/openEuler-20.03-LTS-SP2/OS/$basearch/RPM-GPG-KEY-openEuler
# 省略了许多输出
[update]
name=update
baseurl=http://repo.openeuler.org/openEuler-20.03-LTS-SP2/update/$basearch/
enabled=1
gpgcheck=1
gpgkey=http://repo.openeuler.org/openEuler-20.03-LTS-SP2/OS/$basearch/RPM-GPG-KEY-openEuler
[root@dbsvr yum.repos.d]#
```

　　所有的 Repository 服务器设置都应该遵循如下格式：

[serverid]
name=Some name for this server
baseurl=url://path/to/repository/

　　其中：

- serverid 用于区别各个不同的 Repository，必须有一个独一无二的名称。
- name 是对 Repository 的描述。
- baseurl 是服务器设置中最重要的部分，只有设置正确，才能从上面获取软件。
  - baseurl 的一般格式如下：

        baseurl=url://server1/path/to/repository/
                url://server2/path/to/repository/
                url://server3/path/to/repository/

➢ url 可以是 http://、ftp:// 和 file:// 这 3 种协议。

➢ url 指向的目录必须是这个 Repository header 目录的上一级。

➢ baseurl 后可以跟多个 url，可以把速度比较快的镜像站放在前面。

➢ 只能有一个 baseurl，下面的格式是非法的：

```
baseurl=url://server1/path/to/repository/
baseurl=url://server2/path/to/repository/
baseurl=url://server3/path/to/repository/
```

➢ url 的后面可以加上多个选项如 gpgcheck、exclude、failovermethod：

```
[updates-released]
name=Fedora Core $releasever - $basearch - Released Updates
baseurl=http://download.atrpms.net/mirrors/fedoracore/updates/$releasever/$basearch
        http://redhat.linux.ee/pub/fedora/linux/core/updates/$releasever/$basearch
        http://fr2.rpmfind.net/linux/fedora/core/updates/$releasever/$basearch
gpgcheck=1
exclude=gaim
failovermethod=priority
```

其中：

✓ gpgcheck 的含义和 [main] 部分的含义相同，但只对此服务器起作用。

✓ exclude 的含义和 [main] 部分的含义相同，但只对此服务器起作用。

✓ failovermethod 有两个值，当有多个 url 可供选择时：

❖ 如果该参数的值为 roundrobin（默认值），则表示 yum 随机选择其中一个 url，如果连接失败，则再随机选择一个，依次循环。

❖ 如果该参数的值为 priority，则表示 yum 将按照 url 的排列顺序从第一个开始，然后依次循环。

九、配置本地操作系统光盘作为 yum 源

这里的例子是使用 openEuler 操作系统光盘上的软件来安装 bind 软件包。由于系统已经安装了 bind 软件包，因此，首先需要使用 root 用户来执行下面的命令，删除 openEuler Linux 上的 bind 软件包：

```
yum -y remove bind
```

然后使用 root 用户，执行下面的命令，挂接光盘到文件系统 /mnt/cdrom：

```
mkdir /mnt/cdrom
mount /dev/sr0 /mnt/cdrom
```

接着使用 root 用户，执行下面的命令，备份操作系统自带的仓库配置文件：

```
cd /etc/yum.repos.d/
mv openEuler.repo openEuler.repo.bak
```

紧接着使用 vi 编辑器编辑文件 /etc/yum.repos.d/osOnCdrom.repo：

```
vi /etc/yum.repos.d/osOnCdrom.repo
```

将以下的内容复制到文件中：

```
[base]
name=osOnCdrom
baseurl=file:///mnt/cdrom/
enabled=1
gpgcheck=1
gpgkey=file:///mnt/cdrom/RPM-GPG-KEY-openEuler
```

保存文件并退出 vi 编辑器。

下一步需要使用 root 用户，执行下面的命令，清除并重建 yum 缓存：

```
[root@dbsvr yum.repos.d]# yum clean all      # 清除 yum 缓存中所有的内容
39 files removed
[root@dbsvr yum.repos.d]# yum makecache  # 重新创建 yum 缓存
osOnCdrom                          83 MB/s | 14 MB     00:00
Last metadata expiration check: 0:00:02 ago on Wed 29 Dec 2021 04:35:11 PM CST.
Metadata cache created.
[root@dbsvr yum.repos.d]#
```

可以看到为名字为 osOnCdrom 的软件仓库源创建了缓存。

现在可以使用 yum 从本地操作系统光盘获取软件包安装软件了：

```
yum -y install bind
```

最后使用 root 用户，执行下面的命令，恢复原来的 yum 仓库配置文件：

```
rm -f /etc/yum.repos.d/osOnCdrom.repo
cd /etc/yum.repos.d/
mv openEuler.repo.bak openEuler.repo
umount /mnt/cdrom
yum clean all
yum makecache
```

十、配置 openEuler 使用 CentOS 7 的 yum 源

openEuler 并不兼容 CentOS，建议读者在生产环境中只使用官方的 yum 源来安装软件。这里介绍的方法建议读者仅用于测试环境中。

使用 root 用户，执行下面的命令，备份操作系统自带的仓库配置文件：

```
cd /etc/yum.repos.d/
mv openEuler.repo openEuler.repo.bak
```

1. 配置 openEuler 使用阿里云上的 CentOS 7 yum 源

首先使用 root 用户，下载阿里云上的 CentOS 7 yum 源配置文件：

```
wget  http://mirrors.aliyun.com/repo/Centos-7.repo
```

然后使用 vi 编辑器修改文件 /etc/yum.repos.d/CentOS-7.repo，将文件中的 $releasever 替换为 7（不能修改为 8，会有问题）：

```
vi /etc/yum.repos.d/Centos-7.repo
```

按 <Esc> 键进入命令模式，然后输入 :%s%$releasever%7%g，将 $releasever 替换为 7，再输入 :wq!，保存并退出 vi 编辑器。

使用 root 用户，执行下面的命令，清除并重建 yum 缓存：

```
yum clean all
yum makecache
```

现在可以安装 CentOS 7 上的一些软件包到 openEuler 操作系统了：

```
[root@dbsvr yum.repos.d]# yum -y install kernel-doc
# 删除了许多输出
Installed:
  kernel-doc-3.10.0-1160.49.1.el7.noarch
Complete!
[root@dbsvr yum.repos.d]#
```

在 openEuler 上安装了 CentOS 7 的操作系统内核文档包 kernel-doc，可以使用 man 命令查阅内核 API，如 man prink。

为了继续测试，使用华为云的 CentOS 7 yum 源。使用 root 用户，执行下面的命令，卸载刚刚安装的 kernel-doc 内核文档包：

```
[root@dbsvr yum.repos.d]# yum -y remove kernel-doc
```

最后删除阿里云的 CentOS 7 yum 源：

```
cd /etc/yum.repos.d/
rm -f /etc/yum.repos.d/Centos-7.repo
```

2. 配置 openEuler 使用华为云上的 CentOS 7 yum 源

下载华为云上的 CentOS 7 yum 镜像源配置文件：

```
wget -O /etc/yum.repos.d/CentOS-Base.repo https://repo.huaweicloud.com/repository/conf/CentOS-7-reg.repo
```

然后使用 vi 编辑器修改文件 /etc/yum.repos.d/CentOS-Base.repo，将 $releasever 替换为 7（不能修改为 8，会有问题）：

```
vi /etc/yum.repos.d/CentOS-Base.repo
```

按 <Esc> 键进入命令模式，然后输入 :%s%$releasever%7%g，将 $releasever 替换为 7，再输入 :wq!，保存并退出 vi 编辑器。

执行下面的命令，清除并重建 yum 缓存：

```
yum clean all
yum makecache
```

现在可以安装 CentOS 7 上的一些软件包到 openEuler 操作系统了：

```
yum -y install kernel-doc
```

至此在 openEuler 上安装了 CentOS 7 的操作系统内核文档包。

最后执行下面的命令，删除华为云的 CentOS 7 yum 源，并恢复 openEuler 原来的 yum 仓库配置文件：

```
rm -f CentOS-Base.repo
mv openEuler.repo.bak openEuler.repo
umount /mnt/cdrom
yum clean all
yum makecache
```

十一、使用 yum 下载软件包

有时候，openEuler 服务器在企业内网不能访问互联网，这时就只能使用软件来安装。在这种情况下，可通过一台能够访问互联网的 openEuler 系统把软件包通过 yum 下载下来，而不是马上安装在这个系统上。在测试之前，首先创建一个保存 rpm 包的目录：

```
mkdir -p /opt/openEuler/rpm
cd /opt/openEuler/rpm
```

可以使用命令 yumdownloader 来下载软件包。不管在系统上有没有安装软件包，都可以用该命令来下载。

```
[root@dbsvr rpm]# yumdownloader bind
Last metadata expiration check: 0:00:39 ago on Wed 15 Dec 2021 07:16:06 PM CST.
bind-9.11.21-9.oe1.x86_64.rpm                    1.6 MB/s | 2.0 MB     00:01
[root@dbsvr rpm]# ls -l /opt/openEuler/rpm
total 19984
-rw-r--r-- 1 root root 2090632 Dec 29 16:03 bind-9.11.21-9.oe1.x86_64.rpm
[root@dbsvr rpm]#
```

使用 root 用户，执行下面的命令，删除刚刚下载的软件包，清理实验环境：

```
[root@dbsvr rpm]# rm -f bind-9.11.21-9.oe1.x86_64.rpm
[root@dbsvr rpm]# cd
[root@dbsvr ~]#
```

十二、查看 yum 资源库的信息

执行下面的命令，可以列出资源库中所有可以安装或更新的 rpm 包：

```
yum list
```

也可以执行下面的命令，列出指定 rpm 包的信息：

```
[root@dbsvr ~]#  yum list bind
Last metadata expiration check: 0:08:32 ago on Wed 29 Dec 2021 04:02:33 PM CST.
Installed Packages
bind.x86_64           32:9.11.21-9.oe1              @update
Available Packages
bind.src              32:9.11.21-7.oe1              source
[root@dbsvr ~]#
```

执行下面的命令，可以列出资源库中所有可以更新的 rpm 包：

```
yum list updates
```

执行下面的命令，可以列出已经安装的所有 rpm 包：

```
yum list installed
```

一般说来，会使用下面的命令来查看是否安装了某个 rpm 包：

```
[root@dbsvr ~]# yum list installed|grep bind
bind.x86_64                           32:9.11.21-9.oe1              @update
bind-chroot.x86_64                    32:9.11.21-9.oe1             @update
bind-libs.x86_64                      32:9.11.21-9.oe1             @update
bind-libs-lite.x86_64                 32:9.11.21-9.oe1             @update
bind-utils.x86_64                     32:9.11.21-9.oe1             @update
python3-bind.noarch                   32:9.11.21-9.oe1             @update
rpcbind.x86_64                        1.2.5-5.oe1                  @anaconda
[root@dbsvr ~]#
```

执行下面的命令，列出已经安装的但是不包含在资源库中的 rpm 包（如非 openEuler 操作系统发行的 rpm 软件包、从其他地方下载的 rpm 包）：

```
[root@dbsvr ~]# yum list extras
Last metadata expiration check: 0:37:58 ago on Wed 15 Dec 2021 07:29:13 PM CST.
Extra Packages
kernel-doc.noarch                     3.10.0-1160.45.1.el7         @@System
[root@dbsvr ~]#
```

这里，kernel-doc 包是从 CentOS 7 yum 源下载的内核 API 帮助包，安装到 openEuler 系统上，因此 kernel-doc rpm 包是 extras 软件包。

十三、查看 rpm 包的详细信息

执行下面的命令，可以列出资源库中所有可以安装或更新的 rpm 包的详细信息：

```
yum info
```

也可以列出指定 rpm 包的详细信息：

```
[root@dbsvr ~]# yum info kernel-doc
Last metadata expiration check: 0:33:45 ago on Wed 15 Dec 2021 07:29:13 PM CST.
Installed Packages
Name         : kernel-doc
Version      : 3.10.0
Release      : 1160.45.1.el7
Architecture : noarch
Size         : 49 M
Source       : kernel-3.10.0-1160.45.1.el7.src.rpm
Repository   : @System
From repo    : @System
Summary              : Various documentation bits found in the kernel source
URL          : http://www.kernel.org/
License      : GPLv2
Description  : This package contains documentation files from the kernel
             : source. Various bits of information about the Linux kernel and the
             : device drivers shipped with it are documented in these files.
             :
             : You'll want to install this package if you need a reference to the
             : options that can be passed to Linux kernel modules at load time.
[root@dbsvr ~]#
```

执行下面的命令，可以列出资源库中所有可以更新的 rpm 包的详细信息：

```
yum info updates
```

执行下面的命令，可以列出已经安装的 rpm 包的详细信息：

```
yum info installed
```

执行下面的命令，列出已经安装的但是不包含在资源库中的 rpm 包（如非 openEuler 操作系统发行的 rpm 软件包、从其他地方下载的 rpm 包）：

```
yum info extras
```

十四、使用 yum 搜索软件包

执行下面的命令，查看 ifconfig 程序属于哪个软件包：

```
[root@dbsvr ~]# yum provides ifconfig
Last metadata expiration check: 0:08:11 ago on Wed 29 Dec 2021 03:31:39 PM CST.
net-tools-2.0-0.54.oe1.x86_64 : Important Programs for Networking
Repo          : @System
Matched from :
Filename     : /usr/sbin/ifconfig

net-tools-2.0-0.54.oe1.x86_64 : Important Programs for Networking
Repo          : OS
Matched from :
Filename     : /usr/sbin/ifconfig

net-tools-2.0-0.54.oe1.x86_64 : Important Programs for Networking
Repo          : everything
Matched from :
Filename     : /usr/sbin/ifconfig

[root@dbsvr ~]#
```

这条命令非常有用，读者要记得使用。

执行下面的命令，搜索与关键字 mysql 相关的软件包：

```
[root@dbsvr ~]# yum search mysql
Last metadata expiration check: 0:09:09 ago on Wed 15 Dec 2021 07:05:19 PM CST.
=========== Name Exactly Matched: mysql ===========
mysql.src : The world's most popular open source database
mysql.x86_64 : The world's most popular open source database
=========== Name & Summary Matched: mysql ===========
freeradius-mysql.x86_64 : MySQL support of the FreeRADIUS package
lighttpd-mod_authn_mysql.x86_64 : Authentication module for lighttpd that uses a MySQL database
lighttpd-mod_mysql_vhost.x86_64 : Virtual host module for lighttpd that uses a MySQL database
mysql-connector-java.noarch : Official JDBC driver for MySQL
mysql-connector-java.src : Official JDBC driver for MySQL
mysql5.x86_64 : MySQL client programs and shared libraries
mysql5.src : MySQL client programs and shared libraries
mysql5-common.x86_64 : The shared files required for MySQL server and client
mysql5-debuginfo.x86_64 : Debug information for package mysql5
```

```
mysql5-debugsource.x86_64 : Debug sources for package mysql5
mysql5-devel.x86_64 : Files for development of MySQL applications
mysql5-embedded.x86_64 : MySQL as an embeddable library
mysql5-embedded-devel.x86_64 : Development files for MySQL as an embeddable library
mysql5-libs.x86_64 : The shared libraries required for MySQL clients
mysql5-server.x86_64 : The MySQL server and related files
mysql5-test.x86_64 : The test suite distributed with MySQL
nagios-plugins-mysql.x86_64 : Nagios Plugin - check_mysql
# 省略许多输出
[root@dbsvr ~]#
```

十五、使用 yum 安装和卸载软件包

前面已经多次使用下面的命令来安装和卸载软件包了：

```
yum install YourSoftwareAppName
yum remove  YourSoftwareAppName
```

也可以为上面的两条命令加上 -y 选项，表示不需要 yum 再提示是否继续安装（输入 Y 表示继续，N 表示放弃）。

使用 yum 安装和卸载时，除了可以指定应用的名字以外，还可以指定 rpm 包的名字：

- yum install NameOfRpm 相当于 rpm -ivh NameOfRpm。
- yum remove NameOfRpm 相当于 rpm -e NameOfRpm。

十六、使用 yum 管理软件组

软件组是 openEuler（RHEL 或者 CentOS）中的一组相关软件。

执行下面的命令，列出资源库中所有的软件组（可以安装的和已经安装的）：

```
[root@dbsvr ~]# yum grouplist
Last metadata expiration check: 0:25:42 ago on Wed 15 Dec 2021 07:05:19 PM CST.
Available Environment Groups:
   Minimal Install
   Virtualization Host
Installed Environment Groups:
   Server
Installed Groups:
   Container Management
   Development Tools
   Headless Management
   Legacy UNIX Compatibility
   Network Servers
   Scientific Support
   Security Tools
   System Tools
   Smart Card Support
[root@dbsvr ~]#
```

要查看软件组的信息，可以执行下面的命令：

```
[root@dbsvr ~]# yum groupinfo "Virtualization Host"
Last metadata expiration check: 2:41:38 ago on Wed 15 Dec 2021 10:05:27 PM CST.
Environment Group: Virtualization Host
 Description: Minimal virtualization host.
```

```
    Mandatory Groups:
      Base
      Core
      Virtualization Hypervisor
    Optional Groups:
      Network File System Client
      Remote Management for Linux
      Virtualization Openvswitch
[root@dbsvr ~]#
```

使用下面的命令，可以安装软件组"Virtualization Host"：

```
yum -y groupinstall "Virtualization Host"
```

要删除一个软件组，执行下面的命令：

```
yum -y groupremove "Virtualization Host"
```

在安装操作系统时，如果选择安装的是最小系统，那么使用 yum 的 yum 安装软件组的命令，可以很容易地安装 Server 软件组或其他的软件组。

```
yum -y groupinstall "Server"
```

十七、使用 yum 更新 / 升级软件包

update 命令和 upgrade 命令都可以将软件更新到最新版，这两者的区别是：**update 命令会保存旧版本**，而 **upgrade 命令会删除旧版本**。如果软件依赖于旧版本，那么最好使用 update 命令，以确保不会出现兼容性问题。

执行下面的命令，列出 yum 升级源上所有可用的软件包：

```
yum list available
```

执行下面的命令，列出 yum 升级源上可用的更新包：

```
yum list updates
```

在更新 openEuler 系统上的软件之前执行下面的命令，检查可更新的软件包：

```
yum check-update
```

执行下面的命令，更新 openEuler 系统上的软件：

```
yum -y update
```

执行下面的命令，升级 openEuler 系统上的软件：

```
yum -y upgrade
```

十八、dnf 包管理工具简介

前面学习了 rpm 和 yum，可以体会到使用 yum 管理 Linux 上的软件包比使用 rpm 更容易、方便。

yum 主要是用 Python 编写的，它有自己的应对依赖解析的方法。它的 API 没有完整的文档。

要扩展 yum，只能使用 Python 插件。yum 是 RPM 的前端工具，它管理依赖关系和资源库，然后使用 RPM 来安装、下载和删除包。yum 存在的问题包括性能差、内存占用过多、依赖解析速度变慢等。由于 yum 中许多长期存在的问题一直没有得到解决，因此 yum 包管理器已逐渐被 dnf 包管理器取代。dnf 使用由 SUSE 开发和维护的 libsolv 进行依赖解析，可以极大地提高性能，使维护软件包、组变得更容易，并且能够自动解决依赖性问题。

为什么要建立一个新的工具 dnf，而不是修复 yum 现有的问题呢？dnf 工具的开发者 Ales Kozamblak 解释说，修复在技术上是不可行的，并且 yum 团队还没有准备好立即接受修改。另外的挑战是，yum 有 56000 行代码，而 dnf 只有 29000 行代码。所以除了分叉，没有办法解决。

dnf 和 yum 的比较见表 15-1。

表 15-1　dnf 与 yum 的比较

编号	dnf	yum
1	dnf 使用了 SuSE 开发和维护的 libsolv 来解析依赖关系	yum 使用公开的 API 来解析依赖关系
2	API 有完整的文档	API 没有完整的文档
3	由 C、C++、Python 编写	只由 Python 编写
4	dnf 目前在 Fedora、RHEL 8、CentOS 8、OEL 8 和 Mageia 6/7 中使用	yum 目前在 RHEL 6/7、CentOS 6/7、OEL 6/7 中使用
5	dnf 支持各种扩展	yum 只支持基于 Python 的扩展
6	API 有良好的文档，因此很容易创建新的功能	因为 API 没有正确地文档化，所以创建新功能非常困难
7	dnf 在同步存储库的元数据时，使用的内存较少	在同步存储库的元数据时，yum 使用了过多的内存
8	dnf 使用满足性算法来解决依赖关系解析（它是用字典的方法来存储和检索包及依赖信息）	由于使用公开 API 的原因，yum 依赖性解析变得迟钝
9	从内存使用量和版本库元数据的依赖性解析来看，性能都不错	总体来说，在很多因素的影响下表现不佳
10	在 dnf 更新过程中，如果包中包含不相关的依赖，则不会更新	yum 将在没有验证的情况下更新软件包
11	如果启用的存储库没有响应，那么 dnf 将跳过它，并继续使用可用的存储库处理事务	如果有存储库不可用，那么 yum 会立即停止
12	dnf update 和 dnf upgrade 是等价的	yum update 和 yum upgrade 不同
13	安装包的依赖关系不更新	yum 为更新行为提供了一个选项
14	当删除一个包时，dnf 会自动删除任何没有被用户明确安装的依赖包	yum 不会这样做
15	默认情况下，系统启动后 10min 后，dnf 每小时都会对配置的存储库检查一次更新。这个动作由系统定时器单元 dnf-makecache.timer 控制	yum 也会这样做
16	内核包不受 dnf 保护。不像 yum，用户可以删除所有的内核包，包括运行中的内核包	yum 不允许用户删除运行中的内核
17	libsolv：用于解包和读取资源库。hawkey：为 libsolv 提供简化的 C 和 Python API 库 librepo：提供 C 和 Python（类似 libcURL）API 的库，用于下载 Linux 存储库元数据和软件包 libcomps：是 yum.comps 库的替代品。它是用纯 C 语言编写的库，有 Python 2 和 Python 3 的绑定	yum 不使用单独的库来执行这些功能
18	dnf 包含 29000 行代码	yum 包含 56000 行代码
19	dnf 由 Ales Kozumblak 开发	yum 由 Zdenek Pavlas、Jan Silhan 和团队成员开发

十九、dnf 和 yum 之间的关系

使用 root 用户，执行下面的命令：

```
[root@dbsvr ~]# ls -l /usr/bin/yum
lrwxrwxrwx. 1 root root 5 Jun 24 01:57 /usr/bin/yum -> dnf-3
[root@dbsvr ~]# file /usr/bin/dnf-3
/usr/bin/dnf-3: Python script, ASCII text executable
[root@dbsvr ~]#
```

可以看到，目前 openEuler 上的 yum 实际上是通过 dnf-3 来实现的。

二十、使用 dnf 查询存储库 repo

执行下面的命令，列出所有的存储库（包括所有 enabled 状态和 disabled 状态的存储库）：

```
dnf repolist all
```

执行下面的命令，列出状态是 enabled 的存储库：

```
dnf repolist
```

或者执行下面的命令，它与命令 dnf repolist 的效果一样：

```
dnf repolist enabled
```

执行下面的命令，列出状态是 disabled 的存储库：

```
dnf repolist disabled
```

执行下面的命令，查看名字为 OS 的存储库的详细信息：

```
[root@dbsvr ~]# dnf repolist -v OS
Loaded plugins: builddep, changelog, config-manager, copr, debug, debuginfo-install, download, generate_
completion_cache, needs-restarting, playground, repoclosure, repodiff, repograph, repomanage, reposync
DNF version: 4.2.23
cachedir: /var/cache/dnf
Last metadata expiration check: 0:17:45 ago on Wed 15 Dec 2021 07:05:19 PM CST.
Repo-id            : OS
Repo-name          : OS
Repo-status        : enabled
Repo-revision      : 1624512271
Repo-updated       : Thu 24 Jun 2021 01:24:31 PM CST
Repo-pkgs          : 2,525
Repo-available-pkgs : 2,525
Repo-size          : 3.2 G
Repo-baseurl       : http://repo.openeuler.org/openEuler-20.03-LTS-SP2/OS/x86_64/
Repo-expire        : 172,800 second(s) (last: Wed 15 Dec 2021 07:05:00 PM CST)
Repo-filename      : /etc/yum.repos.d/openEuler.repo
Total packages     : 2,525
[root@dbsvr ~]#
```

/etc/yum.repo.d/openEuler.repo 文件中 name 参数的值就是存储库的名字，本例中列出的是 name=OS 的存储库的详细信息。这个命令与下面的命令效果一样：

```
[root@dbsvr ~]# dnf repoinfo OS
Last metadata expiration check: 0:23:53 ago on Wed 15 Dec 2021 07:05:19 PM CST.
Repo-id             : OS
Repo-name           : OS
Repo-status         : enabled
Repo-revision       : 1624512271
Repo-updated        : Thu 24 Jun 2021 01:24:31 PM CST
Repo-pkgs           : 2,525
Repo-available-pkgs : 2,525
Repo-size           : 3.2 G
Repo-baseurl        : http://repo.openeuler.org/openEuler-20.03-LTS-SP2/OS/x86_64/
Repo-expire         : 172,800 second(s) (last: Wed 15 Dec 2021 07:05:00 PM CST)
Repo-filename       : /etc/yum.repos.d/openEuler.repo
Total packages      : 2,525
[root@dbsvr ~]#
```

二十一、查询和搜索软件包

执行下面的命令，可以列出所有的软件包（包括可安装的和已经安装的软件包）：

```
dnf list
```

执行下面的命令，列出已经安装的软件包：

```
dnf list installed
```

执行下面的命令，列出所有可安装的软件包：

```
dnf list available
```

执行下面的命令，查看 rpm 包的详细信息：

```
[root@dbsvr ~]# dnf info mysql
Last metadata expiration check: 0:29:59 ago on Wed 15 Dec 2021 07:05:19 PM CST.
Available Packages
Name         : mysql
Version      : 8.0.24
Release      : 1.oe1
Architecture : src
Size         : 549 M
Source       : None
Repository   : source
Summary      : The world's most popular open source database
URL          : http://www.mysql.com/
License      : GPLv2 with exceptions and LGPLv2 and BSD
Description  : The MySQL(TM) software delivers a very fast, multi-threaded, multi-user,
             : and robust SQL (Structured Query Language) database server. MySQL Server
             : is intended for mission-critical, heavy-load production systems as well
             : as for embedding into mass-deployed software. MySQL is a trademark of
             : Oracle and/or its affiliates
             :
# 省略了一些输出
```

执行下面的命令，按关键字搜索 rpm 包：

```
[root@dbsvr ~]# dnf search postgresql
Last metadata expiration check: 0:32:35 ago on Wed 15 Dec 2021 07:05:19 PM CST.
======== Name & Summary Matched: postgresql ========================================
postgresql.src : PostgreSQL client programs
postgresql.x86_64 : PostgreSQL client programs
freeradius-postgresql.x86_64 : Postgresql support of the FreeRADIUS package
pcp-pmda-postgresql.x86_64 : PCP metrics for PostgreSQL
# 省略了一些输出
=========== Summary Matched: postgresql ============================================
apr-util-pgsql.x86_64 : The PostgreSQL DBD driver of apr-util.
perl-DBD-Pg.x86_64 : DBD::Pg-PostgreSQL database driver for the DBI module
# 省略了一些输出
[root@dbsvr ~]#
```

执行下面的命令，查看指定的程序属于哪个软件包：

```
[root@dbsvr ~]# dnf provides postgresql
Last metadata expiration check: 0:37:20 ago on Wed 15 Dec 2021 07:05:19 PM CST.
postgresql-10.5-21.oe1.x86_64 : PostgreSQL client programs
Repo         : OS
Matched from:
Provide      : postgresql = 10.5-21.oe1

postgresql-10.5-21.oe1.x86_64 : PostgreSQL client programs
Repo         : everything
Matched from:
Provide      : postgresql = 10.5-21.oe1

postgresql-10.5-22.oe1.x86_64 : PostgreSQL client programs
Repo         : update
Matched from:
Provide      : postgresql = 10.5-22.oe1

[root@dbsvr ~]#
```

执行下面的命令，列出指定名字的存储库（此处名字为 OS）的所有软件包：

```
dnf list --repo OS
```

二十二、使用 dnf 安装软件包
执行下面的命令，安装指定名字的软件包：

```
dnf -y install postgresql
```

执行下面的命令，从指定名字的存储库（此处存储库的名字为 OS）中安装指定名字的软件包（此处软件包的名字为 mysql）：

```
dnf -y install --enablerepo=OS mysql
```

二十三、使用 dnf 下载 rpm 软件包
执行下面的命令，只下载不安装指定名字的软件包：

```
[root@dbsvr ~]# dnf download postgresql
Last metadata expiration check: 0:53:39 ago on Wed 15 Dec 2021 07:05:19 PM CST.
Waiting for process with pid 43429 to finish.
postgresql-10.5-22.oe1.x86_64.rpm                596 kB/s | 910 kB     00:01
[root@dbsvr ~]# ls -l postgresql-10.5-22.oe1.x86_64.rpm
-rw-r--r-- 1 root root 932220 Dec 15 20:01 postgresql-10.5-22.oe1.x86_64.rpm
[root@dbsvr ~]#
```

二十四、使用 dnf 删除软件包

执行下面的命令，删除系统中的软件包：

```
dnf -y remove postgresql
```

二十五、使用 dnf 更新 / 升级软件包

执行下面的命令，检查可以更新的软件包：

```
dnf check-update
```

更新和升级的区别在于是否保留软件的旧版本。建议读者使用软件更新，因为这样更安全。
如果读者希望更新系统软件包，并且想保留软件包的旧版本，则可执行下面的命令：

```
dnf -y update
```

如果读者希望升级系统的软件包，不想保留软件包的旧版本，则可执行下面的命令：

```
dnf -y upgrade
```

二十六、使用 dnf 管理资源存储库的缓存

执行下面的命令，清除所有的缓存：

```
dnf clean all
```

执行下面的命令，重建缓存：

```
dnf makecache
```

二十七、添加或者更换 dnf 软件源

方法与 yum 相同，请读者参看任务十五的步骤八、九和十。

二十八、查看 dnf 命令的执行历史

执行下面的命令，查看 dnf 的执行历史：

```
[root@dbsvr ~]# dnf history
ID    | Command line                  | Date and time        | Action(s)  | Altered
-------------------------------------------------------------------------------------
    5 | -y upgrade                    | 2021-12-15 20:22 | I, U       | 176 EE
    4 | -y remove postgresql          | 2021-12-15 20:18 | Removed    |   3
    3 | -y install --enablerepo=OS mysql | 2021-12-15 20:01 | Install    |   2
    2 | -y install postgresql         | 2021-12-15 19:55 | Install    |   3
    1 |                               | 2021-12-15 16:01 | Install    | 1037 EE
[root@dbsvr ~]#
```

Linux 系统管理实战：交换区管理

任务目标

让 openEuler 初学者学会管理 Linux 交换区。

实施步骤

一、实验环境

首先使用任务三项目 2 实施步骤十九中准备好的 dbsvrOK.rar 虚拟机备份。

然后按照任务十二实施步骤二为 openEuler 虚拟机创建一个大小为 1200GB 的 VMware 虚拟磁盘，磁盘设备名为 /dev/sdb。

接下来按照任务十二实施步骤六，使用 fdisk 分区程序将磁盘 /dev/sdb 划分为 3 个主分区：主分区 /dev/sdb1 的大小为 300GB，主分区 /dev/sdb2 的大小为 350GB，主分区 /dev/sdb3 的大小为 400GB。

分区结束后，执行下面的命令，查看分区情况：

```
[root@dbsvr ~]# fdisk -l /dev/sdb
Disk /dev/sdb: 1.18 TiB, 1288490188800 bytes, 2516582400 sectors
# 省略了一些输出
Device     Boot     Start          End      Sectors   Size Id Type
/dev/sdb1           2048     629147647    629145600   300G 83 Linux
/dev/sdb2       629147648    1363150847    734003200   350G 83 Linux
/dev/sdb3      1363150848    2202011647    838860800   400G 83 Linux
[root@dbsvr ~]#
```

二、关于交换区的错误建议

在物理内存比较小的计算机系统上，如果要运行的程序对内存的需求超过了物理内存的大小，那么此时可以为 Linux 系统配置一个足够大的交换区。

关于 Linux 上交换区的配置，不要轻易相信网上的一些经验：将交换区配置为物理内存的 1.5 ～ 2 倍大小。这绝对是没有根据的说法。这里通过一个小程序来指出这种说法的错误之处。假设计算机正在运行 64 位的 Linux，物理内存是 4GB，按照网络上的错误说法为 Linux 配置了 8GB 交换区。这时对于所编写的 C 语言程序，有一行代码执行的是 malloc 函数，它将申请 12GB 的内存（对于 64 位 Linux，申请 12GB 并不是一个很大的数）。这个程序在计算机上根本无法正常运行，不可能成功执行 malloc 函数，因为虚拟内存大小不够（物理内存和交换区之和构成的虚拟内存总共才 12GB，而 malloc 函数就申请了 12GB 的虚拟内存）。

对于交换区，正确的配置方法是，根据计算机系统上磁盘的情况，尽量配置一个大的交换区，这样会让系统更稳定。这里编者给读者提供一个经验，如果计算机的物理内存低于 32GB，那么请为 Linux 配置 64GB 大小的交换区。如果计算机系统上有特别多的内存，那么在系统磁盘允许的情况，尽量为系统配置一个或者多个更大的交换区。

现代计算机系统的内存已经可以有几个 TB 大小了，因此在一些内存比较大的计算机系统中，

217

可以不为计算机系统配置交换区。

三、查看交换区的大小：free 命令

要查看当前 openEuler 操作系统上交换区的大小，可以执行下面的命令：

```
[root@dbsvr ~]# free -h
              total        used        free      shared     buff/cache   available
Mem:          3.3Gi       315Mi       2.8Gi       9.0Mi         266Mi       2.6Gi
Swap:          63Gi          0B        63Gi
[root@dbsvr ~]#
```

从输出可以看到，当前系统的物理内存有 3.3GiB，交换区大小为 63GiB。

四、添加交换区：使用磁盘分区

这里计划在磁盘分区 /dev/sdb1 上创建一个新的交换区。

首先使用 root 用户，将磁盘分区 /dev/sdb1 格式化为交换区：

```
[root@dbsvr ~]# mkswap /dev/sdb1
```

然后使用 root 用户，激活这个刚刚创建的交换区 /dev/sdb1：

```
[root@dbsvr ~]# swapon /dev/sdb1
```

接下来使用 free 命令，查看交换区的情况：

```
[root@dbsvr ~]# free -h
              total        used        free      shared     buff/cache   available
Mem:          3.3Gi       550Mi       2.5Gi       9.0Mi         266Mi       2.4Gi
Swap:         363Gi          0B       363Gi
[root@dbsvr ~]#
```

可以看到，当前的交换区大小变成了 363GiB，比最初的 63GiB 增加了 300GiB。

如果要停止使用交换区 /dev/sdb1，那么可以执行下面的命令：

```
[root@dbsvr ~]# swapoff /dev/sdb1
```

再次使用 free 命令，查看交换区的情况：

```
[root@dbsvr ~]# free -h
              total        used        free      shared     buff/cache   available
Mem:          3.3Gi       316Mi       2.8Gi       9.0Mi         266Mi       2.6Gi
Swap:          63Gi          0B        63Gi
[root@dbsvr ~]#
```

可以看到，交换区又恢复成 63GiB 了。

如果让 Linux 在启动后自动启用交换区 /dev/sdb1，那么可以使用 vi 编辑器编辑 /etc/fstab 文件：

```
[root@dbsvr ~]# vi /etc/fstab
```

在文件尾部添加以下行：

```
/dev/sdb1              none             swap    defaults      0 0
```

保存文件 /etc/fstab 后，执行 reboot 命令，重启操作系统：

```
[root@dbsvr ~]# reboot
```

启动后，使用 free 命令，查看交换区的情况：

```
[root@dbsvr ~]# free -h
              total        used        free      shared   buff/cache   available
Mem:          3.3Gi       564Mi       2.5Gi       9.0Mi        300Mi        2.4Gi
Swap:         363Gi          0B       363Gi
[root@dbsvr ~]#
```

可以看到，重启 Linux 系统后，自动启用分区 /dev/sdb1 作为了交换区。

五、添加交换区：使用逻辑卷

这里计划把交换区创建在一个逻辑卷上。

首先使用 root 用户，将磁盘分区 /dev/sdb2 格式化为一个 PV（物理卷）：

```
[root@dbsvr ~]# pvcreate /dev/sdb2
```

然后创建一个卷组 swapvg，并将物理卷 /dev/sdb1 划分给卷组 swapvg：

```
[root@dbsvr ~]# vgcreate swapvg /dev/sdb2
```

接下来在卷组 swapvg 上创建逻辑卷 swaplv，其大小为 300GB：

```
[root@dbsvr ~]# lvcreate -L 300G -n swaplv swapvg
```

再执行下面的命令，将逻辑卷 swaplv 格式化为交换区：

```
[root@dbsvr ~]# mkswap /dev/swapvg/swaplv
```

使用 root 用户，激活这个刚刚创建的交换区 /dev/swapvg/swaplv：

```
[root@dbsvr ~]# swapon /dev/swapvg/swaplv
```

使用 free 命令，查看交换区的情况：

```
[root@dbsvr ~]# free -h
              total        used        free      shared   buff/cache   available
Mem:          3.3Gi       805Mi       2.2Gi       9.0Mi        308Mi        2.1Gi
Swap:         663Gi          0B       663Gi
[root@dbsvr ~]#
```

此时发现交换区又增加了 300GiB。

如果要让交换区在系统重启后自动启用，则需要编辑文件 /etc/fstab：

```
[root@dbsvr ~]# vi /etc/fstab
```

在文件尾部添加以下的行：

```
/dev/mapper/swapvg-swaplv none              swap    defaults    0-0
```

保存文件 /etc/fstab 后，执行 reboot 命令，重启操作系统：

```
[root@dbsvr ~]# reboot
```

启动后，使用 free 命令，查看交换区的情况：

```
[root@dbsvr ~]# free -h
              total      used      free      shared    buff/cache    available
Mem:          3.3Gi      823Mi     2.2Gi     9.0Mi     310Mi         2.1Gi
Swap:         663Gi      0B        663Gi
[root@dbsvr ~]#
```

可以看到，系统重启后自动启用了交换区。

六、添加交换区：使用文件

这里计划把交换区创建在文件系统的一个文件上。

首先使用 root 用户，将磁盘分区 /dev/sdb3 格式化为 xfs 文件系统：

```
[root@dbsvr ~]# mkfs.xfs /dev/sdb3
```

然后创建一个挂接点目录 /myswap：

```
[root@dbsvr ~]# mkdir /myswap
```

接着使用 vi 编辑器编辑文件 /etc/fstab：

```
[root@dbsvr ~]# vi /etc/fstab
```

在文件尾部添加以下行：

```
/dev/sdb3              /myswap           xfs      defaults      0 0
```

保存文件后，使用 root 用户，执行下面的命令，挂接文件系统 /myswap：

```
[root@dbsvr ~]# mount -a
[root@dbsvr ~]# df -h /myswap
Filesystem                    Size     Used     Avail    Use%     Mounted on
/dev/sdb3                     400G     2.9G     397G     1%       /myswap
[root@dbsvr ~]#
```

使用 root 用户，执行下面的命令，创建一个交换文件：

```
dd if=/dev/zero of=/myswap/swapfile bs=1M count=10240
```

其中，dd 命令的 bs 参数和 count 参数会决定交换文件的大小，10240 个 1MB 的块总大小是 10GB。

执行下面的命令，将交换文件 /myswap/swapfile 格式化为交换区：

```
[root@dbsvr ~]# mkswap /myswap/swapfile
```

使用 root 用户，激活这个刚刚创建的交换文件 /myswap/swapfile：

```
[root@dbsvr ~]# swapon /myswap/swapfile
```

如果要让交换区在系统重启动后自动启用，那么需要编辑文件 /etc/fstab：

```
[root@dbsvr ~]# vi /etc/fstab
```

在文件尾部添加以下行：

```
/myswap/swapfile        none            swap    defaults        1 2
```

保存文件 /etc/fstab 后，执行 reboot 命令，重启操作系统：

```
[root@dbsvr ~]# reboot
```

启动后，使用 free 命令，查看交换区的情况：

```
[root@dbsvr ~]# free -h
              total        used        free      shared     buff/cache    available
Mem:          3.3Gi       823Mi       2.2Gi       9.0Mi         310Mi         2.1Gi
Swap:         673Gi          0B       673Gi
[root@dbsvr ~]#
```

可以看到，系统重启后自动启用了交换区。

任务十七

Linux 系统管理实战：定时任务管理

任务目标

在企业环境中，有些程序需要周期性地执行，有些程序只是需要在未来的某个时刻执行一次。Linux 提供了 crontab 系统程序来调度周期性执行的任务，提供了 at 系统程序来调度一次性执行的任务。本任务的目标是让 openEuler 初学者掌握 Linux 上管理定时任务的方法。

实施步骤

一、实验环境准备

首先使用任务三项目 2 实施步骤十九中准备好的 dbsvrOK.rar 虚拟机备份。

二、安装配置 crond 服务

使用 root 用户，执行下面的步骤，安装配置 crond 服务。

1）使用 root 用户，执行下面的命令，尝试安装 crontabs：

```
[root@dbsvr ~]# yum -y install crontabs
```

2）使用 root 用户，执行下面的命令，配置 Linux 在操作系统启动时自动启动 crond 服务：

```
[root@dbsvr ~]# systemctl enable crond
```

3）使用 root 用户，执行下面的命令，启动 crond 服务：

```
[root@dbsvr ~]# systemctl start  crond
```

4）使用 root 用户，执行下面的命令，查看 crond 服务的状态：

```
[root@dbsvr ~]# systemctl status  crond
● crond.service - Command Scheduler
  Loaded: loaded (/usr/lib/systemd/system/crond.service; enabled; vendor preset: enabled)
  Active: active (running) since Tue 2021-12-14 17:00:03 CST; 1min 10s ago
 Main PID: 3010 (crond)
# 省略了一些输出
[root@dbsvr ~]#
```

三、启动 openGauss 数据库

使用 omm 用户，执行下面的步骤和命令，启动 openGauss 数据库。

1）使用 omm 用户登录到 openEuler 中。

2）执行下面的命令，启动 openGauss：

```
[omm@dbsvr ~]$ gs_om -t start
```

四、创建测试定时任务的脚本

测试定时任务的脚本程序将连接 openGauss 数据库，并执行一条 SQL 语句，将执行结果加上

时间戳保存在 /home/omm/testcron.log 日志文件中。

使用 omm 用户，执行下面的步骤和命令，创建测试定时任务的脚本程序。

1）使用 vi 编辑器，创建文件 /home/omm/myCronProgram：

```
[omm@dbsvr ~]$ vi /home/omm/myCronProgram
```

为文件添加如下内容：

```
gsql  -d studentdb -h 192.168.100.62 \
-U student -p 26000 -W student@ustb2020 \
-c "select *,sysdate from testtable"  >>  /home/omm/testcron.log
```

保存并退出 vi 编辑器。

2）以 omm 用户的身份执行下面的命令：

```
[omm@dbsvr ~]$ chmod 755 /home/omm/myCronProgram
```

3）以 omm 用户的身份执行下面的命令，查看测试脚本能否正常运行：

```
[omm@dbsvr ~]$ ./myCronProgram
[omm@dbsvr ~]$ cat testcron.log
 name  |   sysdate
--------+------------------------------
 USTB | 2021-12-14 14:01:07
(1 row)
[omm@dbsvr ~]$
```

如果读者的输出显示与这里的差不多（只是时间不一样），那么就说明测试脚本可以正常工作了，能用于本任务的测试。

五、创建和编辑 cron 任务

使用 root 用户，执行 crontab -e 命令：

```
[root@dbsvr ~]# crontab -e
```

执行完 crontab -e 命令，将启动一个 vi 编辑器，用来创建一个新的周期性执行的 cron 任务。

每个 cron 任务都占用该文件的一行，用空格分隔为以下 6 个域：

分钟（0~59）　小时（0~23）　日（1~31）　月（1~12）　星期（0~6）　要执行的命令

例：在每天晚上的 23 点 1 分执行一个任务，可以输入如下内容：

1 23 * * * CommandToExcute

这里，* 表示任意值。

- 第 1 个 * 表示一个月的任意一天。
- 第 2 个 * 表示一年的任意一个月。
- 第 3 个 * 表示一周的任意一天。

例：在每周五的晚上 23 点 30 分开始执行一个任务，可以输入如下内容：

30 23 * * 5 CommandToExcute

例：每隔 2h 执行一个任务，可以输入如下内容：

1 */2 * * * CommandToExcute

注意，这里的 */2 表示每 2h 执行一次。

六、cron 任务实战：创建 cron 任务

这里的实战任务是：每隔 2min 执行一次测试程序 myCronProgram。读者可使用 root 用户执行下面的命令：

```
[omm@dbsvr ~]# crontab -e
```

按 <Esc> 键，然后输入 vi 子命令 i，将下面的行添加到 vi 中：

```
*/2 * * * * su - omm -c /home/omm/myCronProgram
```

按 <Esc> 键，输入 :wq 进行保存及退出。

这里的实战中使用了命令 su，它使用了以下的两个选项：

■ su - omm 表示切换到用户 omm，并执行它的 Shell 初始化环境文件。

■ -c Command 指出切换用户后要运行的 Linux 程序或命令。

创建 cron 定时任务后不需要重启 crond 服务，每次使用 crontab -e 命令创建或者修改 cron 定时任务都会自动重启。

稍等约 5min，可以执行下面的命令：

```
[root@dbsvr ~]# cat /home/omm/testcron.log
 name |     sysdate
--------+------------------------
 USTB | 2021-12-29 15:45:45
(1 row)
 name |     sysdate
--------+------------------------
 USTB | 2021-12-29 16:08:02
(1 row)
 name |     sysdate
--------+------------------------
 USTB | 2021-12-29 16:10:02
(1 row)
[root@dbsvr ~]#
```

对比最后两条记录的时间戳，可以看到，任务每 2min 执行一次。

七、cron 任务实战：查看 cron 任务

使用 root 用户，执行下面的命令，查看当前用户的 cron 任务：

```
[root@dbsvr ~]# crontab -l
*/2 * * * * su - omm -c /home/omm/myCronProgram
[root@dbsvr ~]#
```

八、cron 任务实战：添加或删除 cron 任务

如果要添加或者减少 cron 任务，而不是删除所有的 cron 任务，则可使用 crontab -e 命令。

九、cron 任务实战：删除所有的 cron 任务

如果要删除 root 用户的所有 cron 任务，则可以使用 root 用户，执行下面的命令：

```
[root@dbsvr ~]# crontab -r
```

执行完上面的命令后，再次执行下面的命令，查看 cron 任务：

```
[root@dbsvr ~]# crontab -l
no crontab for root
[root@dbsvr ~]#
```

可以发现，所有的 cron 任务都被删除了。

十、控制普通用户设置 cron 任务

crond 服务是通过两个配置文件 /etc/cron.allow 和 /etc/cron.deny 来控制用户是否具有设置 cron 任务的权限。

- 文件 /etc/cron.allow 的优先级高于文件 /etc/cron.deny。
- 如果文件 /etc/cron.allow 和文件 /etc/cron.deny 都存在，那么文件 /etc/cron.allow 中列出的用户可以设置 cron 任务，忽略文件 /etc/cron.deny 中列出的用户。
- 如果存在文件 /etc/cron.allow，但是文件 /etc/cron.deny 不存在，那么只有在文件 /etc/cron.allow 中列出的用户和 root 用户才可以设置 cron 任务。在默认情况下，openEuler 操作系统有一个内容为空的 /etc/cron.allow 文件，因此只有超级用户才被允许设置 cron 任务，而普通用户被禁止设置 cron 任务。
- 如果文件 /etc/cron.allow 不存在，但是存在文 /etc/cron.deny，那么文件 /etc/cron.deny 中列出的用户都不能设置 cron 任务。
- 如果文件 /etc/cron.allow 和 /etc/cron.deny 都不存在，那么只允许 root 用户设置 cron 任务。

十一、at 任务实战：创建 at 任务

如果要在未来的某个时间只执行某个程序一次，则可以通过创建一个 at 任务来实现。

at 命令用来创建一个新的 at 任务。其语法如下：

at time

其中，time 可以是如下的格式：

- now + 1 minute。
- now + 2 minutes。
- now + 1 hour。
- now + 2 hours。
- now + 1 day。
- now + 2 days。
- now + 1 week。
- now + 2 weeks。
- 23:00 12/18/21：表示 2021 年 12 月 18 日 23 点。

例：在 1h 之后执行测试程序，可以执行如下命令：

```
[root@dbsvr ~]# at now + 1 hour
warning: commands will be executed using /bin/sh
at> su - omm -c /home/omm/myCronProgram  # 在这里输入要执行的测试程序
at> # 请读者按 <Ctrl+d> 组合键
at> <EOT>
job 1 at Wed Dec 29 17:16:00 2021
[root@dbsvr ~]#
```

例：在 5 天之后执行测试程序，可以执行如下命令：

```
[root@dbsvr ~]# at now + 5 days
warning: commands will be executed using /bin/sh
at> su - omm -c /home/omm/myCronProgram
at> # 在这里按 <Ctrl+d> 组合键
at> <EOT>
job 2 at Mon Jan  3 16:19:00 2022
[root@dbsvr ~]#
```

例：在 8 周后执行测试程序，可以执行如下命令：

```
[root@dbsvr ~]# at now + 8 weeks
warning: commands will be executed using /bin/sh
at>  su - omm -c /home/omm/myCronProgram
at> # 在这里按 <Ctrl+d> 组合键
at> <EOT>
job 3 at Wed Feb 23 16:20:00 2022
[root@dbsvr ~]#
```

例：在 2022 年 1 月 18 日 8 点执行测试程序，可以执行如下命令：

```
[root@dbsvr ~]# at 08:00 1/18/22
warning: commands will be executed using /bin/sh
at> su - omm -c /home/omm/myCronProgram
at> # 在这里按 <Ctrl+d> 组合键
at> <EOT>
job 4 at Tue Jan 18 08:00:00 2022
[root@dbsvr ~]#
```

读者做这个实验时，请调整一下时间。

例：在 10min 之后执行测试程序，可以执行如下命令：

```
[root@dbsvr ~]# rm -f /home/omm/testcron.log  # 删除测试程序的日志文件
[root@dbsvr ~]# at now + 10 minutes
warning: commands will be executed using /bin/sh
at> su - omm -c /home/omm/myCronProgram
at> # 在这里按 <Ctrl+d> 组合键
at> <EOT>
job 5 at Wed Dec 29 16:33:00 2021
[root@dbsvr ~]#
```

十二、at 任务实战：查看 at 任务队列

atq 命令用来查看 at 任务队列。其语法如下：

atq

使用 root 用户，执行 atq 命令，查看 at 任务队列的情况：

```
[root@dbsvr ~]# atq
1    Wed Dec 29 17:16:00 2021 a root
4    Tue Jan 18 08:00:00 2022 a root
2    Mon Jan  3 16:19:00 2022 a root
```

```
3      Wed Feb 23 16:20:00 2022 a root
5      Wed Dec 29 16:33:00 2021 a root
[root@dbsvr ~]#
```

在 atq 命令的输出中，第 1 列是 at 任务编号，后面需要使用这个任务编号来删除 at 任务。

稍等 10min，之前创建的最后一个 at 任务被调度执行。此时，使用 root 用户，执行 atq 命令，查看 at 任务队列的情况：

```
[root@dbsvr ~]# atq
1      Wed Dec 29 17:16:00 2021 a root
4      Tue Jan 18 08:00:00 2022 a root
2      Mon Jan  3 16:19:00 2022 a root
3      Wed Feb 23 16:20:00 2022 a root
[root@dbsvr ~]# date
Wed Dec 29 16:33:27 CST 2021
[root@dbsvr ~]#
```

检查测试程序的日志输出：

```
[root@dbsvr ~]# cat /home/omm/testcron.log
 name  |    sysdate
--------+------------------------
 USTB | 2021-12-29 16:33:00
(1 row)
[root@dbsvr ~]#
```

可以发现确实在 2021-12-19 16:33:00 执行了测试程序。

十三、at 任务实战：删除 at 任务队列中的任务

atrm 命令用来删除 at 任务队列中任务。其语法如下：

atq atTaskID

使用 root 用户，执行下面的命令，删除任务队列中的 3 号 at 任务：

```
[root@dbsvr ~]# atq
1      Wed Dec 29 17:16:00 2021 a root
4      Tue Jan 18 08:00:00 2022 a root
2      Mon Jan  3 16:19:00 2022 a root
3      Wed Feb 23 16:20:00 2022 a root
[root@dbsvr ~]# atrm 3
[root@dbsvr ~]# atq
1      Wed Dec 29 17:16:00 2021 a root
4      Tue Jan 18 08:00:00 2022 a root
2      Mon Jan  3 16:19:00 2022 a root
[root@dbsvr ~]#
```

十四、控制普通用户设置 at 任务

atd 服务是通过两个配置文件 /etc/at.allow 和 /etc/at.deny 来控制用户是否具有设置 at 任务的权限。

- 文件 /etc/at.allow 的优先级高于文件 /etc/at.deny。
- 如果文件 /etc/at.allow 和文件 /etc/at.deny 都存在，那么只有在文件 /etc/at.allow 中列出的用户才可以设置 at 任务，忽略文件 /etc/at.deny 中列出的用户。

■ 如果存在文件 /etc/at.allow，但是文件 /etc/at.deny 不存在，那么只有在文件 /etc/at.allow 中列出的用户和 root 用户才可以设置 at 任务。默认情况下，openEuler 操作系统有一个内容为空的 /etc/at.allow 文件，因此只有超级用户被允许设置 at 任务，而普通用户被禁止设置 at 任务。

例：以 omm 用户的身份，执行 at 命令：

```
[omm@dbsvr ~]$ at now + 1 hour
You do not have permission to use at.
[omm@dbsvr ~]$
```

可以看到，普通用户 omm 不被允许执行 at 命令。

■ 如果文件 /etc/at.allow 不存在，但是存在文件 /etc/at.deny，那么在文件 /etc/at.deny 中列出的用户都不能设置 at 任务。

■ 如果文件 /etc/at.allow 和 /etc/at.deny 都不存在，那么只有 root 用户不允许设置 at 任务。

Linux 网络管理实战：网卡管理

任务目标

让 openEuler 初学者掌握 Linux 上管理网卡的方法。

实施步骤

一、实验用虚拟机准备

使用任务二实施步骤十六中准备好的 svr1.rar 虚拟机备份。

二、实验的网络环境

1. 家庭宽带

编者的实验环境是联通家庭光纤入户宽带，无线路由器是荣耀路由 Pro2，内网网络默认是 192.168.3.0/24，无线路由器的地址是 192.168.3.1/24，WIFI 的名字是 happyhome，DHCP 的地址范围是 192.168.3.150 ~ 192.168.3.199。计算机只需要通过无线连接到 WIFI 就可以上网。

运行 VMware 虚拟机的 Windows 10 宿主机通过无线网卡连接荣耀 Pro2 路由器，IP 地址自动获取为 192.168.3.176/24，DNS 和网关的 IP 地址自动获取为 192.168.3.1/24，已经可以访问互联网。

如果不想使用 DHCP 自动配置上网，则可以手动将虚拟机的桥接网卡的 IP 地址设置在 192.168.3.100 ~ 192.168.3.149 这个范围，网关和 DNS 的 IP 地址都配置为 192.168.3.1/24。

2. 5G 手机热点

要让 5G 手机连接互联网，可以通过 5G 手机连接家庭宽带或者打开移动流量实现。

在某些大学校园，上网需要使用网页账号认证，此时可以考虑开启 5G 手机热点，让笔记本计算机通过无线网络连接 5G 手机的热点，访问互联网。此时，5G 手机相当于一个无线路由器。

一旦安装 Windows 10 的笔记本计算机连接了 5G 手机的热点，在 Windows 10 中打开一个 CMD 窗口，执行下面的命令，即可查看上网需要的配置信息：

```
C:\Users\zqf>ipconfig /all
# 省略许多输出
Wireless LAN adapter WLAN:
  Connection-specific DNS Suffix .:
  Description....................: ASUS Wireless USB Adapter
  Physical Address..............: 04-42-1A-4C-F2-1C
  DHCP Enabled..................: Yes
  Autoconfiguration Enabled.....: Yes
  Link-local IPv6 Address.......: fe80::d0a:7a4d:c624:ee4e%6(Preferred)
  IPv4 Address..................: 192.168.43.182(Preferred)
  Subnet Mask...................: 255.255.255.0
  Lease Obtained................: 2022 年 1 月 6 日 15:33:52
  Lease Expires.................: 2022 年 1 月 6 日 16:33:55
  Default Gateway...............: 192.168.43.1
  DHCP Server...................: 192.168.43.1
  DHCPv6 IAID...................: 402932250
```

```
DHCPv6 Client DUID ................ : 00-01-00-01-29-3E-69-2B-04-92-26-C3-B1-82
DNS Servers.......................... : 192.168.43.1
NetBIOS over Tcpip................... : Enabled
C:\Users\zqf>
```

可以看到，手机热点所在的网段是 192.168.43.X/255.255.255.0；Windows 10 宿主机获得的 IP 地址是 192.168.43.182；网关、DNS 服务器、DHCP 服务器的 IP 地址都是 192.168.43.1。

VMware 虚拟机的桥接网卡同样可以采用 DHCP 自动配置的方式或者通过手工配置的方式，通过 5G 手机热点连接互联网。

三、使用 ip 命令管理网卡

ip 命令用来查看、配置 Linux 系统上的网卡及其 IP 地址。

无论是超级用户 root，还是普通用户，都可以执行 ip 命令。不过普通用户只能查看，不能配置 IP 地址。

1. 查看系统有哪些网卡

执行下面的命令，查看系统有哪些网卡：

```
[root@svr1 ~]# ip link
1: lo: <LOOPBACK,UP,LOWER_UP> mtu 65536 qdisc noqueue state UNKNOWN mode DEFAULT group default qlen 1000
    link/loopback 00:00:00:00:00:00 brd 00:00:00:00:00:00
2: ens33: <BROADCAST,MULTICAST,UP,LOWER_UP> mtu 1500 qdisc fq_codel state UP mode DE-FAULT group default qlen 1000
    link/ether 00:0c:29:93:c8:77 brd ff:ff:ff:ff:ff:ff
3: ens34: <BROADCAST,MULTICAST,UP,LOWER_UP> mtu 1500 qdisc fq_codel state UP mode DE-FAULT group default qlen 1000
    link/ether 00:0c:29:93:c8:81 brd ff:ff:ff:ff:ff:ff
[root@svr1 ~]#
```

可以看到，svr1 服务器上有两块以太网网卡：ens33 和 ens34。还有一个名字为 lo 的网卡，这是本地回环，代表设备的本地虚拟接口，默认被看作是永远不会关闭的接口。

2. 查看系统网卡上的 IP 地址

执行下面的命令，查看系统的 IP 地址：

```
[root@svr1 ~]# ip addr
1: lo: <LOOPBACK,UP,LOWER_UP> mtu 65536 qdisc noqueue state UNKNOWN group default qlen 1000
    link/loopback 00:00:00:00:00:00 brd 00:00:00:00:00:00
    inet 127.0.0.1/8 scope host lo
       valid_lft forever preferred_lft forever
    inet6 ::1/128 scope host
       valid_lft forever preferred_lft forever
2: ens33: <BROADCAST,MULTICAST,UP,LOWER_UP> mtu 1500 qdisc fq_codel state UP group default qlen 1000
    link/ether 00:0c:29:93:c8:77 brd ff:ff:ff:ff:ff:ff
    inet 192.168.100.121/24 brd 192.168.100.255 scope global noprefixroute ens33
       valid_lft forever preferred_lft forever
    inet6 fe80::c964:3eb1:901c:aba8/64 scope link noprefixroute
       valid_lft forever preferred_lft forever
3: ens34: <BROADCAST,MULTICAST,UP,LOWER_UP> mtu 1500 qdisc fq_codel state UP group default qlen 1000
    link/ether 00:0c:29:93:c8:81 brd ff:ff:ff:ff:ff:ff
[root@svr1 ~]#
```

命令 ip addr 中的关键字 addr 可以简写为 a、ad、add，无论用哪种方式来执行，都产生一样的输出。

在上面 ip addr 命令的输出中可以看到，本地回环的地址总是被配置为 127.0.0.1，这个地址不属于任何一个地址类。即使不给服务器安装物理网卡，也可以使用 ping 命令来 ping 通这个本地回环地址。本地回环有两个作用：第 1 个作用是检查本地网络协议、基本数据接口等是否是正常的；第 2 个作用是当一台服务器上同时运行应用的 Server 和 Client 时，将 Server 的 IP 地址设置为 127.0.0.1 来指定应用的服务器地址为本机。

此外还看到网卡 ens33 的 IP 地址是 192.168.100.121/24（这里的 24 表示子网掩码是 255.255.255.0）。在创建 VMware 虚拟机时，将 ens33 划分为 Host-only 类型的网卡，将 ens34 划分为桥接类型的网卡，但暂时还没有为网卡 ens34 配置 IP 地址。

3. 在一个网卡上配置多个 IP 地址

使用 root 用户，执行下面的命令，在网卡 ens34 上添加一个 IP 地址，IP 地址为 192.168.3.121/24：

```
[root@srv1 ~]# ip addr add 192.168.3.121/24 dev ens34
```

使用 root 用户，执行下面的命令，在网卡 ens34 上再添加一个 IP 地址，新添加的 IP 地址与之前添加的 IP 地址不在同一个网段上：

```
[root@srv1 ~]# ip addr add 192.168.4.121/24 dev ens34
```

还可以为网卡 ens34 添加更多的 IP，这些 IP 可以位于相同的网段：

```
[root@srv1 ~]# ip addr add 192.168.3.131/24 dev ens34
```

执行下面的命令，查看 ens34 上网卡的 IP 配置情况：

```
[root@svr1 ~]# ip addr
# 省略了许多输出
3: ens34: <BROADCAST,MULTICAST,UP,LOWER_UP> mtu 1500 qdisc fq_codel state UP group default qlen 1000
    link/ether 00:0c:29:93:c8:81 brd ff:ff:ff:ff:ff:ff
    inet 192.168.3.121/24 scope global ens34
       valid_lft forever preferred_lft forever
    inet 192.168.4.121/24 scope global ens34
       valid_lft forever preferred_lft forever
    inet 192.168.3.131/24 scope global secondary ens34
       valid_lft forever preferred_lft forever
[root@svr1 ~]#
```

可以看到，当前在 ens34 上配置了 3 个 IP 地址，两个地址在一个相同网段 192.168.3.0/24 上，还有一个在网段 192.168.4.0/24 上。

4. 删除网卡上的 IP 地址

要删除网卡 ens34 上的 IP 地址 192.168.3.131 和 192.168.4.121，可以使用 root 用户，执行下面的命令：

```
[root@srv1 ~]# ip addr del 192.168.3.131/24 dev ens34
[root@srv1 ~]# ip addr del 192.168.4.121/24 dev ens34
```

再次执行下面的命令，查看 ens34 上网卡的 IP 配置情况：

```
[root@svr1 ~]# ip a
# 省略了许多输出
3: ens34: <BROADCAST,MULTICAST,UP,LOWER_UP> mtu 1500 qdisc fq_codel state UP group de-
fault qlen 1000
    link/ether 00:0c:29:93:c8:81 brd ff:ff:ff:ff:ff:ff
    inet 192.168.3.121/24 scope global ens34
       valid_lft forever preferred_lft forever
[root@svr1 ~]#
```

可以看到删除了两个 IP 地址后，网卡 ens34 还剩下一个 IP 地址。

5. 使用 ip 命令管理 openEuler Linux 主机静态路由表

ip 命令可用来管理 Linux 主机静态路由表。其语法如下：

ip route [add|del|change|append|replace] dest-addr via IpAddr

执行下面的命令，查看主机的当前静态路由表：

```
[root@svr1 ~]# ip route
192.168.3.0/24 dev ens34 proto kernel scope link src 192.168.3.121
192.168.100.0/24 dev ens33 proto kernel scope link src 192.168.100.121 metric 100
[root@svr1 ~]#
```

上面的输出显示，在 srv1 服务器中：

■ 网卡 ens33 直接连接到网络 192.168.100.0/24。

■ 网卡 ens34 直接连接到网络 192.168.3.0/24。

执行下面的命令，为主机路由表添加一条路由，然后再次查看路由表：

```
[root@srv1 ~]# ip route add 192.168.200.0/24 via 192.168.100.121
[root@srv1 ~]# ip route
192.168.3.0/24 dev ens34 proto kernel scope link src 192.168.3.121
192.168.100.0/24 dev ens33 proto kernel scope link src 192.168.100.121 metric 100
192.168.200.0/24 via 192.168.100.121 dev ens33
[root@svr1 ~]#
```

可以看到主机的路由表增加了一条路由：发送到网络 192.168.200.0/24 的数据包要通过 IP 地址 192.168.100.121 来转发（使用网卡 ens33 转发）。

执行下面的命令，从主机路由表中删除一条路由，然后再次查看路由表：

```
[root@svr1 ~]# ip route delete 192.168.200.0/24 via 192.168.100.121
[root@svr1 ~]# ip route
192.168.3.0/24 dev ens34 proto kernel scope link src 192.168.3.121
192.168.100.0/24 dev ens33 proto kernel scope link src 192.168.100.121 metric 100
[root@svr1 ~]#
```

可以看到，到目标网络 192.168.200.0/24 的路由已经从主机路由表中删除了。

执行下面的命令，为系统添加默认路由，然后查看主机路由表：

```
[root@svr1 ~]# ip route add default via 192.168.3.1
[root@svr1 ~]# ip route
default via 192.168.3.1 dev ens34
```

```
192.168.3.0/24 dev ens34 proto kernel scope link src 192.168.3.121
192.168.100.0/24 dev ens33 proto kernel scope link src 192.168.100.121 metric 100
[root@svr1 ~]#
```

可以看到，已经为 svr1 添加了默认路由，地址为 192.168.3.1。

使用 root 用户，执行下面的命令，为 svr1 配置 DNS 客户端：

```
rm -f /etc/resolv.conf
cat >/etc/resolv.conf<<EOF
nameserver 192.168.3.1
EOF
```

至此，已经配置好 openEuler Linux 虚拟机访问互联网了，可以通过执行下面的命令进行测试：

```
[root@srv1 ~]# ping -c 3 news.sina.com.cn
PING spool.grid.sinaedge.com (36.51.252.81) 56(84) bytes of data.
64 bytes from 36.51.252.81 (36.51.252.81): icmp_seq=1 ttl=56 time=6.63 ms
64 bytes from 36.51.252.81 (36.51.252.81): icmp_seq=2 ttl=56 time=6.90 ms
64 bytes from 36.51.252.81 (36.51.252.81): icmp_seq=3 ttl=56 time=6.56 ms

--- spool.grid.sinaedge.com ping statistics ---
3 packets transmitted, 3 received, 0% packet loss, time 2003ms
rtt min/avg/max/mdev = 6.560/6.697/6.901/0.147 ms
[root@srv1 ~]#
```

请读者注意，使用 ip 命令进行的所有配置都是临时的，一旦 Linux 操作系统重新启动，这些配置就将丢失，不再起作用：

```
[root@srv1 ~]# reboot
Connection to 192.168.100.121 closed by remote host.
Connection to 192.168.100.121 closed.
C:\Users\zqf>ssh root@192.168.100.121
Authorized users only. All activities may be monitored and reported.
root@192.168.100.121's password:# 输入 root 用户密码 root@ustb2021)
# 省略很多输出
[root@srv1 ~]# ip a
# 省略很多输出
3: ens34: <BROADCAST,MULTICAST,UP,LOWER_UP> mtu 1500 qdisc fq_codel state UP group de-
fault qlen 1000
    link/ether 00:0c:29:93:c8:81 brd ff:ff:ff:ff:ff:ff
[root@svr1 ~]#
```

四、使用 nmcli 命令管理网卡

nmcli 是 NetworkManager 的命令行工具，它提供了使用命令行配置由网络连接的方法。nmcli 命令的语法如下：

nmcli [OPTIONS] OBJECT { COMMAND | help }

其中：

■ OBJECT 选项的值可以是 general、networking、radio、connection、device。

■ OPTIONS 选项的常用值可以是：

➢ -t, --terse（用于脚本）。

> ➢ -p, --pretty（用于用户）。

> ➢ -h, --help。

可以使用 nmcli help 命令获取更多参数及使用信息。

1. 查看 NetworkManager 的状态

使用 root 用户，执行下面的命令，查看 NetworkManager 状态：

```
[root@srv1 ~]# nmcli general status
STATE                  CONNECTIVITY   WIFI-HW   WIFI      WWAN-HW   WWAN
connected (local only)  limited        enabled   enabled   enabled   enabled
[root@srv1 ~]#
```

2. 显示 NetworkManager 识别到的网卡设备及其状态

执行下面的命令，显示 NetworkManager 识别到的网卡设备及其状态：

```
[root@srv1 ~]# nmcli device status
DEVICE   TYPE       STATE          CONNECTION
ens33    ethernet   connected      ens33
ens34    ethernet   disconnected   --
lo       loopback   unmanaged      --
[root@srv1 ~]#
```

可以看到，网卡 ens33 已经配置好了并正常运行，因此处于 connected 状态，网卡 ens34 没有进行配置，因此处于 disconnected 状态。

3. 显示所有的连接

执行下面的命令，显示当前所有的连接：

```
[root@svr1 ~]# nmcli connection show
NAME   UUID                                    TYPE       DEVICE
ens33  d44edc0f-3dc3-4e25-b088-812f34ac225f    ethernet   ens33
[root@svr1 ~]#
```

4. 显示正在活动的连接

执行下面的命令，显示正在活动的所有连接：

```
[root@srv1 ~]# nmcli connection show --active
NAME   UUID                                    TYPE       DEVICE
ens33  d44edc0f-3dc3-4e25-b088-812f34ac225f    ethernet   ens33
[root@srv1 ~]#
```

5. 配置网卡通过 DHCP 服务器获取 IP 网络配置信息

执行下面的命令，配置网卡 ens34 通过 DHCP 服务器自动获取 IP 网络配置信息（IP 地址、DNS、网关）：

```
[root@svr1 ~]# cd /etc/sysconfig/network-scripts/
[root@svr1 network-scripts]# ls
ifcfg-ens33
[root@svr1 network-scripts]# nmcli connection add type ethernet con-name ens34 ifname ens34
Connection 'ens34' (aeca8549-50df-4cb0-9453-3ea40c791306) successfully added.
[root@svr1 network-scripts]# ls
ifcfg-ens33  ifcfg-ens34
```

```
[root@svr1 network-scripts]# cat ifcfg-ens34
TYPE=Ethernet
PROXY_METHOD=none
BROWSER_ONLY=no
BOOTPROTO=dhcp
DEFROUTE=yes
IPV4_FAILURE_FATAL=no
IPV6INIT=yes
IPV6_AUTOCONF=yes
IPV6_DEFROUTE=yes
IPV6_FAILURE_FATAL=no
IPV6_ADDR_GEN_MODE=stable-privacy
NAME=ens34
UUID=aeca8549-50df-4cb0-9453-3ea40c791306
DEVICE=ens34
ONBOOT=yes
[root@svr1 network-scripts]# ip a
# 省略了许多输出
3: ens34: <BROADCAST,MULTICAST,UP,LOWER_UP> mtu 1500 qdisc fq_codel state UP group de-
fault qlen 1000
    link/ether 00:0c:29:93:c8:81 brd ff:ff:ff:ff:ff:ff
    inet 192.168.3.190/24 brd 192.168.3.255 scope global dynamic noprefixroute ens34
      valid_lft 604703sec preferred_lft 604703sec
    inet6 fe80::bcab:b782:bd10:1ecb/64 scope link noprefixroute
      valid_lft forever preferred_lft forever
[root@svr1 network-scripts]# ip route
default via 192.168.3.1 dev ens34 proto dhcp metric 101
192.168.3.0/24 dev ens34 proto kernel scope link src 192.168.3.190 metric 101
192.168.100.0/24 dev ens33 proto kernel scope link src 192.168.100.121 metric 100
[root@srv1 network-scripts]# cat /etc/resolv.conf
# Generated by NetworkManager
nameserver 192.168.3.1
 [root@svr1 network-scripts]# cd
[root@svr1 ~]#
```

执行完上面的 nmcli 网卡配置命令后，为网卡 ens34 创建了一个网络配置文件 /etc/sysconfig/
network-scripts/ifcfg-ens34。这个配置文件在每次系统启动时，会使用 DHCP 服务器获取网卡
ens34 的动态 IP 地址、子网掩码、默认网关、DNS 服务器地址。

最后执行下面的命令，测试现在是否能够访问互联网：

```
[root@svr1 network-scripts]# ping -c 2 news.sina.com.cn
PING spool.grid.sinaedge.com (123.126.45.205) 56(84) bytes of data.
64 bytes from 123.126.45.205 (123.126.45.205): icmp_seq=1 ttl=56 time=8.06 ms
64 bytes from 123.126.45.205 (123.126.45.205): icmp_seq=2 ttl=56 time=7.60 ms
--- spool.grid.sinaedge.com ping statistics ---
2 packets transmitted, 2 received, 0% packet loss, time 1002ms
rtt min/avg/max/mdev = 7.596/7.829/8.062/0.233 ms
[root@svr1 network-scripts]#
```

可以看到，目前已经配置好 ens34 这块桥接类型的网卡，并且可以访问互联网了。

配置好网卡 ens34 之后，再次执行下面命令，显示 NetworkManager 识别到的网卡设备及其
状态：

```
[root@srv1 ~]# nmcli device status
DEVICE     TYPE       STATE          CONNECTION
ens34      ethernet   connected      ens34
ens33      ethernet   connected      ens33
lo         loopback   unmanaged      --
[root@srv1 ~]#
```

可以发现，当前网卡 ens34 处于 connected 状态了。

6. 停用网卡

执行下面的命令，停用网卡 ens34：

```
[root@srv1 ~]# nmcli device disconnect ens34
Device 'ens36' successfully disconnected.
[root@srv1 ~]# ls -l /etc/sysconfig/network-scripts/ifcfg-ens34
-rw-r--r-- 1 root root 280 Jan  7  2022 /etc/sysconfig/network-scripts/ifcfg-ens34
[root@srv1 ~]#
```

可以看到，停用网卡不会删除网卡 ens34 的配置文件。

此时执行下面的命令，显示网卡 ens34 的状态和其上的 IP 地址：

```
[root@svr1 ~]# nmcli device status
DEVICE     TYPE       STATE          CONNECTION
ens33      ethernet   connected      ens33
ens34      ethernet   disconnected   --
lo         loopback   unmanaged      --
[root@svr1 ~]# ip a
# 省略了许多输出
3: ens34: <BROADCAST,MULTICAST,UP,LOWER_UP> mtu 1500 qdisc fq_codel state UP group default qlen 1000
    link/ether 00:0c:29:93:c8:81 brd ff:ff:ff:ff:ff:ff
[root@svr1 ~]#
```

可以发现，停用网卡 ens34 后，网卡 ens34 处于 disconnected 状态，并且网卡 ens34 上的 IP 地址也消失了。

7. 启用网卡

执行下面的命令，重新启用网卡 ens34：

```
[root@svr1 ~]# nmcli connect up id ens34
Connection successfully activated (D-Bus active path: /org/freedesktop/NetworkManager/ActiveConnection/3)
[root@svr1 ~]#
```

执行下面的命令，查看网卡 ens34 重新启用后的状态和 IP 地址：

```
[root@svr1 ~]# nmcli device status
DEVICE     TYPE       STATE          CONNECTION
ens34      ethernet   connected      ens34
ens33      ethernet   connected      ens33
lo         loopback   unmanaged      --
[root@svr1 ~]# ip a
# 省略了许多输出
```

```
    3: ens34: <BROADCAST,MULTICAST,UP,LOWER_UP> mtu 1500 qdisc fq_codel state UP group de-
fault qlen 1000
        link/ether 00:0c:29:93:c8:81 brd ff:ff:ff:ff:ff:ff
        inet 192.168.3.191/24 brd 192.168.3.255 scope global dynamic noprefixroute ens34
         valid_lft 604676sec preferred_lft 604676sec
        inet6 fe80::bcab:b782:bd10:1ecb/64 scope link noprefixroute
         valid_lft forever preferred_lft forever
    [root@svr1 ~]#
```

可以看到，重新启用网卡 ens34 后，NetworkManager 再次读取了网卡 ens34 的配置文件并重新启用了网卡的 IP，网卡 ens33 的状态也恢复为 connected。

8. 删除网卡的配置

为了继续下面的学习，使用 root 用户，执行下面的命令，删除网卡 ens34 的动态 IP 配置：

```
[root@svr1 ~]# nmcli conn show
NAME  UUID                                   TYPE      DEVICE
ens34  aeca8549-50df-4cb0-9453-3ea40c791306   ethernet  ens34
ens33  d44edc0f-3dc3-4e25-b088-812f34ac225f   ethernet  ens33
[root@svr1 ~]# nmcli conn delete ens34  # 删除网卡的配置
Connection 'ens34' (aeca8549-50df-4cb0-9453-3ea40c791306) successfully deleted.
[root@svr1 ~]# nmcli conn show
NAME  UUID                                   TYPE      DEVICE
ens33  d44edc0f-3dc3-4e25-b088-812f34ac225f   ethernet  ens33
[root@svr1 ~]# nmcli device status
DEVICE  TYPE      STATE         CONNECTION
ens33   ethernet  connected     ens33
ens34   ethernet  disconnected  --
lo      loopback  unmanaged     --
[root@svr1 ~]# ls -l /etc/sysconfig/network-scripts/ifcfg-ens36
ls: cannot access '/etc/sysconfig/network-scripts/ifcfg-ens36': No such file or directory
[root@svr1 ~]# ip a
# 删除了许多输出
    3: ens34: <BROADCAST,MULTICAST,UP,LOWER_UP> mtu 1500 qdisc fq_codel state UP group de-
fault qlen 1000
        link/ether 00:0c:29:93:c8:81 brd ff:ff:ff:ff:ff:ff
    [root@svr1 ~]# ip route
    192.168.100.0/24 dev ens33 proto kernel scope link src 192.168.100.121 metric 100
    [root@svr1 ~]# cat /etc/resolv.conf
    # Generated by NetworkManager
    [root@svr1 ~]#
```

可以发现，删除网卡的配置，将使网卡变成未配置状态：ens34 网卡的配置文件被删除，网卡上的 IP 地址也被删除，默认网关也被删除，DNS 配置也被删除。

9. 为网卡配置静态固定 IP

现在打算静态地配置网卡 ens34 的 IP 地址为 192.168.3.121/24，默认网关 IP 地址为 192.168.3.1/24，DNS 服务器地址为 192.168.3.1，并且对网卡 ens34 的配置是永久的。

为了实现这些目标，可以使用 root 用户，执行下面的命令：

```
nmcli connection add type ethernet \
    con-name ens34 ifname ens34  \
    ipv4.addresses 192.168.3.121/24 \
```

```
                ipv4.gateway 192.168.3.1 \
                ipv4.dns 192.168.3.1 \
                ipv4.method manual \
                autoconnect yes
```

执行完上面的命令后，发现该命令生成了一个网卡 ens34 的配置文件：

```
[root@srv1 ~]# ls -l /etc/sysconfig/network-scripts/ifcfg-ens34
-rw-r--r-- 1 root root 347 Dec 22 11:41 /etc/sysconfig/network-scripts/ifcfg-ens36
[root@srv1 ~]# cat /etc/sysconfig/network-scripts/ifcfg-ens34
TYPE=Ethernet
PROXY_METHOD=none
BROWSER_ONLY=no
BOOTPROTO=none
IPADDR=192.168.3.121
PREFIX=24
GATEWAY=192.168.3.1
DNS1=192.168.3.1
DEFROUTE=yes
IPV4_FAILURE_FATAL=no
IPV6INIT=yes
IPV6_AUTOCONF=yes
IPV6_DEFROUTE=yes
IPV6_FAILURE_FATAL=no
IPV6_ADDR_GEN_MODE=stable-privacy
NAME=ens34
UUID=eae51af6-cb46-422b-a8e1-7b1f3401e9cc
DEVICE=ens34
ONBOOT=yes
[root@svr1 ~]# nmcli connection show
NAME  UUID                                 TYPE      DEVICE
ens34 eae51af6-cb46-422b-a8e1-7b1f3401e9cc ethernet  ens34
ens33 d44edc0f-3dc3-4e25-b088-812f34ac225f ethernet  ens33
[root@svr1 ~]# nmcli device status
DEVICE  TYPE      STATE       CONNECTION
ens34   ethernet  connected   ens34
ens33   ethernet  connected   ens33
lo      loopback  unmanaged   --
[root@svr1 ~]# ip a
# 省略了没有的输出
3: ens34: <BROADCAST,MULTICAST,UP,LOWER_UP> mtu 1500 qdisc fq_codel state UP group de-
fault qlen 1000
    link/ether 00:0c:29:93:c8:81 brd ff:ff:ff:ff:ff:ff
    inet 192.168.3.121/24 brd 192.168.3.255 scope global noprefixroute ens34
        valid_lft forever preferred_lft forever
    inet6 fe80::c82f:f00a:bdfb:e6c/64 scope link noprefixroute
        valid_lft forever preferred_lft forever
[root@svr1 ~]# ip route
default via 192.168.3.1 dev ens34 proto static metric 101
192.168.3.0/24 dev ens34 proto kernel scope link src 192.168.3.121 metric 101
192.168.100.0/24 dev ens33 proto kernel scope link src 192.168.100.121 metric 100
[root@srv1 ~]# cat /etc/resolv.conf
# Generated by NetworkManager
```

```
nameserver 192.168.3.1
[root@srv1 ~]#
```

可以看到，执行完上面的 nmcli 命令后，为网卡 ens34 创建了一个网络配置文件 /etc/syscon-fig/network-scripts/ifcfg-ens34。这个配置文件在每次系统启动时，会将网卡 ens34 的 IP 地址配置为 192.168.3.121/24，将默认网关配置为 192.168.3.1，将 DNS 服务器地址配置为 192.168.3.1。

最后执行下面的命令，测试现在是否能够访问互联网：

```
[root@svr1 ~]# ping -c 2 news.sina.com.cn
PING spool.grid.sinaedge.com (123.126.45.205) 56(84) bytes of data.
64 bytes from 123.126.45.205 (123.126.45.205): icmp_seq=1 ttl=56 time=4.93 ms
64 bytes from 123.126.45.205 (123.126.45.205): icmp_seq=2 ttl=56 time=6.67 ms
--- spool.grid.sinaedge.com ping statistics ---
2 packets transmitted, 2 received, 0% packet loss, time 1002ms
rtt min/avg/max/mdev = 4.926/5.797/6.668/0.871 ms
[root@svr1 ~]#
```

可以看到，现在可以访问新浪新闻的服务器了。

使用 root 用户，执行下面的命令，删除网卡 ens34 的静态 IP 配置：

```
[root@srv1 ~]# nmcli conn delete ens34
Connection 'ens34' (eae51af6-cb46-422b-a8e1-7b1f3401e9cc) successfully deleted.
[root@srv1 ~]#
```

10. 为网卡配置多个静态 IP

执行下面的命令，为网卡 ens34 配置两个 IP，分别是 192.168.3.121/24 和 192.168.4.121/24；为系统配置 DNS 客户端使用 DNS 服务器 192.168.3.1 和 192.168.3.2；配置系统默认网关的 IP 地址为 192.168.3.1：

```
nmcli connection add type ethernet \
  con-name ens34 ifname ens34 \
  ipv4.addresses '192.168.3.121/24,192.168.4.121/24' \
  ipv4.gateway 192.168.3.1 \
  ipv4.dns '192.168.3.1,192.168.3.2'\
  ipv4.method manual \
  autoconnect yes
```

配置完成后，查看网卡 ens34 的信息：

```
[root@srv1 ~]# ip a
# 省略了没有的输出
3: ens34: <BROADCAST,MULTICAST,UP,LOWER_UP> mtu 1500 qdisc fq_codel state UP group de-
fault qlen 1000
    link/ether 00:0c:29:93:c8:81 brd ff:ff:ff:ff:ff:ff
    inet 192.168.3.121/24 brd 192.168.3.255 scope global noprefixroute ens34
      valid_lft forever preferred_lft forever
    inet 192.168.4.121/24 brd 192.168.4.255 scope global noprefixroute ens34
      valid_lft forever preferred_lft forever
    inet6 fe80::f3b4:3542:e43e:407b/64 scope link noprefixroute
      valid_lft forever preferred_lft forever
[root@svr1 ~]#
```

11. 使用 nmcli 命令管理网卡上的 IP 地址

使用 root 用户，执行下面的命令，可以删除 ens34 上的一个 IP：

```
[root@srv1 ~]# nmcli connection modify ens34 -ipv4.address 192.168.4.121/24
```

删除网卡 ens34 上的 IP 后，需要使用 nmcli 命令先断开网卡 ens34，然后重新连接网卡 ens34 才能生效：

```
[root@svr1 ~]# nmcli device disconnect ens34
Device 'ens34' successfully disconnected.
[root@svr1 ~]# nmcli device connect ens34
Device 'ens34' successfully activated with '665551ff-ffaf-4f6e-9929-7736c9738b5c'.
[root@svr1 ~]#
```

执行下面的命令，验证网卡 ens34 上的 IP 地址 192.168.4.121/24 已经被删除了：

```
[root@srv1 ~]# ip a
# 省略了没有的输出
3: ens34: <BROADCAST,MULTICAST,UP,LOWER_UP> mtu 1500 qdisc fq_codel state UP group de-
fault qlen 1000
    link/ether 00:0c:29:93:c8:81 brd ff:ff:ff:ff:ff:ff
    inet 192.168.3.121/24 brd 192.168.3.255 scope global noprefixroute ens34
      valid_lft forever preferred_lft forever
    inet6 fe80::f3b4:3542:e43e:407b/64 scope link noprefixroute
      valid_lft forever preferred_lft forever
[root@srv1 ~]#
```

在网卡 ens34 上添加一个新的 IP，添加新 IP 后需要先断开连接，然后重新连接：

```
nmcli connection modify ens34 +ipv4.address 192.168.5.121/24
nmcli device disconnect ens34
nmcli device connect ens34
```

再次执行下面的命令，验证已经在网卡 ens34 上添加了一个新的 IP 地址 192.168.5.121/24：

```
[root@srv1 ~]# ip a
# 省略了没有的输出
3: ens34: <BROADCAST,MULTICAST,UP,LOWER_UP> mtu 1500 qdisc fq_codel state UP group de-
fault qlen 1000
    link/ether 00:0c:29:93:c8:81 brd ff:ff:ff:ff:ff:ff
    inet 192.168.3.121/24 brd 192.168.3.255 scope global noprefixroute ens34
      valid_lft forever preferred_lft forever
    inet 192.168.5.121/24 brd 192.168.5.255 scope global noprefixroute ens34
      valid_lft forever preferred_lft forever
    inet6 fe80::f3b4:3542:e43e:407b/64 scope link noprefixroute
      valid_lft forever preferred_lft forever
[root@svr1 ~]#
```

12. 使用 nmcli 命令配置主机静态路由表

执行下面的命令，查看当前主机的静态路由表：

```
[root@svr1 ~]# ip route
default via 192.168.3.1 dev ens34 proto static metric 101
```

```
192.168.3.0/24 dev ens34 proto kernel scope link src 192.168.3.121 metric 101
192.168.5.0/24 dev ens34 proto kernel scope link src 192.168.5.121 metric 101
192.168.100.0/24 dev ens33 proto kernel scope link src 192.168.100.121 metric 100
[root@svr1 ~]#
```

svr1 的路由表显示，当前有 3 个网络直接连接在服务器 svr1 上，svr1 的默认网关是 192.168.3.1。

使用 root 用户，执行下面的命令，为网卡 ens34 增加一条静态路由：

```
[root@svr1 ~]# nmcli connection modify ens34 +ipv4.routes "192.168.200.0/24 192.168.3.1"
[root@svr1 ~]# ip route
default via 192.168.3.1 dev ens34 proto static metric 101
192.168.3.0/24 dev ens34 proto kernel scope link src 192.168.3.121 metric 101
192.168.5.0/24 dev ens34 proto kernel scope link src 192.168.5.121 metric 101
192.168.100.0/24 dev ens33 proto kernel scope link src 192.168.100.121 metric 100
[root@svr1 ~]#
```

对比增加路由前后的主机路由表，此时发现暂时没有任何变更。也就是说，使用 nmcli 命令为网卡增加或者删除一条静态路由，也需要先断开网卡的连接，然后重新连接网卡后才能生效。使用 root 用户，执行下面的命令，断开网卡 ens34，然后重新连接网卡 ens34：

```
nmcli device disconnect ens34
nmcli device connect ens34
```

使用 root 用户，执行下面的命令，再次查看当前主机的静态路由表：

```
[root@srv1 ~]# ip route
default via 192.168.3.1 dev ens34 proto static metric 101
192.168.3.0/24 dev ens34 proto kernel scope link src 192.168.3.121 metric 101
192.168.5.0/24 dev ens34 proto kernel scope link src 192.168.5.121 metric 101
192.168.100.0/24 dev ens33 proto kernel scope link src 192.168.100.121 metric 100
192.168.200.0/24 via 192.168.3.1 dev ens34 proto static metric 101
[root@svr1 ~]#
[root@srv1 ~]#
```

可以发现在主机路由表中已经增加了一条路由：目标是网络 192.168.200.0/24 的数据包都通过 ens34 网卡转交到地址 192.168.3.1。

接下来测试从主机静态路由表中删除一条路由。使用 root 用户，执行下面的命令，为网卡 ens34 删除一条静态路由：

```
nmcli connection modify ens34 -ipv4.routes "192.168.200.0/24 192.168.3.1"
nmcli device disconnect ens34
nmcli device connect ens34
```

使用 root 用户，执行下面的命令，再次查看当前主机的静态路由表：

```
[root@srv1 ~]# ip route
default via 192.168.3.1 dev ens34 proto static metric 101
192.168.3.0/24 dev ens34 proto kernel scope link src 192.168.3.121 metric 101
192.168.5.0/24 dev ens34 proto kernel scope link src 192.168.5.121 metric 101
192.168.100.0/24 dev ens33 proto kernel scope link src 192.168.100.121 metric 100
[root@svr1 ~]#
```

可以发现，刚才添加的那条路由被删除了。

细心的读者可能已经发现 nmcli 命令和 ip 命令管理网卡的区别：ip 命令只能临时配置；nmcli 命令会修改配置文件，即使服务器重新启动，网卡的配置也会被保留起来。

五、使用 ethtool 命令管理以太网卡

ethtool 命令功能强大，可以用来查看和设置以太网卡。

1. 查看网卡的信息

使用 root 用户，执行下面的 ethtool 命令，查看网卡 ens33 的信息：

```
[root@srv1 ~]# ethtool ens33
Settings for ens33:
    Supported ports: [ TP ]
    Supported link modes:   10baseT/Half 10baseT/Full
                            100baseT/Half 100baseT/Full
                            1000baseT/Full
    Supported pause frame use: No
    Supports auto-negotiation: Yes
    Supported FEC modes: Not reported
    Advertised link modes:  10baseT/Half 10baseT/Full
                            100baseT/Half 100baseT/Full
                            1000baseT/Full
    Advertised pause frame use: No
    Advertised auto-negotiation: Yes
    Advertised FEC modes: Not reported
    Speed: 1000Mb/s
    Duplex: Full
    Port: Twisted Pair
    PHYAD: 0
    Transceiver: internal
    Auto-negotiation: on
    MDI-X: off (auto)
    Supports Wake-on: d
    Wake-on: d
    Current message level: 0x00000007 (7)
                           drv probe link
    Link detected: yes
[root@srv1 ~]#
```

从输出可以看出，网卡 ens33 是 10M/100M/1000M 自适应全双工网卡。

ethtool 命令的 -i 选项可以查看网卡的相关信息：

```
[root@srv1 ~]# ethtool -i ens33
driver: e1000
version: 7.3.21-k8-NAPI
firmware-version:
# 省略了一些输出
[root@srv1 ~]#
```

从输出可以看到，网卡 ens33 的驱动程序是 e1000。

获取这个信息后，使用 root 用户，执行下面的命令，可以查看网卡驱动程序的情况：

```
modinfo e1000
```

ethtool 命令的 -S 选项可以查看网卡的统计信息：

```
[root@srv1 ~]# ethtool -S ens33
NIC statistics:
    rx_packets: 99
    tx_packets: 89
    rx_bytes: 10005
    tx_bytes: 16845
    rx_broadcast: 0
# 省略了一些输出
[root@srv1 ~]#
```

前面几项分别是接收的包总数、发送的包总数、接收的总字节数、发送的总字节数。

2. 使用 ethtool 命令设置网卡参数

注意，如果要重新设置网卡 ens33 的速度为 100Mbit/s，则需要关闭网卡自动协商，否则将不会成功：

```
[root@srv1 ~]# ethtool -s ens33 speed 100
Cannot advertise speed 100
[root@srv1 ~]#
```

上面的这条命令没有执行成功。

要成功修改网卡 ens33 的速度，可以执行下面的命令，关闭网卡 ens33 的自动协商，并将网卡传输速率设置为 100Mbit/s，工作在半双工模式：

```
[root@srv1 ~]# ethtool -s ens33 autoneg off speed 100 duplex half
```

执行下面的命令，再次查看网卡 ens33 的信息：

```
[root@srv1 ~]# ethtool ens33
Settings for ens33:
    Supported ports: [ TP ]
    Supported link modes:   10baseT/Half 10baseT/Full
                            100baseT/Half 100baseT/Full
                            1000baseT/Full
    Supported pause frame use: No
    Supports auto-negotiation: Yes
    Supported FEC modes: Not reported
    Advertised link modes:  Not reported
    Advertised pause frame use: No
    Advertised auto-negotiation: No
    Advertised FEC modes: Not reported
    Speed: 100Mb/s
    Duplex: Half
    Port: Twisted Pair
    PHYAD: 0
    Transceiver: internal
    Auto-negotiation: off
    MDI-X: off (auto)
    Supports Wake-on: d
    Wake-on: d
    Current message level: 0x00000007 (7)
```

```
                            drv probe link
        Link detected: yes
    [root@srv1 ~]#
```

可以看到，网卡 ens33 的速度被设置为 100Mbit/s，半双工，并且自动协商被关闭了。

3. 使用 ethtool 确认服务器上的网卡物理位置

如果一台服务器上有很多的以太网卡，则可以使用 ethtool 命令的 -p 选项来确认某个网卡的硬件位置。

使用 root 用户，执行下面的命令：

```
[root@svr1 ~]# ethtool -p ens33
```

执行这条命令后，网卡 ens33 的指示灯将一直闪烁，这样用户可以很方便地确认网卡 ens33 在计算机的哪个位置。当确认完网卡的位置后，按 <Ctrl+c> 组合键，退出这条执行的命令：

```
[root@svr1 ~]# ethtool -p ens33
^C
[root@svr1 ~]#
```

六、ifup 和 ifdown 命令

在 openEuler Linux 运行时，可以使用 ifdown 命令来临时停用网卡，使用 ifup 命令来重新启用网卡。

执行下面的命令，查看网卡 ens34 的 IP 配置：

```
[root@srv1 ~]# ip a
# 省略了没有的输出
3: ens34: <BROADCAST,MULTICAST,UP,LOWER_UP> mtu 1500 qdisc fq_codel state UP group de-
fault qlen 1000
    link/ether 00:0c:29:93:c8:81 brd ff:ff:ff:ff:ff:ff
    inet 192.168.3.121/24 brd 192.168.3.255 scope global noprefixroute ens34
      valid_lft forever preferred_lft forever
    inet 192.168.5.121/24 brd 192.168.5.255 scope global noprefixroute ens34
      valid_lft forever preferred_lft forever
    inet6 fe80::f3b4:3542:e43e:407b/64 scope link noprefixroute
      valid_lft forever preferred_lft forever
[root@svr1 ~]#
```

使用 root 用户，执行 ifdown 命令，停用网卡 ens34：

```
[root@svr1 ~]# ifdown ens34
Connection 'ens34' successfully deactivated (D-Bus active path: /org/freedesktop/NetworkManager/Active-
Connection/11)
[root@svr1 ~]#
```

再次执行下面的命令，查看网卡 ens34 的信息：

```
[root@srv1 ~]# ip a
# 省略了没有的输出
3: ens34: <BROADCAST,MULTICAST,UP,LOWER_UP> mtu 1500 qdisc fq_codel state UP group de-
fault qlen 1000
    link/ether 00:0c:29:93:c8:81 brd ff:ff:ff:ff:ff:ff
[root@svr1 ~]#
```

如果要重新启用网卡 ens34，则可以用 root 用户执行 ifup 命令：

```
[root@svr1 ~]# ifup ens34
Connection successfully activated (D-Bus active path: /org/freedesktop/NetworkManager/ActiveConnec-
tion/12)
[root@svr1 ~]#
```

再次执行下面的命令，查看网卡 ens34 的信息：

```
[root@srv1 ~]# ip a
# 省略了没用的输出
3: ens34: <BROADCAST,MULTICAST,UP,LOWER_UP> mtu 1500 qdisc fq_codel state UP group de-
fault qlen 1000
    link/ether 00:0c:29:93:c8:81 brd ff:ff:ff:ff:ff:ff
    inet 192.168.3.121/24 brd 192.168.3.255 scope global noprefixroute ens34
      valid_lft forever preferred_lft forever
    inet 192.168.5.121/24 brd 192.168.5.255 scope global noprefixroute ens34
      valid_lft forever preferred_lft forever
    inet6 fe80::f3b4:3542:e43e:407b/64 scope link noprefixroute
      valid_lft forever preferred_lft forever
[root@svr1 ~]#
```

可以看到，ens34 网卡上配置的多个 IP 都已经正常启动了。

为了继续下面的操作，执行下面的命令，删除网卡 ens34 的配置：

```
[root@svr1 ~]# nmcli con delete ens34
Connection 'ens34' (665551ff-ffaf-4f6e-9929-7736c9738b5c) successfully deleted.
[root@svr1 ~]#
```

七、配置多网卡 bond

多个网卡可以绑定在一起，这样如果其中一个网卡物理损坏或者网线断开，也不会造成网络的中断。

1. 网卡绑定 bond 的模式

网卡绑定 bond 的模式（mode）有 7 种（0～6），常用的有 4 种：

- mode=0：平衡轮询策略（balance-rr，Round-robin policy），这是一种平衡负载的模式，有自动备援，但需要交换机的支持和设定。
- mode=1：主 - 备份策略（active-backup，Active-backup policy），只有一个设备处于活动状态，当一个正在工作的主网卡发生故障时，另一个备份网卡马上转换为主设备。MAC 地址从外部可见，从外面看来，bond 的 MAC 地址是唯一的。
- mode=5：适配器传输负载均衡（balance-tlb，Adaptive transmit load balancing），不需要任何特别的交换机支持绑定。
- mode=6：适配器适应性负载均衡（balance-alb，Adaptive load balancing），该模式包含了 balance-tlb 模式，同时能够针对 IPv4 流量接收负载均衡（Receive Load Balance，RLB），而且不需要任何（交换机）的支持。接收负载均衡是通过 ARP 协商实现的。

2. 准备实验环境

为了完成这里的实验，首先关闭 svr1 服务器：

```
[root@svr1 ~]# poweroff
```

然后按照任务二实施步骤二中的图 2-17 ～ 图 2-19 的操作为虚拟机 svr1 添加 3 块桥接类型的网卡。添加完网卡后，虚拟机 svr1 的硬件配置如图 18-1 所示。

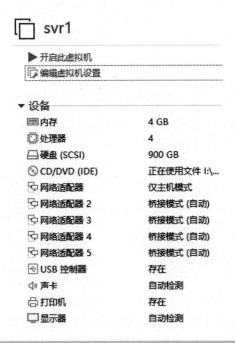

图 18-1　为虚拟机 svr1 添加网卡后的硬件配置

启动虚拟机 svr1 后，执行下面的命令，查看网卡的状态：

```
[root@svr1 ~]# nmcli device status
DEVICE  TYPE      STATE         CONNECTION
ens33   ethernet  connected     ens33
ens34   ethernet  disconnected  --
ens37   ethernet  disconnected  --
ens38   ethernet  disconnected  --
ens39   ethernet  disconnected  --
lo      loopback  unmanaged     --
[root@svr1 ~]#
```

3. 实验规划

这里计划将网卡 ens34 和 ens37 绑定在一起，形成一个新的网卡 bond0。

4. 创建 bond 绑定网卡的过程

在 openEuler 操作系统上，使用 root 用户，执行下面的命令，创建一个 bond 绑定网卡，设置设备名为 bond0、连接名为 bond0，采用主备方式，主网卡是 ens34，IP 地址是 192.168.3.121/24：

```
[root@svr1 ~]# nmcli connection add type bond ifname bond0 con-name bond0 miimon 100 mode active-
backup primary ens34 ip4 192.168.3.121/24      # 排版问题，这两行是一条命令
Connection 'bond0' (48dab133-d9f5-49b6-9d65-d9122782de7a) successfully added.
[root@svr1 ~]#
```

使用 root 用户，执行下面的命令，创建 bond0 子接口 bond0-p1，添加网卡 ens34，设置设备类型为 bond-slave，设置连接名称为 bond0-p1：

```
[root@srv1 ~]# nmcli connection add type bond-slave ifname ens34 con-name bond0-p1 master bond0
Connection 'bond0-p1' (3091d3e5-1377-4c8d-939d-14b6f282d72d) successfully added.
[root@svr1 ~]#
```

使用 root 用户，执行下面的命令，创建 bond0 子接口 bond0-p2，添加网卡 ens37，设备类型为 bond-slave，连接名称为 bond0-p2：

```
[root@svr1 ~]# nmcli connection add type bond-slave ifname ens37 con-name bond0-p2 master bond0
Connection 'bond0-p2' (3a18aed2-3ef4-40b4-b087-5a101655359c) successfully added.
[root@svr1 ~]#
```

执行以上的 3 条命令后，会在 /etc/sysconfig/network-scripts 目录下生成以下 3 个文件：

```
[root@svr1 ~]# ls -l /etc/sysconfig/network-scripts/ifcfg-bond0*
-rw-r--r-- 1 root root 385 Jan  6 18:36 /etc/sysconfig/network-scripts/ifcfg-bond0
-rw-r--r-- 1 root root 117 Jan  6 18:37 /etc/sysconfig/network-scripts/ifcfg-bond0-p1
-rw-r--r-- 1 root root 117 Jan  6 18:39 /etc/sysconfig/network-scripts/ifcfg-bond0-p2
[root@svr1 ~]#
```

配置完成后，使用 root 用户，执行下面的命令，查看绑定的网卡 bond0 的状态：

```
[root@srv1 ~]# cd /proc/net/bonding/
[root@srv1 bonding]# ls
bond0
[root@srv1 bonding]# cat bond0
Ethernet Channel Bonding Driver: v3.7.1 (April 27, 2011)
Bonding Mode: fault-tolerance (active-backup)
Primary Slave: ens34 (primary_reselect always)
Currently Active Slave: ens34
MII Status: up
MII Polling Interval (ms): 100
Up Delay (ms): 0
Down Delay (ms): 0
Peer Notification Delay (ms): 0
Slave Interface: ens34
MII Status: up
Speed: 1000 Mbps
Duplex: full
Link Failure Count: 0
Permanent HW addr: 00:0c:29:93:c8:81
Slave queue ID: 0
Slave Interface: ens37
MII Status: up
Speed: 1000 Mbps
Duplex: full
Link Failure Count: 0
Permanent HW addr: 00:0c:29:93:c8:8b
Slave queue ID: 0
[root@svr1 bonding]# cd
[root@svr1 ~]#
```

5. 删除 bond0

使用 root 用户，执行下面的命令，删除 bond0：

```
nmcli conn delete bond0-p2
nmcli conn delete bond0-p1
nmcli conn delete bond0
```

八、配置多网卡 team

跟 bond 一样，多网卡 team 也是将多个网卡合并成一个，从而具有更高的带宽和更高的可靠性。

1. team 的模式

- roundrobin（轮询模式）：它基于每一个包，当某一台服务器的两张网卡设置为该模式时，服务器发出的数据包会在两个物理网卡上进行轮询，即第一个数据包经过一张网卡，第二个数据包经过第二张网卡，依次轮询。注意：roundrobin 具有容错性，当一张网卡发生故障后，数据包依然发送成功；使用 roundrobin 模式时必须要在交换机上做以太通道，不然会出现网络无法联通的情况。

- activebackup（主备模式）：一个网卡处于活动状态，另一个处于备份状态，所有流量都在主链路上处理。当活动网卡发生故障时，启用备份网卡。

2. 实验规划

这里计划使用网卡 ens38 和 ens39 组成一个网卡 team。

3. 配置轮询模式的 team

1）使用 nmcli 命令创建 team 接口 team0，同时设置 teaming 模式为 roundrobin：

```
[root@svr1 ~]# nmcli connection add type team con-name team0 ifname team0 config '{"runner":{"name":
"roundrobin"}}'    # 排版问题，这两行是一条命令
Connection 'team0' (d8c6a192-cebc-483e-a4af-646e77c714ce) successfully added.
[root@svr1 ~]#
```

2）给 team0 手动设置 IP 地址：

```
[root@svr1 ~]# nmcli connection mod team0 ipv4.addresses 192.168.4.121/24 ipv4.gateway 192.168.4.1
ipv4.method manual connectio.autoconnect yes    # 排版问题，这两行是一条命令
[root@svr1 bonding]#
```

3）将两张物理网卡加入 team0 中：

```
[root@svr1 ~]# nmcli connection add type team-slave con-name team0-port1 ifname ens38 master team0
Connection 'team0-port1' (9269b065-156d-45b8-bda0-cac3bbf3b258) successfully added.
[root@svr1 ~]# nmcli connection add type team-slave con-name team0-port2 ifname ens39 master team0
Connection 'team0-port2' (bbb55bff-bc99-4194-ba9c-fe7d7f567a92) successfully added.
[root@svr1 ~]#
```

4）重新载入连接配置：

```
[root@svr1 ~]# nmcli connection reload
```

5）启动 team0：

```
[root@svr1 ~]# nmcli connection up team0
```

```
Connection successfully activated (master waiting for slaves) (D-Bus active path: /org/freedesktop/Net-
workManager/ActiveConnection/8)
[root@svr1 ~]#
```

6）查看 team0 的状态：

```
[root@svr1 ~]# teamdctl team0 state
setup:
 runner: roundrobin
ports:
 ens38
  link watches:
   link summary: up
   instance[link_watch_0]:
    name: ethtool
    link: up
    down count: 0
 ens39
  link watches:
   link summary: up
   instance[link_watch_0]:
    name: ethtool
    link: up
    down count: 0
[root@svr1 ~]# nmcli connection show
NAME         UUID                                   TYPE      DEVICE
team0        d8c6a192-cebc-483e-a4af-646e77c714ce   team      team0
ens33        d44edc0f-3dc3-4e25-b088-812f34ac225f   ethernet  ens33
team0-port1  9269b065-156d-45b8-bda0-cac3bbf3b258   ethernet  ens38
team0-port2  bbb55bff-bc99-4194-ba9c-fe7d7f567a92   ethernet  ens39
[root@svr1 ~]#
```

4. 删除 roundrobin 模式的 team

在继续之前，执行下面的命令，删除刚刚创建的 team0：

```
nmcli conn delete team0
nmcli conn delete ens38
nmcli conn delete ens39
nmcli conn delete team0-port1
nmcli conn delete team0-port2
nmcli conn show
nmcli device status
```

5. 配置主备模式的 team

1）使用 nmcli 命令创建 team 接口 team0，同时设置 teaming 模式为 activebackup：

```
[root@svr1 ~]# nmcli connection add type team con-name team0 ifname team0 config '{"runner":{"name":
"activebackup"}}'  # 排版问题，这两行是一条命令
Connection 'team0' (7c91cb43-a0f7-41f2-bee8-60121f7e3f38) successfully added.
[root@svr1 ~]#
```

2）步骤与配置轮询模式的 team 一样，即从配置轮询模式 team 的第 2 步开始，一直到第
5 步。

3）查看 team0 的状态：

```
[root@svr1 ~]# teamdctl team0 state
setup:
  runner: activebackup
ports:
  ens38
    link watches:
      link summary: up
      instance[link_watch_0]:
        name: ethtool
        link: up
        down count: 0
  ens39
    link watches:
      link summary: up
      instance[link_watch_0]:
        name: ethtool
        link: up
        down count: 0
runner:
  active port: ens38
[root@svr1 ~]#
```

6. 删除 activebackup 模式的 team

删除主备模式的 team，方法同删除轮询模式的 team 一样。

```
nmcli conn delete team0
nmcli conn delete ens38
nmcli conn delete ens39
nmcli conn delete team0-port1
nmcli conn delete team0-port2
nmcli conn show
nmcli device status
```

九、使用 ifconfig 命令管理网络

ifconfig 命令是一个较早的 Linux 命令，可以用来查看和配置网卡的信息，现在 ifconfig 命令已经慢慢被 ip 命令替代。

1. 安装包含 ifconfig 命令的软件包 net-tools

如果在安装 openEuelr 时选择的是 Minimal Install，则 ifconfig 命令并没有被安装。

```
[root@svr1 ~]# ifconfig -a
-bash: ifconfig: command not found
[root@svr1 ~]#
```

首先需要配置 svr1 服务器，使它能够访问互联网。使用 root 用户，执行下面的命令，配置网卡 ens33，使 svr1 虚拟机可以访问互联网：

```
nmcli connection add type ethernet \
    con-name ens34 ifname ens34 \
    ipv4.addresses 192.168.3.121/24 \
```

```
        ipv4.gateway 192.168.3.1 \
        ipv4.dns 192.168.3.1 \
        ipv4.method manual \
        autoconnect yes
```

然后使用 root 用户，执行下面的命令，查看 ifconfig 命令包含在哪个 rpm 软件包中：

```
[root@svr1 ~]# yum provides ifconfig
Last metadata expiration check: 6:32:54 ago on Thu 06 Jan 2022 12:45:20 PM CST.
net-tools-2.0-0.54.oe1.x86_64 : Important Programs for Networking
Repo      : OS
Matched from:
Filename  : /usr/sbin/ifconfig
# 省略了一些输出
[root@svr1 ~]#
```

输出显示需要为 openEuler 安装 net-tools 软件包。

使用 root 用户，执行下面的命令，安装 net-tools 软件包：

```
yum -y install net-tools
```

安装完 net-tools 软件包后，就可以使用 ifconfig 命令了：

```
[root@svr1 ~]# ifconfig ens34
ens34: flags=4163<UP,BROADCAST,RUNNING,MULTICAST>  mtu 1500
        inet 192.168.3.121  netmask 255.255.255.0  broadcast 192.168.3.255
        inet6 fe80::3e59:befe:3b1f:6bbc  prefixlen 64  scopeid 0x20<link>
        ether 00:0c:29:93:c8:81  txqueuelen 1000  (Ethernet)
        RX packets 3426  bytes 1399298 (1.3 MiB)
        RX errors 0  dropped 0  overruns 0  frame 0
        TX packets 145  bytes 10194 (9.9 KiB)
        TX errors 0  dropped 0 overruns 0  carrier 0  collisions 0
[root@svr1 ~]#
```

使用 root 用户，执行下面的命令，删除网卡 ens34 配置：

```
[root@svr1 ~]# nmcli connection delete ens34
Connection 'ens34' (f3d50dc4-8fb9-468c-b3ed-e54cf72a4df7) successfully deleted.
[root@svr1 ~]#
```

2. 使用 ifconfig 命令临时配置网卡地址

使用 root 用户，执行下面的命令，查看网卡 ens34 的信息：

```
[root@svr1 ~]# ifconfig ens34
ens34: flags=4163<UP,BROADCAST,RUNNING,MULTICAST>  mtu 1500
        ether 00:0c:29:93:c8:81  txqueuelen 1000  (Ethernet)
        RX packets 3562  bytes 1447786 (1.3 MiB)
        RX errors 0  dropped 0  overruns 0  frame 0
        TX packets 151  bytes 10674 (10.4 KiB)
        TX errors 0  dropped 0 overruns 0  carrier 0  collisions 0
[root@svr1 ~]#
```

可以看到，当前网卡 ens34 没有配置 IP 地址。

使用 root 用户，执行下面的命令，将网卡 ens34 的 IP 地址临时配置为 192.168.3.121，将子网掩码修改为 255.255.255.0：

```
[root@srv1 ~]# ifconfig ens34 192.168.3.121 netmask 255.255.255.0 up
```

使用 root 用户，执行下面的命令，查看网卡 ens34 修改后的信息：

```
[root@srv1 ~]# ifconfig ens34
ens34: flags=4163<UP,BROADCAST,RUNNING,MULTICAST>  mtu 1500
        inet 192.168.3.121  netmask 255.255.255.0  broadcast 192.168.3.255
        ether 00:0c:29:93:c8:81  txqueuelen 1000  (Ethernet)
        RX packets 4526  bytes 1768951 (1.6 MiB)
        RX errors 0  dropped 0  overruns 0  frame 0
        TX packets 153  bytes 10794 (10.5 KiB)
        TX errors 0  dropped 0 overruns 0  carrier 0  collisions 0
[root@svr1 ~]#
```

使用 root 用户，执行下面的命令，为系统添加一个默认网关：

```
[root@srv1 ~]# ip route add default via 192.168.3.1
```

使用 root 用户，执行下面的命令，配置 DNS 客户端：

```
cat >/etc/resolv.conf<<EOF
nameserver 192.168.3.1
EOF
```

至此，已经配置好 openEuler Linux 虚拟机访问互联网了，这可以通过执行下面的命令进行测试：

```
[root@srv1 ~]# ping -c 2 news.sina.com.cn
PING spool.grid.sinaedge.com (36.51.252.81) 56(84) bytes of data.
64 bytes from 36.51.252.81 (36.51.252.81): icmp_seq=1 ttl=56 time=6.63 ms
# 省略了一些输出
 [root@srv1 ~]#
```

请注意，使用 ifconfig 命令进行的所有配置都是临时的，一旦 Linux 操作系统重新启动，这些配置都将丢失，不再起作用：

```
[root@srv1 ~]# reboot
Connection to 192.168.100.121 closed by remote host.
Connection to 192.168.100.121 closed.
C:\Users\zqf>ssh root@192.168.100.121
Authorized users only. All activities may be monitored and reported.
root@192.168.100.121's password:# 输入 root 用户密码 root@ustb2021
# 省略很多输出
[root@svr1 ~]# ifconfig ens34
ens34: flags=4163<UP,BROADCAST,RUNNING,MULTICAST>  mtu 1500
        ether 00:0c:29:93:c8:81  txqueuelen 1000  (Ethernet)
        RX packets 43  bytes 16769 (16.3 KiB)
        RX errors 0  dropped 0  overruns 0  frame 0
        TX packets 0  bytes 0 (0.0 B)
        TX errors 0  dropped 0 overruns 0  carrier 0  collisions 0
[root@svr1 ~]#
```

十、通过编辑网卡配置文件管理网卡

使用 root 用户，执行下面的命令，生成网卡 ens34 的配置文件：

```
cat>/etc/sysconfig/network-scripts/ifcfg-ens34<<EOF
TYPE=Ethernet
PROXY_METHOD=none
BROWSER_ONLY=no
BOOTPROTO=none
IPADDR=192.168.3.121
PREFIX=24
GATEWAY=192.168.3.1
DNS1=192.168.3.1
DEFROUTE=yes
IPV4_FAILURE_FATAL=no
IPV6INIT=yes
IPV6_AUTOCONF=yes
IPV6_DEFROUTE=yes
IPV6_FAILURE_FATAL=no
IPV6_ADDR_GEN_MODE=stable-privacy
NAME=ens34
DEVICE=ens34
ONBOOT=yes
EOF
```

使用 root 用户，执行下面的命令，启动网卡 ens34：

```
[root@svr1 ~]# ifup ens34
Connection successfully activated (D-Bus active path: /org/freedesktop/NetworkManager/ActiveConnec-
tion/4)
[root@svr1 ~]#
```

使用 root 用户，执行下面的命令，确认服务器 svr1 可以访问互联网：

```
[root@svr1 ~]# ping -c 3 news.sina.com.cn
PING spool.grid.sinaedge.com (123.126.45.205) 56(84) bytes of data.
64 bytes from 123.126.45.205 (123.126.45.205): icmp_seq=1 ttl=56 time=7.11 ms
# 省略了一些输出
[root@svr1 ~]#
```

任务十九 19

Linux 网络管理实战：配置 DNS 服务器

任务目标

让 openEuler 初学者掌握 Linux 上配置和管理 DNS 服务器的方法。

实施步骤

一、DNS 服务简介

DNS 的英文全称是 Domain Name System。它是 TCP/IP 协议集中的一个应用层协议，使用 UDP 的 53 号端口，用来将主机名和域名转换为 IP 地址。

DNS 域名服务器的树状分层如图 19-1 所示。最顶层是根域名服务器，下面是一些顶级域名服务器，接下来是本地域名服务器，还可以有三级甚至是更深层次的域名服务器。

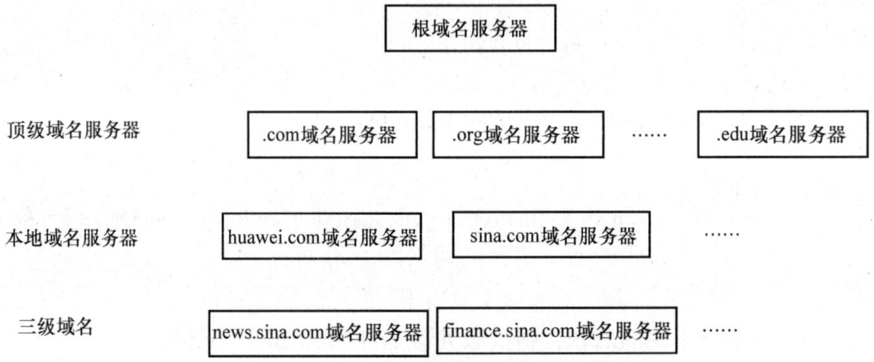

图 19-1　DNS 域名服务器的树状分层

另外一个术语是**权威（Authoritative）域名服务器**，它提供域名的官方解析。

下面介绍 DNS 解析域名 www.huawei.com 的过程：当计算机 A 想要获得域名 www.huawei.com 的 IP 地址时，计算机 A 就去询问它的 DNS 服务器 S，如果 DNS 服务器 S 在缓存中有 www.huawei.com 的域名 IP 地址缓存信息，就直接将这些信息告诉计算机 A，否则就从根域名服务器开始，找到顶级域名服务器 .com，再找到本地域名服务器 huawei.com，从这里获得权威的域名解析，最后将域名解析保存在 DNS 服务器 S 的缓存中，并把 IP 地址告诉客户机。

二、实验规划

在 DNS 服务器实战中，计划为域名 test.com.cn 配置 DNS 服务器：

■ DNS 主服务器为 dns1.test.com.cn，IP 地址是 192.168.3.121。

■ DNS 从服务器为 dns2.test.com.cn，IP 地址是 192.168.3.122。

■ 此外只允许网络 192.168.3.0/24 中的计算机访问 DNS 服务器。

三、准备虚拟机实验环境

使用任务二实施步骤十六中准备好的 svr1.rar、svr2.rar 和 svr3.rar 虚拟机备份。

启动虚拟机 svr1 后，使用 root 用户，执行下面的命令，查看网卡的名字：

```
[root@svr1 ~]# nmcli device status
DEVICE TYPE      STATE         CONNECTION
ens33  ethernet  connected     ens33
ens34  ethernet disconnected   --
lo     loopback unmanaged      --
[root@svr1 ~]#
```

这里的 ens34 是桥接网卡的名字，目前处于 disconnected 状态，执行下面的命令，配置桥接网卡，使用固定 IP 地址 192.168.3.121，通过家庭宽带访问互联网：

```
nmcli connection add type ethernet \
  con-name ens34 ifname ens34 \
  ipv4.addresses '192.168.3.121/24' \
  ipv4.gateway 192.168.3.1 \
  ipv4.dns '192.168.3.1'\
  ipv4.method manual \
  autoconnect yes
```

执行下面的命令，测试第 1 台计算机能否访问互联网：

```
[root@srv1 ~]# ping -c 2 news.sina.com.cn
PING spool.grid.sinaedge.com (36.51.252.81) 56(84) bytes of data.
64 bytes from 36.51.252.81 (36.51.252.81): icmp_seq=1 ttl=56 time=6.59 ms
# 删除了一些输出
[root@srv1 ~]#
```

使用 root 用户，执行下面的命令，停止和关闭防火墙：

```
systemctl stop firewalld.service
systemctl disable firewalld.service
```

使用 root 用户，执行下面的命令，关闭 SELinux：

```
getenforce
sed -i 's/^SELINUX=.*/SELINUX=disabled/' /etc/selinux/config
setenforce 0
getenforce
```

使用 root 用户，执行下面的命令，安装 DNS 服务器软件：

```
dnf -y install bind bind-utils
```

在启动服务器 svr2 和 svr3 后，同样执行与 svr1 一样的操作：

1）在 svr2 服务器上，使用 root 用户，执行下面的命令，配置网卡 ens34：

```
nmcli connection add type ethernet \
  con-name ens34 ifname ens34 \
  ipv4.addresses '192.168.3.122/24' \
  ipv4.gateway 192.168.3.1 \
  ipv4.dns '192.168.3.1'\
  ipv4.method manual \
  autoconnect yes
```

2）在 svr3 服务器上，使用 root 用户，执行下面的命令，配置网卡 ens34：

```
nmcli connection add type ethernet \
  con-name ens34 ifname ens34  \
  ipv4.addresses '192.168.3.123/24' \
  ipv4.gateway 192.168.3.1 \
  ipv4.dns '192.168.3.1'\
  ipv4.method manual \
  autoconnect yes
```

3）在 svr2 和 svr3 上，使用 root 用户，执行下面的命令，关闭防火墙和 SELinux：

```
systemctl stop firewalld.service
systemctl disable firewalld.service
getenforce
sed -i 's/^SELINUX=.*/SELINUX=disabled/' /etc/selinux/config
setenforce 0
getenforce
```

4）在 svr2 和 svr3 上，使用 root 用户，执行下面的命令，安装 DNS 服务器软件：

```
dnf -y install bind bind-utils
```

四、配置 DNS 主服务器

1. 修改文件 /etc/named.conf

在服务器 svr1 上，使用 root 用户，编辑文件 /etc/named.conf：

```
[root@srv1 ~]# vi /etc/named.conf
```

按图 19-2 所示修改文件，完成修改后保存文件，退出 vi 编辑器。

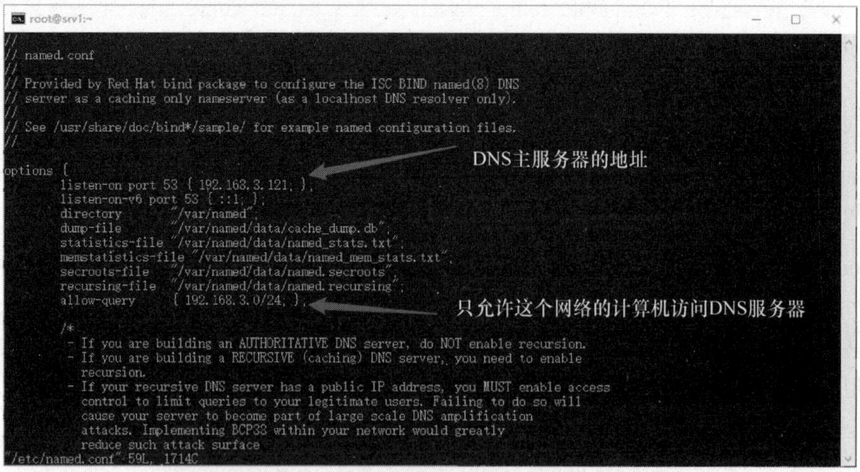

图 19-2　修改 DNS 服务器文件 /etc/named.conf

2. 在文件 /etc/named.rfc1912.zones 添加内容

在服务器 svr1 上，使用 root 用户，编辑文件 /etc/named.rfc1912.zones：

```
[root@srv1 ~]# vi /etc/named.rfc1912.zones
```

在文件尾部添加如下内容：

```
zone "test.com.cn" IN{
    type master;
    file "test.com.cn.hosts";
    allow-update{ none; };
};

zone "3.168.192.in-addr.arpa" IN{
    type master;
    file "3.168.192.rev";
    allow-update { none; };
};
```

3. 添加正向解析主机数据库文件

在服务器 svr1 上，使用 root 用户，使用 vi 编辑器，创建一个新文件 /var/named/test.com.cn.hosts：

```
vi /var/named/test.com.cn.hosts
```

将下面的内容复制到文件中：

```
$TTL   86400
@     IN  SOA dns1.test.com.cn.    root.test.com.cn. (
                            2022010701 ; serial (d. adams)
                            3H            ; refresh
                            15M           ; retry
                            1W            ; expiry
                            1D )          ; minimum
@                           IN NS  dns1.test.com.cn.
dns1          IN  A    192.168.3.121
dns2          IN  A    192.168.3.122
svr1          IN  A    192.168.3.121
svr2          IN  A    192.168.3.122
svr3          IN  A    192.168.3.123
```

将上面有阴影背景的数字修改为当天的日期（此处是 2022 年 1 月 7 日），最后两位数字为系列号（此处是 01），每修改一次增加 1。

4. 添加反向解析主机数据库文件

在服务器 svr1 上，使用 root 用户，使用 vi 编辑器，创建一个新文件 /var/named/3.168.192.rev：

```
vi /var/named/3.168.192.rev
```

将下面的内容复制到文件中：

```
$TTL   86400
@     IN  SOA dns1.test.com.cn.    root.test.com.cn. (
                            2022010701 ; Serial
                            28800        ; Refresh
                            14400        ; Retry
                            3600000      ; Expire
                            86400 )      ; Minimum
@     IN   NS    dns1.test.com.cn.
```

```
121    IN    PTR    dns1.test.com.cn.
122    IN    PTR    dns2.test.com.cn.
121    IN    PTR    svr1.test.com.cn.
122    IN    PTR    svr2.test.com.cn.
123    IN    PTR    svr3.test.com.cn.
```

5. 修改 DNS 配置文件的属组

在服务器 svr1 上，使用 root 用户，执行下面的命令：

```
cd /var/named
chgrp named test.com.cn.hosts
chgrp named 3.168.192.rev
```

6. 启动 DNS 服务

在服务器 svr1 上，使用 root 用户，执行下面的命令，启动 DNS 服务：

```
systemctl restart named
systemctl enable named.service
```

7. 测试 DNS 主服务器

在服务器 svr3 上，使用 root 用户，执行下面的命令，重新配置 DNS 客户端：

```
cat>/etc/resolv.conf<<EOF
search test.com.cn
nameserver 192.168.3.121
EOF
```

在服务器 svr3 上，使用 root 用，执行下面的命令，测试刚刚配置好的 DNS 主服务器：

```
[root@svr3 ~]# nslookup
> server
Default server: 192.168.3.121
Address: 192.168.3.121#53
> svr1
Server:         192.168.3.121
Address:        192.168.3.121#53
Name:  svr1.test.com.cn
Address: 192.168.3.121
> 192.168.3.121
121.3.168.192.in-addr.arpa        name = svr1.test.com.cn.
121.3.168.192.in-addr.arpa        name = dns1.test.com.cn.
> svr2.test.com.cn
Server:         192.168.3.121
Address:        192.168.3.121#53
Name:  svr2.test.com.cn
Address: 192.168.3.122
> baidu.com
Server:         192.168.3.121
Address:        192.168.3.121#53
Non-authoritative answer:
Name:  baidu.com
Address: 220.181.38.148
Name:  baidu.com
```

```
Address: 220.181.38.251
> exit
[root@svr3 ~]#
```

五、配置 DNS 辅助服务器

按照之前的规划，把服务器 svr2 配置为 DNS 辅助服务器。

1. 编辑 DNS 辅助服务器 svr2 上的文件 /etc/named.conf

在服务器 svr2 上，使用 root 用户，编辑文件 /etc/named.conf：

```
[root@srv2 ~]# vi /etc/named.conf
```

按图 19-3 所示修改文件。

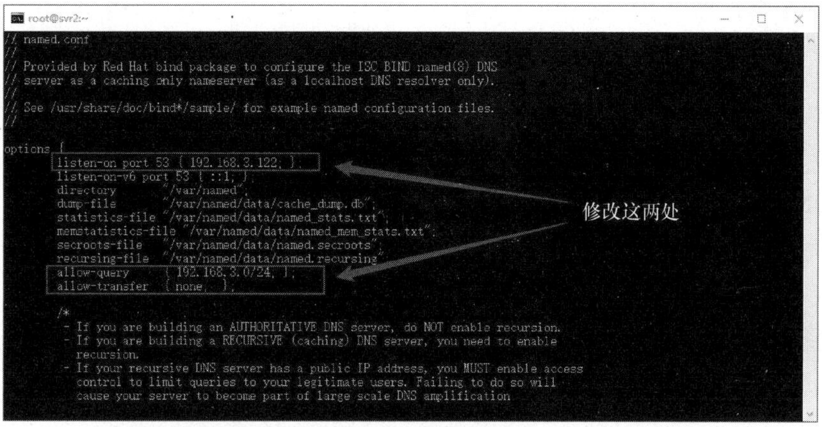

图 19-3　修改 DNS 辅助服务器的文件 /etc/named.conf

2. 编辑 DNS 辅助服务器 svr2 上的文件 /etc/named.rfc1912.zones

在服务器 svr2 上，使用 root 用户，编辑文件 /etc/named.rfc1912.zones：

```
[root@srv2 ~]# vi /etc/named.rfc1912.zones
```

在文件尾部添加如下内容：

```
zone "test.com.cn" IN{
    type slave;
    masters{ 192.168.3.121; };
    file "slaves/test.com.cn.hosts";
};
zone "3.168.192.in-addr.arpa" IN{
    type slave;
    masters{ 192.168.3.121; };
    file "slaves/3.168.192.rev";
};
```

3. 编辑 DNS 主服务器 svr1 上的文件 /etc/named.rfc1912.zones

在服务器 svr1 上，使用 root 用户，编辑文件 /etc/named.rfc1912.zones：

```
[root@srv1 ~]# vi /etc/named.rfc1912.zones
```

按图 19-4 所示修改文件。

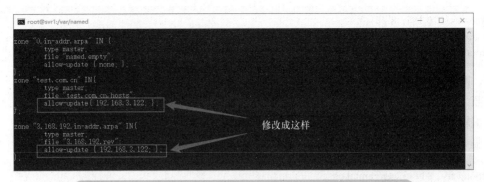

图 19-4　修改 DNS 主服务器的文件 /etc/named.rfc192.zones

4. 启动 DNS 服务

在服务器 svr1 和 svr2 上，使用 root 用户，启动 DNS 服务：

```
systemctl restart named
systemctl enable named.service
```

5. 测试 DNS 辅助服务器

等待大约 5min，此时，DNS 辅助服务器 svr2 应该已经从 DNS 主服务器 svr1 获取了主机解析的信息：

```
[root@svr2 ~]# cd /var/named/slaves/
[root@svr2 slaves]# ls -l
total 8
-rw-r--r-- 1 named named 434 Jan  8 13:28 3.168.192.rev
-rw-r--r-- 1 named named 388 Jan  8 13:28 test.com.cn.hosts
[root@svr2 slaves]# file *
3.168.192.rev:    data
test.com.cn.hosts: data
[root@svr2 slaves]#
```

在前面配置 DNS 辅助服务器 svr2 时并没有创建这两个文件，这两个文件是从 DNS 主服务器传送过来的，不是文本文件，是数据二进制文件。

为了测试 DNS 辅助服务器，需要先关闭 DNS 主服务器 svr1：

```
[root@svr1 ~]# poweroff
Connection to 192.168.100.121 closed by remote host.
Connection to 192.168.100.121 closed.
C:\Users\zqf>
```

在服务器 svr3 上，使用 root 用户，执行下面的命令，重新配置 DNS 客户端：

```
cat>/etc/resolv.conf<<EOF
search test.com.cn
nameserver 192.168.3.121
nameserver 192.168.3.122
EOF
```

在服务器 svr3 上，使用 root 用户，执行下面的命令，测试刚刚配置好的 DNS 辅助服务器（DNS 主服务器 svr1 已经被关闭了电源）：

```
[root@svr3 ~]# nslookup
> server
Default server: 192.168.3.121
Address: 192.168.3.121#53
Default server: 192.168.3.122
Address: 192.168.3.122#53
> svr1
Server:        192.168.3.122
Address:       192.168.3.122#53
Name:  svr1.test.com.cn
Address: 192.168.3.121
> 192.168.3.121
121.3.168.192.in-addr.arpa     name = svr1.test.com.cn.
121.3.168.192.in-addr.arpa     name = dns1.test.com.cn.
> news.sina.com.cn
Server:        192.168.3.122
Address:       192.168.3.122#53
Non-authoritative answer:
news.sina.com.cn       canonical name = spool.grid.sinaedge.com.
Name:  spool.grid.sinaedge.com
Address: 123.126.45.205
Name:  spool.grid.sinaedge.com
Address: 2400:89c0:1023:1::23:216
> exit
[root@svr3 ~]#
```

测试完 DNS 辅助服务器之后，重启动 DNS 主服务器 svr1。

六、配置 DNS 转发服务器

按照之前的规划，这里把服务器 svr3 配置为 DNS 转发服务器。

1. 编辑 DNS 转发服务器 svr3 上的文件 /etc/named.conf

在服务器 svr3 上，使用 root 用户，编辑文件 /etc/named.conf：

```
[root@srv3 ~]# vi /etc/named.conf
```

按图 19-5 所示修改文件。

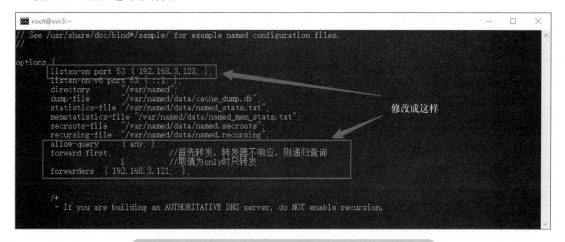

图 19-5　修改 DNS 转发服务器的文件 /etc/named.conf

2. 在 DNS 转发服务器 svr3 的文件 /etc/named.rfc1912.zones 中添加内容

在服务器 svr3 上，使用 root 用户，编辑文件 /etc/named.rfc1912.zones：

```
[root@srv3 ~]# vi /etc/named.rfc1912.zones
```

在文件尾部添加如下内容：

```
zone "test.com.cn" IN {
    type forward;// 转发
    forward first;
    forwarders { 192.168.3.121; };
    };
```

3. 在服务器 svr3 上启动 DNS 服务

在服务器 svr3 上，使用 root 用户，执行下面的命令，启动 DNS 服务：

```
systemctl start named
systemctl enable named.service
```

4. 测试 DNS 转发服务器

在服务器 svr3 上，使用 root 用户，执行下面的命令，重新配置 DNS 客户端：

```
cat>/etc/resolv.conf<<EOF
search test.com.cn
nameserver 192.168.3.123
EOF
```

在服务器 svr3 上，使用 root 用户，执行下面的命令，测试刚刚配置好的 DNS 转发服务器：

```
[root@svr3 ~]# nslookup
> server
Default server: 192.168.3.123
Address: 192.168.3.123#53
> www.ibm.com
Server:      192.168.3.123
Address:     192.168.3.123#53

Non-authoritative answer:
www.ibm.com      canonical name = www.ibm.com.cs186.net.
www.ibm.com.cs186.net   canonical name = outer-global-dual.ibmcom-tls12.edgekey.net.
outer-global-dual.ibmcom-tls12.edgekey.net      canonical name = e7817.dscx.akamaiedge.net.
Name:  e7817.dscx.akamaiedge.net
Address: 23.10.5.43
Name:  e7817.dscx.akamaiedge.net
Address: 2600:140b:4:2a6::1e89
Name:  e7817.dscx.akamaiedge.net
Address: 2600:140b:4:2a2::1e89
> exit
[root@svr2 ~]#
```

Linux 网络管理实战：配置 DHCP 服务器

任务目标

让 openEuler 初学者学会在 Linux 上配置 DHCP 服务器。

实施步骤

一、DHCP 服务简介

DHCP（动态主机配置协议）是一个局域网的网络协议，其前身是 BOOTP，由 IETF（因特网工程任务组）开发设计，于 1993 年 10 月成为标准协议。DHCP 服务器控制一段 IP 地址范围，DHCP 的客户机访问 DHCP 服务器，自动从 DHCP 服务器获取自己的 IP 地址、子网掩码、默认路由、DNS 等信息。

DHCP 客户端请求 DHCP 服务器的过程如图 20-1 所示。

图 20-1　DHCP 客户端请求 DHCP 服务器的过程

DHCP 中的一些术语：

- 作用域：一个完整的 IP 地址段。
- 排除地址范围：作用域中的某些 IP 地址被 DHCP 服务器保留，DHCP 服务器保证不会将这部分 IP 地址分配给 DHCP 客户机。
- 地址池：作用域去掉排除地址范围后剩余的可以由 DHCP 服务器分配给 DHCP 客户机的 IP 地址范围。
- 租约：DHCP 客户机获取 IP 地址后可以使用的时间。
- 预约：确保局域网中的特定设备总是可以从 DHCP 服务器获取固定的 IP 地址。

二、实验环境准备

首先完成任务十九的实施步骤一～四。此时，svr1 上已经配置好了 DNS，这里打算把 svr1 配置为 DHCP 服务器，将 svr3 作为 DHCP 的客户机。

三、将服务器 svr1 配置为 DHCP 服务器

在服务器 svr1 上，使用 root 用户，编辑文件 /etc/dhcp/dhcpd.conf：

```
[root@svr1 ~]# vi /etc/dhcp/dhcpd.conf
```

在文件末尾添加如下内容：

```
    default-lease-time 600;                         # 默认租约时间（单位为 s）
    max-lease-time 7200;                            # 最大租约时间（单位为 s）

    subnet 192.168.3.0 netmask 255.255.255.0 {      # 定义子网
      range 192.168.3.200 192.168.3.249;            # 定义地址池
      option domain-name-servers 192.168.3.121;     # 可选项：配置 DNS 服务器
      option domain-name "test.com.cn";             # 可选项：配置默认搜索域
      option routers 192.168.3.1;                   # 可选项：默认路由
      option broadcast-address 192.168.3.255;       # 可选项：广播地址
      default-lease-time 600;                        # 默认租约时间（单位为 s）
      max-lease-time 7200;                           # 最大租约时间（单位为 s）
    }
```

在服务器 svr1 上，使用 root 用户，执行下面的命令，启动 dhcpd 服务，并配置 dhcpd 服务在 svr1 开机时自动启动：

```
systemctl start  dhcpd.service
systemctl enable dhcpd.service
```

在服务器 svr1 上，使用 root 用户，执行下面的命令，查看 dhcpd 服务的状态：

```
[root@svr1 ~]# systemctl status dhcpd.service
● dhcpd.service - DHCPv4 Server Daemon
   Loaded: loaded (/usr/lib/systemd/system/dhcpd.service; enabled; vendor preset: disabled)
   Active: active (running) since Sat 2022-01-08 18:27:25 CST; 9s ago
# 删除了许多输出
[root@svr1 ~]#
```

四、测试 DHCP 服务器

首先断开 Windows 10 宿主机的所有网络连接：无线连接和有线网络连接。

然后在 svr3 上删除 ens34 的网络配置，之后重新配置桥接类型的网卡 ens34 使用 dhcp 服务获取网卡地址：

```
[root@svr3 ~]# nmcli connection delete ens34
Connection 'ens34' (28b828c8-1bd5-4c86-b6d3-bfc02cf915a2) successfully deleted.
[root@svr3 ~]# nmcli connection add type ethernet con-name ens34 ifname ens34
Connection 'ens34' (7698fcce-3b48-4516-8171-dfa412df2f9b) successfully added.
[root@svr3 ~]#
```

接下来重新启动服务器 svr3：

```
[root@svr3 ~]# reboot
Connection to 192.168.100.123 closed by remote host.
Connection to 192.168.100.123 closed.
C:\Users\zqf>
```

重新登录服务器 svr3：

```
C:\Users\zqf>ssh root@192.168.100.123
Authorized users only. All activities may be monitored and reported.
root@192.168.100.123's password:# 输入 root 用户的密码 root@ustb2021
# 删除许多输出
[root@svr3 ~]#
```

执行下面的命令，查看 svr3 服务器上网卡 ens34 的配置信息：

```
[root@svr3 ~]# ip a
# 删除了许多输出
3: ens34: <BROADCAST,MULTICAST,UP,LOWER_UP> mtu 1500 qdisc fq_codel state UP group default
qlen 1000
        link/ether 00:0c:29:91:f9:9b brd ff:ff:ff:ff:ff:ff
        inet 192.168.3.200/24 brd 192.168.3.255 scope global dynamic noprefixroute ens34
          valid_lft 545sec preferred_lft 545sec
        inet6 fe80::b510:af05:527f:8296/64 scope link noprefixroute
          valid_lft forever preferred_lft forever
[root@svr3 ~]# ip route
default via 192.168.3.1 dev ens34 proto dhcp metric 100
192.168.3.0/24 dev ens34 proto kernel scope link src 192.168.3.200 metric 100
192.168.100.0/24 dev ens33 proto kernel scope link src 192.168.100.123 metric 101
[root@svr3 ~]# cat /etc/resolv.conf
# Generated by NetworkManager
search test.com.cn
nameserver 192.168.3.121
[root@svr3 ~]#
```

可以看到，服务器 svr3 通过服务器 svr1 提供的 DHCP 服务获取了网卡 ens34 的网络配置信息：

■ ens34 网卡的 IP 地址是 192.168.3.200/24。

■ 默认网关是 192.168.3.1。

■ DNS 地址是 192.168.3.121。

最后重新使 Windows 10 宿主机连接网络（无线或者有线），并在 svr3 上使用 root 用户执行下面的命令，测试 svr3 可以上网：

```
[root@svr3 ~]# ping -c 2 www.baidu.com
PING www.a.shifen.com (110.242.68.3) 56(84) bytes of data.
64 bytes from 110.242.68.3 (110.242.68.3): icmp_seq=1 ttl=53 time=13.5 ms
64 bytes from 110.242.68.3 (110.242.68.3): icmp_seq=2 ttl=53 time=13.5 ms

--- www.a.shifen.com ping statistics ---
2 packets transmitted, 2 received, 0% packet loss, time 2831ms
rtt min/avg/max/mdev = 13.461/13.503/13.546/0.042 ms
[root@svr3 ~]#
```

Linux 网络管理实战：配置 vsftpd 服务器

任务目标

让 openEuler 初学者学会在 Linux 上配置 vsftpd 服务器。

实施步骤

一、FTP 简介

文件传输协议（File Transfer Protocol，FTP）是在网络上进行文件传输的一套标准协议，使用的是客户 / 服务器模式。它属于 TCP/IP 的应用层。

SFTP 是 SSH File Transfer Protocol（安全文件传输协议）的缩写。

VSFTP（Very Secure FTP）是一个基于 GPL 发布的在 UNIX/Linux 系统上运行的 FTP 服务器软件，最大的特点就是非常强调 FTP 软件的安全性。VSFTP 软件在 UNIX/Linux 上运行时是一个服务器守护进程 vsftpd（Very Secure FTP Daemon）。

二、实验环境准备

首先使用任务二实施步骤十六中准备好的 svr1.rar 和 svr3.rar 虚拟机备份；然后执行任务十九的实施步骤三（只执行 svr1 和 svr3 的部分，忽略 svr2 的部分）；接下来，使用 root 用户，在 svr1 和 svr3 上安装软件包：

```
dnf -y install vsftpd ftp tar
```

其中，vsftpd 是服务器软件包，ftp 是客户端软件包，tar 是磁带归档命令。

紧接着在 svr1 上使用 root 用户，执行下面的命令，创建用户 ftptest：

```
useradd ftptest
echo "ftptest123"|passwd --stdin ftptest
```

在 svr1 上使用 ftptest 用户，执行下面的命令，准备测试文件：

```
[root@svr1 ~]# su - ftptest
# 删除了一些输出
[ftptest@svr1 ~]$ mkdir /home/ftptest/mysql
[ftptest@svr1 ~]$ cd /home/ftptest/mysql
[ftptest@svr1 mysql]$ wget http://dev.mysql.com/get/Downloads/MySQL-5.7/mysql-5.7.36-1.el7.x86_64.
rpm-bundle.tar
[ftptest@svr1 mysql]$ tar xf mysql-5.7.36-1.el7.x86_64.rpm-bundle.tar
[ftptest@svr1 mysql]$
```

最后执行任务十九的实施步骤四，此时 svr1 已经被配置为 DNS 服务器，svr3 被配置为使用 svr1 作为 DNS 服务器的 DNS 客户端。

这里计划将 svr1 配置为 vsftpd 服务器，将 svr3 作为 FTP 客户机。

三、vsftpd 默认的配置文件

下面是 vsftpd 默认的配置文件 /etc/vsftpd/vsftpd.conf：

```
[root@srv1 ~]# cat /etc/vsftpd/vsftpd.conf
# 此处删除了一些没用的行
# Allow anonymous FTP? (Beware - allowed by default if you comment this out).
# 如果将下面的行注释掉，将允许匿名 FTP，默认不允许匿名 FTP
anonymous_enable=NO
#
# Uncomment this to allow local users to log in.
# 保留下面的行（不注释掉下面的行），将允许本地用户登录 FTP
local_enable=YES
#
# Uncomment this to enable any form of FTP write command.
# 保留下面的行（不注释掉下面的行），将允许用户上传数据到 FTP 服务器
write_enable=YES
#
# Default umask for local users is 077. You may wish to change this to 022,
# if your users expect that (022 is used by most other ftpd's)
# 上传文件时，在服务器上创建文件时使用的 umask 值
local_umask=022
#
# Uncomment this to allow the anonymous FTP user to upload files. This only
# has an effect if the above global write enable is activated. Also, you will
# obviously need to create a directory writable by the FTP user.
# When SELinux is enforcing check for SE bool allow_ftpd_anon_write, allow_ftpd_full_access
# 去掉下面这行的注释，将允许匿名 FTP 用户上传文件
#anon_upload_enable=YES
#
# Uncomment this if you want the anonymous FTP user to be able to create
# new directories.
# 去掉下面这行的注释，将允许匿名 FTP 用户创建目录
#anon_mkdir_write_enable=YES
#
# Activate directory messages - messages given to remote users when they
# go into a certain directory.
# 当用户进入某个目录时，是否显示该目录需要注意的内容。YES 为显示注意内容，NO 为不显示
dirmessage_enable=YES
#
# Activate logging of uploads/downloads.
# 是否记录使用者上传与下载文件的操作。YES 为记录操作，NO 为不记录
xferlog_enable=YES
#
# Make sure PORT transfer connections originate from port 20 (ftp-data).
# 使用 PORT 模式进行数据传输时是否使用端口 20。YES 为使用端口 20，NO 为不使用端口 20
connect_from_port_20=YES
#
# If you want, you can arrange for uploaded anonymous files to be owned by
# a different user. Note! Using "root" for uploaded files is not
# recommended!
#chown_uploads=YES
#chown_username=whoever
```

```
#
# You may override where the log file goes if you like. The default is shown
# below.
#xferlog_file=/var/log/xferlog
#
# If you want, you can have your log file in standard ftpd xferlog format.
# Note that the default log file location is /var/log/xferlog in this case.
# 传输日志文件是否以标准 xferlog 格式书写。YES 为使用该格式书写，NO 为不使用
xferlog_std_format=YES
#
# You may change the default value for timing out an idle session.
# 设置 FTP 会话空闲超时时间
#idle_session_timeout=600
#
# You may change the default value for timing out a data connection.
# 设置 FTP 会话连接超时时间
#data_connection_timeout=120
#
# It is recommended that you define on your system a unique user which the
# ftp server can use as a totally isolated and unprivileged user.
#nopriv_user=ftpsecure
#
# Enable this and the server will recognise asynchronous ABOR requests. Not
# recommended for security (the code is non-trivial). Not enabling it,
# however, may confuse older FTP clients.
#async_abor_enable=YES
#
# By default the server will pretend to allow ASCII mode but in fact ignore
# the request. Turn on the below options to have the server actually do ASCII
# mangling on files when in ASCII mode. The vsftpd.conf(5) man page explains
# the behaviour when these options are disabled.
# Beware that on some FTP servers, ASCII support allows a denial of service
# attack (DoS) via the command "SIZE /big/file" in ASCII mode. vsftpd
# predicted this attack and has always been safe, reporting the size of the
# raw file.
# ASCII mangling is a horrible feature of the protocol.
#ascii_upload_enable=YES
#ascii_download_enable=YES
#
# You may fully customise the login banner string:
# 定制用户的登录标题信息
#ftpd_banner=Welcome to blah FTP service.
#
# You may specify a file of disallowed anonymous e-mail addresses. Apparently
# useful for combatting certain DoS attacks.
#deny_email_enable=YES
# (default follows)
#banned_email_file=/etc/vsftpd/banned_emails
#
# You may specify an explicit list of local users to chroot() to their home
# directory. If chroot_local_user is YES, then this list becomes a list of
# users to NOT chroot().
# (Warning! chroot'ing can be very dangerous. If using chroot, make sure that
```

```
# the user does not have write access to the top level directory within the
# chroot)
#chroot_local_user=YES
#chroot_list_enable=YES
# (default follows)
#chroot_list_file=/etc/vsftpd/chroot_list
#
# You may activate the "-R" option to the builtin ls. This is disabled by
# default to avoid remote users being able to cause excessive I/O on large
# sites. However, some broken FTP clients such as "ncftp" and "mirror" assume
# the presence of the "-R" option, so there is a strong case for enabling it.
#ls_recurse_enable=YES
#
# When "listen" directive is enabled, vsftpd runs in standalone mode and
# listens on IPv4 sockets. This directive cannot be used in conjunction
# with the listen_ipv6 directive.
# 设置 vsftpd 是否以 stand alone 的方式启动
# YES 为使用 stand alone 方式启动，NO 为不使用该方式
listen=NO
#
# This directive enables listening on IPv6 sockets. By default, listening
# on the IPv6 "any" address (::) will accept connections from both IPv6
# and IPv4 clients. It is not necessary to listen on *both* IPv4 and IPv6
# sockets. If you want that (perhaps because you want to listen on specific
# addresses) then you must run two copies of vsftpd with two configuration
# files.
# Make sure, that one of the listen options is commented !!
# 是否侦听 IPv6 的 FTP 请求。YES 为侦听，NO 为不侦听
# listen 和 listen_ipv6 不能同时开启
listen_ipv6=YES
# 支持 PAM 模块的管理，配置值为服务名称，例如 vsftpd
pam_service_name=vsftpd
# 是否支持 /etc/vsftpd/user_list 文件内的账号登录控制。YES 为支持，NO 为不支持
userlist_enable=YES
[root@srv1 ~]#
```

可以看到，vsftpd 进程主配置文件 /etc/vsftpd/vsftpd.conf 的配置内容格式为"参数 = 参数值"，并且参数和参数值不能为空。

四、配置 vsftpd 服务器

在服务器 svr1 上，使用 root 用户，执行下面的命令，配置 vsftpd：

```
cat >>/etc/vsftpd/vsftpd.conf<<EOF
# 配置 vsftpd 使用本地时间，而不是 UTC
use_localtime=YES
# 设置 FTP 会话空闲超时时间
idle_session_timeout=600
# 允许匿名 FTP
anonymous_enable=YES
# 允许匿名 FTP 用户上传文件
anon_upload_enable=YES
EOF
```

五、控制用户是否被允许访问 vsftpd

这里使用配置文件 /etc/vsftpd/ftpusers 和 /etc/vsftpd/user_list 来控制用户访问 vsftpd。

在 vsftpd 进程的主配置文件 /etc/vsftpd/vsftpd.conf 中，决定是否启用 userlist 机制的参数是 userlist_enable：

- 如果 userlist_enable= NO，则表示禁用 userlist 机制，启用 ftpusers 机制。文件 /etc/vsftpd/ftpusers 中的用户都不能访问 vsftpd（ftpusers 是黑名单）。
- 如果 userlist_enable=YES，则表示启用 userlist 机制。
  - 如果 vsftpd.conf 中的参数 userlist_deny=YES，或者 vsftpd.conf 中没有配置参数 userlist_deny（默认值就是 YES），user_list 文件是黑名单，那么名字在 user_list 文件中的用户就会被禁止访问 vsftpd。
  - 如果 vsftpd.conf 中的参数 userlist_deny=NO，user_list 文件是白名单，那么名字在 user_list 文件中的用户就会被允许访问 vsftpd。

使用 root 用户，执行下面的命令，配置 vsftpd 的配置文件：

```
cat >>/etc/vsftpd/vsftpd.conf<<EOF
# 将 /etc/vsftpd/ftpusers 文件作为黑名单
userlist_enable=NO
EOF
```

六、限制用户是否只能访问主目录

主配置文件 vsftpd.conf 中的参数 chroot_local_user：

- 如果 chroot_local_user=YES，则限制用户只能访问主目录。
- 如果 chroot_local_user=NO，则不限制用户只能访问主目录。

主配置文件 vsftpd.conf 中的参数 chroot_list_enable：

- 如果 chroot_list_enable=YES，则限制用户的名单。
- 如果 chroot_list_enable=NO，则不限制用户的名单。

主配置文件 vsftpd.conf 中的参数 chroot_list_file：

- 默认值是 /etc/vsftpd/chroot_list。
- 文件 /etc/vsftpd/chroot_list 默认不存在，需要手动建立。

例：chroot_local_user=YES

chroot_list_enable=YES

chroot_list_file=/etc/vsftpd/chroot_list

表示：

- 所有用户都被限制在其主目录下。
- 文件 /etc/vsftpd/chroot_list 中的用户还可以访问主目录之外的目录。

七、配置 vsftpd 的欢迎信息

在服务器 svr1 上，使用 root 用户，执行下面的命令，为 vsftpd 配置欢迎信息：

```
cat >>/etc/vsftpd/vsftpd.conf<<EOF
# 配置 vsftpd 的欢迎信息，保存在文件 /etc/vsftpd/welcome.txt 中
banner_file=/etc/vsftpd/welcome.txt
EOF
cat>/etc/vsftpd/welcome.txt<<EOF
```

> Welcome to Use FTP server Setup by zqf: Writer of openEuler in Actioin
> EOF

八、启动 vsftpd 服务器

在服务器 svr1 上，使用 root 用户，执行下面的命令，关闭防火墙：

```
systemctl disable firewalld
systemctl stop firewalld
```

在服务器 svr1 上，使用 root 用户，执行下面的命令，关闭 SELinux：

```
getenforce
sed -i 's/^SELINUX=.*/SELINUX=disabled/' /etc/selinux/config
setenforce 0
getenforce
```

在服务器 svr1 上，使用 root 用户，执行下面的命令，启动 vsftpd：

```
systemctl start vsftpd
systemctl enable vsftpd
```

九、FTP 客户端的命令

FTP 客户端的常用命令有：

■ 操作远程 FTP 服务器的命令。

cd /Directory/Of/Remote/Ftp/Sever	改变在远程服务器上的目录
pwd	显示当前在远程服务器上的目录
mkdir DirName	在远程服务器上创建目录
rmdir DirName	在远程服务器上删除空目录
delete	在远程服务器上删除文件

■ 操作本地 FTP 客户端计算机的命令。

lcd /Directory/Of/Local/Computer	改变用户在本地计算机的目录

■ 设置文件传输模式的命令。

ascii（也可以用缩写 asc）	以文本文件模式传输
binary（也可以用缩写 bin）	以二进制模式传输

■ 传输文件的命令。

get FileName	从 FTP 服务器下载单个文件（要求使用文件全名，不能使用通配符）
put FileName	上传单个文件（要求使用文件全名，不能使用通配符）到远程服务器
mget FileNanes	从 FTP 服务器下载多个文件，可以使用通配符
mput FileNames	上传多个文件到远程服务器，可以使用通配符

■ 退出 FTP 程序。

bye
quit

十、FTP 客户端实战

在 Windows 10 宿主机上打开一个 CMD 窗口，执行下面的命令，使用 root 用户登录到 svr3 上：

```
C:\Users\zqf>ssh root@192.168.100.123
Authorized users only. All activities may be monitored and reported.
```

```
root@192.168.100.123's password:# 输入 root 用户的密码 root@ustb2021
[root@svr3 ~]# mkdir download
[root@svr3 ~]# cd download
[root@svr3 download]#
```

使用 root 用户，执行下面的命令，开始测试 FTP：

```
[root@svr3 download]# ftp svr1
Connected to svr1 (192.168.3.121).
Connected to svr1 (192.168.3.121).
220-Welcome to Use FTP server Setup by zqf: Writer of openEuler in Actioin
220
Name (svr1:root): ftptest
331 Please specify the password.
Password:# 输入 ftptest 用户的密码 ftptest123
230 Login successful.
Remote system type is UNIX.
Using binary mode to transfer files.
ftp>
```

由于 svr3 使用了任务十九中配置的 DNS，因此在执行 ftp svr1 命令时，直接使用域名 svr1 就能获得 svr1 的 DNS 地址解析 192.168.3.121。读者也可以直接使用 svr1 的 IP 地址（ftp 192.168.3.121）。显然，使用域名更加方便。

继续执行 FTP 客户端命令：

```
ftp> pwd                      # 显示用户 ftptest 当前在 vsftpd 服务器上的工作路径
257 "/home/ftptest" is the current directory
ftp> cd /home/ftptest/mysql   # 改变用户 ftptest 在 vsftpd 服务器上的工作路径
250 Directory successfully changed.
ftp> ls                       # 列出 vsftpd 服务器当前工作路径下有哪些文件和目录
227 Entering Passive Mode (192,168,3,121,82,12).
150 Here comes the directory listing.
-rw-r--r--   1 1000    1000    545863680 Sep 08 08:40 mysql-5.7.36-1.el7.x86_64.rpm-bundle.tar
-rw-r--r--   1 1000    1000    26664808 Sep 08 08:34 mysql-community-client-5.7.36-1.el7.x86_64.rpm
# 省略了一些输出
-rw-r--r--   1 1000    1000    125479900 Sep 08 08:35 mysql-community-test-5.7.36-1.el7.x86_64.rpm
226 Directory send OK.
ftp> dir                      # 列出 FTP 服务器当前工作路径下文件和目录的信息
200 PORT command successful. Consider using PASV.
150 Here comes the directory listing.
-rw-------   1 2000    2000    545863680 Sep 08 08:40 mysql-5.7.36-1.el7.x86_64.rpm-bundle.tar
-rw-------   1 2000    2000    26664808 Sep 08 08:34 mysql-community-client-5.7.36-1.el7.x86_64.rpm
# 省略了一些输出
-rw-------   1 2000    2000    125479900 Sep 08 08:35 mysql-community-test-5.7.36-1.el7.x86_64.rpm
226 Directory send OK.
ftp: 收到 1164 字节，用时 0.02 秒 48.50 千字节 / 秒。
ftp>
```

可以看到，ftp 的子命令 ls 和子命令 dir 的功能是一样的，都是查看远程服务器当前工作路径下的文件和目录信息。

如果要显示 FTP 客户端计算机的工作路径及当前工作路径下的文件信息，则可以在 FTP 中执行如下的子命令：

```
ftp> !pwd
/root/download
ftp> !ls -l
total 0
ftp>
```

也就是说，只需要在命令前面加上"!"，就可以在 FTP 客户端计算机执行操作系统命令。

执行下面的命令，从 vsftpd 服务器下载单个文件：

```
ftp> bin                                              # 以二进制的方式传输文件
200 Switching to Binary mode.
ftp> get mysql-5.7.36-1.el7.x86_64.rpm-bundle.tar     # 从服务器下载单个文件
local: mysql-5.7.36-1.el7.x86_64.rpm-bundle.tar remote: mysql-5.7.36-1.el7.x86_64.rpm-bundle.tar
227 Entering Passive Mode (192,168,3,121,91,19).
150 Opening BINARY mode data connection for mysql-5.7.36-1.el7.x86_64.rpm-bundle.tar (545863680
bytes).
226 Transfer complete.
545863680 bytes received in 2.42 secs (225593.62 Kbytes/sec)
ftp> !ls -l
total 533076
-rw-r--r-- 1 root root 545863680 Jan  9 15:05 mysql-5.7.36-1.el7.x86_64.rpm-bundle.tar
ftp> !pwd
/root/download
ftp>
```

可以看到，已经把文件下载到了本地。

执行下面的命令，从 vsftpd 服务器下载多个文件：

```
ftp> ls *libs*                        # 服务器上名字包含 libs 的文件
227 Entering Passive Mode (192,168,3,121,221,32).
150 Here comes the directory listing.
-rw-r--r--   1 1000     1000     2473272 Sep 08 08:34 mysql-community-libs-5.7.36-1.el7.x86_64.rpm
-rw-r--r--   1 1000     1000     1263988 Sep 08 08:34 mysql-community-libs-compat-5.7.36-1.el7.x86_64.rpm
226 Directory send OK.
ftp> !ls -l                           # 本地没有名字包含 libs 的文件
total 533076
-rw-r--r-- 1 root root 545863680 Jan  9 15:05 mysql-5.7.36-1.el7.x86_64.rpm-bundle.tar
ftp> prompt
Interactive mode off.
ftp> prompt                           # 交换模式开关，默认是打开的，执行完后关闭交互模式
Interactive mode off.
ftp> mget *libs*                      # 下载所有文件名包含 libs 的文件
local: mysql-community-libs-5.7.36-1.el7.x86_64.rpm remote: mysql-community-libs-5.7.36-1.el7.x86_64.
rpm
227 Entering Passive Mode (192,168,3,121,21,47).
150 Opening BINARY mode data connection for mysql-community-libs-5.7.36-1.el7.x86_64.rpm (2473272
bytes).
226 Transfer complete.
2473272 bytes received in 0.0165 secs (150305.20 Kbytes/sec)
local: mysql-community-libs-compat-5.7.36-1.el7.x86_64.rpm remote: mysql-community-libs-com-
pat-5.7.36-1.el7.x86_64.rpm
227 Entering Passive Mode (192,168,3,121,254,156).
```

```
150 Opening BINARY mode data connection for mysql-community-libs-compat-5.7.36-1.el7.x86_64.rpm
(1263988 bytes).
    226 Transfer complete.
    1263988 bytes received in 0.0249 secs (50772.77 Kbytes/sec)
ftp> !ls -l                              # 所有文件名中包含 libs 的文件都已经下载到本地文件夹了
total 536728
-rw-r--r-- 1 root root 545863680 Jan  9 15:05 mysql-5.7.36-1.el7.x86_64.rpm-bundle.tar
-rw-r--r-- 1 root root   2473272 Jan  9 15:14 mysql-community-libs-5.7.36-1.el7.x86_64.rpm
-rw-r--r-- 1 root root   1263988 Jan  9 15:14 mysql-community-libs-compat-5.7.36-1.el7.x86_64.rpm
ftp>
```

执行下面的命令，从 vsftpd 服务器上删除文件：

```
ftp> del mysql-5.7.36-1.el7.x86_64.rpm-bundle.tar    # 删除服务器上的文件
250 Delete operation successful.
ftp> ls -l
227 Entering Passive Mode (192,168,3,121,93,165).
150 Here comes the directory listing.
-rw-r--r--   1 1000    1000      26664808 Sep 08 08:34 mysql-community-client-5.7.36-1.el7.x86_64.rpm
-rw-r--r--   1 1000    1000        317808 Sep 08 08:34 mysql-community-common-5.7.36-1.el7.x86_64.rpm
-rw-r--r--   1 1000    1000       4118740 Sep 08 08:34 mysql-community-devel-5.7.36-1.el7.x86_64.rpm
-rw-r--r--   1 1000    1000      47760636 Sep 08 08:34 mysql-community-embedded-5.7.36-1.el7.x86_64.rpm
-rw-r--r--   1 1000    1000      23316608 Sep 08 08:34 mysql-community-embedded-compat-5.7.36-1.el7.x86_64.rpm
-rw-r--r--   1 1000    1000     132191192 Sep 08 08:34 mysql-community-embedded-devel-5.7.36-1.el7.x86_64.rpm
-rw-r--r--   1 1000    1000       2473272 Sep 08 08:34 mysql-community-libs-5.7.36-1.el7.x86_64.rpm
-rw-r--r--   1 1000    1000       1263988 Sep 08 08:34 mysql-community-libs-compat-5.7.36-1.el7.x86_64.rpm
-rw-r--r--   1 1000    1000     182267476 Sep 08 08:34 mysql-community-server-5.7.36-1.el7.x86_64.rpm
-rw-r--r--   1 1000    1000     125479900 Sep 08 08:35 mysql-community-test-5.7.36-1.el7.x86_64.rpm
226 Directory send OK.
ftp>
```

此时已经找不到文件 mysql-5.7.36-1.el7.x86_64.rpm-bundle.tar 了。

执行下面的命令，在 vsftpd 服务器 svr1 上创建目录：

```
ftp> mkdir newdir
257 "/home/ftptest/mysql/newdir" created
ftp>
```

执行下面的命令，向 vsftpd 服务器 svr1 上传单个文件：

```
ftp> cd newdir
250 Directory successfully changed.
ftp> pwd
257 "/home/ftptest/mysql/newdir" is the current directory
ftp> put mysql-5.7.36-1.el7.x86_64.rpm-bundle.tar    # 向服务器上传单个文件
local: mysql-5.7.36-1.el7.x86_64.rpm-bundle.tar remote: mysql-5.7.36-1.el7.x86_64.rpm-bundle.tar
227 Entering Passive Mode (192,168,3,121,201,45).
150 Ok to send data.
226 Transfer complete.
545863680 bytes sent in 0.957 secs (570124.80 Kbytes/sec)
ftp> ls -l
227 Entering Passive Mode (192,168,3,121,31,196).
150 Here comes the directory listing.
```

```
-rw-r--r--  1 1000   1000     545863680 Jan 09 17:27 mysql-5.7.36-1.el7.x86_64.rpm-bundle.tar
226 Directory send OK.
ftp>
```

输出显示已经完成了文件 mysql-5.7.36-1.el7.x86_64.rpm-bundle.tar 的上传。

执行下面的命令，向 vsftpd 服务器 svr1 上传多个文件：

```
ftp> mput *libs*        # 上传所有文件名中包含 libs 的文件到 vsftpd 服务器
local: mysql-community-libs-5.7.36-1.el7.x86_64.rpm remote: mysql-community-libs-5.7.36-1.el7.x86_64.
rpm
227 Entering Passive Mode (192,168,3,121,179,228).
150 Ok to send data.
226 Transfer complete.
2473272 bytes sent in 0.00565 secs (437669.79 Kbytes/sec)
local: mysql-community-libs-compat-5.7.36-1.el7.x86_64.rpm remote: mysql-community-libs-com-
pat-5.7.36-1.el7.x86_64.rpm
227 Entering Passive Mode (192,168,3,121,221,104).
150 Ok to send data.
226 Transfer complete.
1263988 bytes sent in 0.00272 secs (464019.07 Kbytes/sec)
ftp> ls -l
227 Entering Passive Mode (192,168,3,121,242,46).
150 Here comes the directory listing.
-rw-r--r--  1 1000   1000     545863680 Jan 09 17:27 mysql-5.7.36-1.el7.x86_64.rpm-bundle.tar
-rw-r--r--  1 1000   1000     2473272 Jan 09 17:28 mysql-community-libs-5.7.36-1.el7.x86_64.rpm
-rw-r--r--  1 1000   1000     1263988 Jan 09 17:28 mysql-community-libs-compat-5.7.36-1.el7.x86_64.rpm
226 Directory send OK.
ftp>
```

输出显示所有文件名中包含 libs 的文件都已经上传到 vsftpd 服务器了。

执行下面的命令，退出 FTP 客户端程序：

```
ftp> bye
221 Goodbye.
[root@svr3 download]#
```

Linux 网络管理实战：配置 NFS 服务器

任务目标

让 openEuler 初学者学会在 Linux 上配置 NFS 服务器。

实施步骤

一、NFS 简介

网络文件系统（Network File System，NFS）是由 Sun 公司（已于 2009 年被 Oracle 公司收购）开发的。NFS 允许不同的客户端及服务端通过一组远程过程调用（Remote Procedure Call，RPC）共享相同的文件系统，它是独立于操作系统的，容许不同硬件及操作系统共同进行文件的分享。

NFS 使用 RPC 协议传送数据。NFS 本身是不能提供信息传输的协议和功能的，但 NFS 使用了一些其他的传输协议，如使用 RPC 协议，实现了计算机之间的数据通过网络进行共享。不论是 NFS Server 还是 NFS Client，都需要启动 RPC 服务。NFS 是一个文件系统，而 RPC 负责信息的传输。

二、实验环境

首先完成任务十九的实施步骤一～四。

此时，svr1 上已经配置好了 DNS，这里打算在 svr1 上配置 NFS 服务器，将 svr2 和 svr3 作为 NFS 客户机。

在 svr1、svr2 和 svr3 上，使用 root 用户，执行下面的命令，安装 NFS 服务器软件包：

```
dnf -y install nfs-utils
```

三、将 svr1 配置为 NFS 服务器

在 svr1 上，使用 root 用户，执行下面的命令，创建共享的目录：

```
mkdir /data
```

在 svr1 上，使用 root 用户，执行下面的命令，向网络共享目录 /data：

```
cat>/etc/exports<<EOF
/data *(rw,sync,anonuid=0,anongid=0)
EOF
```

在 svr1 上，使用 root 用户，执行下面的命令，启动 rpcbind 服务：

```
systemctl enable rpcbind.service
systemctl start rpcbind.service
```

在 svr1 上，使用 root 用户，执行下面的命令，启动 nfs 服务：

```
systemctl enable nfs-server.service
systemctl start nfs-server.service
```

在 svr1 上，使用 root 用户，执行下面的命令，查看 NFS 服务器 svr1 向外共享了哪些目录：

```
[root@svr1 ~]# exportfs
/data          <world>
[root@svr1 ~]#
```

命令 showmount -e 与命令 exportfs 的功能差不多：

```
[root@svr1 ~]# showmount -e
Export list for svr1:
/data *
[root@svr1 ~]#
```

四、将 svr2 和 svr3 配置为 NFS 客户端

在 svr2 和 svr3 上，使用 root 用户，执行下面的命令，将本机配置为 NFS 客户端：

```
mkdir /data
systemctl enable rpcbind.service
systemctl start rpcbind.service
mount -t nfs 192.168.3.121:/data /data
```

五、测试 NFS 文件共享

在 svr2 上，使用 root 用户，执行如下命令，创建一个文件：

```
[root@svr2 ~]#  cd /data
[root@svr2 data]# echo "FileName  fileCreateOnSvr2">fileCreateOnSvr2
[root@svr2 data]# cat fileCreateOnSvr2
FileName  fileCreateOnSvr2
[root@svr2 data]# df -h /data
Filesystem                Size     Used     Avail    Use%     Mounted on
192.168.3.121:/data       492G     3.4G     463G     1%       /data
[root@svr2 data]#
```

在 svr3 上，使用 root 用户，执行下面的命令：

```
[root@svr3 ~]# cd /data
[root@svr3 data]# ls -l
total 4
-rw-r--r-- 1 root root 27 Jan  9 18:08 fileCreateOnSvr2
[root@svr3 data]# cat fileCreateOnSvr2
FileName  fileCreateOnSvr2
[root@svr3 data]# df -h /data
Filesystem                Size     Used     Avail    Use%     Mounted on
192.168.3.121:/data       492G     3.4G     463G     1%       /data
[root@svr3 data]#
```

Linux 网络管理实战：配置时间同步服务

任务目标

让 openEuler 初学者学会在 Linux 上配置 NTP 服务器和 chrony 服务器。

实施步骤

一、时间同步服务简介

分布式系统由许多节点计算机构成。要使分布式系统能够正常工作，需要这些节点计算机的系统时间保持基本一致，误差不能太大。高可用集群也要求节点计算机的系统时间误差不能太大。

使用 TCP/IP 协议集的网络时间协议（Network Time Protocal，NTP），可以实现网络中多台计算机之间的系统时间同步。

openEuler 上的软件包 ntpd 是基于网络时间协议实现的，用来实现多台计算机之间的系统时间同步。ntpd 既可以作为服务端运行，又可以作为客户端运行。

ntdp 实现时间同步的原理是把时间的周期缩短。假设一台 NTP 客户机的系统时间和 NTP 服务器相差 1h，NTP 客户机将自己的时间周期缩短，从而间接追上 NTP 服务器的时间。也就是说，NTP 服务器运行 1min 需要 60s，而 NTP 客户机运行 1min 只使用 30s 甚至更短。随着时间的推移，NTP 客户机一定能追上 NTP 服务器的时间。这中间的代价是 NTP 客户机需要一定的时间才能追上 NTP 服务器。

使用守护进程 ntpd 的大规模集群系统通常有很多节点计算机，它们在运行几个月之后，常常会有少量的节点计算机出现时间不同步。因此在大规模集群系统中，守护进程 ntpd 逐渐被守护进程 chronyd 取代。

守护进程 chronyd 也是基于网络时间协议实现的，使用 chronyd 可以将计算机的系统时钟与 NTP 服务器、GPS 硬件参考时钟、用户输入的时间进行同步。守护进程 chronyd 可以应付各种复杂条件：断续的网络连接、严重拥挤的网络、不断变化的温度（普通的计算机时钟对温度很敏感），以及不连续运行或在虚拟机上运行的系统。

chronyd 作为 ntpd 的替代方案，具有很高的精度。在互联网上，两台计算机之间的时间精度可以控制在几毫秒之内；在局域网上，计算机之间的时间精度通常在几十微秒内；使用 GPS 硬件参考时钟，精度甚至可以达到亚微秒级别。

守护进程 chronyd 实现时间同步的原理是直接调整时针，因此可以快速将时间调整到位。

chrony 服务包含两个程序：chronyd 是一个守护程序；chronyc 是一个命令行接口程序，用于监控管理 chronyd 守护程序。

和 ntpd 一样，chronyd 既可以作为服务端，也可以作为客户端。事实上，chrony 服务本身是兼容 ntpd 服务的：当使用 chronyd 作为服务端时，既可以使用 chronyd 作为客户端，也可以使用 ntpd 作为客户端。

NTP 服务默认监听的端口是 123/UDP，chrony 服务默认监听的端口是 323/UDP。

二、实验环境

首先完成任务十九实施步骤一～四的操作。此时，svr1 上已经配置好了 DNS。

三、安装 NTP 服务器的软件包

这里打算在 svr1 上配置时间服务器，将 svr2 和 svr3 作为时间服务器的客户机。在 svr1、svr2 和 svr3 上，使用 root 用户，执行下面的命令，安装 NTP 软件包：

```
dnf -y install ntp ntpdate
```

在 svr1、svr2 和 svr3 上，使用 root 用户，执行下面的命令：

```
cat>>/etc/hosts<<EOF
192.168.3.121 svr1
192.168.3.122 svr2
192.168.3.123 svr3
EOF
```

四、配置 NTP 服务器

在 svr1 上，使用 root 用户，编辑 NTP 服务器的配置文件：

```
[root@svr1 ~]# vi /etc/ntp.conf
```

在文件的末尾添加下面的行：

```
restrict 192.168.3.0 mask 255.255.255.0 nomodify notrap
restrict 192.168.100.0 mask 255.255.255.0 nomodify notrap

server 0.cn.pool.ntp.org
server 1.cn.pool.ntp.org
server 2.cn.pool.ntp.org
server 3.cn.pool.ntp.org

restrict 0.cn.pool.ntp.org nomodify notrap noquery
restrict 1.cn.pool.ntp.org nomodify notrap noquery
restrict 2.cn.pool.ntp.org nomodify notrap noquery
restrict 3.cn.pool.ntp.org nomodify notrap noquery

server 127.0.0.1 # local clock
fudge 127.0.0.1 stratum 10
```

然后在 svr1 上，使用 root 用户，执行下面的命令，启动 ntpd 服务：

```
systemctl enable ntpd
systemctl start ntpd
```

五、配置 NTP 客户机

在 svr2 和 svr3 上，使用 root 用户，编辑 NTP 服务器的配置文件：

```
vi /etc/ntp.conf
```

在文件的末尾添加下面的行：

```
server 192.168.3.121
restrict 192.168.3.121 nomodify notrap noquery

server 127.0.0.1 # local clock
fudge  127.0.0.1 stratum 10
```

接着在 svr2 和 svr3 上，使用 root 用户，执行下面的命令，启动 ntpd 服务：

```
systemctl enable ntpd
systemctl start ntpd
```

六、测试 NTP 服务器

在 svr1 上，使用 root 用户，停止 ntpd 服务：

```
systemctl stop ntpd
```

在 svr1 上，使用 root 用户，将系统时间调慢 15min（下面命令中的时间值需要读者做实验时按当时的时间值进行相应修改）：

```
date -s "2021-12-25 8:26"
hwclock -w
```

在 svr1 上，使用 root 用户，启动 ntpd 服务：

```
[root@svr1 ~]# systemctl start ntpd
[root@svr1 ~]#
```

在 svr1 上，使用 root 用户，执行下面的命令，检查 NTP 服务器的状态：

```
[root@svr1 ~]# ntpstat
unsynchronised
poll interval unknown
[root@svr1 ~]#
```

在 svr1 上，使用 root 用户，执行下面的命令，查看 NTP 的执行情况：

```
[root@svr1 ~]# ntpq -p
     remote         refid        st t when poll reach   delay    offset   jitter
==============================================================================
 localhost       .INIT.          16 u    -   64    0   0.000    +0.000   0.000
 ntp1.flashdance 192.36.143.152   2 u   20   64    1  318.583  +928224   0.000
 ntp8.flashdance 192.36.143.152   2 u   21   64    1  308.867  +928216   0.000
 electrode.felix 85.10.240.253    3 u   21   64    1  221.072  +928217   0.000
 sv1.ggsrv.de    192.53.103.103   2 u   18   64    1  226.798  +928215   0.000
[root@svr1 ~]#
```

稍等一会儿（可能有点久），一旦时间同步，执行下面的命令：

```
[root@svr1 ~]# ntpstat
synchronised to NTP server (182.92.12.11) at stratum 3
   time correct to within 194 ms
   polling server every 64 s
[root@svr1 ~]#
```

七、测试 NTP 客户机

在 svr2 和 svr3 上，使用 root 用户，停止 ntpd 服务：

```
systemctl stop ntpd
```

在 svr1 和 svr3 上，使用 root 用户，将系统时间调慢 15min（下面命令中的时间值需要读者做实验时按当时的时间值进行相应修改）：

```
date -s "2021-12-25 8:26"
hwclock -w
```

在 svr2 和 svr3 上，使用 root 用户，启动 ntpd 服务：

```
systemctl start ntpd
```

在 svr2 或者 svr3 上，使用 root 用户，执行下面的命令，检查 NTP 服务器的状态：

```
[root@svr2 ~]# ntpstat
unsynchronised
poll interval unknown
[root@svr2 ~]#
```

在 svr2 或者 svr3 上，使用 root 用户，执行下面的命令，查看 NTP 的执行情况：

```
[root@svr2 ~]# ntpq -p
     remote      refid      st t  when  poll  reach  delay   offset  jitter
==============================================================================
 192.168.3.121  .INIT.      16 u   35    64      0   0.000   +0.000  0.000
 localhost      .INIT.      16 u    -    64      0   0.000   +0.000  0.000
[root@svr2 ~]#
```

稍等一会儿（可能有点久），一旦时间同步，在 svr2 或者 svr3 上，使用 root 用户，执行下面的命令：

```
[root@svr2 ~]# ntpstat
synchronised to NTP server (192.168.3.121) at stratum 4
   time correct to within 136 ms
   polling server every 64 s
[root@svr2 ~]#
```

八、为配置 chrony 服务停止 ntpd 服务

在 svr1、svr2 和 svr3 上，使用 root 用户，停止 ntpd 服务：

```
systemctl stop ntpd
systemctl disable ntpd
```

九、chrony 软件包

openEuler 最小安装模式已经默认安装了 chrony 软件包，这可以通过在 svr1、svr2 和 svr3 上执行下面的命令查询是否已经安装了 chrony 软件包：

```
dnf info chrony
```

十、配置 chrony 服务器

在 svr1 上，使用 root 用户，编辑 chrony 服务器的配置文件：

```
[root@svr1 ~]# vi /etc/chrony.conf
```

只需要对文件 /etc/chrony.conf 进行两处修改：

■ 第一处修改：指定时间基准服务器。

文件的原始内容如下：

```
# Use public servers from the pool.ntp.org project.
# Please consider joining the pool (http://www.pool.ntp.org/join.html).
pool pool.ntp.org iburst
```

删除上面有阴影背景的行，添加下面有阴影背景的行：

```
# Use public servers from the pool.ntp.org project.
# Please consider joining the pool (http://www.pool.ntp.org/join.html).
server 0.cn.pool.ntp.org iburst
server 1.cn.pool.ntp.org iburst
server 2.cn.pool.ntp.org iburst
server 3.cn.pool.ntp.org iburst
```

■ 第二处修改：指定允许的客户端网络（直接添加如下有阴影背景的行即可）。

```
# Allow NTP client access from local network.
#allow 192.168.0.0/16
allow 192.168.3.0/24
```

在 svr1 上，使用 root 用户，执行下面的命令，设置系统开机后自动启动 chronyd 服务，并在此刻启动 chronyd 服务：

```
systemctl enable chronyd
systemctl start chronyd
```

十一、配置 chrony 客户机

在 svr2 和 svr3 上，使用 root 用户，编辑 chrony 客户机的配置文件：

```
vi /etc/chrony.conf
```

只需要修改文件 /etc/chrony.conf 的一处，此处文件的原始内容为：

```
# Use public servers from the pool.ntp.org project.
# Please consider joining the pool (http://www.pool.ntp.org/join.html).
pool pool.ntp.org iburst
```

删除上面有阴影背景的行，添加下面有阴影背景的行：

```
# Use public servers from the pool.ntp.org project.
# Please consider joining the pool (http://www.pool.ntp.org/join.html).
server 192.168.3.121 iburst
```

按 <Esc> 键，输入：w q，保存文件并退出 vi 编辑器。

十二、测试 chrony 服务器

在 svr1 上，使用 root 用户，停止 chronyd 服务：

```
[root@svr1 ~]# systemctl stop chronyd
```

在 svr1 上，使用 root 用户，将系统时间调慢 15min（下面命令中的时间值需要读者做实验时按当时的时间值进行相应修改）：

```
[root@svr1 ~]# date -s "2021-12-25 8:26"
[root@svr1 ~]# hwclock -w
[root@svr1 ~]#
```

在 svr1 上，使用 root 用户，启动 chronyd 服务：

```
[root@svr1 ~]# systemctl start chronyd
[root@svr1 ~]#
```

稍等一会儿（很快），在 svr1 上，将发现时间已经完成了同步：

```
[root@svr1 ~]# date
Mon Jan 10 07:40:38 CST 2022
[root@svr1 ~]#
```

十三、测试 chrony 客户机

在 svr2 和 svr3 上，使用 root 用户，停止 chronyd 服务：

```
systemctl stop chronyd
```

在 svr2 和 svr3 上，使用 root 用户，将系统时间调慢 15min（下面命令中的时间值需要读者做实验时按当时的时间值进行相应修改）：

```
date -s "2021-12-25 8:26"
hwclock -w
```

在 svr2 和 svr3 上，使用 root 用户，启动 chronyd 服务：

```
systemctl start chronyd
```

稍等一会儿（很快），在 svr2 和 svr3 上，将发现时间完成了同步：

```
[root@svr2 ~]# date
Mon Jan 10 07:40:38 CST 2022
[root@svr2 ~]#
```

十四、管理 chrony 服务

1. 查看 chrony 服务的配置文件

执行命令 egrep -v "^#|^$" /etc/chrony.conf，可以查看 chrony 服务的配置文件。

在 svr1 上执行这条命令的显示如下：

```
[root@svr1 ~]# egrep -v "^#|^$" /etc/chrony.conf
server 0.cn.pool.ntp.org iburst
server 1.cn.pool.ntp.org iburst
server 2.cn.pool.ntp.org iburst
server 3.cn.pool.ntp.org iburst
driftfile /var/lib/chrony/drift
makestep 1.0 3
rtcsync
```

```
allow 192.168.3.0/24
logdir /var/log/chrony
[root@svr1 ~]#
```

在 svr2 上执行这条命令的显示如下：

```
[root@svr2 ~]# egrep -v "^#|^$" /etc/chrony.conf
server 192.168.3.121 iburst
driftfile /var/lib/chrony/drift
makestep 1.0 3
rtcsync
logdir /var/log/chrony
[root@svr2 ~]#
```

2. 管理 chronyd 服务

```
systemctl enable  chronyd   # 设置开机自动启动 chronyd 服务
systemctl disable chronyd   # 禁止开机自动启动 chronyd 服务
systemctl start   chronyd   # 启动 chronyd 服务
systemctl stop    chronyd   # 停止 chronyd 服务
systemctl restart chronyd   # 重新启动 chronyd 服务
systemctl status  chronyd   # 查看 chronyd 服务的状态
```

3. 查看时间同步源

在 chrony 服务器 svr1 上执行下面的命令：

```
[root@svr1 ~]# chronyc sources -v
210 Number of sources = 4

  .-- Source mode  '^' = server, '=' = peer, '#' = local clock.
 / .- Source state '*' = current synced, '+' = combined , '-' = not combined,
| /   '?' = unreachable, 'x' = time may be in error, '~' = time too variable.
||                                                 .- xxxx [ yyyy ] +/- zzzz
||      Reachability register (octal) -.           | xxxx = adjusted offset,
||      Log2(Polling interval) --.      |          | yyyy = measured offset,
||                                \     |           | zzzz = estimated error.
||                                 |    |            \
MS Name/IP address         Stratum Poll Reach LastRx Last sample
===============================================================================
^* tick.ntp.infomaniak.ch      1    6   377    29   -5788us[-5649us] +/-   76ms
^+ tock.ntp.infomaniak.ch      1    6   377    27    +31ms[ +31ms] +/-  114ms
^+ ntp1.flashdance.cx          2    6   377    26    -45ms[ -45ms] +/-  169ms
^+ stratum2-1.ntp.led01.ru.>   2    6   377   159   +8166us[+7540us] +/-   74ms
[root@svr1 ~]#
```

可以看到，svr1 服务器的时钟同步源有 4 个。

在 chrony 客户机 svr2 上执行下面的命令：

```
[root@svr2 ~]# chronyc sources -v
210 Number of sources = 1

  .-- Source mode  '^' = server, '=' = peer, '#' = local clock.
 / .- Source state '*' = current synced, '+' = combined , '-' = not combined,
```

```
|/  '?' = unreachable, 'x' = time may be in error, '~' = time too variable.
||                                                   .- xxxx [ yyyy ] +/- zzzz
||     Reachability register (octal) -.             |   xxxx = adjusted offset,
||     Log2(Polling interval) --.        |          |   yyyy = measured offset,
||                            \   |       |          |   zzzz = estimated error.
||                            |   |       |           \
MS Name/IP address        Stratum Poll Reach LastRx Last sample
===============================================================================
^* svr1                       2   6   177   26    -14us[ -21us] +/-  72ms
[root@svr2 ~]#
```

可以看到，chrony 客户机 svr2 的时钟同步源有一个，就是 chrony 服务器 svr1。

4. 查看时间同步源状态

在 chrony 服务器 svr1 上执行下面的命令：

```
[root@svr1 ~]# chronyc sourcestats -v
210 Number of sources = 4
                          .- Number of sample points in measurement set.
                         /    .- Number of residual runs with same sign.
                        |    /    .- Length of measurement set (time).
                        |   |    /    .- Est. clock freq error (ppm).
                        |   |   |     /    .- Est. error in freq.
                        |   |   |    |     /    .- Est. offset.
                        |   |   |    |    |     |   On the -.
                        |   |   |    |    |     |   samples. \
                        |   |   |    |    |     |           |
Name/IP Address        NP  NR Span Frequency Freq Skew  Offset  Std Dev
===============================================================================
tick.ntp.infomaniak.ch  24  12  27m    +1.022     6.091   -3697us   4183us
tock.ntp.infomaniak.ch  14  10  848    -0.778     1.610   +30ms    364us
ntp1.flashdance.cx      20  13  24m    -2.354     4.348   -48ms    2384us
stratum2-1.ntp.led01.ru.> 18  8  22m    +0.070     0.491   +5516us   249us
[root@svr1 ~]#
```

在 chrony 客户机 svr2 上执行下面的命令：

```
[root@svr2 ~]# chronyc sourcestats -v
210 Number of sources = 1
                          .- Number of sample points in measurement set.
                         /    .- Number of residual runs with same sign.
                        |    /    .- Length of measurement set (time).
                        |   |    /    .- Est. clock freq error (ppm).
                        |   |   |     /    .- Est. error in freq.
                        |   |   |    |     /    .- Est. offset.
                        |   |   |    |    |     |   On the -.
                        |   |   |    |    |     |   samples. \
                        |   |   |    |    |     |           |
Name/IP Address        NP  NR Span Frequency Freq Skew  Offset  Std Dev
===============================================================================
svr1                   17   8  849    -0.009     0.740   -316ns   194us
[root@svr2 ~]#
```

5. 在 chrony 服务器上查看访问它的 chrony 客户机

在 chrony 服务器 svr1 上执行下面的命令：

```
[root@svr1 ~]# chronyc clients
Hostname            NTP    Drop    Int    IntL    Last    Cmd    Drop    Int    Last
==================================================================================
svr2                26     0       6      -       48      0      0       -      -
svr3                7      0       6      -       36      0      0       -      -
[root@svr1 ~]#
```

可以看到，当前有两台计算机 svr2 和 svr3，作为 chrony 客户机，正在访问 chrony 服务器 svr1。

6. 其他的管理命令

限于篇幅，请读者自行测试以下命令：

■ 手动设置守护进程时间：chronyc settime。

■ 硬件时间默认为 UTC：timedatectl set-local-rtc 1。

■ 启用 NTP 时间同步：timedatectl set-ntp yes。

■ 检查 NTP 访问是否对特定主机可用：chronyc accheck。

■ 显示 NTP 源在线 / 离线：chronyc activity。

■ 手动添加一台新的 NTP 服务器：chronyc add server。

■ 手动移除 NTP 服务器或对等服务器：chronyc delete。

Linux 系统管理实战：系统性能瓶颈诊断

24

任务目标

让 openEuler 初学者学习 Linux 系统性能测试，掌握查看 Linux 系统性能的常用命令。

实施步骤

一、实验环境

使用任务三项目 2 实施步骤十九中准备好的 dbsvrOK.rar 虚拟机备份。

二、vmstat 命令

vmstat 命令用来报告系统虚拟内存的统计信息。

执行下面的 vmstat 命令，查看系统的性能：

```
[root@dbsvr ~]# vmstat 5 4
procs --------------memory------------- ---swap-- -----io---- -system-- ----------cpu---------
 r  b   swpd     free  buff cache    si so   bi   bo   in   cs  us sy  id  wa st
 2  0      0 2869576 25728 247540  0  0  698   43  388  683   2  3  95   0  0
 0  0      0 2869332 25736 247540  0  0    0    6   79   81   0  0 100   0  0
 0  0      0 2869284 25736 247704  0  0    0    0   83   93   0  0 100   0  0
 0  0      0 2869284 25744 247704  0  0    0    3   76   82   0  0 100   0  0
[root@dbsvr ~]#
```

这条命令将每隔 5s 显示一次，一共显示 4 次。编者为了能长时间查看系统的性能，执行的命令是 vmstat 5 100000。对于 vmstat 命令的输出，需要忽略第一行数据，它是根据之前系统状况的数据统计，不能反映最近的情况。

在 vmstat 命令的输出中：

■ 关于进程（procs）有如下的项。

➤ r 表示就绪队列中等待运行的进程（线程）数，如果超过 CPU 核数，那么表示有可能缺乏 CPU 进程（线程）数。

➤ b 表示阻塞在磁盘 I/O 的进程（线程）数。

■ 关于内存（memory）有如下的项。

➤ swpd 表示正在使用的虚拟内存的大小，单位为 KB。

➤ free 表示空闲内存的大小，单位为 KB。

➤ buff 表示缓冲区的大小。

➤ cache 表示文件系统 cache 的大小。

■ 关于交换区（swap）有如下的项。

➤ si 表示从交互区换入内存的大小，单位为 KB。

➤ so 表示从内存写入交换区的大小，单位为 KB。

■ 关于磁盘 I/O（io）有如下的项。

➤ bi 表示每秒读磁盘的大小，单位为 KB。

➢ bo 表示每秒写磁盘的大小，单位为 KB。

- 关于系统（system）有如下的项。
  ➢ in 表示每秒的中断次数。
  ➢ cs 表示每秒上下文切换的次数。
- 关于 CPU（cpu）有如下的项。
  ➢ us 表示 CPU 在用户态的时间消耗的百分比。
  ➢ sy 表示 CPU 在内核态的时间消耗的百分比。
  ➢ id 表示 CPU 空闲时间的百分比。
  ➢ wa 表示 CPU 消耗在 I/O 等待的时间百分比。
  ➢ st 表示虚拟机窃取的 CPU 时间百分比。

如果交换区同时有大量的换入和换出（vmstat 命令的输出 si 列和 so 列的值），尤其是 so 的值持续比较大，那么认为系统有可能处于内存过载，需要增加内存或者调整应用使用的内存大小。

如果有相当数量的进程阻塞在 I/O 队列，vmstat 命令输出 b 列的值为 3 ~ 5，此时需要加以注意。如果 r 的值大于 7，则表示有可能存在 I/O 问题，应结合 bi 列或者 bo 列的值比较大，且 wa 列显示有比较高的 CPU 等待，以此说明系统目前有 I/O 问题。

如果就绪队列中等待的进程数（vmstat 命令的输出 r 列的值）大于系统 CPU 的核心数，则认为系统有可能缺乏 CPU。

三、iostat 命令

iostat 命令用来查看 CPU 和磁盘 I/O 的性能统计信息。

执行下面的 iostat 命令，查看系统的性能：

```
[root@dbsvr ~]# iostat -xk -d /dev/sda 5 4
```

这条命令中：

- 参数 -x 表示显示详细的信息。
- 参数 k 表示显示的单位是 KB。
- 参数 -d 指定显示的磁盘设备。
- 5 4 表示每隔 5s 显示一次，一共显示 4 次。为了能长时间监控系统的性能，编者执行的命令是 iostat -xk -d /dev/sda 5 10000。

iostat 命令的输出如图 24-1 所示。

图 24-1　iostat 命令的输出

在 iostat 命令的输出中：

- r/s：每秒完成的读次数。
- rKB/s：每秒读数据量（KB 为单位）。

- rrqm/s：每秒对某个磁盘读请求的合并次数。
- %rrqm：读请求合并的百分比。
- r_await：读等待时间（包括在队列中的时候和服务时间）。
- rareq-sz：读请求队列的大小（请求个数）。
- w/s：每秒完成的写次数。
- wKB/s：每秒写数据量（KB 为单位）。
- wrqm/s：每秒对某个磁盘写请求的合并次数。
- %wrqm：写请求合并的百分比。
- w_await：写等待时间（包括在队列中的时间和服务时间）。
- wareq-sz：写请求队列的大小（请求个数）。
- aqu-sz：设备的平均请求队列长度。
- %util：采用周期内用于 IO 操作的时间比（IO 队列非空的时间比）。

如果磁盘的 aqu-sz 的队列长度长时间维持在一个较大的值，并且 %util 的值接近 100%，则表示该磁盘已经处于饱和状态。

四、memtester 内存测试工具

memtester 是一款开源的内存测试工具，对内存进行测试的项目主要有算数运算（加减乘除）、逻辑运算（或和异或）、随机值，以便捕获内存错误。这里主要是使用这个测试工具来占用 Linux 操作系统的内存，使系统中新运行的软件工作在缺乏内存的环境。

使用 root 用户，执行下面的命令，下载并安装 memtester：

```
wget https://pyropus.ca./software/memtester/old-versions/memtester-4.5.1.tar.gz
tar xzf memtester-4.5.1.tar.gz
cd memtester-4.5.1/
make
make install
```

安装完成后，读者可以使用 man memtester 命令查看手册页。这里使用的 memtester 命令的语法如下：

memtester　SizeOfMemory [ITERATIONS]

其中：

- 参数 SizeOfMemor 是申请内存的数量，可以是 GB（千兆字节）、MB（兆字节）、KB（千字节）、B（字节）。
- 参数 ITERATIONS 是内存测试的次数，默认为无限。

使用 root 用户，执行 free 命令，查看系统当前内存的使用情况：

```
[root@dbsvr ~]# free -m
              total        used        free      shared  buff/cache   available
Mem:           3406         324        2772           9         309        2646
Swap:         65535           0       65535
[root@dbsvr ~]#
```

执行 top 命令，输出如图 24-2 所示，也可以查看系统当前内存的使用情况：

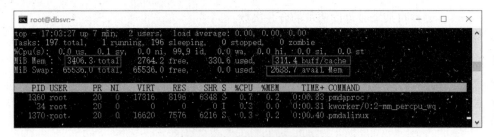

图 24-2 top 命令的输出

从图 24-2 可以看到：系统总共约有 3406MB 内存，当前系统的可用内存大约是 2638MB，缓冲区和高速缓存的内存约为 311MB。

打开另一个 Linux 终端，使用 root 用户，执行下面命令：

```
[root@dbsvr ~]# memtester 2048m
```

请耐心等待，直到 memtester 命令锁定物理内存并开始测试，执行下面的命令，再次查看系统当前空闲内存的大小：

```
[root@dbsvr ~]# free -m
              total        used        free      shared  buff/cache   available
Mem:           3406        2380         712           9         313         587
Swap:         65535           0       65535
[root@dbsvr ~]#
```

可以看到，当前系统还剩下 587MB 的可用内存。

转到运行 memtester 命令的窗口，按 <Ctrl+C> 组合键，终止 memtester 命令的运行，释放物理内存。

再次执行下面的命令，查看系统的内存使用情况：

```
[root@dbsvr ~]# free -m
              total        used        free      shared  buff/cache   available
Mem:           3406         330        2616           9         459        2565
Swap:         65535           0       65535
[root@dbsvr ~]#
```

可以看到，系统的可用内存恢复为 2565MB，缓冲区和高速缓存的内存大小此时为 459MB。

五、stress-ng 压力测试工具

stress-ng 是 stress 开源的压力测试工具的下一代版本，除了兼容 stressx 外，stress-ng 的功能比 stress 的功能更为强大，可以对 Linux 系统进行更为复杂的压力测试。打开下面的 URL：

ftp.ubuntu.com/ubuntu/ubuntu/pool/universe/s/stress-ng/

在打开的界面中下载文件 stress-ng_0.13.12.orig.tar.xz；或者执行下面的命令，下载文件 stress-ng_0.13.12.orig.tar.xz：

```
wget http://ftp.ubuntu.com/ubuntu/ubuntu/pool/universe/s/stress-ng/stress-ng_0.13.12.orig.tar.xz
```

使用 root 用户，执行下面的命令安装 stress-ng：

```
xz -dk stress-ng_0.13.12.orig.tar.xz
```

```
tar xf stress-ng_0.13.12.orig.tar
cd stress-ng-0.13.12/
make
make install
```

安装结束后，可以在 /usr/bin 中找到 stress-ng 程序：

stress-ng 命令的用法如下：

　stress-ng OPTION [ARG] ...

有如下常用选项：

- --help：显示帮助信息。
- --version：显示版本号。
- --verbose：详细显示运行信息。
- --quiet：不显示运行信息。
- --dry-run：显示已经完成的指令执行情况。
- --timeout N：指定运行 N 秒后停止。
- --backoff N：等待 N 微秒后开始运行。
- --cpu N：N 个进程不断地计算 sqrt 函数。
- --io N：N 个进程不断地将内存文件系统数据同步到文件系统。
- --vm N：N 个进程执行 malloc 和 free。
- --vm-bytes B：每个进程分配的内存数，B 值默认为 256MB。
- --vm-stride B：每 B 个字节（B 的值默认为 4096）写一个字节。
- --vm-hang N：释放前睡眠 N 秒，默认为 0。
- --vm-keep：让内存重新标记为脏页。而不是释放和回收。
- --hdd N：N 个进程循环不断地执行 write 和 unlink 命令。
- --hdd-bytes B：指定每个 hdd 工作者写的字节数，B 值默认是 1GB。

注意：

1）时间单位可以为 s（秒）、min（分）、h（小时）、d（天）、y（年）。

2）大小单位可以为 KB（千字节）、MB（兆字节）、GB（千兆字节）。

下面是 stress-ng 命令的一些用法示例。

例：产生 4 个内存分配进程，为每个进程分配 600MB 内存，持续 60s：

```
stress-ng --vm 4 --vm-bytes 600m --vm-keep --timeout 60
```

例：产生 4 个磁盘 I/O，每个 I/O 写 1024MB，持续 60s：

```
stress-ng --hdd 4 --hdd-bytes 1024m --timeout 60
```

例：在 CPU 0、1 和 3 上产生负载压力，持续 60s：

```
stress-ng --cpu 3 --cpu-method  all  --taskset 0-1,3  --timeout 60
```

六、系统性能瓶颈诊断实战：内存过载

执行 top 命令，查看系统当前内存的使用情况：

```
MiB Mem :  3406.3 total,   2551.3 free,    338.2 used,     516.8 buff/cache
MiB Swap: 65536.0 total, 65536.0 free,      0.0 used.   2528.5 avail Mem
```

可以看到，当前系统约有 2528MB 可用内存，缓冲区和高速缓存的大小约为 516MB。

打开另一个 Linux 终端，使用 root 用户，执行下面的命令：

```
[root@dbsvr ~]# memtester 2500m
```

然后按 <Ctrl+Z> 组合键，暂停 memtester 命令的运行。这样做是由于使用 memtester 命令测试内存会占用一个 CPU 核心的处理能力，使用 bash Shell 的暂停程序运行的功能可在保持 memtester 占用内存的同时，释放这个 CPU 核心的处理能力。后面将会使用 bash Shell 的作业调度功能让 memtester 程序继续运行，然后退出 memtester。

查看 top 命令的输出，再次查看系统当前内存的使用情况：

```
MiB Mem :   3406.3 total,     323.3 free,   2837.9 used,     245.0 buff/cache
MiB Swap:  65536.0 total,  65531.0 free,      5.0 used.    165.0 avail Mem
```

可以看到，当前系统只有 165MB 可用内存，缓冲区和高速缓存的大小为 245MB。

在这个当前可用内存所剩无几的 Linux 系统上，打开一个新的 Linux 终端，执行下面的命令，产生两个内存分配进程，为每个进程分配 600MB 内存，持续 600s：

```
stress-ng --vm 2 --vm-bytes 600m --vm-keep --timeout 600
```

打开另外一个 Linux 终端，使用 root 用户，执行下面的 vmstat 命令：

```
[root@dbsvr ~]# vmstat 5 5
procs ------------memory---------- --------swap------ --------io------- ----system----- ----------cpu--------
 r  b   swpd    free   buff  cache     si      so      bi      bo      in      cs us sy id wa st
 2 2373792 260316 1804 60976   1281    1150    1383    4721     423     418  8  3 90  0  0
 2 2489460 232076  648 58956  70154   63978   75726   64006   27174   44906  0 27 69  3  0
 2 1580608 259544  628 54788  91584   45121   95774   45158   28557   44850  0 29 70  2  0
 0 2353208 250720  624 52364  73606   27979   74466   27987   28652   45293  0 26 72  2  0
 2 1375552 273328  592 54768 264445  141999  271248  142032   30727   29186  1 41 57  1  0
[root@dbsvr ~]#
```

可以看到，swap 的 so 列的值表示系统存在大量的换出操作（将内存中的页面写入交换区上，以便腾出内存空间），这是 Linux 系统严重缺少内存空间的主要标志；swap 的 si 列的值表示 Linux 系统存在换入操作（将交换区中的页面读回内存），可以用来辅助判断 Linux 系统是否缺乏内存空间。如果 so 列的值较大，并且 si 列的值也比较大，那么说明 Linux 系统当前运行在内存过载的状况下。

再次查看 top 命令的输出：

```
MiB Mem :   3406.3 total,     265.5 free,   3086.0 used,      54.8 buff/cache
MiB Swap:  65536.0 total,  65090.3 free,    445.7 used.     15.9 avail Mem
```

此时发现，即使系统工作在极度缺乏内存空间的状况下，也会维持一定大小的可用内存空间（此处为 15.9MB）和一定大小的缓冲区高速缓存空间（此处为 54.8MB）。

返回运行 stress-ng 命令的终端窗口，按 <Ctrl+C> 组合键终止命令的运行。

返回运行 memtester 程序的终端窗口，执行下面的命令：

```
[root@dbsvr ~]# jobs       # 查看当前的作业
[1]+  Stopped              memtester 1300m     # 有一个停止的作业
```

```
[root@dbsvr ~]# fg %1    # 让 1 号作业运行在前台
memtester 1300m
testing 150^C            # 按 <Ctrl+C> 组合键中断 memtester 程序的运行，退出
[root@dbsvr ~]#
```

在 bash 中，<Ctrl+Z> 组合键可停止前台程序的运行，jobs 命令显示当前的作业，fg 命令将作业切换到前台运行，bg 命令将作业切换到后台运行。

再次查看 top 命令的输出：

```
MiB Mem :    3406.3 total,     3038.4 free,     266.6 used,     101.3 buff/cache
MiB Swap:   65536.0 total,    65451.5 free,      84.5 used.    2811.4 avail Mem
```

可以发现，Linux 系统的可用内存又恢复到 2811.4MB，缓冲区和高速缓存的大小此时为 101.3MB。

七、系统性能瓶颈诊断实战：磁盘 I/O 过载

执行下面的命令，产生 8 个磁盘 I/O，每个 I/O 写 1024MB，持续 600s：

```
stress-ng --hdd 8 --hdd-bytes 1024m --timeout 600
```

在另外一个 Linux 终端窗口，执行下面的命令：

```
[root@dbsvr ~]# iostat -xk -d /dev/sda 5 5
```

iostat 命令的输出如图 24-3 所示。

图 24-3　iostat 命令的输出

可用看到，磁盘 /dev/sda 有持续的磁盘 I/O 等待请求（aqu-sz 列的值），并且磁盘的服务能力处于饱和状态（%util 的值接近 100）。显然，磁盘 /dev/sda 已经处于过载的状态。

在另外一个 Linux 终端窗口，执行下面的 vmstat 命令：

```
[root@dbsvr ~]# vmstat 5 5
procs ---------------memory-------------- -----swap----- -------io------ ---system----- -----------cpu-----------
 r  b   swpd     free    buff    cache   si   so    bi     bo      in    cs   us sy id wa st
 9  2  82432  2212088    9772   988560  3961 3119  4093  12257   1114  1427   10  6 83  1  0
 2  8  82432  2013660    9948  1185508     3    0     5 802999   2432  2617   10 34  5 52  0
 6  5  82432  2027996   10080  1174868     0    0     1 709107   2257  2329   10 32  6 51  0
 0  9  82432  2016428   10208  1186184     0    0     2 671839   2070  2555    8 32  5 55  0
 2  9  82432  2013492   10332  1186344     0    0     1 620669   1858  2152    8 27  6 59  0
[root@dbsvr ~]#
```

可以看到，在 procs 的 b 列，长时间有不少进程阻塞在 I/O 操作上，因此可以判断系统目前处

于 I/O 过载的状况。

当磁盘过载时，常常会伴随着大量的 CPU 消耗在 I/O 等待上。在命令 stress-ng 执行期间，查看 top 命令的输出：

%Cpu0 :	10.2 us,	19.6 sy,	0.0 ni,	2.1 id,	67.7 wa,	0.4 hi,	0.0 si,	0.0 st
%Cpu1 :	6.2 us,	14.5 sy,	0.0 ni,	2.5 id,	76.8 wa,	0.0 hi,	0.0 si,	0.0 st
%Cpu2 :	0.0 us,	17.1 sy,	0.0 ni,	11.7 id,	36.5 wa,	32.4 hi,	2.3 si,	0.0 st
%Cpu3 :	12.7 us,	20.5 sy,	0.0 ni,	3.9 id,	62.5 wa,	0.4 hi,	0.0 si,	0.0 st

可以发现，大量的 CPU 都消耗在磁盘 I/O 操作等待上。

八、系统性能瓶颈诊断实战：CPU 过载

执行下面的命令，产生 8 个 CPU 负载压力，持续 600s：

```
stress-ng --cpu 8 --cpu-method all  --timeout 600
```

在另外一个 Linux 终端窗口，执行下面的 vmstat 命令：

```
[root@dbsvr ~]# vmstat 5 5
procs -----------memory---------- ---swap-- -----io---- -system-- ------cpu-----
 r  b   swpd   free   buff  cache   si   so    bi    bo   in   cs us sy id wa st
 9  0  82176 3048332 12432 133128 3080 2426 3184 11807  881 1123  8  5 85  2  0
 8  0  82176 3047740 12432 133292    0    0     0     0 4008  481 100 0  0  0  0
 8  0  82176 3047740 12440 133292    0    0     0     2 4012  485 100 0  0  0  0
 8  0  82176 3047616 12440 133448    0    0     0     1 4031  493 100 0  0  0  0
10  0  82176 3047616 12448 133448    0    0     0     2 3596  463 100 0  0  0  0
[root@dbsvr ~]#
```

就绪队列中等待运行的进程 / 线程数（procs 中的 r 列的值）如果长时间比系统 CPU 的核心数大，则说明系统处于缺乏 CPU 的状态。

在命令 stress-ng 执行期间，查看 top 命令的输出，如图 24-4 所示。

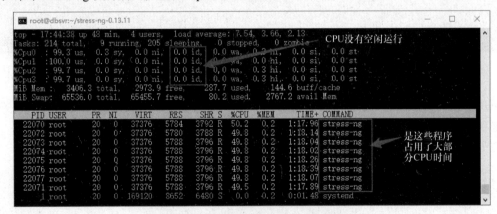

图 24-4　CPU 过载时 top 命令的输出

CPU 的空闲百分比如果在 20% 左右，则说系统处于 CPU 满载状态；如果 CPU 空闲百分比低于 10%，则说系统处于 CPU 短缺或者过载状态。这里显然系统已经处于 CPU 过载状态。

九、关于性能调优的说明和建议

编者多年的系统调优经验可以总结如下：

第一，最重要的是不要让系统过度使用内存，而且在最初规划系统时，最好能为系统上的应

用预留一些内存，用于未来的调优。

举例来说，在 32GB 内存的 Linux 上运行 Oracle 数据库服务器。在没有任何应用运行时，Linux 操作系统所需的内存为 2GB，预留 4GB 的内存进行未来调优。另外有 200 个客户端会连接到 Oracle 数据库系统，每个连接都需要 20MB 的内存，那么这些数据库连接大概需要 4GB 内存。假设 Oracle 数据库内存排序需要 2GB 内存（这个要根据用户数据库的数据量来确定），于是 Oracle 数据库的 SGA 可以使用的内存是 32G-2GB（os）-4GB（预留）-4GB（连接）-2GB（排序）= 20GB。这样的规划可以确保系统永远不会处于内存过载状态。

应确保系统内存不要过载，原因如下：如果系统的内存过载，那么必然需要使用交换区，换入和换出将导致额外的磁盘 I/O 操作，很容易引起系统 I/O 过载；如果系统 I/O 过载，又会导致有相当部分的 CPU 计算能力消耗在 I/O 等待上。因此应保证系统内存不会过载，这样就排除了因为内存过载导致的额外的 I/O 消耗和 CPU 消耗。

第二，**在确保系统不存在内存过载的情况下进行系统磁盘 I/O 方面的调整和调优**。将应用要访问的数据分散到多个磁盘，平衡各个磁盘的 I/O，避免有些磁盘很忙，有些磁盘很闲。记住，性能是设计出来的，而不是系统管理员调出来的。

例如，运行在 Linux 上的数据库系统需要进行以下两方面的设计。

- 数据库的索引设计。索引的设计对于磁盘 I/O 非常关键。策略非常简单，如果因为 SQL 语句的执行使用了索引而产生大量的 I/O，那么就让 SQL 语句在执行时不要使用这些索引；如果因为没有使用索引而产生了大量的 I/O，那么就创建这些索引，并让 SQL 语句在执行时使用这些索引。
- SQL 语句的表连接方式。SQL 语句中经常需要进行表连接，表连接在计算机中的实现有 3 种方法：嵌套循环连接、排序合并连接和哈希连接。策略也非常简单，如果嵌套循环连接导致过多的 I/O，那么就指示 SQL 语句采用排序合并连接；如果排序合并连接不可行，那么就采用哈希连接，总之，在这 3 种连接实现中选择最适合的连接方法，以能够降低数据库系统的 I/O 压力。

第三，**如果系统存在过高的 CPU 占用，则解决的方法有以下两个**。

- 办法一是应用的开发者改进算法，将应用的 CPU 负载降低。这在有些时候没法做到。因为用户的应用可能购买自软件开发商，软件开发商不能及时修改软件。
- 办法二是通过给系统添加更多的处理器来解决 CPU 占用过高的问题。

Linux 系统管理实战：openEuler OS 备份

任务目标

让 openEuler 初学者学会使用 dd 命令备份和恢复 openEuler 操作系统，以及进行硬盘性能测试。

实施步骤

一、实验环境

首先使用任务三项目 2 实施步骤十九中准备好的 dbsvrOK.rar 虚拟机备份。然后修改虚拟机的 USB 控制器配置，使其能兼容 USB 3.1，如图 25-1 所示。

接下来需要准备一个 U 盘，容量至少大于 16GB，并且已经被格式化为 NTFS。为了与本任务的输出一致，读者应提前备份 U 盘上的数据，并在 Windows 10 宿主机上将 U 盘格式化为 NTFS。下面实战任务中的 U 盘大小是 240GB，知道 U 盘的大小更容易在 openEuler Linux 系统中确认 U 盘的名字。

启动 dbsvr 虚拟机之后，在 Windows 10 宿主机上插入这个已经备份好数据的 U 盘，VMware Workstation 将出现图 25-2 所示的界面。按图进行操作，将 U 盘连接到虚拟机 dbsvr 上。

图 25-1　配置虚拟机的 USB 兼容性

图 25-2　将 U 盘连接到虚拟机 dbsvr 上

二、dd 命令

dd 命令主要用来复制文件。在复制文件的过程中，用户可以：

■ 控制读源文件和写目的文件的块大小（选项 bs）。

■ 控制从源文件的哪个位置开始读或者控制从目的文件的哪个位置开始写。

- 从源文件读取数据后，在向目的文件写之前，可以进行数据转换。
- 其他赋值功能。例如，status 用来控制信息输出。

dd 命令的语法如下：

dd [operand…]

其中，operand 可以是：

- if=FILE：指定从 FILE 中读取数据，而不是默认的标准输入。
- of=FILE：指定向 FILE 中写入数据，而不是默认的标准输出。
- ibs=BYTES：读取数据时，一次性读出 BYTES 大小的块。如果不指定该参数，则默认值为 512B。
- obs=BYTES：写入数据时，一次性写入 BYTES 大小的块。如果不指定该参数，则默认值为 512B。
- bs=BYTES：此时 bs=ibs=obs，也就是说 bs 会覆盖 ibs 或者 obs。
- skip=N：跳过 $N \times$ ibs 字节，再开始读取数据。
- seek=N：跳过 $N \times$ obs 字节，再开始写入数据。
- count=N：总共读取 $N \times$ ibs 字节的数据，写入的数据也是 $N \times$ ibs 字节。
- status=LEVEL：用来控制 dd 程序的输出信息。
  - none：不输出任何相关信息，除非是出错信息。
  - noxfer：不输出最后的统计信息。
  - progress（默认值）：输出所有信息。
- iflags=FLAG[,FLAG]…：控制读数据时的行为。
  - count_bytes count=N：表示读取 N 个字节，而不是 $N \times$ ibs 字节。
  - skip_bytes skip=N：表示跳过 N 个字节，而不是 $N \times$ ibs 字节。
- oflags=FLAG[,FLAG]…：控制写数据时的行为。
  - append：以追加方式写入数据，常与 conv=notrunc 配合使用。
  - seek_bytes：含义和 skip_bytes 一样。
  - dsync：写数据时使用同步 I/O，写元数据时不使用同步 I/O。
- conv=CONVERSION[,CONVERSION]…：执行数据转换。
  - lcase：将大写字母转换成小写字母。
  - ucase：将小写字母转换成大写字母。
  - notrunc：如果目的文件已经存在，则不截断文件内容。默认会截断成 0B 大小。notrunc 常与 oflag=append 一起使用，表示不截断并且以追加方式写入数据。
  - noerror：尽管发生错误，也不要停止整个复制过程。
  - fsync：写数据时，在 dd 命令结束前才执行同步（数据与元数据）。
  - sync：每次写数据和元数据都要执行同步 I/O。

三、使用 dd 命令备份 openEuler 服务器的系统盘

在 dbsvr 上使用 root 用户，执行下面的命令，查看 U 盘的设备名：

```
[root@dbsvr ~]# lsblk
NAME            MAJ:MIN  RM  SIZE  RO  TYPE  MOUNTPOINT
sda             8:0      0   900G  0   disk
├─ sda1         8:1      0   20G   0   part /boot
└─ sda2         8:2      0   880G  0   part
```

```
# 删除了一些输出
sdc                    8:32    1 238.5G    0    disk
  └─ sdc1              8:33    1 238.5G    0    part
sr0                   11:0     1 1024M     0    rom
[root@dbsvr ~]#
```

可以看到，U 盘的设备名是 /dev/sdc，上面有分区 /dev/sdc1。

使用 root 用户，执行下面的命令，清除 U 盘的分区信息：

```
[root@dbsvr ~]# dd if=/dev/zero of=/dev/sdc bs=1k count=100
100+0 records in
100+0 records out
102400 bytes (102 kB, 100 KiB) copied, 0.018949 s, 5.4 MB/s
[root@dbsvr ~]#
```

这里对上面的 dd 命令进行一下说明：这是 dd 命令的一个常用用法，设备 /dev/zero 用来产生全 0 的数据块，块大小设定为 1k（即 bs=1k，这里的 1k 代表 1024B），一共向 /dev/sdc 写入 100 个块（count=100），这将清除 U 盘的分区信息。

执行下面的 fdisk 命令，为 U 盘划分一个主分区：

```
[root@dbsvr ~]# fdisk /dev/sdc
# 省略了一些输出
Command (m for help): n
Partition type
   p   primary (0 primary, 0 extended, 4 free)
   e   extended (container for logical partitions)
Select (default p): p
Partition number (1-4, default 1): 1
First sector (2048-500170751, default 2048): # 按 <Enter> 键
Last sector, +/-sectors or +/-size{K,M,G,T,P} (2048-500170751, default 500170751): # 按 <Enter> 键
Created a new partition 1 of type 'Linux' and of size 238.5 GiB.
Partition #1 contains a ntfs signature.
Do you want to remove the signature? [Y]es/[N]o: Y
The signature will be removed by a write command.
Command (m for help): p
Disk /dev/sdc: 238.5 GiB, 256087425024 bytes, 500170752 sectors
# 省略了一些输出
Device     Boot Start      End          Sectors    Size    Id Type
/dev/sdc1       2048  500170751    500168704    238.5G  83 Linux
Filesystem/RAID signature on partition 1 will be wiped.

Command (m for help): w
# 省略了一些输出
[root@dbsvr ~]#
```

将 U 盘格式化为 xfs，并挂接到 /mnt/1 上：

```
[root@dbsvr ~]# mkfs.xfs /dev/sdc1
# 省略了一些输出
[root@dbsvr ~]# mkdir /mnt/1
```

```
[root@dbsvr ~]# mount /dev/sdc1 /mnt/1
[root@dbsvr ~]#
```

使用 root 用户，执行下面的命令，切换到单用户模式：

```
init 1
```

使用 root 用户，执行下面的命令，备份 openEuler 操作系统：

```
dd if=/dev/sda bs=10240k | gzip > /mnt/1/sda.file.dd.gz
```

执行这条命令需要比较长的时间，读者需要耐心等待。

备份结束后，使用 root 用户，执行下面的命令，关闭虚拟机 dbsvr：

```
poweroff
```

虚拟机 dbsvr 关闭后，拔出宿主机 Windows 10 上的 U 盘。

四、使用 dd 命令恢复 openEuler 操作系统

这里计划将备份的系统恢复到一台新机器上，其硬件配置和原始备份的机器是一样的。

按照任务二实施步骤二的说明创建一个虚拟机 ddtest，配置为四核处理器、4GB 内存、一块 900GB 硬盘、一个 Host-only 网卡、一个 NAT 网卡、一个虚拟 CD-ROM，并将 openEuler 20.03 LTS SP2 的 iso 文件装载到虚拟 CD-ROM 上。还需要在 VMware Workstation 中修改这个新建虚拟机的 USB 控制器的配置，使其能兼容 USB 3.1。

由于还未在这个新建的虚拟机 ddtest 上安装 openEuler 操作系统，因此要启动虚拟机 ddtest，将从虚拟光驱中的 openEuler 开始启动。

出现启动界面后，使用方向键将光标移动到 Troubleshooting 处（见图 25-3），然后按 <Enter> 键，接着出现图 25-4 所示的界面，用方向键将光标移动到 Rescue a openEuler system 处，再按 <Enter> 键；接下来出现图 25-5 所示的界面，输入数字 3 并按 <Enter> 键后，出现图 25-6 所示的界面；最后按 <Enter> 键，此时就进入了 openEuler 紧急救援模式的 Shell，可以开始执行命令了。

在 Windows 10 宿主机上重新插入含有 openEuler 操作系统备份的 U 盘，VMware Workstation 将出现图 25-7 所示的界面。按图进行操作，将 U 盘连接到虚拟机 ddtest 上。

使用 root 用户，执行命令 lsblk，查看 U 盘的设备名，如图 25-8 所示。可以看到，U 盘的设备名是 /dev/sdc1。

图 25-3　openEuler 进入救援模式界面（1）

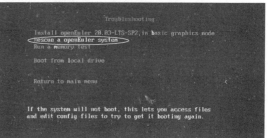

图 25-4　openEuler 进入救援模式界面（2）

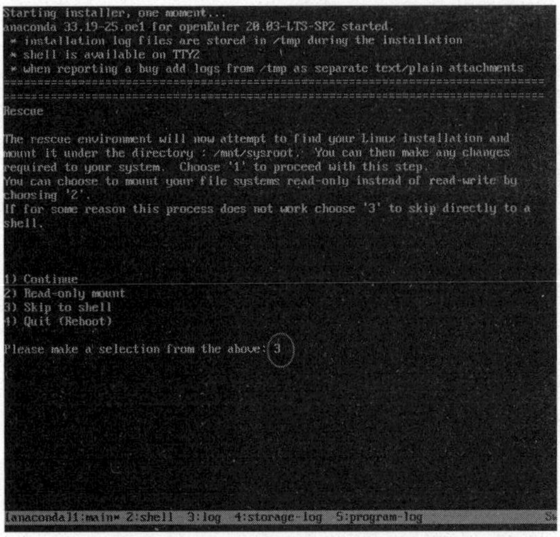

图 25-5 openEuler 进入救援模式界面（3）

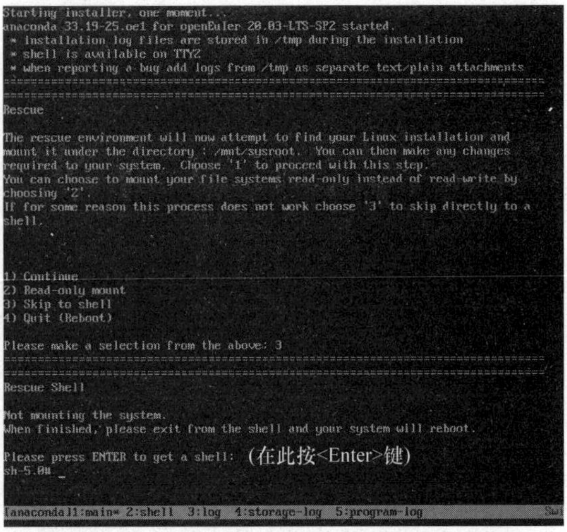

图 25-6 openEuler 进入救援模式界面（4）

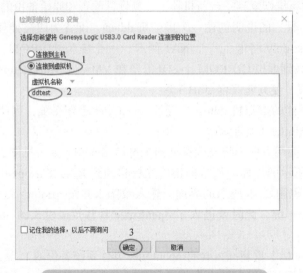

图 25-7 将 U 盘连接到虚拟机 ddtest 上

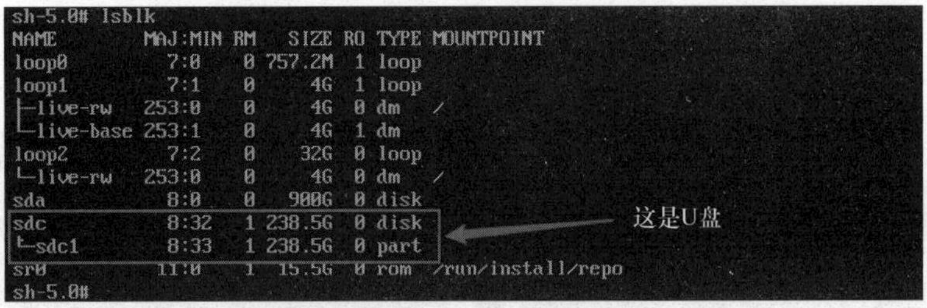

图 25-8 在虚拟机 ddtest 上查看 U 盘的设备名

使用 root 用户，执行下面的命令，将 U 盘挂接到目录 /mnt/1 上：

```
sh-5.0# mkdir /mnt/1
sh-5.0# mount /dev/sdc1 /mnt/1
```

使用 root 用户，执行下面的命令，将备份的 openEuler 操作系统恢复到第一块硬盘 /dev/sda 上：

```
gzip -dc /mnt/1/sda.file.dd.gz | dd of=/dev/sda bs=10240k
```

恢复结束后，可以执行下面的命令，退出 openEuler 救援模式：

```
sh-5.0# umount /mnt/1
sh-5.0# exit
```

虚拟机 ddtest 将自动重启，稍等一会儿，出现图 25-9 所示的界面。这里输入 root 用户的密码 "root@ustb2021"，然后执行 reboot 命令，重启服务器 ddtest。再次启动后，将出现 openEuler 的登录界面，如图 25-10 所示。

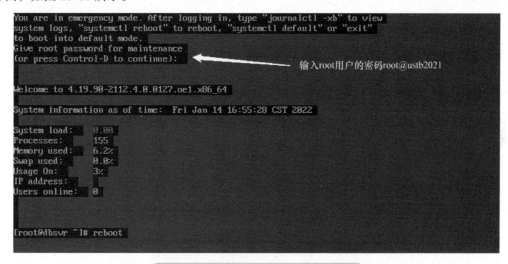

图 25-9　虚拟机 ddtest 重启后的界面

图 25-10　openEuler 的登录界面

五、使用 dd 命令测试磁盘读写速度

使用 root 用户，执行下面的命令，创建用于保存测试文件的目录：

```
mkdir /opt/test
cd /opt/test
```

1. 写缓存

使用 root 用户，执行下面的命令：

```
[root@dbsvr test]# time dd bs=4k count=4096k if=/dev/zero of=testfile
4194304+0 records in
4194304+0 records out
17179869184 bytes (17 GB, 16 GiB) copied, 9.85188 s, 1.7 GB/s
```

```
real        0m10.051s
user        0m1.167s
sys         0m8.808s
[root@dbsvr test]#
```

默认情况下，dd 命令会使用操作系统的写缓存。

如果要跳过写缓存，则可使用 root 用户，执行下面的命令：

```
[root@dbsvr test]# time dd bs=4k count=4096k if=/dev/zero of=testfile oflag=direct
4194304+0 records in
4194304+0 records out
17179869184 bytes (17 GB, 16 GiB) copied, 312.243 s, 55.0 MB/s
real        5m12.425s
user        0m0.127s
sys         3m39.455s
[root@dbsvr test]#
```

由上可知，使用操作系统的写缓存可以大大提高性能。

2. 读缓存

使用 root 用户，执行下面的命令：

```
[root@dbsvr test]#  time dd bs=4k count=4096k if=testfile of=testfilenews
4194304+0 records in
4194304+0 records out
17179869184 bytes (17 GB, 16 GiB) copied, 12.8182 s, 1.3 GB/s
real        0m13.012s
user        0m1.091s
sys         0m11.749s
[root@dbsvr test]#
```

默认情况下，dd 命令会使用操作系统的读缓存。

如果要跳过读缓存，则可使用 root 用户，执行下面的命令：

```
[root@dbsvr test]# time dd bs=4k count=4096k if=testfile of=testfilenews iflag=direct
4194304+0 records in
4194304+0 records out
17179869184 bytes (17 GB, 16 GiB) copied, 321.83 s, 53.4 MB/s
real        5m21.831s
user        0m0.089s
sys         3m44.842s
[root@dbsvr test]#
```

由上可知，使用操作系统的读缓存可以大大提高性能。

3. 同步 I/O 测试

使用 root 用户，执行下面的命令：

```
[root@dbsvr test]# time dd bs=4k count=4096k if=/dev/zero of=testfile conv=sync
4194304+0 records in
4194304+0 records out
17179869184 bytes (17 GB, 16 GiB) copied, 9.31629 s, 1.8 GB/s
real        0m9.494s
```

```
user      0m1.400s
sys       0m8.015s
[root@dbsvr test]#
```

其中，conv=sync 表示每写一个数据块都要执行同步 I/O，可同步数据和元数据。

使用 root 用户，执行下面的命令：

```
[root@dbsvr test]# time dd bs=4k count=4096k if=/dev/zero of=testfile conv=fsync
4194304+0 records in
4194304+0 records out
17179869184 bytes (17 GB, 16 GiB) copied, 10.4834 s, 1.6 GB/s
real      0m10.698s
user      0m1.049s
sys       0m9.487s
[root@dbsvr test]#
```

其中，conv=fsync 表示写数据时，在 dd 命令结束前才执行同步，可同步数据和元数据。

使用 root 用户，执行下面的命令：

```
[root@dbsvr test]# time dd bs=4k count=4096k if=/dev/zero of=testfile conv=fdatasync
4194304+0 records in
4194304+0 records out
17179869184 bytes (17 GB, 16 GiB) copied, 9.3546 s, 1.8 GB/s
real      0m9.537s
user      0m1.368s
sys       0m7.966s
[root@dbsvr test]#
```

其中，conv=fdatasync 表示写数据时，在 dd 命令结束前才执行同步，可同步数据，但不同步元数据。使用 fdatasync，dd 命令会从 /dev/zero 中一次性读取 16GB 的数据并写入磁盘的缓存中，然后从磁盘缓存中读取并一次性写入磁盘中。

使用 root 用户，执行下面的命令：

```
[root@dbsvr test]# time dd bs=4k count=4096k if=/dev/zero of=testfile oflag=dsync
4194304+0 records in
4194304+0 records out
17179869184 bytes (17 GB, 16 GiB) copied, 1417.66 s, 12.1 MB/s
real      23m37.664s
user      0m0.087s
sys       6m5.755s
[root@dbsvr test]#
```

其中，oflag=dsync 表示每写一个块，**数据部分需要执行同步 I/O 操作**，但是**元数据部分不执行同步 I/O 操作**。使用 dsync，dd 命令会从 /dev/zero 中每次读取 4KB 数据，然后直接写入磁盘中，重复此步骤，直到读取并且写入了 4096k（这里 1k 代表 1024B）个 4k 数据块（16GB）。这个过程非常慢，是最慢的一种方式。

使用 root 用户，执行下面的命令：

```
[root@dbsvr test]# time dd bs=4k count=4096k if=/dev/zero of=testfile oflag=sync
4194304+0 records in
```

```
4194304+0 records out
17179869184 bytes (17 GB, 16 GiB) copied, 1400.02 s, 12.3 MB/s
real        23m20.019s
user        0m0.083s
sys         6m5.822s
[root@dbsvr test]#
```

其中，oflag=sync 表示每写一个块，**数据部分需要执行同步 I/O 操作，元数据部分也要执行同步 I/O 操作**。使用 sync，dd 命令会从 /dev/zero 中每次读取 4KB 数据，然后直接写入磁盘中，并且元数据也要写入磁盘，重复此步骤，直到读取并且写入了 4096k（这里 1k 代表 1024B）个 4k 数据块（16GB）。这个过程非常慢，是最慢的一种方式。

26

Linux 系统管理实战：数据备份

任务目标

让 openEuler 初学者学会数据备份和恢复的方法。

实施步骤

一、实验环境

首先使用任务三项目 2 实施步骤十九中准备好的 dbsvrOK.rar 虚拟机备份。

然后按照任务十二实施步骤二为虚拟机 dbsvr 添加一块 1TB 的虚拟磁盘，并进行分区，创建文件系统，挂接到 /bak 目录上：

```
[root@dbsvr ~]# fdisk -l /dev/sdb
# 省略了很多输出
Device      Boot Start      End         Sectors      Size        Id      Type
/dev/sdb1        2048    2147483647  2147481600    1024G        83      Linux
[root@dbsvr ~]# mkfs.xfs /dev/sdb1
# 省略了很多输出
[root@dbsvr ~]# mkdir /bak
[root@dbsvr ~]# mount /dev/sdb1 /bak
[root@dbsvr ~]# df -h /bak
Filesystem      Size        Used        Avail       Use%        Mounted on
/dev/sdb1       1.0T        7.2G        1017G       1%          /bak
[root@dbsvr ~]#
```

由于服务器 dbsvr 上目前并没有 dump/restore 命令，因此接下来需要使用 root 用户，执行下面的命令，安装软件包：

```
[root@dbsvr ~]# dnf -y install dump
```

二、dump 命令

dump 命令用来备份 Linux 系统上的数据。与其他数据备份工具不同的是，dump 可以实现增量备份。dump 命令的语法如下：

dump [-Suvj] [-level] [-f 归档设备] 要备份的分区或者目录

dump -W

dump 命令常用的选项如下：

- -S：列出后面待备份数据需要多少磁盘空间才能够备份完毕。
- -u：将本次 dump 执行的时间记录到 /etc/dumpdates 文件中。
- -v：详细显示 dump 命令的归档过程信息。
- -j：bzip2 数据压缩支持，默认 bzip2 压缩等级为 2。

- -level：指定备份级别（level 可以是 0～9），0 级是最高级（全备）。
- -f：指定用于归档备份的设备文件名，与 tar 命令的 -f 参数功能一样。
- -W：列出在 /etc/fstab 中具有 dump 设定的 partition 是否曾经备份过。

三、restore 命令

restore 命令是与 dump 命令相配套的命令，用来恢复 dump 备份的数据。restore 命令的语法如下：

restore [模式选项] [选项]

restore 命令常用的选项如下：

- 模式选项：每次只能用下面 4 个中的一个模式选项。
  - ➢ -C：比较备份数据和实际数据的变化。
  - ➢ -i：进入交互模式，手工选择需要恢复的文件。
  - ➢ -t：查看模式，用于查看备份文件中拥有哪些数据。
  - ➢ -r：还原模式，用于数据还原。
- 其他选项：同 dump 命令的选项相同。
  - ➢ -f：指定备份文件的文件名。

四、dump/restore 备份恢复实战：备份和恢复目录 /opt/huawei

1. 备份目录 /opt/huawei

使用 root 用户，执行下面的命令，备份目录 /opt/Huawei：

```
[root@dbsvr ~]# dump -0j -f /bak/huawei.dump.bz2 /opt/huawei/
DUMP: Date of this level 0 dump: Fri Jan 14 17:46:13 2022
DUMP: Dumping /dev/mapper/openeuler-opt (/opt (dir /huawei)) to /bak/huawei.dump.bz2
DUMP: Label: none
DUMP: Writing 10 Kilobyte records
DUMP: Compressing output at transformation level 2 (bzlib)
DUMP: mapping (Pass I) [regular files]
DUMP: mapping (Pass II) [directories]
DUMP: estimated 1518425 blocks.
DUMP: Volume 1 started with block 1 at: Fri Jan 14 17:46:13 2022
DUMP: dumping (Pass III) [directories]
DUMP: dumping (Pass IV) [regular files]
DUMP: Closing /bak/huawei.dump.bz2
DUMP: Volume 1 completed at: Fri Jan 14 17:46:59 2022
DUMP: Volume 1 took 0:00:46
DUMP: Volume 1 transfer rate: 10201 kB/s
DUMP: Volume 1 1517560kB uncompressed, 469258kB compressed, 3.234:1
DUMP: 1517560 blocks (1481.99MB) on 1 volume(s)
DUMP: finished in 46 seconds, throughput 32990 kBytes/sec
DUMP: Date of this level 0 dump: Fri Jan 14 17:46:13 2022
DUMP: Date this dump completed:  Fri Jan 14 17:46:59 2022
DUMP: Average transfer rate: 10201 kB/s
DUMP: Wrote 1517560kB uncompressed, 469258kB compressed, 3.234:1
DUMP: DUMP IS DONE
[root@dbsvr ~]#
```

2. 模拟数据丢失

使用 root 用户，执行下面的命令，模拟目录 /opt/Huawei 数据丢失：

```
[root@dbsvr ~]# rm -rf /opt/huawei
[root@dbsvr ~]#
```

3. 恢复目录 /opt/huawei

使用 root 用户，执行下面的命令，恢复目录 /opt/Huawei 的数据：

```
[root@dbsvr ~]# cd /opt
[root@dbsvr opt]# restore -r -f /bak/huawei.dump.bz2
Dump tape is compressed.
./lost+found: (inode 131073) not found on tape
./patch_workspace: (inode 262145) not found on tape
./software: (inode 786433) not found on tape
./db: (inode 2359297) not found on tape
./test: (inode 524289) not found on tape
./restoresymtable: (inode 11) not found on tape
[root@dbsvr opt]#
```

请读者注意，restore 命令会把数据恢复在当前的目录下，因此在恢复数据前，一定要先转到需要恢复数据的父目录。在这里的例子中，需要先转到 /opt 目录下。

五、dump/restore 备份恢复实战：备份和恢复 /opt 文件系统

1. 备份 /opt 文件系统

要备份 /opt 文件系统，最好是在停止系统上的所有应用之后将 Linux 操作系统切换到单用户状态（运行等级 1）：

```
[root@dbsvr ~]# init 1
[root@dbsvr ~]# runlevel
3 1
[root@dbsvr ~]# who -r
         run-level 1   2022-01-14  17:16              last=3
[root@dbsvr ~]#
```

执行下面的命令，备份 /opt 文件系统：

```
[root@dbsvr ~]# cd /bak
[root@dbsvr bak]# dump -0uj -f /bak/opt.dump.bz2 /opt
  DUMP: Date of this level 0 dump: Fri Jan 14 17:23:51 2022
  DUMP: Dumping /dev/mapper/openeuler-opt (/opt) to /bak/opt.dump.bz2
  DUMP: Label: none
  DUMP: Writing 10 Kilobyte records
  DUMP: Compressing output at transformation level 2 (bzlib)
  DUMP: mapping (Pass I) [regular files]
  DUMP: mapping (Pass II) [directories]
  DUMP: estimated 35926815 blocks.
# 省略了一些输出
  DUMP: Wrote 35925190kB uncompressed, 1117018kB compressed, 32.162:1
  DUMP: DUMP IS DONE
[root@dbsvr bak]#
```

执行下面的命令，将 Linux 操作系统切换回正常的状态（切换回运行等级 3 或者是 GUI，在这里的例子中是运行等级 3）：

```
[root@dbsvr bak]# init 3
[root@dbsvr bak]#
```

2. 查看备份的 dump 文件的内容

执行下面的命令，查看 dump 备份文件的内容：

```
[root@dbsvr bak]# restore -t -f /bak/opt.dump.bz2
Dump tape is compressed.
Dump   date: Fri Jan 14 16:31:55 2022
Dumped from: the epoch
Level 0 dump of /opt on dbsvr:/dev/mapper/openeuler-opt
Label: none
        2    .
       11    ./lost+found
   262145    ./patch_workspace
   262146    ./patch_workspace/hotpatch
   262148    ./patch_workspace/package
   262147    ./patch_workspace/make_hotpatch
   786433    ./software
   786434    ./software/openGauss
# 省略了很多输出
[root@dbsvr bak]#
```

3. 模拟文件系统 /opt 数据丢失

使用 root 用户，执行下面的命令，模拟 /opt 文件系统数据丢失：

```
[root@dbsvr ~]# rm -rf /opt/*
[root@dbsvr ~]#
```

4. 恢复文件系统 /opt

要恢复文件系统 /opt，需要停止 openEuler Linux 操作系统上的应用。如果 openEuler 上运行了 openGauss，应首先将 openGauss 操作系统停止。

接下来执行下面的命令，恢复 /opt 文件系统：

```
[root@dbsvr ~]# cd /opt
[root@dbsvr opt]# restore -r -f /bak/opt.dump.bz2
Dump tape is compressed.
[root@dbsvr opt]#
```

5. 测试恢复后的文件系统 /opt

在这里的实验环境中，可以通过启动 openGauss 数据库来测试恢复后的 /opt 文件系统：

```
[root@dbsvr opt]# su - omm
# 省略了很多输出
[omm@dbsvr ~]$ gs_om -t start
Starting cluster.
# 省略了一些输出
Successfully started.
[omm@dbsvr ~]$
```

为了完成下面的实战，使用 root 用户，执行下面的命令：

```
[root@dbsvr ~]# cd /bak
[root@dbsvr bak]# rm -rf *
[root@dbsvr bak]#
```

六、dump/restore 备份恢复实战：增量备份恢复 /opt 文件系统

0 级备份将备份全部数据；1 级备份只备份自上次 0 级备份以来有变化的数据；2 级备份只备份自上次 1 级备份以来改变的数据；更高的 dump 备份级别以此类推。

一般做 0 级备份时，会把 Linux 系统切换到运行等级 1。如果用户的数据量特别庞大，每次做 0 级备份都将需要特别多的时间。因此如果用户想要缩短备份时间，就可以采用增量备份。

增量备份计划一般一周为一个周期，下面是一个可行的增量备份计划：

周日晚上 11 点做 0 级备份。

周一晚上 11 点做 1 级备份。

周二晚上 11 点做 2 级备份。

周三晚上 11 点做 1 级备份。

周四晚上 11 点做 2 级备份。

周五晚上 11 点做 1 级备份。

周六晚上 11 点做 2 级备份。

这样，无论在一周的哪一天发生文件系统数据异常，最多使用 3 个级别的备份就能恢复到最近的备份。

这个备份恢复计划的实现，只需要执行 3 级备份。

■ 0 级备份执行下面的命令：

```
dump -0uj -f /bak/opt.dump0.`date +"%Y%m%d%H%M%S"`.bz2 /opt
touch  /opt/a
```

■ 1 级备份执行下面的命令：

```
dump -1uj -f /bak/opt.dump1.`date +"%Y%m%d%H%M%S"`.bz2 /opt
touch  /opt/b
```

■ 2 级备份执行下面的命令：

```
dump -2uj -f /bak/opt.dump2.`date +"%Y%m%d%H%M%S"`.bz2 /opt
touch /opt/c
```

这里使用 touch 命令来创建一个新文件，模拟完成 dump 备份后的数据变更。

完成了这 3 次备份后，可以查看备份后的 dump 文件：

```
[root@dbsvr ~]# cd /bak
[root@dbsvr bak]# ls -l
total 1116956
-rw-r--r-- 1 root root  1143729290 Jan 14 18:49 opt.dump0.20220114184440.bz2
-rw-r--r-- 1 root root       14542 Jan 14 18:56 opt.dump1.20220114185657.bz2
-rw-r--r-- 1 root root       14536 Jan 14 18:57 opt.dump2.20220114185705.bz2
[root@dbsvr bak]#
```

假设在周三时，文件系统 /opt 的数据丢失了。执行下面的命令，模拟数据丢失：

```
[root@dbsvr ~]# rm -rf /opt/*
[root@dbsvr ~]#
```

此时可用将数据恢复到周二晚上的备份。这意味着在这个例子中，文件 /opt/c 将丢失，但是文件 /opt/a 和 /opt/b 将会被恢复。

首先恢复周日的 0 级备份：

```
[root@dbsvr ~]# cd /opt
[root@dbsvr opt]# restore -r -f /bak/opt.dump0.20220114184440.bz2
Dump tape is compressed.
[root@dbsvr opt]#
```

然后恢复周一的 1 级备份：

```
[root@dbsvr opt]# restore -r -f /bak/opt.dump1.20220114185657.bz2
Dump tape is compressed.
[root@dbsvr opt]#
```

最后恢复周二的 2 级备份：

```
[root@dbsvr opt]# restore -r -f /bak/opt.dump2.20220114185705.bz2
Dump tape is compressed.
[root@dbsvr opt]#
```

执行下面的命令，可以看到，文件 /opt/a 和 /opt/b 都被恢复了：

```
[root@dbsvr opt]# ls
a  b  db  huawei  lost+found  patch_workspace  restoresymtable  software  test
[root@dbsvr opt]#
```

七、tar 命令

详见任务四的实施步骤三十四。

八、dd 命令

详见任务二十五。

Linux Shell 编程实战：Bash 编程入门

任务目标

让 openEuler 初学者学会 Shell 的基本编程。

实施步骤

Shell 不仅是命令解释器，还可以进行编程。

Bash 是 Linux 上最常用的 Shell，取名来自 Bourne Shell（sh）的一个双关语 Bourne Again Shell，与 Born Again 同音。

一、实验环境

首先使用任务三项目 2 实施步骤十九中准备好的 dbsvrOK.rar 虚拟机备份。

二、查看用户使用的 Shell

使用 omm 用户，登录到 openEuler，执行下面的命令，查看用户当前使用的是什么 Shell：

```
C:\Users\zqf>ssh omm@192.168.100.62
Authorized users only. All activities may be monitored and reported.
omm@192.168.100.62's password: # 输入 omm 用户的密码 omm123
# 省略了一些输出
[omm@dbsvr ~]$ echo $SHELL
/bin/bash
[omm@dbsvr ~]$ ps
    PID TTY          TIME      CMD
   7917 pts/0     00:00:00     bash
   7964 pts/0     00:00:00      ps
[omm@dbsvr ~]$
```

输出显示用户当前使用的 Shell 是 Bash，当前的 Bash Shell 进程号是 7917。

三、前台进程和后台进程

1. 前台运行程序和后台运行程序

执行下面的命令，在 Bash Shell 的前台运行程序：

```
[omm@dbsvr ~]$ sleep 20       # 在 Bash Shell 的前台运行程序
程序运行中……
[omm@dbsvr ~]$               # 等待 20s，程序运行结束，自动返回 Shell 提示符
```

执行下面的命令，在 Bash Shell 的后台运行程序：

```
[omm@dbsvr ~]$ sleep 20 &    # 在 Bash Shell 的后台运行程序
[1] 7977
[omm@dbsvr ~]$ date          # 不需要等待，马上返回 shell 提示符，允许执行新的程序
Fri Feb  4 23:15:36 CST 2022
```

```
[omm@dbsvr ~]$# 等待 20s 后，后台程序允许结束，不会显示任何信息，需按键盘按键（如 <Enter> 键
才会显示）
[1]+  Done                 sleep 20        # 显示的信息表示后台进程已经执行完成
[omm@dbsvr ~]$
```

2. 前后台程序切换

在 Bash Shell 中，可以有多个后台程序和一个前台程序，并且可以将前台运行的程序暂停、切换到后台，或将后台程序切换到前台来运行。

```
[omm@dbsvr ~]$ sleep 1000&
[1] 7979
[omm@dbsvr ~]$ sleep 2000&
[2] 7980
[omm@dbsvr ~]$ sleep 3000&
[3] 7983
[omm@dbsvr ~]$ sleep 4000
^Z          # 程序在前台运行中……，按 <Ctrl+Z> 组合键，暂停 Bash Shell 前台程序的运行
[4]+  Stopped          sleep 4000
[omm@dbsvr ~]$ jobs                       # 查看 Bash Shell 当前的作业
[1]  Running          sleep 1000 &        # 后台作业
[2]  Running          sleep 2000 &        # 后台作业
[3]- Running          sleep 3000 &        # 后台作业
[4]+ Stopped          sleep 4000          # 停止的作业
[omm@dbsvr ~]$ bg %4                      # 将 4 号停止的作业调度到后台运行
[4]+ sleep 4000 &
[omm@dbsvr ~]$ jobs                       # 查看 Bash Shell 当前的作业
[1]  Running          sleep 1000 &        # 后台作业
[2]  Running          sleep 2000 &        # 后台作业
[3]- Running          sleep 3000 &        # 后台作业
[4]+ Running          sleep 4000 &        # 后台作业
[omm@dbsvr ~]$ fg %2                      # 将 2 号后台作业调度到前台运行
sleep 2000
# 程序在前台运行中……
```

从上面的实验可以看出，可以有很多后台作业，但前台作业只能有一个。fg 命令将作业调度到前台运行，bg 命令将作业调度到后台运行，<Ctrl+Z> 组合键暂停一个前台运行的作业，jobs 命令显示所有的作业。

四、创建子 Shell

在 Shell 编程中，子 Shell 的概念很重要。从当前 Shell 环境开辟一个新的 Shell 环境，则称这个新开辟的 Shell 环境为子 Shell（subshell），当前 Shell 被称为该子 Shell 的父 Shell。显然，父 Shell 和子 Shell 是父子进程，特殊在于这对父子进程通过 Shell 进程（Bash）关联在一起。

要记住的一个要点是：子 Shell 会从父 Shell 中继承很多环境，如变量、命令全路径、文件描述符、当前工作目录、陷阱等。

1. 创建子 Shell 的第 1 种方法

使用 omm 用户，打开一个新的 Linux 终端，在当前的 Bash 下运行 Bash：

```
[omm@dbsvr ~]$ bash
# 省略了一些输出
[omm@dbsvr ~]$ bash
```

```
# 省略了一些输出
[omm@dbsvr ~]$ ps --forest
  PID TTY        TIME CMD
 8511 pts/0   00:00:00 bash
 8575 pts/0   00:00:00  \_ bash
 8616 pts/0   00:00:00    \_ bash
 8657 pts/0   00:00:00      \_ ps
[omm@dbsvr ~]$ exit
exit
[omm@dbsvr ~]$ exit
exit
[omm@dbsvr ~]$ exit
logout
Connection to 192.168.100.62 closed.
C:\Users\zqf>
```

可以看到，PID 为 8511 的进程作为父 Shell 创建了 PID 为 8575 的子 Shell，PID 为 8575 的进程作为父 Shell 创建了 PID 为 8616 的子 Shell，执行 exit 命令可以退出子 Shell。

在 Bash 中，使用 exec 运行命令将不派生新的进程，而是用新程序覆盖 Bash（进程替换）。执行下面的命令：

```
C:\Users\zqf>ssh omm@192.168.100.62
Authorized users only. All activities may be monitored and reported.
omm@192.168.100.62's password: # 输入 omm 用户的密码 omm123
# 省略了一些输出
[omm@dbsvr ~]$  echo $BASHPID
42194
[omm@dbsvr ~]$ bash
# 省略了一些输出
[omm@dbsvr ~]$  echo $BASHPID
42353
[omm@dbsvr ~]$ ps --forest
  PID TTY      TIME CMD
 42194 pts/0   00:00:00 bash
 42353 pts/0   00:00:00  \_ bash
 42394 pts/0   00:00:00    \_ ps
[omm@dbsvr ~]$ exec date
Fri Feb  4 15:46:56 CST 2022
[omm@dbsvr ~]$ ps --forest
  PID TTY        TIME CMD
 42194 pts/0   00:00:00 bash
 42395 pts/0   00:00:00  \_ ps
[omm@dbsvr ~]$
```

在这个例子中，进程号为 42353 的 Bash 是由进程号为 42194 的 Bash 通过执行 bash 命令生成的子 Shell。在进程号为 42353 的 Bash 中执行 exec date 命令，exec 将指示 Bash 进行进程替换，不派生新进程，执行 date 命令时覆盖进程号为 42353 的 Bash 进程，因此当使用 date 命令退出时，进程号为 42353 的进程也消失了，只剩下进程号为 42194 的父 Shell 了。

2. 创建子 Shell 的第 2 种方法

创建子 Shell 的第 2 种方法是使用进程列表。要理解进程列表，首先要知道什么是命令列表。

命令列表是一些用分号分隔的 Linux 命令，执行的顺序是从左到右，例如：

```
[omm@dbsvr ~]$ date;echo Hello;date;echo $BASH_SUBSHELL
Fri Feb  4 12:57:44 CST 2022
Hello
Fri Feb  4 12:57:44 CST 2022
0
[omm@dbsvr ~]$
```

最后一个分号后面的命令 echo $BASH_SUBSHELL 将显示子 Shell 的层级。如果是父 Shell 本身，则显示的值为 0。

使用小括号将命令列表包含起来，形成的就是进程列表：

```
[omm@dbsvr ~]$ (date;echo Hello;date;echo $BASH_SUBSHELL)
Fri Feb  4 12:58:24 CST 2022
Hello
Fri Feb  4 12:58:24 CST 2022
1
[omm@dbsvr ~]$ (date;echo Hello;date;echo $BASH_SUBSHELL;(date;echo $BASH_SUBSHELL))
Fri Feb  4 13:02:34 CST 2022
Hello
Fri Feb  4 13:02:34 CST 2022
1
Fri Feb  4 13:02:34 CST 2022
2
[omm@dbsvr ~]$
```

输出显示进程列表将会创建子 Shell，这可以从输出显示的子 Shell 层级看出来。

3. 创建子 Shell 的第 3 种方法

创建子 Shell 的第 3 种方法是命令替换：

```
[omm@dbsvr ~]$ echo $(echo "SubShell Level:";echo $BASH_SUBSHELL;date +"%Y%m%d%H%M%S")
SubShell Level: 1 20220204140154
[omm@dbsvr ~]$ echo `echo "SubShell Level:";echo $BASH_SUBSHELL;date +"%Y%m%d%H%M%S"`
SubShell Level: 1 20220204140219
[omm@dbsvr ~]$
```

当命令行中包含了命令替换操作时，则一个子 Shell 先执行命令替换部分的内容，再将执行结果返回给当前命令。显然这个类型的子 Shell 不是通过 Bash 命令创建的，但是它依然会继承父 Shell 的所有变量。

4. 创建子 Shell 的第 4 种方法

创建子 Shell 的第 4 种方法是在后台运行程序：

```
[omm@dbsvr ~]$ ps --forest
  PID TTY          TIME CMD
 7988 pts/1    00:00:00 bash
 8562 pts/1    00:00:00  \_ ps
[omm@dbsvr ~]$ { echo $BASH_SUBSHELL;sleep 30 ;}
0                              # 显示为 0 表示没有生成子 Shell
[omm@dbsvr ~]$ { echo $BASH_SUBSHELL;sleep 30 ;}&
[1] 8853
```

```
   1                              # 显示为 1 表示生成了子 Shell
[omm@dbsvr ~]$
[omm@dbsvr ~]$ ps –forest        # 验证生成了子 Shell
  PID TTY         TIME CMD
 7988 pts/1    00:00:00 bash
 8583 pts/1    00:00:00  \_ bash
 8584 pts/1    00:00:00  |   \_ sleep
 8585 pts/1    00:00:00  \_ ps
[omm@dbsvr ~]$
```

使用小括号的命令分组（注意，最后一条命令后没有分号）会生成子 Shell，而使用大括号的命令分组（注意，最后一条命令后有分号）不会生成子 Shell。但是如果是用后台命令来运行的使用大括号的命令分组，则将生成子 Shell。

5. 创建子 Shell 的其他方法

创建子 Shell 的第 5 种方法是执行 Shell 脚本。

创建子 Shell 的第 6 种方法是执行 Shell 函数。

五、全局环境变量和局部环境变量

Bash 全局环境变量对于 Bash Shell 会话及其生成的子 Shell 会话都是可见的；Bash 局部环境变量只对创建变量的 Shell 是可见的。

1. 设置全局变量

使用 omm 用户，打开一个新的 Linux 终端，执行下面的命令，为当前的 Bash Shell 设置一个全局环境变量：

```
C:\Users\zqf>ssh omm@192.168.100.62
Authorized users only. All activities may be monitored and reported.
omm@192.168.100.62's password: # 输入 omm 用户的密码 omm123
# 删除了许多输出
[omm@dbsvr ~]$ export GLOBEVAR=zqf
[omm@dbsvr ~]$
```

2. 显示全局变量的值

执行下面的命令，显示单个全局环境变量的值：

```
[omm@dbsvr ~]$ echo $GLOBEVAR
zqf
[omm@dbsvr ~]$ printenv GLOBEVAR
zqf
[omm@dbsvr ~]$
```

执行下面的命令，显示所有全局环境变量的值：

```
[omm@dbsvr ~]$ printenv
SHELL=/bin/bash
HISTCONTROL=ignoredups
# 省略了许多输出
[omm@dbsvr ~]$ env
SHELL=/bin/bash
HISTCONTROL=ignoredups
# 省略了许多输出
[omm@dbsvr ~]$
```

执行下面的命令，创建新的子 Shell，并查看刚刚设置的全局变量：

```
[omm@dbsvr ~]$ bash                           # 生成一个子 Shell
# 省略了许多输出
[omm@dbsvr ~]$ echo $GLOBEVAR                  # 子 Shell 继承了父 Shell 的全局环境变量
zqf
[omm@dbsvr ~]$ printenv GLOBEVAR              # 子 Shell 继承了父 Shell 的全局环境变量
zqf
[omm@dbsvr ~]$
```

3. 在子 Shell 中设置新的全局环境变量和局部环境变量

执行下面的命令，为当前的子 Shell 设置一个全局环境变量：

```
[omm@dbsvr ~]$ export G1=jsj
[omm@dbsvr ~]$ echo $G1
jsj
[omm@dbsvr ~]$
```

执行下面的命令，为当前的 Bash Shell 设置一个局部环境变量，并查看局部变量的值：

```
[omm@dbsvr ~]$ LOCALVAR=ustb
[omm@dbsvr ~]$ echo $LOCALVAR
ustb
[omm@dbsvr ~]$
```

4. 比较全局环境变量和局部变量

执行下面的命令，创建一个新的子 Shell，并查看刚刚设置的全局环境变量和局部环境变量的值：

```
[omm@dbsvr ~]$ bash                            # 生成一个子 Shell
# 忽略了一些输出
[omm@dbsvr ~]$ echo $GLOBEVAR                  # 子 Shell 继承了父 Shell 的全局环境变量
zqf
[omm@dbsvr ~]$ echo $G1                        # 子 Shell 继承了父 Shell 的全局环境变量
jsj
[omm@dbsvr ~]$ echo $LOCALVAR                  # 子 Shell 不会继承父 Shell 的局部环境变量

[omm@dbsvr ~]$
```

可以看到，子 Shell 会继承全局环境变量，但子 Shell 不会继承局部环境变量。

在当前的子 Shell 上修改全局环境变量 G1：

```
[omm@dbsvr ~]$ ps --forest
  PID TTY          TIME CMD
 8863 pts/1    00:00:00 bash
 8913 pts/1    00:00:00  \_ bash
 8974 pts/1    00:00:00      \_ bash
 9015 pts/1    00:00:00          \_ ps
[omm@dbsvr ~]$ export G1=computerscience    # 在进程号为 8974 的子 Shell 中修改全局环境变量的值
[omm@dbsvr ~]$ echo $G1
computerscience
[omm@dbsvr ~]$
```

执行下面的命令，退出进程号为 8974 的子 Shell，并重新查看全局变量 G1 的值：

```
[omm@dbsvr ~]$ exit              # 退出进程号为 8974 的子 Shell，回到上一级进程号为 8913 的子 Shell
exit
[omm@dbsvr ~]$ echo $G1          # 再次查看全局变量 G1 的值
jsj
[omm@dbsvr ~]$
```

可以发现，虽然当前 Shell（进程号为 8913）的子 Shell（进程号为 8974）修改了全局环境变量 G1 的值为 computerscience，但是不会影响当前 Shell 中的全局环境变量 G1 的值。也就是说，在子 Shell 中修改全局环境变量，不会影响父 Shell 中该全局变量的值。

5. 在命令中使用全局环境变量和局部环境变量

要在命令中使用全局环境变量和局部环境变量，需要在全局（或者局部）环境变量的前面加上一个美元符号 $。在前面的内容中，显示环境变量的值使用了 echo 命令，就是在命令中使用全局环境变量和局部环境变量的例子。

六、系统环境变量和用户环境变量

一般说来，公开发行的系统软件（如 openGauss）定义的环境变量称为系统环境变量。

系统环境变量一般用大写，并且系统环境变量一般是全局环境变量。

用户环境变量是用户自己定义的环境变量，可以是全局环境变量，也可以是局部环境变量。用户环境变量区分大小写，一般用小写字母，可以是由字母、数字或下画线组成的文本字符串，长度不超过 20 个。例如，用户变量 Var1 和用户变量 var1 是不同的两个用户变量。

使用等号将值赋给用户环境变量，在变量、等号和值之间不能出现空格：

```
[omm@dbsvr ~]$ var1=test      # 在变量、等号和值之间没有出现空格，格式正确
[omm@dbsvr ~]$ echo $var1
test
[omm@dbsvr ~]$ var2 =test     # 在变量和等号间出现空格，命令不可执行，根本就没设置局部变量 var2
bash: var2: command not found
[omm@dbsvr ~]$ var3= test     # 等号和值之间出现空格，命令可执行，但没有正确设置变量的值
[omm@dbsvr ~]$ echo $var3     # 输出显示局部变量 var3 没有被正确设置
 [omm@dbsvr ~]$
```

七、删除环境变量

无论是全局环境变量，还是局部环境变量，都可用 unset 命令将其删除：

```
[omm@dbsvr ~]$ export G2=ustb                    # 设置全局环境变量 G2
[omm@dbsvr ~]$ echo $G2                          # 显示全局环境变量 G2 的值
ustb
 [omm@dbsvr ~]$ localvar2=computer               # 设置局部环境变量 localvar2
 [omm@dbsvr ~]$ echo $localvar2                  # 显示局部环境变量 localvar2 的值
computer
[omm@dbsvr ~]$ unset G2                          # 删除全局环境变量
[omm@dbsvr ~]$ echo $G2

[omm@dbsvr ~]$ unset localvar2                   # 删除局部环境变量
[omm@dbsvr ~]$ echo $localvar2

[omm@dbsvr ~]$
```

八、子 Shell 的环境变量不会影响父 Shell

实施步骤五中创建了一个全局环境变量 GLOBEVAR 和一个局部环境变量 LOCALVAR。执行下面的命令：

```
[omm@dbsvr ~]$ ps --forest
  PID TTY      TIME  CMD
 8863 pts/1  00:00:00  bash
 8913 pts/1  00:00:00  \_ bash
 9029 pts/1  00:00:00    \_ ps
[omm@dbsvr ~]$ echo $GLOBEVAR
zqf
[omm@dbsvr ~]$ echo $G1
jsj
[omm@dbsvr ~]$ echo $LOCALVAR
ustb
[omm@dbsvr ~]$
```

在 PID 为 8913 的子 Shell 中，可以看到这两个变量。

执行下面的命令，退出 PID 为 8913 的子 Shell，回到 PID 为 8863 的父 Shell，查看 GLOBEVAR、G1、LOCALVAR 这 3 个变量：

```
[omm@dbsvr ~]$ exit
exit
[omm@dbsvr ~]$ echo $GLOBEVAR
zqf
[omm@dbsvr ~]$ echo $G1

[omm@dbsvr ~]$ echo $LOCALVAR

[omm@dbsvr ~]$
```

可以发现，无法在进程号为 8863 的父 Shell 中看到进程号为 8913 的子 Shell 定义的全局环境变量和局部环境变量。

九、默认的 Bash Shell 环境变量

在 Linux 系统中，Bash Shell 已经完全取代了 Bourne Shell，下面的命令可以证明这一点：

```
[omm@dbsvr ~]$ ls -l /bin/sh
lrwxrwxrwx. 1 root root 4 Jun 24  2021 /bin/sh -> bash
[omm@dbsvr ~]$
```

Bourne Shell 程序已经被链接到了 Bash Shell 程序。

Bash Shell 有以下常用的环境变量：

- PS1：Shell 的主提示符。
- PS2：Shell 次提示符。
- HOME：当前用户的主目录。
- PATH：Shell 查找命令的目录列表，由冒号分隔。
- IFS：Shell 用来将文本字符串分成字段的一系列字符。
- CDPATH：冒号分隔的目录列表，作为 cd 命令的搜索路径。
- OLDPWD：Shell 之前的工作目录。

- PWD：当前工作目录。
- TMPDIR：目录名，保存 Bash Shell 创建的临时文件。
- BASH：当前 Shell 实例的全路径名。
- BASH_ENV：用户的环境变量文件。
- UID：当前用户的真实 ID（数字形式）。
- PPID：Bash Shell 父进程的 PID。
- LANG：Shell 的语言环境类别。
- LC_ALL：定义了一个语言环境类别，能够覆盖 LANG 变量。
- MAIL：当前用户收件箱的文件名。
- MAILPATH：以冒号分隔的当前用户收件箱的文件名列表。
- BASH_COMMAND：Shell 正在执行的命令或马上就执行的命令。
- BASH_SUBSHELL：当前子 Shell 环境的嵌套级别（初始值是 0）。
- RANDOM：返回一个 0 ~ 32767 的随机数。

十、Bash Shell 的环境文件

1. 文件 /etc/profile

通常，在文件 /etc/profile 中设置所有用户都要用到的全局环境变量。使用 root 用户，执行下面的命令，为所有用户设置新的全局环境变量：

```
cat >>/etc/profile<<EOF
export NEWGLOBEVAR=huawei
EOF
```

在文件 /etc/profile 最后添加一行：

```
[root@dbsvr ~]# tail -1 /etc/profile
export NEWGLOBEVAR=huawei          # 添加的行
[root@dbsvr ~]#
```

2. 文件 $HOME/.bashrc

BASH_ENV 环境变量指定 Bash Shell 的环境初始化文件的位置，其默认值为 $HOME/.bashrc。通常，在文件 $HOME/.bashrc 中设置特定用户的全局环境变量或者局部环境变量。

可以使用 Linux 上的文本编辑器（如 vi、nano）或者 cat 命令，为用户在文件 $HOME/.bashrc 中添加环境变量。

使用 omm 用户，执行下面的 cat 命令，为 omm 用户添加新的环境变量：

```
cat >>$HOME/.bashrc<<EOF
export NEWGLOBE1=openeuler
NEWLOCAL1=opengauss
EOF
```

执行完后，在 $HOME/.bashrc 文件中添加了如下的两行：

```
[omm@dbsvr ~]$ tail -2 $HOME/.bashrc
export NEWGLOBE1=openeuler      # 添加的第一行
NEWLOCAL1=opengauss             # 添加的第二行
[omm@dbsvr ~]$
```

十一、执行 Bash Shell 脚本

本质上，环境初始化文件也是一个 Shell 脚本。要让修改后的 /etc/profile 或者 $HOME/.bashrc 中的环境变量生效，需要执行修改后的脚本文件。

Bash Shell 执行脚本（Scripts）有两种方式，区别在于在执行时是否需要建立子 Shell（sub-shell）：

- source filename 或者 . filename。不会创建子 Shell，在当前 Shell 环境下读取并执行 filename 中的命令，相当于顺序执行 filename 里面的命令。

```
[omm@dbsvr ~]$ echo $NEWGLOBE1

[omm@dbsvr ~]$ echo $NEWLOCAL1
NEWLOCAL1
[omm@dbsvr ~]$ source $HOME/.bashrc
[omm@dbsvr ~]$ echo $NEWGLOBE1
openeuler
[omm@dbsvr ~]$ echo $NEWLOCAL1
opengauss
[omm@dbsvr ~]$
```

- bash filename 或者 ./filename。
  - 在当前 Bash 环境下再新建一个子 Shell 来执行 filename 中的命令。
  - 子 Shell 继承父 Shell 的全局环境变量，但子 Shell 不能使用父 Shell 的局部环境变量。

执行下面的命令，编辑一个 Shell 脚本文件 testbash：

```
[omm@dbsvr ~]$ vi testbash
```

将下面的内容复制到文件 testbash 中：

```
echo $NEWGLOBE1
echo $NEWLOCAL1
export NEWGLOBE2=mat50pro
NEWLOCAL2=p60pro
echo $NEWGLOBE2
echo $NEWLOCAL2
```

按 \<Esc\> 键，输入 ":wq"，保存文件内容并退出 vi 编辑器。

执行下面的命令，使脚本 testbash 有执行权限：

```
[omm@dbsvr ~]$ ls -l testbash
-rw------- 1 omm dbgrp 108 Feb  5 03:46 testbash
[omm@dbsvr ~]$ chmod 750 testbash
[omm@dbsvr ~]$ ls -l testbash
-rwxr-x--- 1 omm dbgrp 108 Feb  5 03:46 testbash
[omm@dbsvr ~]$
```

用下面的方法，执行下面的 testbash 脚本：

```
[omm@dbsvr ~]$ bash testbash
openeuler
```

```
mat50pro
p60pro
[omm@dbsvr ~]$ echo $NEWGLOBE2

[omm@dbsvr ~]$ echo $NEWLOCAL2

[omm@dbsvr ~]$
```

执行 bash testbash 命令，会生成一个子 Shell，在子 Shell 中执行脚本文件 testbash，因此在子 Shell 中可以显示父 Shell 的全局环境变量 NEWGLOBE1，但是不能显示父 Shell 中的局部环境变量 NEWLOCAL1。子 Shell 退出后，父 Shell 看不到子 Shell 中设置的全局环境变量 NEWGLOBE2 和局部环境变量 NEWLOCAL2。

也可以用下面的方法执行脚本 testbash：

```
[omm@dbsvr ~]$ ./testbash
openeuler

mat50pro
p60pro
[omm@dbsvr ~]$ echo $NEWGLOBE2

[omm@dbsvr ~]$ echo $NEWLOCAL2

[omm@dbsvr ~]$
```

执行 ./testbash 的效果与执行 bash testbash 的效果一样。

十二、执行完脚本后的退出状态码

1. 执行完一条命令后的退出状态码

执行完一条命令后，可以查看该命令执行完成后的状态码。退出状态码的范围为 0 ~ 255。下面介绍退出状态码的部分值：

- 0：命令成功结束。
- 1：一般性未知错误。
- 2：错误的 Shell 命令。
- 126：命令不可执行。
- 127：没找到命令。
- 128：无效的退出参数。
- 128+x：与 Linux 信号 x 相关的严重错误。
- 130：通过按 <Ctrl+C> 组合键终止的命令。
- 255：正常范围之外的退出状态码。

环境变量 $? 保存的是最后一次执行的命令的退出状态码。

例：执行下面的 date 命令，查看退出状态码。

```
[omm@dbsvr ~]$ date
Sat Feb  5 05:12:44 CST 2022
[omm@dbsvr ~]$ echo $?              # 成功执行了上一条命令 date，退出状态码是 0
0
[omm@dbsvr ~]$ date %t
```

```
date: invalid date '%t'
[omm@dbsvr ~]$ echo $?          #上一条命令 date 执行错误，退出状态码是 1
1
[omm@dbsvr ~]$
```

例：执行一个没有执行权限的脚本，查看退出状态码。

执行下面的脚本，重新创建名字为 testbash 的脚本：

```
rm -f testbash
cat>testbash<<EOF
date
EOF
```

执行下面的命令：

```
[omm@dbsvr ~]$ ls -l testbash
-rw------- 1 omm dbgrp 5 Feb  5 05:18 testbash
[omm@dbsvr ~]$ ./testbash
-bash: ./testbash: Permission denied
[omm@dbsvr ~]$ echo $?
126
[omm@dbsvr ~]$
```

新创建的脚本 testbash 没有执行权限。此时，该脚本是不能正常执行的，会返回一个值为 126 的退出状态码，表示命令不可执行。

例：执行一个不存在的脚本文件，查看退出状态码。

```
[omm@dbsvr ~]$ ./noSuchFile
-bash: ./noSuchFile: No such file or directory
[omm@dbsvr ~]$ echo $?
127
[omm@dbsvr ~]$
```

可以看到，执行一个不存在的脚本文件，将返回退出状态码 127。

例：执行一条命令，在命令执行过程中按 <Ctrl+C> 组合键来中断命令的运行，查看退出状态码。

```
[omm@dbsvr ~]$ sleep 3600
^C                         （按 <Ctrl+C> 组合键中断命令的运行）
[omm@dbsvr ~]$ echo $?
130
[omm@dbsvr ~]$
```

2. Shell 脚本默认的退出状态码

默认情况下，Shell 脚本会以脚本中的最后一个命令的退出状态码退出。下面来测试这一点。首先创建一个测试脚本 test.sh，脚本的最后一条命令执行的是一个不存在的脚本文件，并赋予脚本 test.sh 执行的权限：

```
cat >test.sh <<EOF
#!/bin/bash
pwd
```

```
noSuchFile
EOF
chmod 755 test.sh
```

注意，Bash Shell 脚本的第一行是 #!/bin/bash，表示接下来的脚本使用 /bin/bash 程序来解释执行。

接下来执行测试脚本 test.sh，查看执行脚本返回的退出状态码：

```
[omm@dbsvr ~]$ ./test.sh
/home/omm
./test.sh: line 3: noSuchFile: command not found
[omm@dbsvr ~]$ echo $?
127
[omm@dbsvr ~]$
```

可以看到，执行脚本 test.sh 后返回了脚本最后一条命令的退出状态码 127。

3. 使用 exit 命令控制 Shell 脚本的退出状态码

在脚本中使用 exit 命令，可以改变默认行为，返回脚本自己的退出状态码。下面来测试这一点。首先创建一个测试脚本 test.sh：

```
rm -f test.sh
cat >test.sh <<EOF
#!/bin/bash
pwd
noSuchFile
exit 8
EOF
chmod 755 test.sh
```

然后执行测试脚本 test.sh，并查看执行脚本返回的退出状态码：

```
[omm@dbsvr ~]$ ./test.sh
/home/omm
./test.sh: line 3: noSuchFile: command not found
[omm@dbsvr ~]$ echo $?
8
[omm@dbsvr ~]$
```

在脚本 test.sh 的最后使用 exit 8，让这个脚本执行完毕后返回退出状态码 8。最后的执行结果确实返回了退出状态码 8。

十三、Bash Shell 命令替换

虽然前面的内容没有正式介绍过 Shell 命令替换，但已经用过多次了。这里来正式地介绍命令替换。命令替换可以将命令的输出赋给一个变量，之后在脚本中可以随意使用，这在 Shell 编程中尤为有用。

Bash Shell 命令替换有两种方法：

■ 使用反引号（`）。

■ 使用 $()。

例：创建以年月日时分秒为名字的目录。

```
[omm@dbsvr ~]$ mkdir `date +"%Y%m%d%H%M%S"`        # 使用反引号进行命令替换
[omm@dbsvr ~]$ ls -ld 20*
drwx------ 2 omm dbgrp 4096 Feb  5 15:40 20220205154025
[omm@dbsvr ~]$ rmdir 20*
[omm@dbsvr ~]$ mkdir $(date +"%Y%m%d%H%M%S")       # 使用 $() 进行命令替换
[omm@dbsvr ~]$ ls -ld 20*
drwx------ 2 omm dbgrp 4096 Feb  5 15:43 20220205154305
[omm@dbsvr ~]$ rmdir 20*
[omm@dbsvr ~]$
```

十四、Bash Shell 变量替换

在 Bash Shell 的命令中，如果变量被包含在双引号中，那么会进行变量替换，也就是说，会将命令中的变量用值进行代替。如果变量被包含在单引号中，那么不会进行变量替换。例子如下：

```
[omm@dbsvr ~]$ command=mkdir
[omm@dbsvr ~]$ echo '$command'
$command
[omm@dbsvr ~]$ echo "$command"
mkdir
[omm@dbsvr ~]$
```

十五、数学计算：Bourne Shell 的 expr 命令

可以使用 Bourne Shell 的 expr 命令在命令行上和脚本中处理数学表达式。

expr 命令的操作符如下：

- ARG1 + ARG2：返回 ARG1 和 ARG2 的算术运算和。
- ARG1 - ARG2：返回 ARG1 和 ARG2 的算术运算差。
- ARG1 * ARG2：返回 ARG1 和 ARG2 的算术乘积。
- ARG1 / ARG2：返回 ARG1 被 ARG2 除的算术商。
- ARG1 % ARG2：返回 ARG1 被 ARG2 除的算术余数。
- ARG1 < ARG2：如果 ARG1 小于 ARG2，则返回 1，否则返回 0。
- ARG1 <= ARG2：如果 ARG1 小于或等于 ARG2，则返回 1，否则返回 0。
- ARG1 = ARG2：如果 ARG1 等于 ARG2，则返回 1，否则返回 0。
- ARG1 != ARG2：如果 ARG1 不等于 ARG2，则返回 1，否则返回 0。
- ARG1 >= ARG2：如果 ARG1 大于或等于 ARG2，则返回 1，否则返回 0。
- ARG1 > ARG2：如果 ARG1 大于 ARG2，则返回 1，否则返回 0。
- ARG1 | ARG2：如果 ARG1 既不是 null 也不是零值，则返回 ARG1，否则返回 ARG2。
- ARG1 & ARG2：如果没有参数是 null 或零值，则返回 ARG1，否则返回 0。
- STRING:REGEXP：如果 REGEXP 匹配到了 STRING 中的某个模式，则返回该模式匹配。
- match STRING REGEXP：如果 REGEXP 匹配到了 STRING 中的某个模式，则返回该模式匹配。
- substr STRING POS LENGTH：返回起始位置为 POS（从 1 开始计数）、长度为 LENGTH 个字符的子字符串。
- index STRING CHARS：返回在 STRING 中找到 CHARS 字符串的位置，否则返回 0。
- length STRING：返回字符串 STRING 的数值长度。
- + TOKEN：即使 TOKEN 是关键字，也将其解释成字符串。
- （EXPRESSION）：返回 EXPRESSION 的值。

初学者在命令行上使用 expr 做数学计算时经常会感到困惑：

```
[omm@dbsvr ~]$ expr 2*3          # 连续地写，居然不是想要的结果
2*3
[omm@dbsvr ~]$ expr 2 * 3        # 分开写，居然命令错误
expr: syntax error: unexpected argument 'profile'
[omm@dbsvr ~]$ expr 2 \* 3       # 原来 * 是命令的特殊字符，需要转义后才能在 expr 中使用
6
[omm@dbsvr ~]$
```

在脚本中使用expr命令进行数学计算并把计算结果赋给另外一个变量时，需要使用命令替换，非常不直观：

```
[omm@dbsvr ~]$ rm -f test.sh
[omm@dbsvr ~]$ vi test.sh
```

将如下内容复制到文件 test.sh 中，并保存文件 test.sh：

```
#!/bin/bash
v1=100
v2=5
v3=`expr $v1 \* $v2`          # 使用命令替换将计算结果赋值给变量 v3
echo $v3
```

执行下面的命令，运行测试脚本 test.sh：

```
[omm@dbsvr ~]$ chmod 755 test.sh
[omm@dbsvr ~]$ ./test.sh
500
[omm@dbsvr ~]$
```

十六、数学计算：方括号 [ ]

Bash Shell 对数学计算的增强使用的是方括号，这使得在命令行中进行数学计算更为直观：

```
[omm@dbsvr ~]$ v1=100
[omm@dbsvr ~]$ v2=5
[omm@dbsvr ~]$ v3=$[ $v1 * $v2 ]    # 使用方括号，不需要再对 * 进行转义
[omm@dbsvr ~]$ echo $v3
500
[omm@dbsvr ~]$
```

在脚本中进行数学计算同样比 expr 命令更为方便：

```
[omm@dbsvr ~]$ rm -f test.sh
[omm@dbsvr ~]$ vi test.sh
```

将如下内容复制到文件 test.sh 中，并保存文件 test.sh：

```
#!/bin/bash
v1=100
v2=5
v3=$[ $v1 * $v2]          # 使用方括号，不需要再对 * 进行转义
echo $v3
```

执行下面的命令，运行测试脚本 test.sh：

```
[omm@dbsvr ~]$ chmod 755 test.sh
[omm@dbsvr ~]$ ./test.sh
500
[omm@dbsvr ~]$
```

方括号最大的问题是只支持整数运算，请看下面的例子：

```
[omm@dbsvr ~]$ rm -f test.sh
[omm@dbsvr ~]$ vi test.sh
```

将如下内容复制到文件 test.sh 中，并保存文件 test.sh：

```
#!/bin/bash
v1=100
v2=7
v3=$[ $v1 / $v2]
echo $v3
```

执行下面的命令，运行测试脚本 test.sh：

```
[omm@dbsvr ~]$ chmod 755 test.sh
[omm@dbsvr ~]$ ./test.sh
14
[omm@dbsvr ~]$
```

可以看到，结果的小数部分被舍弃了。

十七、数学计算：bc 命令

bc 是 Linux 上任意精度的计算器语言。

例：计算半径为 5.789m 的圆的面积。

```
[omm@dbsvr ~]$ bc
bc 1.07.1
Copyright 1991-1994, 1997, 1998, 2000, 2004, 2006, 2008, 2012-2017 Free Software Foundation, Inc.
This is free software with ABSOLUTELY NO WARRANTY.
For details type `warranty'.
3.14*5.789*5.789
105.226
quit
[omm@dbsvr ~]$
```

例：计算半径为 5.789m 的圆的面积，结果保留小数点后 4 位。

```
[omm@dbsvr ~]$ bc
scale=4
3.14*5.789*5.789
105.2289
quit
[omm@dbsvr ~]$
```

使用 scale 可以定义保留的小数点位数。

例：在 bc 中使用变量 radius，令 radius=5.789m，求半径为 radius 的圆的面积 *s*，结果保留小

数点后 4 位。

```
[omm@dbsvr ~]$ bc
scale=4
radius=5.789
3.14*radius*radius
105.2289
quit
[omm@dbsvr ~]$
```

十八、数学计算：在脚本中使用 bc 进行浮点计算

第一种方法是使用命令替换，在脚本中使用 bc 进行浮点计算。

例：在脚本文件 test.sh 中使用 bc 计算器，计算半径 radius=5.789m 的圆的面积 s，结果保留小数点后 4 位。

```
[omm@dbsvr ~]$ rm -f test.sh
[omm@dbsvr ~]$ vi test.sh
```

将如下内容复制到文件 test.sh 中，并保存文件 test.sh：

```
#!/bin/bash
s=$( echo "scale=4;radius=5.789;3.14*radius * radius"|bc)
echo $s
```

实际上，这里使用 echo 命令将要输入 bc 的计算指令通过管道传送给 bc 计算器。

执行下面的命令，运行测试脚本 test.sh：

```
[omm@dbsvr ~]$ chmod 755 test.sh
[omm@dbsvr ~]$ ./test.sh
105.2289
[omm@dbsvr ~]$
```

如果计算比较复杂，需要大量的输入传递给 bc 计算器，那么应该采用第二种方法，也就是重定向的方法，将输入传送给 bc 计算器。

例：在脚本文件 test.sh 中计算 4 个数的平均值，结果保留 4 位小数。

```
[omm@dbsvr ~]$ rm -f test.sh
[omm@dbsvr ~]$ vi test.sh
```

将如下内容复制到文件 test.sh 中，并保存文件 test.sh：

```
#!/bin/bash
avg=$(bc<<EOF
scale=4
v1=5.543
v2=6.678
v3=3.345
v4=9.987
(v1+v2+v3+v4)/4
EOF
)
```

```
echo -n "avg="
echo $avg
```

这里使用了重定向输入的方法在脚本中进行浮点计算。

执行下面的命令，运行测试脚本 test.sh：

```
[omm@dbsvr ~]$ chmod 755 test.sh
[omm@dbsvr ~]$ ./test.sh
105.2289
[omm@dbsvr ~]$
```

十九、Bash Shell 的控制结构：根据执行命令返回的退出状态码进行分支

1. if-then 语句

if-then 语句的第一种格式如下：

```
if  command
then
    commands
fi
```

上面的 if-then 语句还可以等价地写成第二种格式：

```
if command; then
    commands
fi
```

注意，在第二种等价的格式写法中，在 if 和 then 之间有一个分号（ ; ）。

if-then 语句的含义：如果 if 后面的命令 command 成功执行，执行完 command 后，退出状态码是 0，那么接下来就马上执行 then 部分的命令，否则 then 部分的命令不会被执行，结束分支语句。

fi 语句表示 if-then 语句到此结束。

例：（第一种格式）如果 date 命令执行成功，那么向用户显示命令执行成功。

```
cat >test.sh <<EOF
#!/bin/bash
if date
then
  echo "Command date is executed successfully! "
fi
EOF
chmod 755 test.sh
```

执行下面的命令，运行测试脚本 test.sh：

```
[omm@dbsvr ~]$ cat test.sh
#!/bin/bash
if date
then
  echo "Command date is executed successfully! "
fi
[omm@dbsvr ~]$ ./test.sh
Sat Feb  5 17:33:34 CST 2022
```

```
Command date is executed successfully!
[omm@dbsvr ~]$
```

例：（第二种格式）如果 date 命令执行成功，则向用户显示命令执行成功。

```
cat >test.sh <<EOF
#!/bin/bash
if date ; then
  echo "Command date is executed successfully! "
fi
EOF
chmod 755 test.sh
```

执行下面的命令，运行测试脚本 test.sh：

```
[omm@dbsvr ~]$ cat test.sh
#!/bin/bash
if date ; then
  echo "Command date is executed successfully! "
fi
[omm@dbsvr ~]$ ./test.sh
Sat Feb  5 17:33:34 CST 2022
Command date is executed successfully!
[omm@dbsvr ~]$
```

例：（命令不能成功执行时的情况）如果 date 命令执行成功，则向用户显示命令执行成功。

```
cat >test.sh <<EOF
#!/bin/bash
if date %t> /dev/null
then
  echo "Command date is executed successfully! "
fi
EOF
chmod 755 test.sh
```

执行下面的命令，运行测试脚本 test.sh：

```
[omm@dbsvr ~]$ cat test.sh
#!/bin/bash
if date %t> /dev/null
then
  echo "Command date is executed successfully! "
fi
[omm@dbsvr ~]$ ./test.sh
date: invalid date '%t'
[omm@dbsvr ~]$
```

可以看到，由于使用了错误的参数，date 命令没有执行成功，于是 then 部分的命令就没有被执行。

2. if-then-else 语句

if-then-else 语句的格式如下：

```
if command
then
commands
else
commands
fi
```

例：（命令不能成功执行时的情况）如果 date 命令执行成功，则向用户显示命令执行成功；如果 date 命令执行不成功，则向用户显示命令执行不成功。

```
cat >test.sh <<EOF
#!/bin/bash
if date %t> /dev/null
then
  echo "Command date is executed successfully! "
else
  echo "Command date is executed unsuccessfully! "
fi
EOF
chmod 755 test.sh
```

执行下面的命令，运行测试脚本 test.sh：

```
[omm@dbsvr ~]$ cat test.sh
#!/bin/bash
if date %t> /dev/null
then
  echo "Command date is executed successfully! "
else
  echo "Command date is executed unsuccessfully! "
fi
[omm@dbsvr ~]$ ./test.sh
date: invalid date '%t'
Command date is executed unsuccessfully!
[omm@dbsvr ~]$
```

3. 嵌套的 if 语句

例：提示用户输入一个用户名，搜索系统上是否存在这个用户，并且不管用户是否存在，都在 /home 目录下搜索是否存在该用户名的目录。

下面的脚本用到了后面要介绍的 read 命令，用于接收一个用户的输入。使用 vi 编辑器编辑脚本 test.sh：

```
[omm@dbsvr ~]$ rm -f test.sh
[omm@dbsvr ~]$ vi test.sh
```

将如下内容复制到文件 test.sh 中，并保存文件 test.sh：

```
#!/bin/bash
read -p "Enter username: " testUser  # read 命令请参看后面的内容
if grep ^$testUser /etc/passwd
then
```

```
        echo "User $testUser is existed! "
        if ls -d /home/$testUser
        then
          echo "Home Directory is existed! "
        else
          echo "Home Directory is not existed! "
        fi
      else
        echo "User $testUser is NOT existed! "
        if ls -d /home/$testUser
        then
          echo "Home Directory is existed! "
        else
          echo "Home Directory is not existed! "
        fi
      fi
```

执行下面的命令，运行测试脚本 test.sh：

```
[omm@dbsvr ~]$ chmod 755 test.sh
[omm@dbsvr ~]$ ./test.sh
Enter username: omm
omm:x:2000:2000::/home/omm:/bin/bash
User omm is existed!
/home/omm
Home Directory is existed!
[omm@dbsvr ~]$ ./test.sh
Enter username: noSuchUser
User noSuchUser is NOT existed!
ls: cannot access '/home/noSuchUser': No such file or directory
Home Directory is not existed!
[omm@dbsvr ~]$
```

这个脚本不是很完美，后面将进行改进，把多余的显示信息去掉。

二十、Bash Shell 的控制结构：根据测试条件进行分支

1. test 命令

test 命令的语法格式如下：

test condition

如果 test 命令后面没有写 condition，那么 test 命令将返回一个非 0 的退出状态码：

```
[omm@dbsvr ~]$ test
[omm@dbsvr ~]$ echo $?
1
[omm@dbsvr ~]$
```

引入 test condition 命令后，分支语句的形式如下：

■ if-then 语句。

```
        if  test condition

        then

        commands
```

        fi

如果忽略了 test 后面的 condition，则不会执行 then 部分的 commands。

■ if-then-else 语句。

```
if  test condition
then
commands
else
commands
fi
```

如果忽略了 test 后面的 condition，那么由于 test 命令返回一个非 0 的退出状态码，因此不会执行 then 部分的 commands，只会执行 else 部分的 commands。

■ 嵌套 if 语句。

```
if  test condition
then
commands
elif
then
commands
else
commands
fi
```

2. test 命令的测试条件

■ 数值比较。

    ➤ num1 -eq num2：测试 num1 是否等于 num2。

    ➤ num1 -ne num2：测试 num1 是否不等于 num2。

    ➤ num1 -gt num2：测试 num1 是否大于 num2。

    ➤ num1 -ge num2：测试 num1 是否大于或等于 num2。

    ➤ num1 -lt num2：测试 num1 是否小于 num2。

    ➤ num1 -le num2：测试 num1 是否小于或等于 num2。

例：输入两个数 num1 和 num2，比较它们值的大小。

使用 vi 编辑器编辑脚本 test.sh：

```
[omm@dbsvr ~]$ rm -f test.sh
[omm@dbsvr ~]$ vi test.sh
```

将如下内容复制到文件 test.sh 中，并保存文件 test.sh：

```
#!/bin/bash
read -p "Enter 2 number(num1 and num2) split by space: " num1 num2
echo "num1=$num1"
echo "num2=$num2"
if test $num1 -gt $num2   # 比较 num1 是否大于 num2
then
  echo "num1 is bigger than num2"
```

```
else
  echo "num1 is smaller than num2"
fi
```

执行下面的命令，运行测试脚本 test.sh：

```
[omm@dbsvr ~]$ chmod 755 test.sh
[omm@dbsvr ~]$ ./test.sh
Enter 2 number(num1 and num2) split by space: 100 20
num1=100
num2=20
num1 is bigger than num2
[omm@dbsvr ~]$ ./test.sh
Enter 2 number(num1 and num2) split by space: 20 100
num1=20
num2=100
num1 is smaller than num2
[omm@dbsvr ~]$
```

- 字符串比较。
  - -z str：测试 str 的长度是否为 0（空串）。
  - -n str：测试 str 的长度是否不为 0。
  - str1 = str2：测试 str1 是否与 str2 相同。
  - str1 != str2：测试 str1 是否与 str2 不同。
  - str1 > str2：测试 str1 是否比 str2 大。
  - str1 < str2：测试 str1 是否比 str2 小。

例： 输入两个字符串 str1 和 str2，查看它们是否一样。

使用 vi 编辑器编辑脚本 test.sh：

```
[omm@dbsvr ~]$ rm -f test.sh
[omm@dbsvr ~]$ vi test.sh
```

将如下内容复制到文件 test.sh 中，并保存文件 test.sh：

```
#!/bin/bash
read -p "Enter 2 string(str1 and str2) split by space: " str1 str2
echo "str1=$str1"
echo "str2=$str2"
if test $str1 = $str2      # 比较两个字符串是否相同
then
  echo "str1 is the same as str2"
else
  echo "str1 is not the same as str2"
fi
```

执行下面的命令，运行测试脚本 test.sh：

```
[omm@dbsvr ~]$ chmod 755 test.sh
[omm@dbsvr ~]$ ./test.sh
Enter 2 string(str1 and str2) split by space: abc abc
str1=abc
```

```
str2=abc
str1 is the same as str2
[omm@dbsvr ~]$ ./test.sh
Enter 2 string(str1 and str2) split by space: abc abcd
str1=abc
str2=abcd
str1 is not the same as str2
[omm@dbsvr ~]$
```

- 文件比较。
  - ➤ -e file：测试 file 是否存在。
  - ➤ -f file：测试 file 是否存在以及是不是一个文件。
  - ➤ -d file：测试 file 是否存在以及是不是一个目录。
  - ➤ -r file：测试 file 是否存在以及是否可读。
  - ➤ -s file：测试 file 是否存在以及是否非空。
  - ➤ -w file：测试 file 是否存在以及是否可写。
  - ➤ -x file：测试 file 是否存在以及是否可执行。
  - ➤ -O file：测试 file 是否存在以及当前用户是不是属主。
  - ➤ -G file：测试 file 是否存在以及默认组是否与当前用户相同。
  - ➤ file1 -nt file2：测试 file1 是否比 file2 新。
  - ➤ file1 -ot file2：测试 file1 是否比 file2 旧。

例：输入一个文件名，判断该文件是否存在。

使用 vi 编辑器编辑脚本 test.sh：

```
[omm@dbsvr ~]$ rm -f test.sh
[omm@dbsvr ~]$ vi test.sh
```

将如下内容复制到文件 test.sh 中，并保存文件 test.sh：

```
#!/bin/bash
read -p "Enter file name: " fileName
if test -e $fileName   # 测试文件是否存在
then
  echo "File $fileName exists!"
else
  echo "File $fileName does not exist!"
fi
```

执行下面的命令，运行测试脚本 test.sh：

```
[omm@dbsvr ~]$ chmod 755 test.sh
[omm@dbsvr ~]$ touch testfile
[omm@dbsvr ~]$ ./test.sh
Enter file name: testfile
File testfile exists!
[omm@dbsvr ~]$ ./test.sh
Enter file name: nosuchfile
File nosuchfile does not exist!
[omm@dbsvr ~]$
```

3. test 命令的复合条件测试

使用布尔逻辑可以把多个条件组合在一起，构成更复杂的条件测试。

有两种布尔运算符：

- 条件与（AND）[condition1] && [condition2]。
- 条件或（OR）[condition1] || [condition2]。

例：输入一个正整数，如果大于 100 小于 200，则打印该数。

使用 vi 编辑器编辑脚本 test.sh：

```
[omm@dbsvr ~]$ rm -f test.sh
[omm@dbsvr ~]$ vi test.sh
```

将如下内容复制到文件 test.sh 中，并保存文件 test.sh：

```
#!/bin/bash
read -p "Enter 1 number: " num
if (test $num -gt 100) && (test $num -lt 200)   # num 是否大于 100 小于 200
then
  echo "num is between 100 and 200"
else
  echo "num is not between 100 and 200"
fi
```

执行下面的命令，运行测试脚本 test.sh：

```
[omm@dbsvr ~]$ chmod 755 test.sh
[omm@dbsvr ~]$ ./test.sh
Enter 1 number: 115
num is between 100 and 200
[omm@dbsvr ~]$ ./test.sh
Enter 1 number: 201
num is not between 100 and 200
[omm@dbsvr ~]$
```

例：输入一个正整数，如果大于 200，或者小于 100，则打印该数。

使用 vi 编辑器编辑脚本 test.sh：

```
[omm@dbsvr ~]$ rm -f test.sh
[omm@dbsvr ~]$ vi test.sh
```

将如下内容复制到文件 test.sh 中，并保存文件 test.sh：

```
#!/bin/bash
read -p "Enter 1 number: " num
if (test $num -lt 100) || (test $num -gt 200)   # num 是否小于 100 或者大于 200
then
  echo "num is smaller than 100 or bigger 200"
else
  echo "num is between 100 and 200"
fi
```

执行下面的命令，运行测试脚本 test.sh：

```
[omm@dbsvr ~]$ chmod 755 test.sh
[omm@dbsvr ~]$ ./test.sh
Enter 1 number: 9
num is smaller than 100 or bigger 200
[omm@dbsvr ~]$ ./test.sh
Enter 1 number: 300
num is smaller than 100 or bigger 200
[omm@dbsvr ~]$ ./test.sh
Enter 1 number: 115
num is between 100 and 200
[omm@dbsvr ~]$
```

4. 方括号

在 if-then 语句中，还可以使用方括号来进行条件测试：

```
if [ condition ]
then
    commands
fi
```

注意，在 "[" 的后面和 "]" 的前面必须有一个空格。上述写法等价于下面的 test 条件测试写法：

```
if  test condition
then
    commands
fi
```

使用方括号的写法比使用 test 命令的写法更为直观和简单。

例：输入两个数 num1 和 num2，比较它们值的大小。

使用 vi 编辑器编辑脚本 test.sh：

```
[omm@dbsvr ~]$ rm -f test.sh
[omm@dbsvr ~]$ vi test.sh
```

将如下内容复制到文件 test.sh 中，并保存文件 test.sh：

```
#!/bin/bash
read -p "Enter 2 number(num1 and num2) split by space: " num1 num2
echo "num1=$num1"
echo "num2=$num2"
if [ $num1 -gt $num2 ]   # 比较 num1 是否大于 num2
then
  echo "num1 is bigger than num2"
else
  echo "num1 is smaller than num2"
fi
```

执行下面的命令，运行测试脚本 test.sh：

```
[omm@dbsvr ~]$ chmod 755 test.sh
[omm@dbsvr ~]$ ./test.sh
```

```
Enter 2 number(num1 and num2) split by space: 100 20
num1=100
num2=20
num1 is bigger than num2
[omm@dbsvr ~]$ ./test.sh
Enter 2 number(num1 and num2) split by space: 20 100
num1=20
num2=100
num1 is smaller than num2
[omm@dbsvr ~]$
```

5. 双括号命令

test 命令在比较中只能使用简单的算术运算，双括号命令允许在比较过程中使用高级的数学表达式。

双括号命令的语法格式如下：

((expression))

其中，expression 可以是任意的数学赋值和比较表达式。

双括号命令中可以使用的运算符号有 **（幂运算）、val++（后增）、val--（后减）、++val（先增）、--val（先减）、<<（左位移）、>>（右位移）、&（按位与）、|（按位或）、~（按位求反）、&&（逻辑与）、||（逻辑或）、!（逻辑非）。

例：输入正方形的边长 length（单位为 m），如果其面积大于 $100m^2$，则打印信息 "The area of square is too bigger"。

使用 vi 编辑器编辑脚本 test.sh：

```
[omm@dbsvr ~]$ rm -f test.sh
[omm@dbsvr ~]$ vi test.sh
```

将如下内容复制到文件 test.sh 中，并保存文件 test.sh：

```
#!/bin/bash
read -p "Enter length of a square: " length
if (( length**2 > 100 ))
then
    echo "The area of square is too bigger "
fi
```

执行下面的命令，运行测试脚本 test.sh：

```
[omm@dbsvr ~]$ chmod 755 test.sh
[omm@dbsvr ~]$ ./test.sh
Enter length of a square: 8
[omm@dbsvr ~]$ ./test.sh
Enter length of a square: 109
The area of square is too bigger
[omm@dbsvr ~]$
```

6. Bash Shell 的双方括号命令

双方括号命令主要用于进行字符串比较。双方括号命令的语法格式如下：

[[expression]]

其中，expression 除了可以使用 test 命令中字符串的运算符外，还可以使用字符串模式匹配。下面是一个使用字符串模式匹配的例子。

　　例：输入一个字符串，查看该字符串是不是以 open 开头。

　　使用 vi 编辑器编辑脚本 test.sh：

```
[omm@dbsvr ~]$ rm -f test.sh
[omm@dbsvr ~]$ vi test.sh
```

将如下内容复制到文件 test.sh 中，并保存文件 test.sh：

```
#!/bin/bash
read -p "Enter a string: " mystr
if [[ $mystr == open* ]]
then
    echo "The string $mystr begins with string open"
else
    echo "The string $mystr does not begin with string open"
fi
```

注意：
- 要在双方括号内使用模式匹配，需要使用 ==（双等号运算符）。
- "[["之后和"]]"之前必须有空格。
- 双等号之前及之后要有空格。

执行下面的命令，运行测试脚本 test.sh：

```
[omm@dbsvr ~]$ chmod 755 test.sh
[omm@dbsvr ~]$ ./test.sh
Enter a string: openEuler
The string openEuler begins with string open
[omm@dbsvr ~]$ ./test.sh
Enter a string: huawei
The string huawei does not begin with string open
[omm@dbsvr ~]$
```

7. case 命令

case 命令可简化 if-then-else 分支语句。case 命令的语法格式为：

```
    case variable in
    pattern1|pattern2)
                commands1;;
    pattern3)
                commands2;;
    …
        *)
                default commands;;
    esac
```

　　例：输入一个全部是小写的字符串，查看该字符串是不是以下的几个字符串之一：openeuler、opengauss、hwos、hwdb。

使用 vi 编辑器编辑脚本 test.sh：

```
[omm@dbsvr ~]$ rm -f test.sh
[omm@dbsvr ~]$ vi test.sh
```

将如下内容复制到文件 test.sh 中，并保存文件 test.sh：

```
#!/bin/bash
read -p "Enter a string: " mystr
case $mystr in
hwdb|opengauss)
                echo "Database openGauss";;
hwos|openeuler)
                echo "OS      openEuler";;
            *)
                echo "I don't know what you have input!";;
esac
```

执行下面的命令，运行测试脚本 test.sh：

```
[omm@dbsvr ~]$ chmod 755 test.sh
[omm@dbsvr ~]$ ./test.sh
Enter a string: hwdb
Database openGauss
[omm@dbsvr ~]$ ./test.sh
Enter a string: opengauss
Database openGauss
[omm@dbsvr ~]$ ./test.sh
Enter a string: hwos
OS      openEuler
[omm@dbsvr ~]$ ./test.sh
Enter a string: openeuler
OS      openEuler
[omm@dbsvr ~]$ ./test.sh
Enter a string: ustb
I don't know what you have input!
[omm@dbsvr ~]$
```

作为课后练习，请读者用嵌套 if 语句来重写该脚本。

二十一、Bash Shell 的控制结构：for 列表循环

for 列表循环的语法格式如下：

```
for  YourVar in list
do
   commands
done
```

例：使用 for 列表循环打印华为产品列表。

使用 vi 编辑器编辑脚本 test.sh：

```
[omm@dbsvr ~]$ rm -f test.sh
[omm@dbsvr ~]$ vi test.sh
```

将如下内容复制到文件 test.sh 中，并保存文件 test.sh：

```
#!/bin/bash
for product in openEuler openGauss notebook pad switch storage
do
    echo "Huawei supplies $product."
done
```

执行下面的命令，运行测试脚本 test.sh：

```
[omm@dbsvr ~]$ chmod 755 test.sh
[omm@dbsvr ~]$ ./test.sh
Huawei supplies openEuler.
Huawei supplies openGauss.
Huawei supplies notebook.
Huawei supplies pad.
Huawei supplies switch.
Huawei supplies storage.
[omm@dbsvr ~]$
```

例： 使用 for 列表循环打印华为产品列表。

使用 vi 编辑器编辑脚本 test.sh：

```
[omm@dbsvr ~]$ rm -f test.sh
[omm@dbsvr ~]$ vi test.sh
```

将如下内容复制到文件 test.sh 中，并保存文件 test.sh：

```
#!/bin/bash
for product in openEuler openGauss notebook pad switch storage "mobile phone" "ear phone"
do
    echo "Huawei supplies $product."
done
```

如果产品列表由多个单词组成，那么需要使用双引号将其括起来。

执行下面的命令，运行测试脚本 test.sh：

```
[omm@dbsvr ~]$ chmod 755 test.sh
[omm@dbsvr ~]$ ./test.sh
Huawei supplies openEuler.
# 省略了一些输出
Huawei supplies mobile phone.
Huawei supplies ear phone.
[omm@dbsvr ~]$
```

例： 使用 for 列表循环逐个单词打印 "I don't know what they're arguing about"。

使用 vi 编辑器编辑脚本 test.sh：

```
[omm@dbsvr ~]$ rm -f test.sh
[omm@dbsvr ~]$ vi test.sh
```

将如下内容复制到文件 test.sh 中，并保存文件 test.sh：

```
#!/bin/bash
for word in I don't know what they're arguing about
do
  echo "$word"
done
```

执行下面的命令，运行测试脚本 test.sh：

```
[omm@dbsvr ~]$ chmod 755 test.sh
[omm@dbsvr ~]$ ./test.sh
I
dont know what theyre
arguing
about
[omm@dbsvr ~]$
```

可以发现，脚本并没有按照预想的方式来运行，这是因为单词列表中有特殊的字符——单引号。
解决这个问题有以下两种方法。

■ 方法1：使用转义字符。

将脚本 test.sh 修改如下：

```
#!/bin/bash
for word in I don\'t know what they\'re arguing about
do
  echo "$word"
done
```

执行下面的命令，运行测试脚本 test.sh：

```
[omm@dbsvr ~]$ ./test.sh
I
don't
know
what
they're
arguing
about
[omm@dbsvr ~]$
```

■ 方法2：使用双引号将单引号括起来。

将脚本 test.sh 修改如下：

```
#!/bin/bash
for word in "I don't" know what "they're" arguing about
do
  echo "$word"
done
```

执行下面的命令，运行测试脚本 test.sh：

```
[omm@dbsvr ~]$ ./test.sh
I
don't
# 省略了一些输出
when'll
end
[omm@dbsvr ~]$
```

例：（从变量读取列表）使用 for 列表循环打印华为产品列表。

使用 vi 编辑器编辑脚本 test.sh：

```
[omm@dbsvr ~]$ rm -f test.sh
[omm@dbsvr ~]$ vi test.sh
```

将如下内容复制到文件 test.sh 中，并保存文件 test.sh：

```
#!/bin/bash
list="openEuler openGauss notebook pad switch storage"
for product in $list
do
  echo "Huawei supplies $product."
done
```

执行下面的命令，运行测试脚本 test.sh：

```
[omm@dbsvr ~]$ chmod 755 test.sh
[omm@dbsvr ~]$ ./test.sh
Huawei supplies openEuler.
# 省略了一些输出
[omm@dbsvr ~]$
```

例：（从命令输出读取值）使用 for 列表循环打印华为产品列表。

执行下面的脚本，生成一个文本文件 huaweiproduct：

```
cat>huaweiproduct<<EOF
openEuler
openGauss
notebook
pad
switch
storage
EOF
```

使用 vi 编辑器编辑脚本 test.sh：

```
[omm@dbsvr ~]$ rm -f test.sh
[omm@dbsvr ~]$ vi test.sh
```

将如下内容复制到文件 test.sh 中，并保存文件 test.sh：

```
#!/bin/bash
file=huaweiproduct
for product in $(cat huaweiproduct)
```

```
do
    echo "Huawei supplies $product."
done
```

执行下面的命令，运行测试脚本 test.sh：

```
[omm@dbsvr ~]$ chmod 755 test.sh
[omm@dbsvr ~]$ ./test.sh
Huawei supplies openEuler.
# 省略了一些输出
[omm@dbsvr ~]$
```

例：（使用内部字段分隔符 IFS）使用 for 列表循环打印华为产品列表。

执行下面的脚本，生成一个文本文件 huaweiproduct：

```
cat>huaweiproduct<<EOF
openEuler
openGauss
notebook
pad
switch
storage
ear phone
mobile phone
EOF
```

使用 vi 编辑器编辑脚本 test.sh：

```
[omm@dbsvr ~]$ rm -f test.sh
[omm@dbsvr ~]$ vi test.sh
```

将如下内容复制到文件 test.sh 中，并保存文件 test.sh：

```
#!/bin/bash
IFSOLD=$IFS
IFS=$'\n'
file=huaweiproduct
for product in $(cat huaweiproduct)
do
    echo "Huawei supplies $product."
done
IFS=$IFSOLD
```

在脚本中用 IFSOLD 变量保存旧的内部字段分隔符 IFS，然后将 IFS 设置为换行（IFS=$'\n'），最后又恢复为原来的 IFS。

如果要指定多个 IFS，则可以执行下面的命令：

IFS=$'\n'

执行下面的命令，运行测试脚本 test.sh：

```
[omm@dbsvr ~]$ chmod 755 test.sh
[omm@dbsvr ~]$ ./test.sh
Huawei supplies openEuler.
```

```
# 省略了一些输出
Huawei supplies ear phone.
Huawei supplies mobile phone.
[omm@dbsvr ~]$
```

例：使用 for 列表循环查看 /opt/software/openGauss 目录下哪些是文件、哪些是目录。
这需要使用通配符来读取目录。使用 vi 编辑器编辑脚本 test.sh：

```
[omm@dbsvr ~]$ rm -f test.sh
[omm@dbsvr ~]$ vi test.sh
```

将如下内容复制到文件 test.sh 中，并保存文件 test.sh：

```
#!/bin/bash
for filename in /opt/software/openGauss/*
do
   if [ -d "$filename" ]
   then
      echo "$filename is a directory."
   elif [ -f "$filename" ]
   then
      echo "$filename is a file."
   fi
done
```

执行下面的命令，运行测试脚本 test.sh：

```
[omm@dbsvr ~]$ chmod 755 test.sh
[omm@dbsvr ~]$ ./test.sh
# 省略了一些输出
/opt/software/openGauss/simpleInstall is a directory.
/opt/software/openGauss/upgrade_sql.sha256 is a file.
/opt/software/openGauss/upgrade_sql.tar.gz is a file.
/opt/software/openGauss/version.cfg is a file.
[omm@dbsvr ~]$
```

在 for 列表循环中，可以使用通配符读取多个目录。将上面的脚本 test.sh 修改为：

```
#!/bin/bash
for filename in /opt/software/openGauss/* /opt/Huawei/*
do
   if [ -d "$filename" ]
   then
      echo "$filename is a directory."
   elif [ -f "$filename" ]
   then
      echo "$filename is a file."
   fi
done
```

运行测试脚本 test.sh：

```
[omm@dbsvr ~]$ ./test.sh
# 省略了一些输出
/opt/software/openGauss/version.cfg is a file.
```

```
/opt/huawei/corefile is a directory.
/opt/huawei/install is a directory.
/opt/huawei/tmp is a directory.
[omm@dbsvr ~]$
```

二十二、Bash Shell 的控制结构：C 语言风格的 for 循环

C 语言风格的 for 循环的语法格式如下：

```
for (( 初始条件 ; 终止条件 ; 条件迭代 ))
do
   commands
done
```

例：计算从 1～100 的和。

使用 vi 编辑器编辑脚本 test.sh：

```
[omm@dbsvr ~]$ rm -f test.sh
[omm@dbsvr ~]$ vi test.sh
```

将如下内容复制到文件 test.sh 中，并保存文件 test.sh：

```
#!/bin/bash
sum=0
for (( i=1;i<=100;i++ ))
do
   sum=$[ $sum + $i ]
done
echo "sum=$sum"
```

执行下面的命令，运行测试脚本 test.sh：

```
[omm@dbsvr ~]$ chmod 755 test.sh
[omm@dbsvr ~]$ ./test.sh
sum=5050
[omm@dbsvr ~]$
```

二十三、Bash Shell 的控制结构：while 循环

while 循环的语法格式如下：

```
while  test command
do
   commands
done
```

在 while 循环中，如果 test command 的退出状态码如果为 0，就将继续下一次循环；如果 test command 的状态退出码为非 0，则退出循环。

在循环体中执行的 commands，必须能调整 test command 的退出状态码，如果退出状态码的状态不发生改变，那么就会不断地循环下去。

例：计算从 1～100 的和。

使用 vi 编辑器编辑脚本 test.sh：

```
[omm@dbsvr ~]$ rm -f test.sh
[omm@dbsvr ~]$ vi test.sh
```

将如下内容复制到文件 test.sh 中，并保存文件 test.sh：

```
#!/bin/bash
sum=0
i=1
while [ $i -le 100 ]    # 当变量 i 小于或等于 100 时继续循环
do
   sum=$[ $sum + $i ]
   i=$[ $i + 1 ]
done
echo "sum=$sum"
```

执行下面的命令，运行测试脚本 test.sh：

```
[omm@dbsvr ~]$ chmod 755 test.sh
[omm@dbsvr ~]$ ./test.sh
sum=5050
[omm@dbsvr ~]$
```

二十四、Bash Shell 的控制结构：until 循环

until 循环的语法格式如下：

```
until  test command
do
    commands
done
```

until 循环与 while 循环相反，只有 test command 的退出状态码不为 0，才会继续下一次循环；如果 test command 的退出状态码为 0，那么退出循环。

例： 计算从 1～100 的和。

使用 vi 编辑器编辑脚本 test.sh：

```
[omm@dbsvr ~]$ rm -f test.sh
[omm@dbsvr ~]$ vi test.sh
```

将如下内容复制到文件 test.sh 中，并保存文件 test.sh：

```
#!/bin/bash
sum=0
i=1
until [ $i -gt 100 ]    # 直到变量 i 大于 100，停止循环
do
   sum=$[ $sum + $i ]
   i=$[ $i + 1 ]
done
echo "sum=$sum"
```

执行下面的命令，运行测试脚本 test.sh：

```
[omm@dbsvr ~]$ chmod 755 test.sh
[omm@dbsvr ~]$ ./test.sh
sum=5050
[omm@dbsvr ~]$
```

二十五、Bash Shell 的控制结构：多层嵌套循环

在 Bash Shell 的这几种循环中，可以嵌套另外的循环，即可以进行多层嵌套。

跟 C 语言一样，使用 continue 命令，可以跳过本次循环剩余的命令，执行下一次循环；使用 break 命令，可以跳出一层循环，继续执行上一层的循环。

二十六、Bash Shell 的命令行参数

Bash Shell 的命令参数如下：

- $@：表示命令的所有参数值，将所有参数作为一个字符串中的独立单词。
- $*：表示命令的所有参数值，将所有参数作为一个单词保存。
- $#：表示命令的参数个数。
- $0：表示命令的名字。
- $1：表示命令的第 1 个参数。
- $2：表示命令的第 2 个参数。

　　……

- $n：表示命令的第 n 个参数。

例：测试参数 $@ 和 $* 的区别。

使用 vi 编辑器编辑脚本 test.sh：

```
[omm@dbsvr ~]$ rm -f test.sh
[omm@dbsvr ~]$ vi test.sh
```

将如下内容复制到文件 test.sh 中，并保存文件 test.sh：

```
#!/bin/bash
echo "Testing \$@"
for var in "$@"
do
    echo "$var"
done
echo "Testing \$*"
for var in "$*"
do
    echo "$var"
done
```

执行下面的命令，运行测试脚本 test.sh：

```
[omm@dbsvr ~]$ bash -x test.sh a b c
+ echo 'Testing $@'
Testing $@
+ for var in "$@"
+ echo a
a
+ for var in "$@"
+ echo b
b
+ for var in "$@"
+ echo c
c
+ echo 'Testing $*'
```

```
Testing $*
+ for var in "$*"
+ echo 'a b c'
a b c
[omm@dbsvr ~]$
```

这里使用了 Bash Shell 的调试参数 -x，以便于观察 Bash Shell 脚本的执行过程。可以看到，$@ 把每个参数都作为独立的单词，循环了多次，而 $* 将所有参数作为一个整体，只循环了一次。

例：执行一个带多个参数的脚本，打印参数总数以及每一个参数的值。

使用 vi 编辑器编辑脚本 test.sh：

```
[omm@dbsvr ~]$ rm -f test.sh
[omm@dbsvr ~]$ vi test.sh
```

将如下内容复制到文件 test.sh 中，并保存文件 test.sh：

```
#!/bin/bash
echo "The script you exute has $# args"
for(( count=0;count<=$#;count++ ))
do
  eval echo \${$count}
done
```

其中的 eval 命令会对变量进行两次扫描：第一次扫描可得到变量的名字；第二次扫描时，应用这个变量的名字来得到以该名字为变量的值。需要进行两次扫描的变量有时被称为复杂变量。在这里，第一次扫描将获取位置的值 $count，第二次扫描将获得 Bash Shell 位置参数 $i 的值。

执行下面的命令，运行测试脚本 test.sh：

```
[omm@dbsvr ~]$ chmod 755 test.sh
[omm@dbsvr ~]$ ./test.sh a b c
The script you exute has 3 args
./test.sh
a
b
c
[omm@dbsvr ~]$
```

例：使用 Shift 移动参数。

使用 vi 编辑器编辑脚本 test.sh：

```
[omm@dbsvr ~]$ rm -f test.sh
[omm@dbsvr ~]$ vi test.sh
```

将如下内容复制到文件 test.sh 中，并保存文件 test.sh：

```
#!/bin/bash
echo "The script you exute: \$#=$# args"
for(( count=0;count<=$#;count++ ))
do
  eval echo \${$count}
done
```

```
shift 2
echo "After shift 2 command \$#=$# "
for(( count=0;count<=$#;count++ ))
do
  eval echo \${$count}
done
```

执行下面的命令，运行测试脚本 test.sh：

```
[omm@dbsvr ~]$ ./test.sh a b c d
The script you exute:  $#=4 args
./test.sh
a
b
c
d
After shift 2 command $#=2
./test.sh
c
d
[omm@dbsvr ~]$
```

二十七、在脚本运行中获取用户的输入：read 命令

可以使用 read 命令读入用户的输入。

例：输入你所在大学的名字，并将它打印出来（第 1 个版本）。

使用 vi 编辑器编辑脚本 test.sh：

```
[omm@dbsvr ~]$ rm -f test.sh
[omm@dbsvr ~]$ vi test.sh
```

将如下内容复制到文件 test.sh 中，并保存文件 test.sh：

```
#!/bin/bash
echo -n "Enter your university name:"       # echo 命令的参数 -n 表示显示字符串后不换行
read universityname                          # 读入变量 yourname
echo -n "My university name is "             # 显示字符串 My university name is 后不换行
echo -n $universityname                      # 显示刚刚输入的用户变量 yourname 的值，显示后不换行
echo .                                       # 显示英文句号后换行
exit 0                                       # 正常退出脚本，脚本最后的退出状态码为 0
```

请注意，在 Shell 脚本中，# 之后的内容是脚本程序的注释信息。

执行下面的命令，赋予脚本 test.sh 执行权限：

```
[omm@dbsvr ~]$ chmod 755 test.sh
```

执行刚刚生成的脚本 test.sh：

```
[omm@dbsvr ~]$ ./test.sh
Enter your university name:ustb
My university name is ustb.
[omm@dbsvr ~]$
```

例：输入你所在大学的名字，并将它打印出来（第 2 个版本）。

使用 vi 编辑器编辑脚本 test.sh：

```
[omm@dbsvr ~]$ rm -f test.sh
[omm@dbsvr ~]$ vi test.sh
```

将如下内容复制到文件 test.sh 中，并保存文件 test.sh：

```
#!/bin/bash
read -p "Enter your university name: " universityname     # read 命令的 -p 参数表示显示提示字符串
echo -n "My university name is "        # 显示字符串 My university name is 后不换行
echo -n $universityname                 # 显示刚刚输入的用户变量 yourname 的值，显示后不换行
echo .                                  # 显示英文句号后换行
exit 0                                  # 正常退出脚本，脚本最后的退出状态码为 0
```

在 read 命令中，可以直接使用 -p 参数打印提示字符串信息。

执行下面的命令，运行测试脚本 test.sh：

```
[omm@dbsvr ~]$ chmod 755 test.sh
[omm@dbsvr ~]$ ./test.sh
Enter your university name: USTB
My university name is USTB.
[omm@dbsvr ~]$
```

例：输入你所在大学的名字和城市，并将它们打印出来。

使用 vi 编辑器编辑脚本 test.sh：

```
[omm@dbsvr ~]$ rm -f test.sh
[omm@dbsvr ~]$ vi test.sh
```

将如下内容复制到文件 test.sh 中，并保存文件 test.sh：

```
#!/bin/bash
read -p "Enter your university name and city : " universityname  universityCity
echo  "My university name is $universityname which is located in $universityCity."
exit 0
```

可以看到，使用 read 命令可以一次读入多个用户变量的值。

执行下面的命令，运行测试脚本 test.sh：

```
[omm@dbsvr ~]$ chmod 755 test.sh
[omm@dbsvr ~]$ ./test.sh
Enter your university name and city : USTB Beijing
My university name is USTB which is located in Beijing.
[omm@dbsvr ~]$
```

例：输入你所在大学的名字，并将它们打印出来（第 3 个版本）。

使用 vi 编辑器编辑脚本 test.sh：

```
[omm@dbsvr ~]$ rm -f test.sh
[omm@dbsvr ~]$ vi test.sh
```

将如下内容复制到文件 test.sh 中，并保存文件 test.sh：

```
#!/bin/bash
read -p "Enter your university name : "
echo  "My university name is $REPLY ."
exit 0
```

可以看到，如果在 read 命令中没有指定输入的用户变量的名字，则把用户的输入保存在默认的变量 REPLY 中。

执行下面的命令，运行测试脚本 test.sh：

```
[omm@dbsvr ~]$ chmod 755 test.sh
[omm@dbsvr ~]$ ./test.sh
Enter your university name : USTB
My university name is USTB .
[omm@dbsvr ~]$
```

例：输入你所在大学的名字，并将它们打印出来。如果不在 20s 之内完成输入，则结束等待，继续运行脚本。

使用 vi 编辑器编辑脚本 test.sh：

```
[omm@dbsvr ~]$ rm -f test.sh
[omm@dbsvr ~]$ vi test.sh
```

将如下内容复制到文件 test.sh 中，并保存文件 test.sh：

```
#!/bin/bash
if read -t 20 -p "Enter your university name within 20 seconds: " name
then
    echo  "My university name is $name ."
else
    echo
    echo "You are too slow!Bye bye!"
fi
exit 0
```

可以看到，在 read 命令中，指定输入的等待时间后，如果超时，那么 if 语句就不能执行，结束 read 命令，返回一个非 0 的退出状态码，执行 else 部分的语句。

执行下面的命令，运行测试脚本 test.sh：

```
[omm@dbsvr ~]$ chmod 755 test.sh
[omm@dbsvr ~]$ ./test.sh
Enter your university name within 20 seconds: USTB
My university name is USTB .
[omm@dbsvr ~]$ ./test.sh
Enter your university name within 20 seconds:
You are too slow!Bye bye!
[omm@dbsvr ~]$
```

例：提示"Do you want to continue?(Y/N)"，输入字母 y、Y、n 和 N 这 4 个字符之一，就会打印刚刚的输入。

使用 vi 编辑器编辑脚本 test.sh：

```
[omm@dbsvr ~]$ rm -f test.sh
[omm@dbsvr ~]$ vi test.sh
```

将如下内容复制到文件 test.sh 中，并保存文件 test.sh：

```
#!/bin/bash
read -n1 -p "Do you want to continue?(Y/N) " youSelect
echo
echo "You select is $youSelect !"
```

在 read 命令中，可以使用 -n 参数指定要输入的字符个数。

执行下面的命令，运行测试脚本 test.sh：

```
[omm@dbsvr ~]$ chmod 755 test.sh
[omm@dbsvr ~]$ ./test.sh
Do you want to continue?(Y/N) y
You select is  y !
[omm@dbsvr ~]$ ./test.sh
Do you want to continue?(Y/N) Y
You select is  Y !
[omm@dbsvr ~]$ ./test.sh
Do you want to continue?(Y/N) N
You select is  N !
[omm@dbsvr ~]$ ./test.sh
Do you want to continue?(Y/N) n
You select is  n !
[omm@dbsvr ~]$
```

例：提示 "Enter your password: " 后，输入密码，输入时不显示输入的密码，等待 10s，再显示刚刚输入的密码。

使用 vi 编辑器编辑脚本 test.sh：

```
[omm@dbsvr ~]$ rm -f test.sh
[omm@dbsvr ~]$ vi test.sh
```

将如下内容复制到文件 test.sh 中，并保存文件 test.sh：

```
#!/bin/bash
read -s -p "Enter your password: " youPasswd
echo
echo "waiting 10 seconds...."
sleep 10
echo "The password you input is $youPasswd"
```

在 read 命令中，可以使用 -s 参数隐藏用户输入的字符串。

执行下面的命令，运行测试脚本 test.sh：

```
[omm@dbsvr ~]$ chmod 755 test.sh
[omm@dbsvr ~]$ ./test.sh
Enter your password:  # 输入密码 huawei123
waiting 10 seconds....
The password you input is huawei123
```

```
[omm@dbsvr ~]$
```

例：从文件 testfile 逐行读入内容，并显示每一行的内容。

首先执行下面的命令，创建文件 testfile：

```
cat>testfile<<EOF
aaaa
bbbb
3333
4444
EOF
```

然后使用 vi 编辑器编辑脚本 test.sh：

```
[omm@dbsvr ~]$ rm -f test.sh
[omm@dbsvr ~]$ vi test.sh
```

将如下内容复制到文件 test.sh 中，并保存文件 test.sh：

```
#!/bin/bash
linecount=1
echo "The content of file testfile is"
cat testfile | while read linecontent
do
    echo  "$linecount: $linecontent"
    linecount=$[$linecount+1]
done
```

这里使用 cat 命令，利用管道将读取的文件 testfile 的内容作为管道后面 while 循环的输入。在循环中，通过 read 命令从文件 testfile 逐行获取内容并显示到终端。

执行下面的命令，运行测试脚本 test.sh：

```
[omm@dbsvr ~]$ ./test.sh
The content of file testfile is
1: aaaa
2: bbbb
3: 3333
4: 4444
[omm@dbsvr ~]$
```

二十八、在 Shell 命令行重定向标准输入、标准输出、标准错误输出

在 Linux 的哲学中，一切皆文件。Linux 用文件描述符来标识每个文件对象。文件描述符（File Descriptor）是一个非负整数，可以唯一标识会话中打开的文件。

Bash Shell 默认为每个进程保留了 3 个文件描述符：

■ 文件描述符 0 代表标准输入（STDIN），默认是键盘。

■ 文件描述符 1 代表标准输出（STDOUT），默认是控制台。

■ 文件描述符 2 代表标准错误输出（STDERR），默认是控制台。

执行下面的命令，重定向标准输出到文件：

```
[omm@dbsvr ~]$ date                              # 默认的标准输出是控制台终端
```

```
Sun Feb  6 08:21:51 CST 2022
[omm@dbsvr ~]$ date > newOutputFile1        # 重定向命令的标准输出到文件
[omm@dbsvr ~]$ cat newOutputFile1           # 查看重定向输出后的输出内容
Sun Feb  6 08:21:09 CST 2022
[omm@dbsvr ~]$ date 1 > newOutputFile2       # 重定向命令的标准输出到文件
[omm@dbsvr ~]$ cat newOutputFile2           # 查看重定向输出后的输出内容
Sun Feb  6 08:21:09 CST 2022
[omm@dbsvr ~]$
```

重定向输出到文件的 > 和 1> 这两种写法，效果一样。

执行下面的命令，重定向标准输出到文件（不删除文件，而是将输出追加到文件的尾部）：

```
[omm@dbsvr ~]$ date >> newOutputFile2        # 重定向命令的标准输出到文件（追加到文件的尾部）
[omm@dbsvr ~]$ cat newOutputFile2
Mon Feb  7 15:50:37 CST 2022
Mon Feb  7 16:03:51 CST 2022
[omm@dbsvr ~]$
```

执行下面的命令，将标准输入（控制台键盘）重定向为文件 file1：

```
[omm@dbsvr ~]$ echo "huawei" > file1
[omm@dbsvr ~]$ cat > file2 < file1           # 将标准输入（控制台键盘）重定向为文件 file1
[omm@dbsvr ~]$ cat file2                     # 查看生成的文件 file2 的内容
huawei
[omm@dbsvr ~]$
```

执行下面的命令，重定向标准错误输出到文件：

```
[omm@dbsvr ~]$ date %t                       # 默认的标准错误输出是控制台终端
date: invalid date '%t'
[omm@dbsvr ~]$ date %t 2> newErrorOutputFile # 重定向命令的标准错误输出到文件
[omm@dbsvr ~]$ cat newErrorOutputFile        # 查看重定向错误输出后的输出内容
date: invalid date '%t'
[omm@dbsvr ~]$
```

执行下面的命令，把标准输出和标准错误输出重定向到同一个文件：

```
[omm@dbsvr ~]$ date &> outputAndError        # 同时将标准输出和标准错误输出重定向到同一个文件
[omm@dbsvr ~]$ cat outputAndError
Sun Feb  6 08:40:20 CST 2022
[omm@dbsvr ~]$ date %t &> outputAndError      # 同时将标准输出和标准错误输出重定向到同一个文件
[omm@dbsvr ~]$ cat outputAndError
date: invalid date '%t'
[omm@dbsvr ~]$
```

二十九、在 Bash Shell 脚本中临时重定向

实施步骤二十八介绍了 Shell 的重定向。在 Shell 脚本中，使用这些重定向符号只会临时改变脚本中这条命令的标准输入、标准输出和标准错误输出。

使用 vi 编辑器编辑脚本 test.sh：

```
[omm@dbsvr ~]$ rm -f test.sh
[omm@dbsvr ~]$ vi test.sh
```

将如下内容复制到文件 test.sh 中，并保存文件 test.sh：

```
#!/bin/bash
date 2>error >&2
date %t
```

执行下面的命令，运行测试脚本 test.sh：

```
[omm@dbsvr ~]$ chmod 755 test.sh
[omm@dbsvr ~]$ ./test.sh
Mon Feb  7 14:19:42 CST 2022
date: invalid date '%t'
[omm@dbsvr ~]$ ls -l
total 4
-rw-r--r--  1 omm omm   0 Feb  7 19:42 error
-rwxr-xr-x 1 omm omm 37 Feb  7 19:42 test.sh
[omm@dbsvr ~]$
```

使用命令 ./test.sh 执行脚本 test.sh，开始时，使用的是 Linux 默认的标准输入（键盘）、标准输出（控制台）和标准错误输出（控制台）；执行脚本 test.sh 的第 1 条命令 date 2>error >&2 时，会将标准错误输出临时重定向到文件 error，将标准输出临时重定向到标准错误输出（此刻为 error 文件）；执行第 2 条命令 date %t 时，并不会继承上一条命令（第 1 条命令）的标准输入、标准输出和标准错误输出，而是使用执行脚本 test.sh 开始时的标准输入、标准输出和标准错误输出。

执行下面的命令，再次执行脚本 test.sh：

```
[omm@dbsvr ~]$ ./test.sh &> myoutput
[omm@dbsvr ~]$ cat error
Tue Feb  7 19:45:34 CST 2022
[omm@dbsvr ~]$ cat myoutput
date: invalid date '%t'
[omm@dbsvr ~]$
```

使用命令 ./test.sh &> myoutput 执行脚本 test.sh，开始时，使用默认的标准输入（键盘），但是标准输出和标准错误输出都被同时重定向到文件 myoutput；执行脚本 test.sh 的第 1 条命令 date 2>error >&2 时，会将标准错误输出临时重定向到文件 error，将标准输出临时重定向到标准错误输出（此刻为 error 文件），因此会把当前的时间显示在文件 error 中；执行第 2 条命令 date %t 时，并不会继承上一条命令（第 1 条命令）的标准输入、标准输出和标准错误输出，而是使用执行脚本 test.sh 开始时的标准输入（键盘）、标准输出（myoutput 文件）和标准错误输出（myoutput 文件），因此将在文件 myoutput 中看到第 2 条命令执行错误的信息。

三十、在 Bash Shell 脚本中永久重定向

1. 在脚本中重定向输出、错误输出

在脚本中，使用 exec 命令告诉 Shell，在之后的脚本命令执行时，永久性地重定向指定的文件描述符。

使用 vi 编辑器编辑脚本 test.sh：

```
[omm@dbsvr ~]$ rm -f test.sh
[omm@dbsvr ~]$ vi test.sh
```

将如下内容复制到文件 test.sh 中，并保存文件 test.sh：

```
#!/bin/bash
exec 1>myout 2>myerror
date 2>error >&2
date %t
```

执行下面的命令，运行测试脚本 test.sh：

```
[omm@dbsvr ~]$ chmod 755 test.sh
[omm@dbsvr ~]$ ./test.sh
[omm@dbsvr ~]$ ls
error  myerror  myout  test.sh
[omm@dbsvr ~]$ cat error
Tue Apr  5 11:54:41 CST 2022
[omm@dbsvr ~]$ cat myout
[omm@dbsvr ~]$ cat myerror
date: invalid date '%t'
[omm@dbsvr ~]$
```

使用命令 ./test.sh 执行脚本 test.sh，开始时，使用的是 Linux 默认的标准输入（键盘）、标准输出（控制台）和标准错误输出（控制台）；执行脚本 test.sh 的第 1 条命令 exec 1>myout 2>myerror，将永久地把标准输出重定向到文件 myoutput，将标准错误输出重定向到文件 myerror；执行脚本 test.sh 的第 2 条命令 date 2>error >&2 时，会将标准错误输出临时重定向到文件 error，将标准输出临时重定向到标准错误输出（此刻为 error 文件），因此会在 error 文件中显示当前的日期和时间；执行第 3 条命令 date %t 时，并不会继承上一条命令（第 1 条命令）的标准输入、标准输出和标准错误输出，而是使用默认的标准输入（键盘）、exec 命令永久设置的标准输出（文件 myout）和标准错误输出（文件 myerror）。

注意，可以用 ">>" 替换 ">"，即将

     exec 1>myout 2>myerror

替换为

     exec 1>>myout 2>>myerror

差别在于输出将追加在文件尾部，而不是删除文件内容后重新创建文件开始输出。

在脚本中，使用 exec 命令告诉 Shell，在之后的脚本命令执行时，永久性地重定向指定的文件描述符。

使用 vi 编辑器编辑脚本 test.sh：

```
[omm@dbsvr ~]$ rm -f test.sh
[omm@dbsvr ~]$ vi test.sh
```

将如下内容复制到文件 test.sh 中，并保存文件 test.sh：

```
#!/bin/bash
exec 1>>myout 2>>myerror
date
date %t
```

执行下面的命令，运行测试脚本 test.sh：

```
[omm@dbsvr ~]$ chmod 755 test.sh
[omm@dbsvr ~]$ ./test.sh
[omm@dbsvr ~]$ ./test.sh
[omm@dbsvr ~]$ ls
myerror  myout  test.sh
[omm@dbsvr ~]$ cat myerror
date: invalid date '%t'
date: invalid date '%t'
[omm@dbsvr ~]$ cat myout
Tue Apr  5 12:09:24 CST 2022
Tue Apr  5 12:09:31 CST 2022
[omm@dbsvr ~]$
```

可以看到，第 2 次执行的结果被追加到标准输出文件和标准错误输出文件中了。

2. 在脚本中重定向输入

执行下面的脚本，生成一个文本文件 huaweiproduct：

```
cat>huaweiproduct<<EOF
openEuler
openGauss
notebook
pad
switch
storage
EOF
```

使用 vi 编辑器编辑脚本 test.sh：

```
[omm@dbsvr ~]$ rm -f test.sh
[omm@dbsvr ~]$ vi test.sh
```

将如下内容复制到文件 test.sh 中，并保存文件 test.sh：

```
#!/bin/bash
exec 0< huaweiproduct
count=1
while read linecontent
do
  echo "line $count: $linecontent"
  count=$[ $count+1 ]
done
```

执行下面的命令，运行测试脚本 test.sh：

```
[omm@dbsvr ~]$ chmod 755 test.sh
[omm@dbsvr ~]$ ./test.sh
line 1: openEuler
line 2: openGauss
line 3: notebook
line 4: pad
line 5: switch
line 6: storage
```

```
[omm@dbsvr ~]$
```

脚本 test.sh 的 exec 0< huaweiproduct 这一行，永久地重定向了标准输入到文件 huaweiproduct。

三十一、在 Bash Shell 脚本中处理 Linux 信号

在脚本中，使用 trap 命令来设置捕获的信号及为该信号安装信号处理程序。其语法如下：

trap 信号处理程序 信号

例： 在脚本中捕获 SIGINT 信号。

创建一个脚本文件 test.sh，内容如下：

```
#!/bin/bash
trap "echo ' Receive Signal SIGINT'" SIGINT
echo "Running...,will end in 5 seconds later,you can press Ctrl+c during this time"
for(( i=1;i<=5;i++ ))
do
  sleep 1
  echo $i
done
```

执行下面的命令，运行测试脚本 test.sh：

```
[omm@dbsvr ~]$ chmod 755 test.sh
[omm@dbsvr ~]$ ./test.sh
Running...,will end in 5 seconds later,you can press Ctrl+c during this time
1
^C  Receive Signal SIGINT    （在 5s 内按 <Ctrl+C> 组合键给脚本 test.sh 程序发信号 SIGINT）
2
^C  Receive Signal SIGINT
3
4
^C  Receive Signal SIGINT
5
[omm@dbsvr ~]$
```

例： 在脚本中修改要捕获的 SIGINT 信号的处理程序。

创建一个脚本文件 test.sh，内容如下：

```
#!/bin/bash
trap "echo ' Receive Signal SIGINT'" SIGINT
echo "Running...,you can press Ctrl+c during this time."
for(( i=1;i<=5;i++ ))
do
  sleep 1
  echo $i
done
trap "echo ' Change the Signal handle of SIGINT'" SIGINT
echo "Running...,Program will end in 5 seconds.You can press Ctrl+c during this time."
for(( i=1;i<=5;i++ ))
do
  sleep 1
```

```
    echo $i
done
```

执行下面的命令，运行测试脚本 test.sh：

```
[omm@dbsvr ~]$ chmod 755 test.sh
[omm@dbsvr ~]$ ./test.sh
Running...,you can press Ctrl+c during this time.
1
^C   Receive Signal SIGINT
2
3
4
5
Running...,Program will end in 5 seconds.You can press Ctrl+c during this time.
1
^C   Change the Signal handle of SIGINT
2
3
4
^C   Change the Signal handle of SIGINT
5
[omm@dbsvr ~]$
```

例：在脚本中删除要捕获的 SIGINT 信号。

创建一个脚本文件 test.sh，内容如下：

```
#!/bin/bash
trap "echo '   Receive Signal SIGINT'" SIGINT
echo "Running...,you can press Ctrl+c during this time."
for(( i=1;i<=5;i++ ))
do
   sleep 1
   echo $i
done
echo "Signal is deleted!"
trap -- SIGINT
echo "Running...,Program will end in 5 seconds.If You press Ctrl+c ,Program will exit!."
for(( i=1;i<=5;i++ ))
do
   sleep 1
   echo $i
done
```

执行下面的命令，运行测试脚本 test.sh：

```
[omm@dbsvr ~]$ chmod 755 test.sh
[omm@dbsvr ~]$ ./test.sh
Running...,you can press Ctrl+c during this time.
1
^C   Receive Signal SIGINT
2
```

```
^C   Receive Signal SIGINT
3
4
5
Signal is deleted!
Running...,Program will end in 5 seconds.If You press Ctrl+c ,Program will exit!.
1
2
^C
[omm@dbsvr ~]$
```

三十二、Bash Shell 函数：定义函数

Bash Shell 中有两种定义函数的方法。

■ 方法 1 的语法格式。

```
function myfunc {
    commands
}
```

注意：这种写法要求函数名 myfunc 和后面的大括号 { 之间有一个空格，否则将会报错。

下面是使用这种方法定义 Bash Shell 函数的例子。

首先创建一个脚本文件 test.sh，内容如下：

```
#!/bin/bash
function myfunc {
echo "Display data and time in YYYY-MM-DD HH:MI:SS"
date +"%Y-%m-%d %H:%M:%S"
}
myfunc
```

然后执行下面的命令，运行脚本 test.sh 进行测试：

```
[omm@dbsvr ~]$ chmod 755 test.sh
[omm@dbsvr ~]$ ./test.sh
Display data and time in YYYY-MM-DD HH:MI:SS
2022-02-08 09:52:03
[omm@dbsvr ~]$
```

■ 方法 2 的语法格式。

```
myfunc(){
    commands
}
```

下面是使用这种方法定义 Bash Shell 函数的例子。

首先创建一个脚本文件 test.sh，内容如下：

```
#!/bin/bash
myfunc(){
echo "Display data and time in YYYY-MM-DD HH:MI:SS"
date +"%Y-%m-%d %H:%M:%S"
```

```
}
myfunc
```

执行下面的命令，运行测试脚本 test.sh：

```
[omm@dbsvr ~]$ chmod 755 test.sh
[omm@dbsvr ~]$ ./test.sh
Display data and time in YYYY-MM-DD HH:MI:SS
2022-02-08 09:56:15
[omm@dbsvr ~]$
```

三十三、Bash Shell 函数：函数的返回值

默认情况下，函数返回最后一条命令的退出状态码。也可以使用 return 语句来返回特定的退出状态码。返回值必须在 0 ~ 255 之间。如果返回一个大于 255 的值，那么将返回这个值模 256 的结果。

创建一个脚本文件 test.sh，内容如下：

```
#!/bin/bash
myfunc(){
echo "Success command"
date +"%Y-%m-%d %H:%M:%S"
}
myErrorfunc(){
echo "error command"
date %t
}
myreturnfunc1(){
echo "returen value  255"
return 255
}
myreturnfunc2(){
echo "returen value  256"
return 256
}

myfunc
echo $?
myfunc
echo $?
myreturnfunc1
echo $?
myreturnfunc2
echo $?
```

执行下面的命令，运行测试脚本 test.sh：

```
[omm@dbsvr ~]$ chmod 755 test.sh
[omm@dbsvr ~]$ ./test.sh
Success command
2022-02-08 10:11:17
0
Success command
```

```
2022-02-08 10:11:17
0
returen value  255
255
returen value  256
0
[omm@dbsvr ~]$
```

三十四、Bash Shell 函数：函数的参数

- 在 Shell 的函数定义（函数体）中：
  - ➤ $1：代表第 1 个参数。
  - ➤ $2：代表第 2 个参数。
  - ➤ ……
  - ➤ $n：代表第 n 个参数。
  - ➤ $#：代表参数的个数。
  - ➤ $@：代表所有参数（将所有参数作为一个字符串中的独立单词）。
  - ➤ $*：代表所有参数（将所有参数作为一个单词保存）。
- 在执行函数时，用以下的语法格式来进行参数传递：

    FuncName arg1 arg2 … argn

这将会：

  - ➤ $1=arg1：将 arg1 的值传递给函数的第 1 个参数。
  - ➤ $2=arg2：将 arg2 的值传递给函数的第 2 个参数。
  - ➤ ……
  - ➤ $n=argn：将 argn 的值传递给函数的第 n 个参数。

下面是使用这种方法传递 Bash Shell 函数参数的例子：编写一个脚本，执行脚本时输入两个正整数，并计算这两数之和。

首先创建一个脚本文件 test.sh，内容如下：

```
#!/bin/bash
myfunc(){             # 在函数体中：
   echo $[ $1 + $2 ]  # $1 表示传递给函数的第 1 个参数
}                     # $2 表示传递给函数的第 2 个参数

myfunc  3 5           # 传递给函数 myfunc 两个参数：3 和 5
myfunc  100 200       # 传递给函数 myfunc 两个参数：100 和 200
```

执行下面的命令，运行测试脚本 test.sh：

```
 [omm@dbsvr ~]$ chmod 755 test.sh
[omm@dbsvr ~]$ ./test.sh
3+5=8
100+200=300
[omm@dbsvr ~]$
```

三十五、Bash Shell 函数：函数的输出

可以把 Shell 函数的输出保存在用户变量中。例如：

创建一个脚本文件 test.sh，内容如下：

```
#!/bin/bash
myfunc(){
  echo $[ $1 + $2 ]
}

result=$(myfunc  3 5)          # 把函数的输出保存在变量 result 中
echo "3+5=$result"

result=$(myfunc  100 200)      # 把函数的输出保存在变量中
echo "100+200=$result"
```

执行下面的命令，运行测试脚本 test.sh：

```
[omm@dbsvr ~]$ chmod 755 test.sh
[omm@dbsvr ~]$ ./test.sh
3+5=8
100+200=300
[omm@dbsvr ~]$
```

三十六、Bash Shell 函数：全局变量与局部变量

在 Shell 脚本的任何地方都可以使用的变量称为全局变量。读者可以在函数外面和函数内部定义全局变量。

局部变量在函数体中定义，需要使用关键字 local，语法格式如下：

local varName=value

例：脚本 test.sh 的内容如下，这里在函数外定义了全局变量 var1，在函数 myfunc 内部定义了全局变量 var2，在函数 myfunc 内部定义了局部变量 var3：

```
#!/bin/bash
myfunc(){
  var1=$[ $var1 * 4 ]
  var2=300
  local var3=500
  echo  "Excuting function myfunc: var3=$var3"
}

echo "Globe variable var1 is defined outside the function myfunc."
echo "Globe variable var2 is defined  inside the function myfunc."
echo "Local variable var3 is defined  inside the function myfunc."
var1=100
echo "Before executing function myfunc:var1=$var1"
echo "Before executing function myfunc:var2=$var2"
echo "Before executing function myfunc:var3=$var3"
echo "excute function myfunc..."
myfunc
echo "end of excuting function myfunc"
echo "After executing function myfunc:var1=$var1"
echo "After executing function myfunc:var2=$var2"
echo "After executing function myfunc:var3=$var3"
```

执行下面的命令，运行测试脚本 test.sh：

```
[omm@dbsvr ~]$ chmod 755 test.sh
[omm@dbsvr ~]$ ./test.sh
Globe variable var1 is defined outside the function myfunc.
Globe variable var2 is defined  inside the function myfunc.
Local variable var3 is defined  inside the function myfunc.
Before executing function myfunc:var1=100
Before executing function myfunc:var2=
Before executing function myfunc:var3=
excute function myfunc...
Excuting function myfunc:  var3=500
end of excuting function myfunc
After executing function myfunc:var1=400
After executing function myfunc:var2=300
After executing function myfunc:var3=
[omm@dbsvr ~]$
```

三十七、Bash Shell 函数：在函数中使用数组

1. 数组变量

执行下面的命令，操作 Bash Shell 中的数组变量：

```
[omm@dbsvr ~]$ myarray=(0 1 2 3 4 5)        # 定义一个数组 myarray 并赋值
[omm@dbsvr ~]$ echo $myarray                # 显示数组的第 0 个元素的值
0
[omm@dbsvr ~]$ echo ${myarray[4]}           # 显示数组的第 4 个元素的值
4
[omm@dbsvr ~]$ echo ${myarray[*]}           # 显示数组所有元素的值
0 1 2 3 4 5
[omm@dbsvr ~]$ myarray[4]=14                # 修改数组第 4 个元素的值
[omm@dbsvr ~]$ echo ${myarray[*]}           # 显示数组所有元素的值，可以看到第 4 个元素的值已修改
0 1 2 3 14 5
[omm@dbsvr ~]$ unset myarray[4]             # 删除数组第 4 个元素
[omm@dbsvr ~]$ echo ${myarray[*]}           # 显示删除第 4 个元素后数组所有元素的值
0 1 2 3 5
[omm@dbsvr ~]$ unset myarray                # 删除数组 myarray
[omm@dbsvr ~]$ echo ${myarray[*]}           # 删除数组 myarray 后不存在任何值了

[omm@dbsvr ~]$
```

2. 将数组作为参数传递给函数

例：脚本 test.sh 的内容如下：

```
#!/bin/bash
funcArrayTest() {
  local tempArray
  tempArray=($(echo "$@"))
  echo "Inside Function myarray is: ${tempArray[*]}"
}

myarray=(1 2 3 4)
echo "Outside Function myarray is: ${myarray[*]}"
```

```
funcArrayTest ${myarray[*]}
```

执行下面的命令，运行测试脚本 test.sh：

```
[omm@dbsvr ~]$ chmod 755 test.sh
[omm@dbsvr ~]$ ./test.sh
Outside Function myarray is: 1 2 3 4
Inside Function myarray is: 1 2 3 4
[omm@dbsvr ~]$
```

例：求数组所有元素之和。

脚本 test.sh 的内容如下：

```
#!/bin/bash
funcArrayTest() {
  local sum=0;
  local tempArray
  tempArray=($(echo "$@"))
  for value in ${tempArray[*]}
  do
    sum=$[ $sum + $value ]
  done
  echo $sum
}

myarray=(1 2 3 4)
echo "Outside Function myarray is: ${myarray[*]}"
result=$( funcArrayTest ${myarray[*]} )
echo $result
```

执行下面的命令，运行测试脚本 test.sh：

```
[omm@dbsvr ~]$ chmod 755 test.sh
[omm@dbsvr ~]$ ./test.sh
Outside Function myarray is: 1 2 3 4
10
[omm@dbsvr ~]$
```

3. 从函数返回数组

从函数返回数组的方法与传递数组到函数是一样的。

例：传入一个数组，数组所有元素加 1 后返回数组。

脚本 test.sh 的内容如下：

```
#!/bin/bash
funcArrayTest() {
  local tempArray
  local resultArray
  tempArray=($(echo "$@"))      # 生成数组
  resultArray=($(echo "$@"))    # 生成数组

  for(( i=0;i<$#;i++ ))
```

```
do
  resultArray[$i]=$[ ${resultArray[$i]}+1 ]      # 数组第 i 个元素的值加 1
done
echo -n "Inside Function myarray is: "
echo ${resultArray[*]}                           # 函数输出
}

myarray=(1 2 3 4)
echo "Outside Function myarray is: ${myarray[*]}"
result=$( funcArrayTest ${myarray[*]} )          # 从函数输出接收数组
echo $result
```

执行下面的命令，运行测试脚本 test.sh：

```
[omm@dbsvr ~]$ chmod 755 test.sh
[omm@dbsvr ~]$ ./test.sh
Outside Function myarray is: 1 2 3 4
Inside Function myarray is: 2 3 4 5
[omm@dbsvr ~]$
```

三十八、Bash Shell 函数：递归函数

例： 使用递归函数求 $n!$。

脚本 test.sh 的内容如下：

```
#!/bin/bash
factorial() {
  local temp
  local result
  if [ $1 -eq 0 ]
  then
    echo 1
  elif [ $1 -eq 1 ]
  then
    echo 1
  else
    temp=$[ $1-1 ]
    result=`factorial $temp`
    echo $[ $result * $1 ]
  fi
}

read -p "Enter a integer num(num>=0): " num
result=$(factorial $num)
echo "$num!=$result"
```

执行下面的命令，运行测试脚本 test.sh：

```
[omm@dbsvr ~]$ chmod 755 test.sh
[omm@dbsvr ~]$ ./test.sh
Enter a integer num(num>=0): 5
5!=120
[omm@dbsvr ~]$ ./test.sh
```

```
Enter a integer num(num>=0): 4
4!=24
[omm@dbsvr ~]$
```

三十九、Bash Shell 函数：函数库

openEuler 操作系统的目录 /etc/init.d 下有一个名字为 functions 的文件，这个文件包含了一些公共的函数，系统启动脚本时会调用这些函数。

读者也可以将自己的公共脚本函数放到文件 funcLibFile 中，然后使用 source 命令或者点命令执行文件 funcLibFile：

```
source funcLibFile
```

或者

```
. funcLibFile
```

之后就可以在自己的脚本中使用这些公共的函数。由于使用 source 命令或者点命令执行脚本不会创建子 Shell，因此这些公共函数在当前的 Shell 中是可用的。

四十、正则表达式

正则表达式是一种匹配文本内容的通用语言。

正则表达式的模式模板由特殊意义的字符和文本字符组成。Linux 的工具命令，如 grep、sed、gawk 等，使用模式模板来过滤文本。如果有数据匹配模式模板，那么将被进一步处理，未被匹配的数据将被过滤掉。

1. POSIX 基础正则表达式（Basic Regular Expression，BRE）

Linux 的工具命令 grep 和 sed 都支持 POSIX 基础正则表达式。

为了进行测试，首先使用 omm 用户，创建一个测试文件 testfile：

```
cat > testfile << EOF
rt
rot
rat
ret
root
roat
rooot
roooot
roaoaoat
roaot
raaat
hat
EOF
```

POSIX 基础正则表达式（BRE）有如下的符号：

■ "."（点）：用于匹配除换行符以外的其他单个字符。

例：r.t 表示 rat、rot，但不能表示 root，也不能表示 rt。

```
[omm@dbsvr ~]$ grep r.t testfile
rot
rat
```

```
ret
[omm@dbsvr ~]$
```

例：r..t 可以表示 root、roat。

```
[omm@dbsvr ~]$ sed -n '/r..t/p' testfile
root
roat
[omm@dbsvr ~]$
```

■ "*"（星号）：用于匹配前一个字符 0~n 次，再加上任意个其他字符。

例：r*t 表示示例文件中的所有单词。

```
[omm@dbsvr ~]$ sed -n '/r*t/p' testfile
rt
rot
rat
ret
root
roat
roooot
rooooot
roaoaoat
roaot
raaat
hat
[omm@dbsvr ~]$
```

■ "\{n,m}"：用于精确地控制字符重复的次数。

  ➤ "\{n\}"：匹配前面的字符 n 次。

例：ro\{2\}t 表示 root。

```
[omm@dbsvr ~]$ sed -n '/ro\{2\}t/p' testfile
root
[omm@dbsvr ~]$
```

  ➤ "\{n,\}"：匹配前面的字符至少 n 次。

例：ro\{2,\}t 表示 root、rooot、roooot 等。

```
[omm@dbsvr ~]$ sed -n '/ro\{2,\}t/p' testfile
root
rooot
roooot
[omm@dbsvr ~]$
```

  ➤ "\{n,m\}"：匹配前面的字符 n~m 次。

例：ro\{2,3\}t 表示 root、rooot，但不能匹配 roooot。

```
[omm@dbsvr ~]$ sed -n '/ro\{2,3\}t/p' testfile
root
rooot
[omm@dbsvr ~]$
```

■ ”^”（尖角号，<Shift+6> 组合键）：用于匹配以什么字符开头的单词。

例：^roa 表示以 roa 开头的单词。

```
[omm@dbsvr ~]$ sed -n '/^roa/p' testfile
roat
roaoaoat
roaot
[omm@dbsvr ~]$
```

■ ”$”（美元符号）：用于匹配以什么字符结尾的单词。

例：aat$ 表示以 aat 结尾的单词。

```
[omm@dbsvr ~]$ sed -n '/aat$/p' testfile
raaat
[omm@dbsvr ~]$
```

■ ”[ ]”（中括号）：用于匹配括号内出现的任意一个字符。

例：r[oa]t 表示 rot 或者 rat，即中间的字母是 o 或者是 a 的单词。

```
[omm@dbsvr ~]$ sed -n '/r[oa]t/p' testfile
rot
rat
[omm@dbsvr ~]$
```

例：r[a-x]t 表示单词 r#t，其中，# 表示从字母 a ~ x 的任一字符。

```
[omm@dbsvr ~]$ sed -n '/r[a-x]t/p' testfile
rot
rat
ret
[omm@dbsvr ~]$
```

■ ”\”（反斜杠）：表示转义字符。

例：电话号码 010-62321234 和 010 62321234。

创建测试文件 phonenumber：

```
cat>phonenumber<<EOF
010-62321234
010 62321234
13801215432
EOF
```

使用 010[\ \-] 在中括号中转义特殊字符空格和特殊字符减号 -：

```
[omm@dbsvr ~]$ sed -n '/010[\ \-]/p' phonenumber
010-62321234
010 62321234
[omm@dbsvr ~]$
```

正斜杠（/）不是正则表达式的特殊字符，但如果要使用它，那么也需要进行转义：

```
[omm@dbsvr ~]$ echo "8/5" |sed -n '///p'   # 有错误
```

```
sed: -e expression #1, char 3: unknown command: `/'
[omm@dbsvr ~]$ echo "8/5" |sed -n '/\//p'  # 正斜杠字符 / 需要被转义
8/5
[omm@dbsvr ~]$
```

■ "\<" 和 "\>"：分别用于定界单词的左边界和右边界。

创建测试文件 phonenumber：

```
cat>phonenumber<<EOF
helloworld
worldhello
hello
EOF
```

使用 \< 和 \> 定界单词 hello：

```
[omm@dbsvr ~]$  sed -n '/\<hello\>/p' testfile2
hello
[omm@dbsvr ~]$  sed -n '/\<hello/p' testfile2
helloworld
hello
[omm@dbsvr ~]$  sed -n '/hello\>/p' testfile2
worldhello
hello
[omm@dbsvr ~]$
```

■ "\b"：匹配单词的边界。

```
[omm@dbsvr ~]$  sed -n '/\bhello\b/p' testfile2
hello
[omm@dbsvr ~]$
```

■ "\B"：匹配非单词的边界。

```
[omm@dbsvr ~]$  sed -n '/hello\B/p' testfile2
helloworld
[omm@dbsvr ~]$  sed -n '/\Bhello/p' testfile2
worldhello
[omm@dbsvr ~]$
```

■ "\w"：匹配字母、数字、下画线。
■ "\W"：匹配非字母、非数字、非下画线。

创建测试文件 testfile3：

```
cat > testfile3 << EOF
&
a
3
_
EOF
```

执行下面的命令进行测试：

```
[omm@dbsvr ~]$  sed -n '/\w/p' testfile3
a
3
_
[omm@dbsvr ~]$  sed -n '/\W/p' testfile3
&
[omm@dbsvr ~]$
```

- ■ "\s"：匹配任何空白字符。
- ■ "\S"：匹配任何非空白字符。
- ■ "\d"：匹配一个数字，等价于 [0-9]。
- ■ "\n"：匹配一个换行符。
- ■ "\r"：匹配一个回车键字符。
- ■ "\t"：匹配一个制表符。
- ■ "\f"：匹配一个换页符。

2. POSIX 扩展正则表达式（Extended Regular Expression，BRE）

Linux 的工具命令 egrep、gawk 支持 POSIX 扩展正则表达式。

- ■ "?"（问号）：匹配前一个字符 0 次或者一次，例如，ro?t 将匹配单词 rt、rot。

创建测试文件 testfile4：

```
cat > testfile4 << EOF
root
rot
rt
EOF
```

执行下面的命令进行测试：

```
[omm@dbsvr ~]$ egrep 'ro?t' testfile4
rot
rt
[omm@dbsvr ~]$
```

- ■ "+"（加号）：匹配前一个字符一次以上，例如，ro+t 将匹配单词 rot、root。

执行下面的命令进行测试：

```
[omm@dbsvr ~]$ egrep 'ro+t' testfile4
root
rot
[omm@dbsvr ~]$
```

- ■ "|"（管道符号）：表示逻辑或，意思是具有多种可能性，在检查数据流时匹配两个或者或
  多个模式。

创建测试文件 testfile5：

```
cat>testfile5<<EOF
The pig is angry!
The dog is angry!
The cat is angry!
```

```
EOF
```

执行下面的命令进行测试：

```
[omm@dbsvr ~]$ gawk '/pig|dog/{print $0}' testfile5
The pig is angry!
The dog is angry!
[omm@dbsvr ~]$
```

■ "()"（小括号）：表示进行表达式模式分组。

创建测试文件 testfile6：

```
cat>testfile6<<EOF
cat
cab
bat
bab
tab
tac
EOF
```

执行下面的命令进行测试：

```
[omm@dbsvr ~]$ gawk '/(c|b)a(b|t)/{print $0}' testfile6
cat
cab
bat
bab
[omm@dbsvr ~]$
```

四十一、重要的 Shell 工具：sed 命令

sed 是一个流编辑器，它会执行以下的操作：

1）每次从输入中读取一行数据。

2）使用正则表达式匹配数据。

3）使用 sed 的子命令修改数据。

4）将修改后的数据输出到标准输出。

sed 命令的功能强大，限于篇幅，本书不能对其进行深入分析，请读者参考相关的资料。

sed 在 Shell 脚本中常常会根据一个正则表达式查找并修改文件的内容。

下面是本书任务二实施步骤七用到的 sed 的例子：

```
[root@test ~]# sed -i '/toBeDeleted/d' /etc/fstab
```

这条 sed 命令将删除 /etc/fstab 文件中包含 "toBeDeleted" 的这一行。

下面是本书任务三项目 1 实施步骤四用到的 sed 的例子：

```
sed -i 's/^SELINUX=.*/SELINUX=disabled/' /etc/selinux/config
```

这条 sed 命令将修改文件 /etc/selinux/config，无论 "SELINUX=" 所在的这一行中等于号后面的字符串是什么，都将被替换为 "SELINUX=disable"。

四十二、重要的 Shell 工具：gawk 命令

gawk 是一个功能强大的命令，同时也是一种编程语言，可以用来处理数据和生成报告。限于篇幅，本书不能对其进行深入分析，请读者参考相关的资料。

下面的这个例子是本任务实施步骤四十中的例子：

```
gawk '/pig|dog/{print $0}' testfile5
```

四十三、重要的 Shell 工具：xargs 命令

xargs 命令可以将标准输入转换成命令行参数。其语法格式如下：

xargs [options]

其中，常用的选项有：

- -n：指定每行的最大参数数量。
- -d：自定义分隔符。
- -i：用 {} 替换前面的结果。
- -I：指定一个符号来替代前面的结果，而不是使用 -i 选项默认的 {}。
- -p：提示用户进行确认，如果用户输入"y"则执行，输入"n"则不执行。

限于篇幅，本书不对 xargs 命令进行深入的分析，请读者参考相关的资料。

例：将多行输入转换为单行输出。

创建测试文件 myinput1：

```
cat>myinput1<<EOF
a b c d e f
g h i j k
l m n
EOF
```

执行下面的命令，将多行文本转换为单行文本：

```
[omm@dbsvr ~]$ cat myinput1 | xargs
a b c d e f g h i j k l m n
[omm@dbsvr ~]$
```

例：将单行输入转换为多行输出。

创建测试文件 myinput1：

```
cat>myinput2<<EOF
a b c d e f g h i j k l m n
EOF
```

执行下面的命令，将多行文本转换为单行文本：

```
[omm@dbsvr ~]$ cat myinput2 | xargs -n 5
a b c d e f
g h i j k l
m n
[omm@dbsvr ~]$
```

例：读取标准输入 stdin，将格式化参数传递给 Shell 脚本。

创建脚本文件 test.sh，该脚本会打印传递给它的参数：

```
[omm@dbsvr ~]$ rm -f test.sh
[omm@dbsvr ~]$ vi test.sh
```

将如下内容复制到文件 test.sh 中,并保存文件 test.sh:

```
#!/bin/bash
echo "The script you exute has $# args"
for(( count=0;count<=$#;count++ ))
do
  eval echo \${$count}
done
```

执行下面的命令,运行测试脚本 test.sh,控制传递给它的参数个数:

```
[omm@dbsvr ~]$ chmod 755 test.sh
[omm@dbsvr ~]$ cat myinput1 | xargs -n 7 ./test.sh
The script you exute has 7 args
./test.sh
a
b
c
d
e
f
g
The script you exute has 7 args
./test.sh
h
i
j
k
l
m
n
[omm@dbsvr ~]$
```

四十四、重要的 Shell 工具:basename 命令

basename 命令用来去除一个文件的扩展名,也可以用来去除一个文件或者目录的全路径名的
目录部分。

```
[omm@dbsvr ~]$ cd /opt/software/openGauss/script
[omm@dbsvr script]$ ls -l clusterconfig.xml
-rw------- 1 omm dbgrp 1820 Jan 19 19:11 clusterconfig.xml
[omm@dbsvr script]$ basename clusterconfig.xml  .xml
clusterconfig            # 去掉了文件名中的扩展名部分 .xml
[omm@dbsvr script]$ basename /opt/software/openGauss/script/clusterconfig.xml
clusterconfig.xml    # 去掉了文件全路径名中的路径名部分 /opt/software/openGauss/script/
[omm@dbsvr script]$
```

四十五、调试 Bash Shell 脚本

Bash Shell 有以下几个用于调试的选项:

■ -n:读取脚本中的命令,但不执行,主要用于检查脚本中的语法错误。

- -v：一边执行脚本，一边将执行过的脚本命令打印到标准错误输出。
- -x：提供跟踪执行信息，将执行的每一条命令和结果依次打印出来。

使用 vi 编辑器编辑脚本 test.sh：

```
[omm@dbsvr ~]$ rm -f test.sh
[omm@dbsvr ~]$ vi test.sh
```

将如下内容复制到文件 test.sh 中，并保存文件 test.sh：

```
#!/bin/bash
v1 =100              # 故意设置的错误：定义局部变量等号左边有空格
v2= 5               # 故意设置的错误：定义局部变量等号右边有空格
v3=[ $v1 * $v2]     # 故意设置的错误：定义局部变量等号右边有空格
echo $v3
```

执行下面的命令，调试脚本 test.sh：

```
[omm@dbsvr ~]$ bash -x test.sh
+ v1 =100
test.sh: line 2: v1: command not found
+ v2=
+ 5
test.sh: line 3: 5: command not found
+ v3='['
+ test.sh ']'
test.sh: line 4: test.sh: command not found
+ echo

[omm@dbsvr ~]$
```

根据上面的调试信息，修改文件 test.sh 的内容，并保存文件 test.sh：

```
#!/bin/bash
v1=100
v2=5
v3=$[ $v1 * $v2]
echo $v3
```

重新执行下面的命令，调试脚本 test.sh：

```
[omm@dbsvr ~]$ bash  -x test.sh
+ v1=100
+ v2=5
+ v3=500
+ echo 500
500
[omm@dbsvr ~]$
```

也可使用开源的 Bash 脚本调试器 bashdb 来调试脚本，具体的用法请参考网址 http://bashdb. sourceforge.net/bashdb-man.html。

参考文献

[1] BLUM R，BRESNAHAN C.Linux 命令行与 shell 脚本编程大全 [M]. 3 版 . 门佳，武海峰，译 . 北京：人民邮电出版社，2016.

[2] JANG M，ORSARIA A. RHCSA/RHCE 红帽 Linux 认证学习指南 [M]. 7 版 . 杜静，秦富童，译 . 北京：清华大学出版社，2017.

[3] WARD B. 精通 Linux[M].2 版 . 姜南，袁志鹏，译 . 北京：人民邮电出版社，2015.

[4] EZOLT P G.Linux 性能优化 [M]. 贺莲，龚奕利，译 . 北京：机械工业出版社，2017.

[5] BOTH D. Linux 哲学 [M]. 卢涛，李颖，译 . 北京：机械工业出版社，2019.

[6] DAS S. UNIX/Linux 应用、编程与系统管理 [M]. 3 版 . 贾洪峰，李莉，译 . 北京：清华大学出版社，2014.

[7] 曾庆峰，何杰，齐悦 . 华为 openGauss 开源数据库实战 [M]. 北京：机械工业出版社，2021.

[8] 任炬，张尧学，彭许红 .openEuler 操作系统 [M]. 北京：清华大学出版社，2020.

[9] WATTERS P A，VEERARAGHAVAN S. Solaris 8 技术大全 [M]. 李明之，裴晓峰，等译 . 北京：机械工业出版社，2002.